공작기계분야 생산공정 전문 솔루션

디지털 전환 생산공정 시스템

스마트팩토리 전문 솔루션 **CAP** (Collection Analysis Prediction)

김삼성 · 김명식 공저

일진사

오늘날 제조업의 산업 구조는 소품종 대량 생산에서 다품종 소량 생산을 거쳐, 주문형 생산 시대로 변화되었다. 이에 따라 디지털 전환(DX, Digital Transformation)의 유연 생산 시스템이 필수적인 요인으로 대두되고 있다. 또한, 시스템의 D.N.A(Data, Network, AI) 활용성은 중요성과 유연 생산 시스템의 핵심 기술로 인식되고 있으며 지속적인 디지털 고도화가 요청되고 있다.

D.N.A 기반의 유연 생산 시스템은 클라우딩 서비스, VR · XR, Iot, 5G, 스마트 머신, 3D프린팅, 빅 데이터, 가상 물리 시스템 등의 융복합 기술과 적용을 요구하고 있다. 이에 건솔루션㈜은 특화되고 지속적인 기술 개발이 중요하다는 것을 인지하고, 2011년 창업 이후부터 지금까지 D.N.A를 활용한 유연 생산 시스템의 Market Share를 공작 기계 중심으로 집중적인 개발을 주도하고 있으며, 반도체, 디스플레이, 항공, 친환경 자동차, 금형 업종 등 뿌리 산업 분야의 시스템 도입을 더욱 활발하게 지원하기 위하여 본 교재를 출판하게 되었다.

본 교재는 디지털 전환 유연 생산 시스템을 위한 단계적 해법으로 본사의 개발품인 CAP를 사용하였으며, 주변에서 관련 지식의 공개에 대한 우려도 있었지만, 여러 선배님들과 관계사들의 협조와 이해를 통하여 다음과 같은 특징으로 구성하였다.

첫째, CAP 시스템을 중심으로 디지털 전환 유연 생산 시스템의 단계적 개념 정리와 장비 운영, 생산 관리 방법을 통하여 지침서로 사용될 수 있도록 하고, 관련 업계 종사자뿐만 아니라 해당 분야 학생들의 교육용 교재로 사용할 수 있도록 하였다.

둘째, 산업용 통신 OPC-UA와 MT-Connect, FOCAS, LSV2Tool, MDC 등에서 추출되는 Data의 정확성을 향상하는 방법에 대한 관련사의 정보 공개 협조를 통하여 핵심적 정보를 최대한 공유하고, 이해하기 쉽도록 상세하게 설명하였다.

셋째, 디지털 전환 유연 생산 관리 시스템에 사용되는 장비들의 기술과 사용법을 별도의 장으로 분류하여 설명함으로써 쉽게 이해할 수 있도록 하였다.

본 교재는 비록 봄날에 날아오르는 나비의 작은 날갯짓에 불과할 수 있으나, 이를 통하여 많은 기업들이 IT, OT 기술을 구비하게 되고, 관련 업종에 종사하는 전문 기술 인력과 오늘도 설비 효율과 품질 개선을 위해 노력하는 스마트 팩토리 종사자들에게 도움이 되었으면 하는 바람이다. 또한 본사의 시스템이 업그레이드와 더불어 향후 사출기, 프레스기, 로봇, AMR 등과의 적용 방법에 대한 내용을 지속적으로 보완하여 시스템 보급에 노력할 것을 약속한다.

그동안 본 교재의 내용과 검증 완성도를 위하여 발품을 팔아온 본사의 전·현직 임직원들의 노고에 감사드리고, ㈜프로텍이노션, 그리고 출판에 도움을 주신 교수님들과 도서출판 **일진사** 관계자분들의 협조에도 감사드린다.

끝으로 언제나 한결같이 응원해주는 임지혜 님께 감사의 마음을 전한다.

건솔루션 김삼성

CONTENTS 차례

제1장 CAP 생산 관리 시스템의 개요와 스마트 공장

1. 디지털 전환 생산 관리 시스템 ······ 12
   1-1 　디지털 전환 생산 관리 시스템의 개요 ······ 12
   1-2 　디지털 전환 생산 관리 시스템의 도입 목적과 핵심 기능 ······ 20
   1-3 　디지털 전환 CAP의 특징 ······ 33

2. 중소기업의 스마트 공장 구축과 생산 공정 관리 ······ 38
   2-1 　스마트 공장의 개요 ······ 38
   2-2 　스마트 공장 구축을 위한 환경 분석과 기술 동향 ······ 42
   2-3 　스마트 공장의 생산 관리 시스템 ······ 48
   2-4 　공작 기계를 기반으로 하는 스마트 공장의 구축 ······ 51

제2장 디지털 전환 생산 관리 시스템의 컬렉션

1. CAP 데이터 컬렉션의 개요 ······ 78
   1-1 　디지털 전환 생산 관리 시스템의 데이터 ······ 78
   1-2 　CAP 데이터 컬렉션의 정보화 ······ 80
   1-3 　CAP 데이터 컬렉션의 시각화 ······ 84
   1-4 　CAP 데이터 컬렉션의 기준 정보 ······ 86
   1-5 　CAP 모듈의 특징과 데이터 ······ 92

2. CAP의 컬렉션 모듈 ······ 96
   2-1 　컬렉션 모듈의 종류 ······ 96

3. CAP 데이터 컬렉션 프로세스 구성 ······ 105
   3-1 　CAP 데이터 수집 프로세스 구성 ······ 105

제3장 디지털 전환 생산 관리 시스템의 Analysis

1. CAP Analysis와 Gantt Chart · 110
- 1-1 Analysis의 개요 · 110
- 1-2 Gantt Chart 분석 방법 · 110

2. 가동률과 종합 효율 · 115
- 2-1 설비 가동률과 종합 효율 · 115
- 2-2 설비 효율 저해 로스(Loss) · 118
- 2-3 설비 종합 효율 산출 방법 · 120

3. CAP의 Analysis 모듈 · 125
- 3-1 Analysis 모듈의 개요 · 125
- 3-2 Analysis 모듈의 구성 · 126

제4장 디지털 전환 생산 관리 시스템의 Prediction

1. CAP Prediction과 설비 예지 보전 · 138
- 1-1 설비 예지 보전 · 138
- 1-2 설비 보전 · 144
- 1-3 설비 진단 관리하기 · 151
- 1-4 진단 이력에 따른 설비 점검 방법 · 156

2. CAP의 Prediction 모듈 · 160
- 2-1 CAP의 Prediction의 개요 · 160
- 2-2 Prediction 모듈의 구성 · 161

제5장 G-CAP 4.0 관리자 매뉴얼

1. G-CAP 4.0 상세 메뉴 구성 · 168
2. G-CAP 4.0 매뉴얼 · 173

제6장 생산 관리 시스템의 데이터 수집 IIoT

1. 데이터 수집 IIoT 센서 · 198
- 1-1 센서의 개요 · 198
- 1-2 센서의 특성 · 200
- 1-3 센서의 종류 · 210
- 1-4 산업 분야에서 사용되는 센서 · 213

2. 센서 구조와 동작 원리 · 214
- 2-1 광센서 · 214
- 2-2 변위 센서 · 216
- 2-3 힘/압력 센서 · 219
- 2-4 속도/가속도 센서 · 221
- 2-5 온도 센서 · 222
- 2-6 근접 센서 · 223
- 2-7 기타 센서 · 225

3. 센서 연결 방법 · 226
- 3-1 출력부 회로 및 부하 연결 · 226
- 3-2 센서의 직·병렬접속 · 228

4. 센서 응용 실습 · 229
- 4-1 기본 동작 회로 구성하기 · 229
- 4-2 센서 응용 고급 실습하기 · 235

5. CAP의 데이터 컬렉션의 IIoT · 253
- 5-1 IIoT-센서 · 253
- 5-2 IIoT-Gateway와 Converter · 257
- 5-3 ICT / IIOT Connectivity · 259
- 5-4 IIoT-Beacon · 260
- 5-5 IIoT-Ballbar-정밀도 유지를 위한 데이터 컬렉션 · 264

제7장 CAP의 IIoT 설비 통신

1. CAP 설비 통신의 개요 · 266
    1-1   공작 기계의 정보 통신망 · 266
    1-2   라이브러리 통신 · 267

2. FOCAS 통신 · 269
    2-1   FOCAS Library의 개요 · 269
    2-2   FOCAS Library의 구조와 수집 데이터 종류 · 272
    2-3   따라하기 실습 – FOCAS Library를 활용하기 · 274
    2-4   FOCAS Library 데이터의 활용 · 276

3. MT LINK 통신 · 279
    3-1   MT Connect · 279
    3-2   MT-LINK*i* 통신 · 283
    3-3   MT-LINK*i* 화면 · 288
    3-4   MT-LINK*i* 통합 서버 · 297

4. 설비 통신의 연결 · 300
    4-1   FANUC 장비의 통신 연결 · 300
    4-2   SIEMENS 장비의 통신 연결 · 306
    4-3   HASS 장비의 통신 연결 · 309
    4-4   MAZAK 장비의 통신 연결 · 313
    4-5   PLC 장비의 통신 연결(메모리 맵 D번지) · 313
    4-6   접점 설비 장비의 통신 연결 · 314

제8장 디지털 전환 생산 관리 시스템의 IIoT-Probe

1. CAP IIoT-Probe · 316
    1-1   Probe와 OMV+ · 316
    1-2   Probe · 320

2. G-SET 세팅(공작물 자동 세팅) · 328
    2-1   공작물 자동 세팅 · 328
    2-2   자동 세팅 프로세스 · 330

3. OMV+(3차원 기상 측정) · 338
- 3-1 OMV+(3차원 기상 측정)의 개요 · 338
- 3-2 OMV+ 적용하기 · 348
- 3-3 OMV+ 도입 효과 · 352

4. OMV+ 사용하기 · 358
- 4-1 OMV+ 화면 구성 · 358
- 4-2 OMV+ 측정하기 · 368

제9장 디지털 전환 생산 관리 시스템 IIoT-Ballbar

1. Ballbar · 390
- 1-1 Ballbar의 개요 · 390
- 1-2 Ballbar의 필요성과 특징 · 391

2. Ballbar의 구성 · 397
- 2-1 Ballbar QC20-W의 구성 · 397
- 2-2 Ballbar의 주요 기능 · 403

3. Ballbar 세팅 · 414
- 3-1 Ballbar 세팅 방법 (장비 세팅) · 414
- 3-2 Ballbar S/W 설치 · 417

4. Ballbar 진단 · 422
- 4-1 백래시 X, Y 측정하기 · 422
- 4-2 가역 스파이크 X, Y 측정하기 · 424
- 4-3 수평 플레이 X, Y 측정하기 · 426
- 4-4 주기적 오차 X, Y 측정하기 · 427
- 4-5 서보 불일치 측정하기 · 430
- 4-6 직각도 측정하기 · 432
- 4-7 직진도 X, Y 측정하기 · 434
- 4-8 스케일링 불일치 측정하기 · 436
- 4-9 중심 이동 X, Y 측정하기 · 440
- 4-10 원형도 측정하기 · 440
- 4-11 위치 공차 측정하기 · 441
- 4-12 최적 반지름 측정하기 · 443

제 1 장

CAP 생산 관리 시스템의 개요와 스마트 공장

1. 디지털 전환 생산 관리 시스템
2. 중소기업의 스마트 공장 구축과 생산 공정 관리

CAP 생산 관리 시스템의 개요와 스마트 공장

1. 디지털 전환 생산 관리 시스템

1-1 디지털 전환 생산 관리 시스템의 개요

1 디지털 전환 생산 관리 시스템의 정의

디지털 전환 생산 관리 시스템은 생산 설비에 필요한 데이터를 산업용 사물 인터넷(IIoT)과 각종 센서와 부속 장치 등 수집 장치를 사용하여 실시간으로 데이터베이스를 만들고, 수집된 데이터를 각종 분석 자료로 표현할 수 있는 디지털 전환을 시켜 설비 및 장비의 가동 현황, 가공비 원가, 생산 실적, 설비 부하 등 효율적인 생산 관리에 필요한 리포트를 모니터링에 의한 가시화 방법으로 실시간 분석 자료를 제공하는 시스템이다. 또한, 진단에 관련된 데이터를 수집하고 디지털 분석하여 설비 진단 및 예방 보전, 보정 주기 예측, 예측에 따른 예방 보전 시뮬레이션과 설비 수명 주기 강화 등을 예측할 수 있도록 하여 장비의 전반적이고 효율적인 관리와 정비를 지원한다.

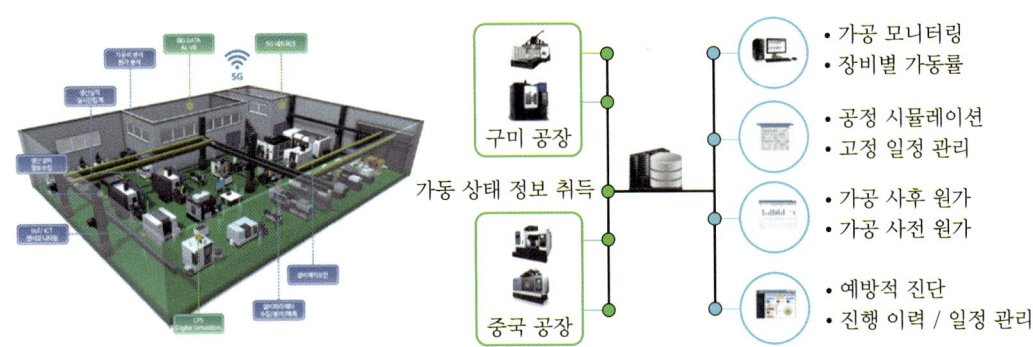

그림 1-1 G-CAP 시스템을 적용한 디지털 전환 생산 관리

그러므로 디지털 전환 생산 관리 시스템은 생산 설비의 효율적 관리를 위한 4차 산업의 종합적인 생산 관리 시스템으로 발전하고 있으며, 그 범위가 갈수록 확장되는 추세이다. 그림 1-1은 건솔루션의 CAP 시스템을 나타낸 것으로 전체적인 개념도를 그림으로 설명한 것이다.

2 디지털 전환 생산 관리 시스템의 필요성

오늘날 산업 현장 대부분의 제조업체는 제품의 생산성과 품질 향상 등을 통한 경쟁력 강화를 위하여 시설과 장비의 양적 팽창과 질적 향상을 위하여 많은 투자와 노력을 하여 왔다. 그러나 정작 장비를 활용하고 관리하는 생산 관리 운영 방법과 운영 시스템은 아직도 첨단화된 하드웨어와는 어울리지 못한 비효율적인 방식을 그대로 사용하고 있는 것이 현실이다.

이런 시스템의 사용으로 인하여 생산성 향상을 추구하는 것은 한계점에 다다르게 되었고, 정비의 사용과 공정의 효율성도 더 이상 기대할 수 없는 형편에 이르렀다. 현재 산업체들의 생산성 향상과 공정의 효율성 문제를 해결하기 위해서는 새로운 디지털 전환 기술을 사용하여 생산 관리 공정 전반에 걸쳐 지원하는 디지털 전환 생산 관리 시스템 도입은 필연적이라고 볼 수 있다. 이러한 디지털 전환 생산 관리 시스템의 도입을 위한 순차적 방법으로, 우선 현장의 문제점과 요구 사항을 정리하면 다음과 같다.

(1) 생산 관리 시스템 현황과 문제점

오늘날 중소기업의 생산 현장은 설비·장비의 양적 성장과 현대화를 통하여 개선되었으나, 상대적으로 생산 관리 및 운영 시스템은 비효율적인 방식에서 인원과 기술력의 한계로 인하여 기존의 방식을 답습하거나, 회사의 특성과 맞지 않은 CAP이거나, 품질이 떨어지고 적용이 불편한 운영 시스템을 사용하고 있어서 제대로 도움을 받지 못하는 어려움에 봉착하고 있다. 그럼에도 불구하고 아직 대부분의 제조업체들은 회사 특성에 적합한 CAP 시스템에 대한 도입을 검토 중이거나, 그나마 엄두조차 내지 못하고 있는 것이 현실이다. 이러한 회사들은 일반적으로 다음과 같은 공통적인 문제점과 어려움을 가지고 있으며, 이를 현장 용어 그대로 표현하면 다음과 같이 나열할 수 있다.

① 여유가 없는 납기에 대응하기 급급하여 제품의 품질 향상을 추진할 여력이 없다.
② 수기 및 수동 작업에 의존한 형태의 답습으로 독창적인 경쟁력과 차별성을 갖고 있지 않다.

③ 생산성 향상과 직결되는 가동률을 최대화하는 방법을 고려하지 못하고 있다.
④ 효율적인 장비 배치에 대한 개념조차 이해하지 못하고 있다.
⑤ 작업자들이 수기로 작성한 수치에 의존하여 불량률에 대한 원인 분석과 예측을 못하고 있다.
⑥ 담당자에 의한 보고나 정기 점검에만 의존하는 장비 관리로 인하여, 갑작스러운 설비 고장 발생 시 신속한 대처 방법이 없고, 일정 차질이나 불량 문제를 유발하는 악순환의 연속이다.

(2) 생산 관리 시스템의 현장 요구 사항

생산 현장의 작업자나 관리자들은 위의 문제점을 누구보다도 잘 파악하고 있으며, 이런 문제점을 해결해야 한다는 부담감도 가지고 있다. 그리고 주변에서 디지털 전환 생산 관리 시스템 도입으로 이러한 문제들을 순차적으로 해결하고 있는 회사들이 점점 증가하는 추세를 지켜보면서, 이에 대한 압박감은 더욱 커지고 있는 것이 현실이다. 즉, 해결 방법을 모색해야 한다는 필요성에는 충분히 인지하고 있으나, 어디서부터 시작하여 어떻게 해야만 성공적으로 도입을 해결할 수 있는지 방법을 잘 모르고 있는 것 뿐이다. 본 교재는 이러한 문제점을 해결해 줄 수 있는 모범 답안지 같은 결정적인 지침서가 될 수 있을 것이다. 우선 앞에서 언급한 문제점을 해결하기 위하여 현장의 요구 사항을 대략 정리하면 다음과 같다.

① 실시간으로 설비별 가동 현황을 취합하고 작업 진행 현황을 확인하고 싶다.
② 지속적인 불량률로 인하여 품질, 납기의 지연, 생산 원가 상승 문제를 해결하고 싶다.
③ 생산성 향상을 위한 임률과 가동 시간에 따른 정확한 원가를 산출하고 싶다.
④ 편리하고 효과적인 방법을 통하여 가동 분석, 공정별 분석, 불량 원인 분석을 하고 싶다.
⑤ 통계적인 분석과 예측에 의한 돌발적인 설비 고장 발생 방지와 장비 보전을 실시하여 일정 차질이나 불량 문제를 해결하고 싶다.

일러두기 본 교재에서 사용하는 CAP 용어는 생산 관리 시스템을 의미하며, 시설 / 장비 / 기계는 넓은 범위에서 같은 용어로 사용되었다.

3 생산 관리 시스템의 필수 조건

디지털 전환 생산 관리 시스템은 생산 공정과 관련된 모든 부분에서 일련의 수집된 데이터를 디지털 전환하여 생산성의 효율을 높일 수 있는 각종 분석 정보를 제공하여야 하고, 장비 유지에 관련하여 진단 및 예방과 비가동 사유의 이력을 분석하여 안정적인 설비·장비 운용과 효율적인 장비 관리를 위한 정보를 제공하여야 한다. 이러한 기능을 수행하기 위하여 CAP는 다음과 같은 조건을 필수적으로 가지고 있어야 한다.

(1) 설비 리스트 관리 기능

디지털 전환 생산 관리 시스템의 설비 리스트 관리 기능은 설비나 장비 또는 기계의 명칭이나 고정 자산 번호 등과 같이 하드웨어적으로 관련된 기본 정보와 도면과 각종 보고서, 일지 등과 같은 관련 문서들을 통합 관리하는 기능이다. 이러한 관리 기능은 사전에 체계적으로 관련 자료와 정보를 충분하게 정리하여 시스템을 구축하여야 하므로 표준화 작업 등 준비가 철저히 이루어져야 한다. 이렇게 구축된 시스템 내에서 설비 리스트 관리 기능은 원하는 정보를 간편하고 신속하게 찾을 수 있도록 하는 기능이다.

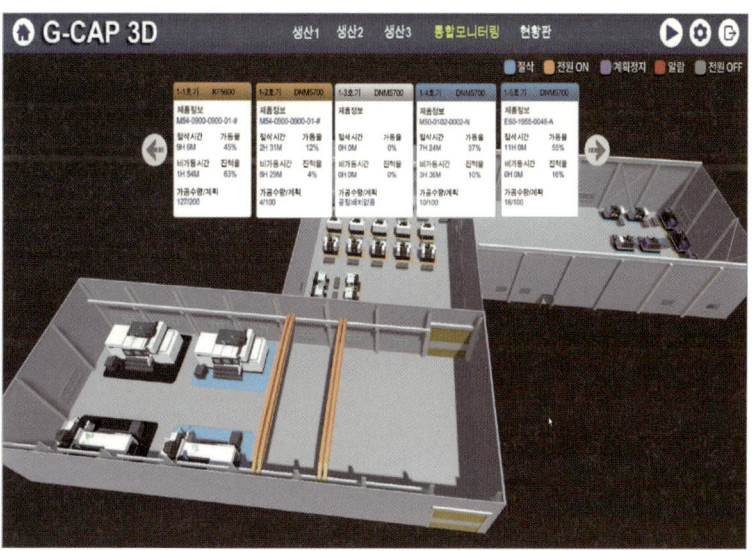

그림 1-2 설비 리스트 관리 기능

(2) 정기 보전 검색 기능

 정기 보전 검색 기능은 생산 현장에서 이미 설정된 보전 주기의 항목을 구분하여 검색할 수 있도록 하고, 예정된 정기 보전으로 인한 생산성 저하 방지를 미리 대비할 수 있도록 하는 기능이다. 또한 정기 보전과 관련하여 사용자가 보전한 결과에 대하여 직접 확인하기 위한 검색을 할 수 있도록 하는 기능이다.

(3) 사후 보전 검색 기능

 디지털 전환 생산 관리 시스템의 사후 보전 검색 기능은 설비·장비의 결함이나 5S의 결함을 발견한 시점과 문제점을 해결한 시점 등을 등록하여 설비·장비의 이력을 데이터베이스화시키는 기능을 말한다. 이 기능은 데이터베이스의 정확성을 위하여 보전 등록이 이중으로 등록되지 않도록 하는 대비책이 반드시 마련되어 있어야 한다. 그리고 돌발 사태의 고장인 경우는 사후 보전으로 등록하고, 생산 현장에서 이루어지는 일상적인 사후 보전, 개량 보전, 예방 보전 등은 내용의 누락이 발생하지 않도록 세밀하게 구성된 데이터베이스를 구축함으로써 설비 운용 상태를 정확하게 파악하고 검색하도록 하는 기능이다.

(4) 이상 발생 시 검색 지원 기능

 디지털 전환 생산 관리 시스템의 검색 지원 기능은 비정상 가동이 발생한 경우 신속하게 대처할 수 있도록 지원하는 기능을 말한다. 설비·장비에서 갑작스러운 고장이 발생한 경우, 경력을 가지고 있는 사원일 경우에도 어떤 조치를 순차적으로 해야 할지 당황스러울 수가 있다. 더구나 경험이 부족한 사원일 경우에는 언급할 필요도 없이 대처가 어려운 실정일 것임을 쉽게 짐작할 수 있다. 이러한 경우에도 사용자가 데이터베이스의 '현상-원인-조치' 분류에서 과거의 유사한 고장이 발생했던 사례와 이루어진 조치 등을 검색하여 참고 자료로 활용하고 일관된 조치 방법을 모색할 수 있도록 지원하는 기능이다. 즉, 갑작스러운 고장이 발생하는 경우 경험 유무에 상관없이 사용자가 유사한 관련 정보들을 검색하고, 이를 통하여 최적의 조치를 신속하고 정확하게 할 수 있도록 지원하는 기능이다.

(5) 부품 관리 서비스 기능

 디지털 전환 생산 관리 시스템의 부품 관리 서비스 기능은 공장에 있는 설비의 번호마다 보수 유지용 부품을 등록하여 전체적인 부품 관리가 항상 품목별로 적정량을 보유할 수 있도록 지원하는 기능이다. 이를 위하여 정기 보전 및 사후 보전에 사용된 부품과 연계된 부품의 목록 관리 및 재고 관리, 보수 유지용 부품의 재고 및 안전 재고 관리 사항이 항상 확인되어야 하고, 필요시 주문 관리 업무와 자동 연계되도록 구성하여야 하는 기능이다.

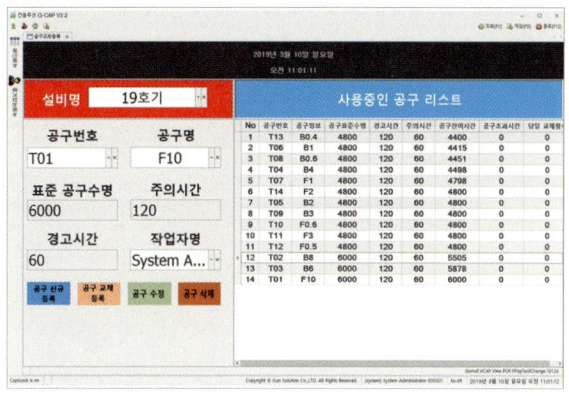

그림 1-3 건솔루션 G-CAP 브로셔 공구 리스트 모니터링

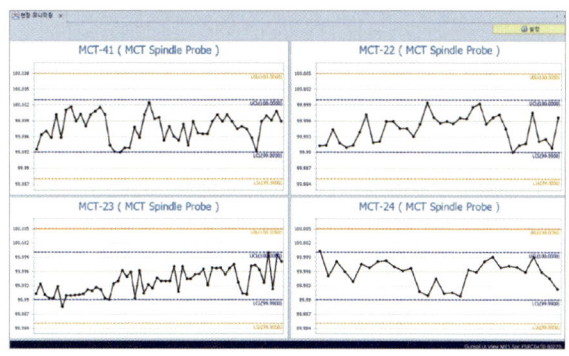

그림 1-4 현장 모니터링 기능

(6) 사전 점검의 기능

디지털 전환 생산 관리 시스템의 사전 점검 기능은 설비·장비의 고장을 정보 분석을 활용하여, 사전에 고장 발생 시기를 예측할 수 있어야 하고, 예방 정비 계획을 수립하도록 지원하는 기능이다. 또한 그에 따른 부품의 교환 일정, 수리 일정, 업데이트 일정을 판단하고 대비할 수 있도록 하는 기능이다. 이를 위하여 설비의 설정 값과 측정 및 모니터링을 통한 실젯값을 분석하여 예상되는 고장 발생 시기를 담당자에게 알려줌으로써, 조치가 이루어질 수 있도록 하는 기능이다.

(7) 설비 보전 활동의 홍보와 활성화를 실현

디지털 전환 생산 관리 시스템은 대시 보드를 사용하여 보전 활동의 성과와 문제점을 쉽게 파악할 수 있도록 구성하여야 한다.

사용자가 개개인이 스스로 보전의 성과를 쉽게 확인하도록 함으로써 설비 보전에 관한 종합적 현상 판단과 설비 보전의 효과를 직접 확인할 수 있도록 표현하고 홍보하는 기능이다. 또한 대시보드 내용의 홍보를 바탕으로 실무 작업자들이 자율적으로 설비 보전 활동에 참여할 수 있도록 이끌어주는 역할을 수행할 수 있어야 하고, 설비 보전 업무의 중요성을 모든 작업자가 공감하고 보편적 활성화가 실현될 수 있도록 하는 역할이 기대되는 중요한 기능이다.

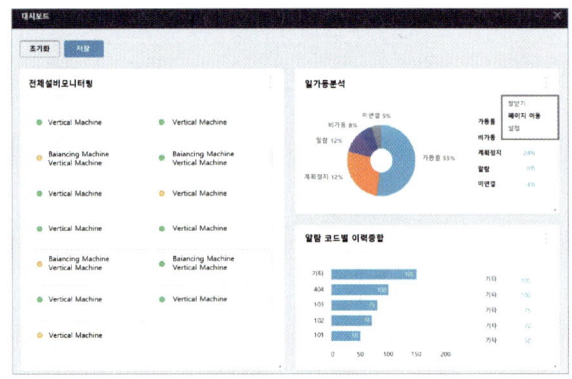

그림 1-5 대시 보드

(8) 다양한 입력 방법과 실시간 입력 기능

디지털 전환 생산 관리 시스템은 미래 지향적인 생산 관리 시스템이므로 입력의 다양성과 위치적 시간적 제한 없이 필요한 데이터를 입력할 수 있는 실시간 입력 기능을 반드시 갖추어야 할 필수적인 조건이다. 다양한 입력 방법이란 오늘날 우리가 사용하고 있는 여러 가지 유-무선 통신의 다양한 방법을 활용하여 입력할 수 있는 기능을 말한다. 또한 실시간 입력 기능은 현장의 컴퓨터는 물론, 스마트폰이나 태블릿 등으로 입력할 수 있는 기능을 말한다. 이러한 기능은 장소나 위치에 제한 없이 어디서나 현장의 상황을 실시간으로 모니터링과 정보를 입력할 수 있고, 소통할 수 있게 해주는 아주 중요한 기능이다. 만약 여러분들이 현장과 떨어진 장소에서 유선 전화만 가능하다면 얼마나 불편할지 생각한다면 이 기능의 필요성을 쉽게 이해할 수 있을 것이다. 그리고 제각기 다른 위치에서 여러 보고자의 실시간 입력으로 발생할 수 있는 중복 등록 및 이중 등록을 방지하는 기능을 필수적으로 가지고 있어야 한다. 예를 들면, 실시간 전달이 생산성과 직결되는 보전 현장의 경우에서는 특히 보전 결과가 즉각적으로 전달되어야 하므로 입력의 다양성 확보는 필수적으로 요구되는 기능이며, 현장에 있던 인원이 제각각 입력하게 되는 경우가 발생할 수 있으므로, 중복 및 이중 등록 방지는 필수적인 기능이다.

(9) 보전 활동 실태의 신속 파악 기능

디지털 전환 생산 관리 시스템은 입력된 보전 실적을 기반으로 설비·장비 또는 부품 단위별로 집계와 분석을 할 수 있어야 한다는 기능이다. 이는 단순히 어느 현장의 장비 몇 대가 보전 활동을 마쳤다는 단순 보고가 아닌, 보전 활동의 전체적인 상황을 시설·장비 종류별, 기능별 또는 필요한 단위별로 분석하여 정보화되어야 하고, 가시화를 통하여 모니터링이 가능해야 한다는 것을 말한다.

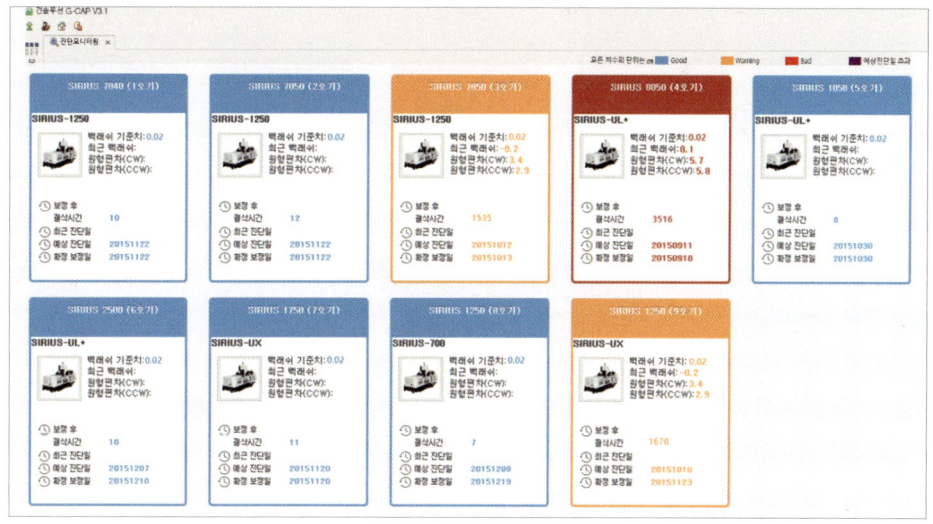

그림 1-6   진단 모니터링

그리고 사용자는 이러한 기능을 통하여 예방 보전과 사후 보전 등의 상황을 여러 가지 분석 형태로 정확하게 이해하게 되고, 이를 통하여 생산 계획에 영향이 가장 최소화되는 적절한 보전 계획을 수립할 수 있도록 하는 기능이다.

(10) 회사 실정에 적합한 운영 방안 제시 및 지속적으로 지원한 기술력 보유 기능

디지털 전환 생산 관리 시스템은 시스템 도입 단계에서는 필연적으로 회사의 특성에 따른 각종 작업과 문서들을 최적화와 표준화하는 작업이 선행되어야 하고, 이를 기반으로 각각의 회사에 적합한 데이터베이스를 구성하여야 한다.

이렇게 구성된 데이터베이스는 시스템 운영 단계에서 생산성 향상과 각종 현황을 분석 자료를 통하여 효율적인 생산 관리 운용 방안을 제시하여야 하고, 회사의 환경변화(예 신규 장비 도입 등)에 따른 추가적인 요구 사항에도 대응할 수 있도록 구조적인 유연성을 보유하여야 한다.

그리고 실전 가동 단계를 지나면 향후 지원 및 개선 방안과 내용의 업그레이드 등 고객의 요구에 따라 대응하는 맞춤형 지원이 추가적으로 필요하게 되므로, 처음부터 이러한 요구 조건을 수용할 수 있는 기술력을 가지고 있는 전문 업체와 협력하여 구축하는 것이 필요하다.

1-2 디지털 전환 생산 관리 시스템의 도입 목적과 핵심 기능

디지털 전환 생산 관리 시스템의 도입 목적은 앞에서 설명한 필수 기능을 포함하여 여러 가지 기능들이 안정적인 장비·시설 운영을 할 수 있도록 어떠한 역할을 수행할 수 있는지를 판단하여야 하고, 도입 목적에 부응하는 생산성의 극대화를 위하여 제공하는 분석 자료의 정확성과 해석 방법의 편리성을 제공하는 핵심 기능이 얼마나 있는지를 기준으로 기대 효과를 판단할 수 있다.

1 다양한 데이터 입력 방식과 실시간 작업 내용 확인 기능

디지털 전환 생산 관리 시스템의 다양한 데이터 입력 방식과 실시간 생산 데이터 취득 기능은 현장의 진행 상황과 작업 내용을 작업 종료 후 입력하는 사무실의 컴퓨터가 아니더라도 현장의 컴퓨터나 기타 다양한 입력 방법을 사용하여 실시간으로 데이터 입력을 할 수 있도록 하는 기능을 말한다. 이런 방법으로 실시간 데이터를 입력하고 업데이트하는 것은 현장의 상황을 정확하게 실시간으로 모니터링을 할 수 있다. 예를 들어 계획 생산량이 달성되지 못하는 경우가 발생하여도 업무가 종료되어 입력을 마쳐야 비로소 결과를 확인할 수 있게 될 것이다. 데이터의 다양한 입력 방법을 통한 실시간 입력은 이런 상황이 예견되는 즉시 장비를 추가로 배정하는 등 문제점에 대하여 실시간으로 필요한 지시를 할 수 있도록 하는 기능이다.

그림 1-7 작업 후 번거로운 수동 실적 입력

(1) 작업 일지의 작성에 따른 업무 부담감과 문제점

일반적으로 작업 일지는 작업 종료 후 별도의 시간을 할애하여 일일이 입력 · 작성해야 하므로, 별도의 또 다른 번거롭고 불편한 업무이다. 또한 작업 종료 후 일괄 입력하게 되므로 현재의 작업 현황과 작업 내용을 실시간으로 파악한다는 것은 근본적으로 불가능한 한계성을 가지고 있다. CAP는 이러한 불편함을 해소하기 위하여 작업 일지 관련 업무를 현장에서 실시간으로 직접 입력, 터치패널 입력 등 다양한 입력 방법으로 작성할 수 있도록 지원하여 작업 후 입력 업무에서 벗어나는 편리성과 간편함을 제공한다.

(2) 단순 통계 데이터 입력 방법의 문제점

현재 사용되고 있는 수동 입력의 엑셀 등 단순 통계 데이터 입력 방법은 전반적인 상황을 나타내는 것으로, 일정한 양식에 의하여 내용을 파악하도록 구성되어 있다. 이러한 방법으로는 전체적인 상황을 개략적으로 추측하거나 예상할 수는 있으나, 상세한 내용을 정확하게 파악하는 것은 양식의 한계상 어려운 일이다. 또한 이런 방법으로 필요한 시점의 실시간 작업 내용의 분석은 당연히 불가능한 한계점을 가지고 있다.

※승거기 사용지명 ※현장 복사 사용 권장 | 신작

카운터 형번및 금형명(금형사양) | DR실적 | 납기 및 실적 | 전달사항 | 담당(+외주)

-10/22	형번	수주처	모델	금형명	차수	사출기(톤)	최초	착수승인	T-1 납기	T-1 실적	사출횟수	작업단계	육성일정	사출	샘플입고	금형출하	작성일시	영업세부지시사항	설계	조립	의뢰자
126	10126	WOONGJIN	WM-07	COVER TOP	1						7	수/개조		8/12	7/19	8/15		변형코어 사고 긴급 대응 필요==>17시출고	김동률	김아람	
159	11159	JCI	VD	VD_4DR_FR_LWR_TRIM_LH	1	1300		5/16	7/18	7/28		수/개조		8/12			8/9	8/9(화)원료입고(블랙 200kg)>>>8/12(금)09:00-사출예정	이재호	박명식	
160	11160	JCI	VD	VD_4DR_FR_LWR_TRIM_RH	1	1300		5/16	7/18	7/28		수/개조		8/12			8/9	8/9(화)원료입고(블랙 200kg)>>>8/12(금)09:00-사출예정	이재호	박원규	
188	11188	VD(사)	UD4003 32"	GUIDE-STAND	10	350		7/19	8/12			신작진행		8/12		8/30		부식 SE-1014	강상욱	박원규	
189	11189	VD(사)	UD5003 40"	GUIDE-STAND	11	350		7/19	8/12			신작진행		8/12		8/30		부식 SE-1014	강상욱	윤종주	
174	11174	WOONGJIN	TITAN PLUS	COVER REAR	1	1300	7/13	7/18	8/8			수/개조		8/16				보스 높이 슬리브교체및 외관 미각기	이재호	박명식	
191	11191	VD(사)	TA300 21.5	COVER-REAR	2	650	7/22	7/22	8/19			신작진행		8/19		9/5			이재호	윤종주	
192	11192	VD(사)	TA300 21.5	COVER-FRONT	3	650	7/22	7/22	8/19			신작진행		8/19		9/5			이재호	박명식	
196	11196	VD(사)	TA300 21.5	HOLDER-STAND	14	150		8/3				신작진행		8/19		8/31		중국개발금형으로 신규로설계및제작 현재 도면 미입수 도면입수후 진행			
194	11194	VD(사)	FULL-LED 46"	FRAME-MOLD MIDDLE-UD	1	650	7/27	8/5	8/27			신작진행		8/27			7/28	8/5(금)최종제품도접수예정(비열처리제작)	김수연	김형관	
195	11195	VD(사)	FULL-LED 46"	FRAME-MOLD MIDDLE-LR	1	650	7/27	8/5	8/27			신작진행		8/27			7/28	8/5(금)최종제품도접수예정(비열처리제작)	이재호	유상	
209	11209	청진ENG	제모기	CASE-TOP	1			8/10	8/31			신작진행		8/31				8/9 재료발주 완료		박명식	
210	11210	청진ENG	제모기	CASE-BOT	1			8/10	8/31			신작진행		8/31				8/9 재료발주 완료		윤종주	
211	11211	청진ENG	제모기	DOOR-TOP/BOT	1			8/10	8/31			신작진행		8/31				8/9 재료발주 완료		박원규	
212	11212	청진ENG	제모기	WINDOW-CONTROL	1			8/10	8/31			신작진행		8/31				8/9 재료발주 완료		김형관	
221	11221	VIDEOCON	4.5kg	WASH DV	1	150	8/9					신작진행		9/23							
222	11222	VIDEOCON	4.5kg	SPIN DV	1	150	8/9					신작진행		9/23							
224	11224	VIDEOCON	4.5kg	SPIN LIB	1	450	8/9					신작진행		9/23						유상	

그림 1-8 작업 후 작업자에 의한 수동 입력 데이터 · 엑셀 등

(3) CAP의 실시간 생산 정보 입력 기능과 실시간 작업 현황 모니터링

CAP는 현장의 생산 정보 데이터를 실시간으로 입력할 수 있도록 하고, 이를 디지털 전환하여 현장의 설비 · 장비별에 따른 작업 내용과 작업 현황을 분석한다. 실시간 입력되는 생산 정보에 의하여 업데이트된 내용으로 작업 현황을 실시간 모니터링 할 수 있도록 한다.

또한 작업자와 관리자는 서로 다른 위치에 있더라도 다양한 통신 수단을 사용하여 제공되는 시각화된 각종 생산 정보를 확인할 수 있다. 또한 작업자뿐만 아니라 관리자도 실시간으로 투명성이 높은 작업 현황과 작업 내용을 모니터링을 통하여 확인할 수 있다.

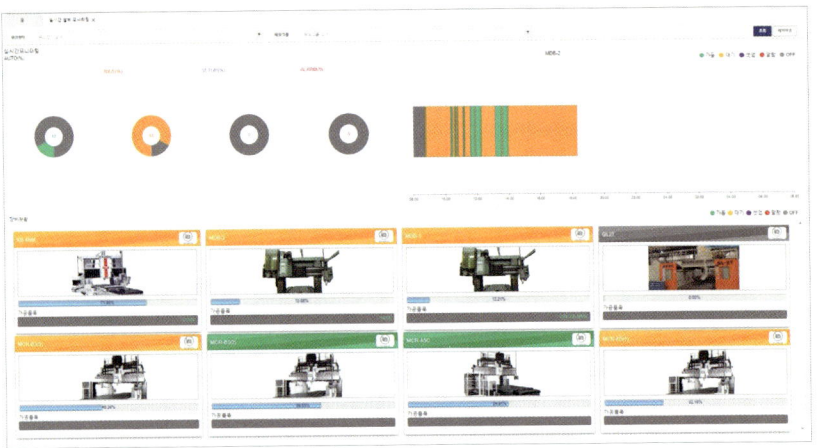

그림 1-9 실시간 작업 내용 확인 및 설비별 자동 집계 기능

(4) 실시간 모니터링 기능을 활용한 업무 조정 및 문제점의 신속 대응

작업자와 관리자가 작업 내용을 확인할 수 있는 실시간 모니터링 기능은 다양한 업무에 적용될 수 있고, 생산 정보 확인의 투명성을 높게 하므로 필요시 업무 조정의 신속성과 작업자와 관리자의 업무 협의가 가능한 환경을 제공한다. 따라서 업무 협의 및 조정, Cross-Check를 실시간으로 할 수 있으며, 현장에서 돌발적으로 문제점이 발생하는 경우가 일어난다 해도 작업자와 관리자가 현재 작업 내용을 파악하고 있으므로 정확하고 신속하게 공동 대처하여 피해를 방지할 수 있다.

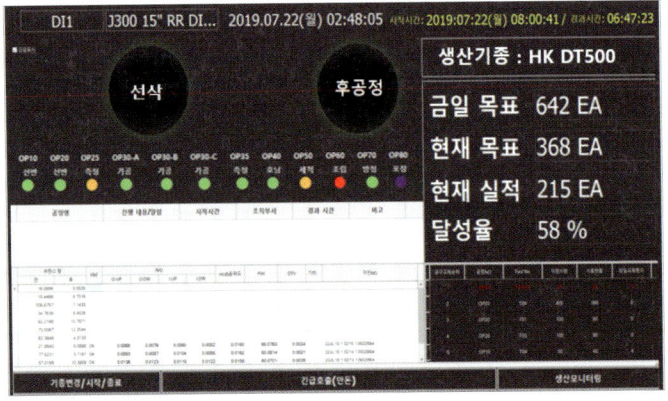

그림 1-10 진행 사항 실시간 모니터링 (관리자/사용자)

표 1-1 실시간 생산 데이터 가능 비교

Before	Contents	After
작업자 수기 작성 및 수동 집계 (엑셀화)	작업 일지 작성	설비-자동 수집, 작업자-터치 패널 입력
디지털화의 어려움 및 관리의 한계성 직면	생산 정보 수집	수집의 편의성 확보, 가공 실적의 투명성
단순 통계 분석	수집 데이터 활용	생산 정보 이력 조회, 분석 및 다양한 통계 분석 기능 제공
현장의 잠재적 문제점 도출 불가	문제점 도출	잠재적인 현장의 문제점 도출로 업무 효율 향상

2 작업 단위 추적 관리 기능

디지털 전환 생산 관리 시스템의 디지털 전환 작업 단위 추적 관리 기능은 각각의 프로젝트별로 작업 지시를 내리는 시점부터 프로젝트의 진행 상황과 생산 실적을 디지털 전환 자료에 의하여 실시간으로 작업 단위 상태로 추적하여 관리할 수 있도록 하는 기능을 말한다.

(1) 작업 일지와 공정 이동 전표 방식의 추적 관리 기능의 문제점

작업 일지와 공정 이동 전표를 사용하는 생산 실적 관리 방식은 작업 지시된 프로젝트가 현재 어떤 공정의 설비·장비의 작업 준비 중인지, 가공 중인지, 아니면 가공이 아닌 다른 공정에서 작업을 하고 있는지 또는 가공이 끝난 상태에서 출하 준비 중인지 등에 관한 자료가 없다. 즉, 프로젝트에 대하여 실시간으로 어느 공정에서 어떤 작업에 있는 상태인지, 작업 완료 상태인지를 파악할 수 없는 한계점을 가지고 있다.

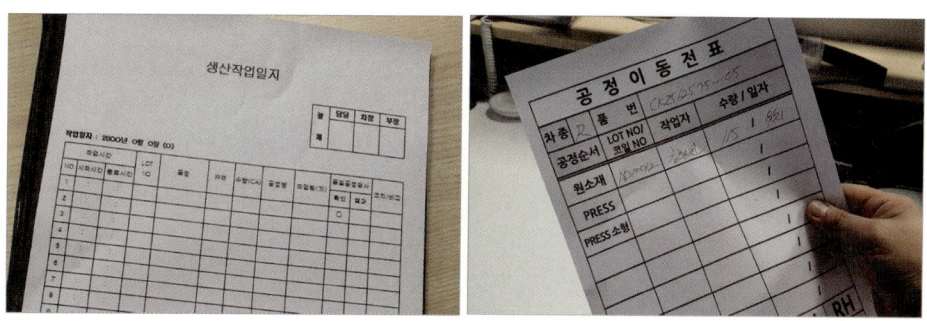

그림 1-11 작업 일지와 공정 이동 전표

(2) 작업 일지와 공정 이동 전표 방식의 작업 후 일괄 입력의 문제점

작업 일지와 공정 이동 전표 방식은 작업 후 일괄 입력 시스템이므로 입력에서 작업자의 실수로 작업 실적의 누락·오류가 발생할 수 있고, 책임량에 따른 압력이나 책임 회피, 기타 요인에 의하여 임의 실적을 조작하여 등록하는 경우 등, 여러 가지 요인으로 인하여 정확하지 못한 자료가 입력될 수 있다. 실제로 작업자의 실적 입력 결과와 모니터링에 의한 자동 실적 결과가 얼마나 차이가 발생할 수 있는지 다음 그림에서 보여주는 바와 같이 입력된 결과가 다른 것을 볼 수 있다. 이처럼 신뢰도가 떨어지는 입력 결과를 기반으로 생산 계획을 수립하게 되면 처음부터 오류를 포함한 상태로 목표 달성률을 설정하는 잘못된 결과를 가져오게 되고, 또한 나중에 생산 목표량이 차질이 발생하게 되면 원인을 분석하거나 대응 방안을 모색하여 계획을 수정하는 일도 일일이 작업 일지와 공정 이동 전표를 검색해야 하므로 복잡하다.

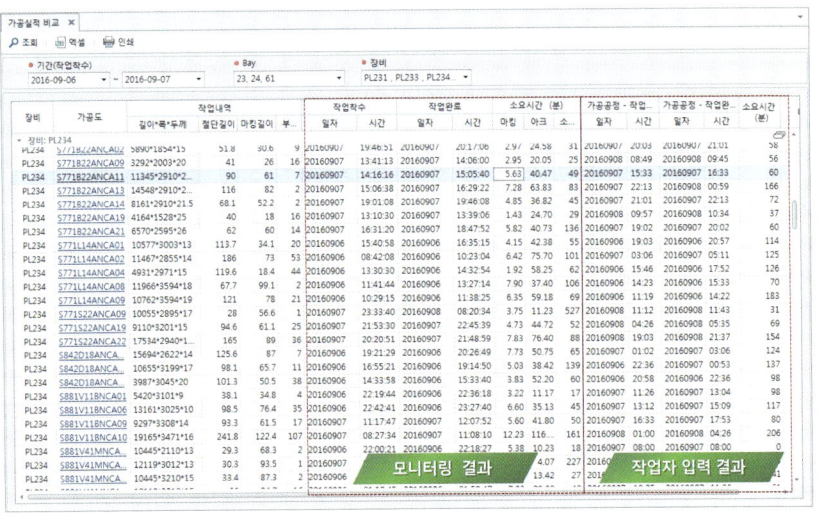

그림 1-12 수집된 작업 실적과 작업자 입력 결과의 실적 비교

(3) 문제점 해결을 위한 생산 관리 시스템의 작업 단위별 추적 관리 기능

이러한 문제점을 해결하기 위해서는 실시간적인 자료 입력과 여러 가지 복잡한 분석 방법의 기술이 필요하다. 이러한 분석 작업을 하기 위해서 CAP는 실시간으로 작업 시간과 작업 내용의 입력이 가능하여야 하고, 정확한 실시간별 실적 관리 분석을 위하여 알람, 전원 OFF, 비가동, 절삭 등을 구분하여 일정 기간별 가동 시간을 분석하고, 프로젝트별로 장비의 2D 가공, 3D 가공, 세팅, 측정 등 가동 시간 분석 등을 하여야 한다.

이러한 여러 가지 데이터를 디지털 전환하여 CAP는 프로젝트별로 작업 지시에서부터 현재 진행 상황과 작업 실적을 작업 단위별로 추적 관리하게 된다. 이러한 작업 단위별 추적 기능을 통하여 계획 대비 현재 실적을 실시간으로 정확하게 분석함으로써 정확한 생산 관리와 실적 관리가 실시간으로 가능하게 된다.

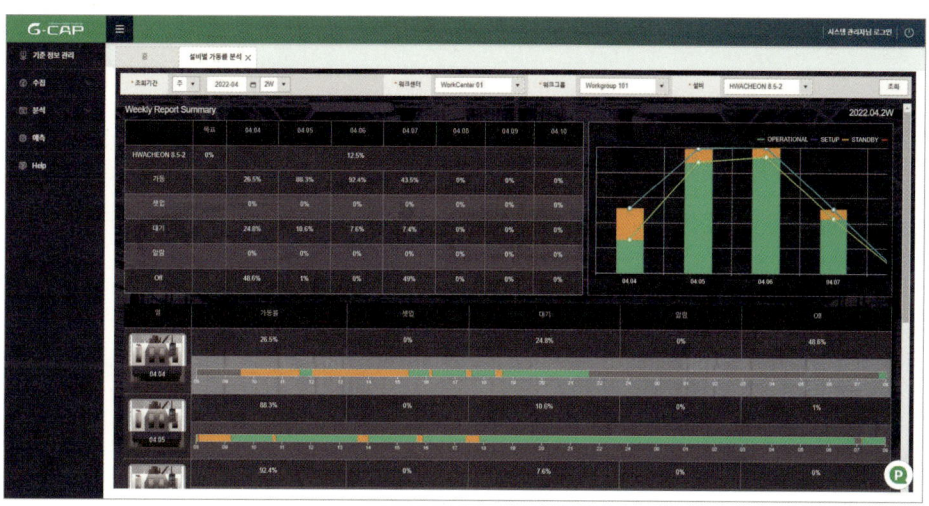

그림 1-13 장비별 가동 시간 분석 (2D 가공, 3D 가공, 세팅, 측정 등)

표 1-2 작업 단위 추적 관리 가능 비교

Before	Contents	After
작업 실적의 누락 또는 임의 실적 등록, 오류	생산 실적 관리	실제 작업 시간을 실시간 수집, 집계하여 정확한 실적 관리 분석 가능
작업 지시 단위로 관리	실적 집계 관리	작업 지시에서 실제적인 제품별 실적 파악 가능
전체 공정을 거친 이후 집계 곤란		프로젝트별 정확한 실적 관련 집계 가능
일지 작성 후 취합하여 별도의 엑셀 작업으로 관리		계획 대비 실적의 문제점을 신속 파악 및 해결 가능

3 데이터 기반 품질 분석 기능

디지털 전환 생산 관리 시스템의 디지털 전환 품질 분석 기능은 설비별 공정 조건 데이터를 스마트 I/F 디바이스를 통하여 자동 집계하여 실시간으로 데이터 이력 조회가 이루어지게 하는 공정 모니터링 기능과 실제 공정 조건으로 장비의 이력을 조회하여 실시간으로 품질 문제 발생 시 원인 파악과 해결 방법을 모색할 수 있게 하는 가공 시뮬레이션 기능을 말한다.

(1) 작업표준서의 공정 변수 입력 방법의 문제점

기존의 작업표준서에 의한 방법은 우선 작업자가 설비별 공정 조건 데이터를 일일이 수동으로 입력해야 하는 번거로움이 있는가 하면, 그나마 입력된 설비 동작의 설정값과 실제로 설비 동작이 일치하지 못하는 경우가 발생하여 입력된 설정값이 의미를 상실하게 된다. 또한 설비 동작의 설정값만 수기로 작성 · 관리되기 때문에 불량 원인을 파악하는 일도 역시 수기로 입력된 공정 데이터 설정값에만 의존해야 하는 한계가 있다. 따라서 데이터의 이력 조회 및 품질 문제의 원인 파악이 정확한 데이터에서 이루어지는 것이 아니라 경험적 추측에 따라 이루어지게 된다.

차종	MD	작 업 표 준	작성자		결재	작성	검토	승인	표준번호
제품명			작성부서						

부품명	P/SHAFT	공정명	1차선삭	설비명	CNC선반
부품도번	3X565-00601	공정번호	020	재질	SCM420H
공정약도					

☆치 공 구 관 리 표 준☆

번호	치종구명	교환주기	치공구번호	준수방안
1	외경황삭	200EA	DNMG150608HS	
2	센터	300EA	φ2.5B형	
3				
4				
5				

☆조 건 관 리 표 준☆

번호	항목	조건	확인방법	주기	준수방안
1	외 경	F-7	프로그램	셋팅시	
2	센 터	F-7	프로그램	셋팅시	
3					
4					

☆자 주 검 사 표 준☆

번호	항목	규격	검사기기	시료수	검사주기	준수방안
0	외 관	유해결함無	육안	전수	LOT	체크시트
1	외 경	φ23.0±0.05	M.M	n=2	초.중.종	↑
2	외 경	φ12.25±0.05	M.M	↑	↑	↑
3	거리	62.5±0.25	H.G	↑	↑	↑
4	거리	49+0/-0.3	H.G	↑	↑	↑

작업시 주의 사항

자주검사 주기표							작업표준 점검 이력표
검사주기	주간			야간			일자
구분	초물	중물	종물	초물	중물	종물	담당
시간							확인

개 정 이 력

번호	개정내용 및 규격	개정일	작성자	확인
1	최초 작성 (8)	2011.04.05	장평익	
2				
3				
4				

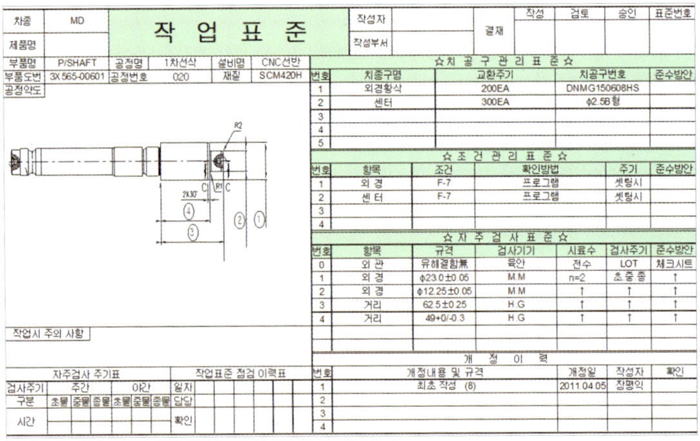

그림 1-14 작업표준서 – 예시

(2) CAP의 자동 수집된 공정 조건 데이터를 사용하는 이력 조회 기능

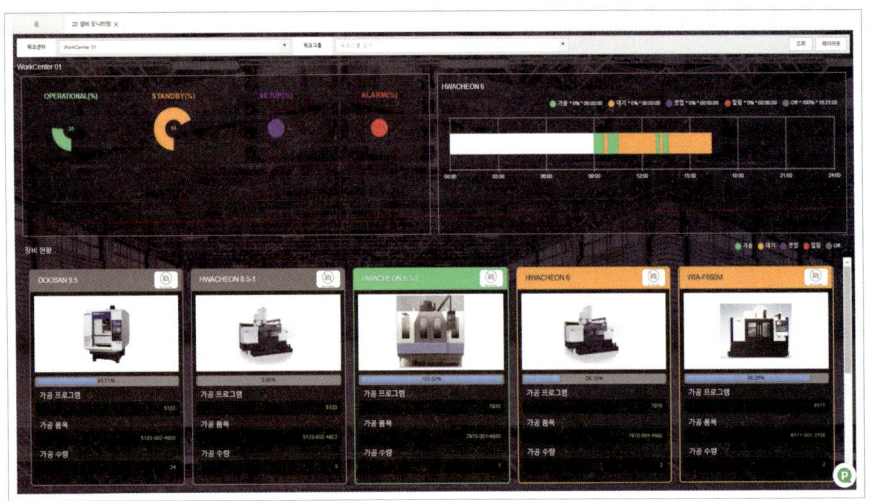

그림 1-15 시각화된 공정 모니터링

디지털 전환 생산 관리 시스템은 자동 실적 집계를 그림 1-15와 같이 공정 모니터링 기능으로 사용하므로 작업자가 별도의 공정 변수를 입력할 필요가 없고, 설비 동작의 설정값 대신 설비별 공정 조건 데이터를 스마트 I/F 디바이스를 통하여 자동 집계된 공정 조건의 이력 조회가 이루어지므로 실시간으로 품질 분석이 가능하다.

(3) 실제 공정 조건을 적용한 가공 시뮬레이션의 품질 분석 기능

디지털 전환 생산 관리 시스템은 실제 공정 조건을 적용하는 강력한 가공 시뮬레이션 기능을 그림 1-16과 같이 사용하여 실시간으로 품질 분석을 파악할 수 있으므로 CAP가 아니면 불가능한 기능이라 할 수 있다. 이러한 가공 시뮬레이션 기능을 통하여 여러 가지 원인으로 인한 품질 문제가 발생하면 즉각적인 원인 파악과 해결 방법 모색이 가능하게 되어 생산 계획의 차질을 최소화 할 수 있게 한다.

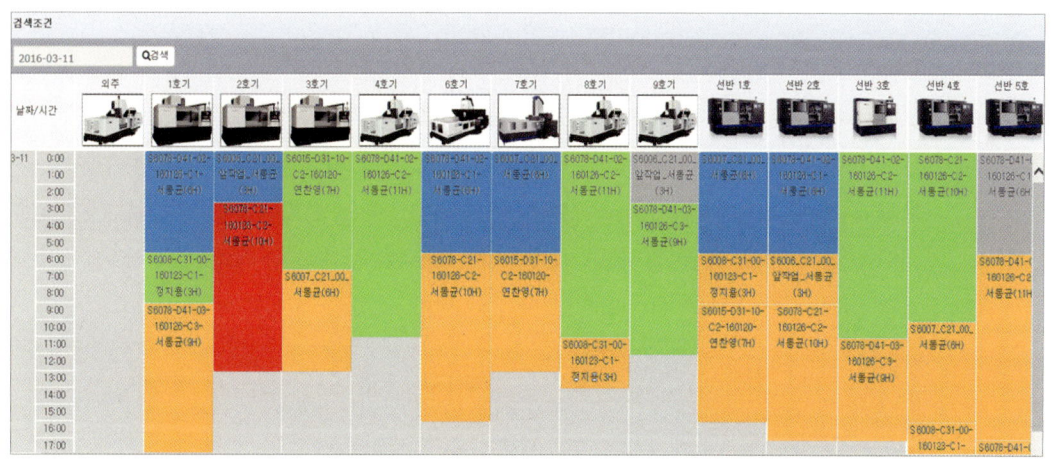

그림 1-16 자동 실적 집계를 위한 공정 시뮬레이션

표 1-3 데이터 기반 품질 분석 비교

Before	Contents	After
작업자가 '작업표준서'에 따라 직접 입력	공정 변수	입력할 필요 없음
실제 설비는 설정값으로 동작되지 못함	설비 동작	설비별 공정 조건 데이터 자동 집계 (스마트 I/F 디바이스)
데이터 이력 조회 및 품질 문제의 원인 파악 불가능	공정 조건 데이터	데이터 이력 조회 및 품질 문제의 원인 파악 가능
설정값만 수기로 작성·관리하여 불량 원인 파악 한계	품질 문제 발생 시 대응 방법	실제 공정 조건으로 가공 시뮬레이션

4 설비 관리 스마트 기능

디지털 전환 생산 관리 시스템의 설비 관리 기능은 장비나 설비의 고장이나 정비로 인한 비가동 시간을 최소화하는 중요한 기능으로 생산 계획 수립에 직접적인 영향을 주는 기능이다.

CAP의 설비 관리 스마트 기능은 데이터의 디지털 전환에 의한 진단 기능과 예측 기능을 실시간 모니터링과 결합하여 장비나 설비의 상태를 실시간으로 파악할 수 있도록 하고, 설비의 고장 예방과 설비 진단 일정을 생산 계획에 가장 영향이 적은 범위에서 예방적인 정비 계획을 사전에 수립하도록 해주는 기능을 말한다.

(1) 각종 설비 점검표에 의존하는 설비 관리 방식의 문제점

각종 설비 점검표 및 일상 점검표에 의존하는 기존의 설비 관리 방식은 그림 1-17과 같이 주기적인 활동의 고장 예방 점검과 정기 점검 방식에 의존하여 이루어졌다. 이러한 방법은 설비·장비의 실시간 상태를 알 수 없는 구조이고, 다른 여건을 고려하지 않는 경직된 방법일 뿐만 아니라 장비의 실시간 상태를 고려하지 않는 방법이기 때문에 점검 시기가 아닌 돌발적이고 비정상적인 고장에 대하여 대응하기 어려운 무방비적인 취약성을 가지고 있다. 따라서 돌발적인 비가동 사유에 대비한 비가동의 예측과 예방 진단 및 예방 정비 활동을 수행할 수 없으므로 돌발적인 비가동 상태가 발생하면 직접적이고 막대한 생산 계획의 차질을 피할 수 없게 된다.

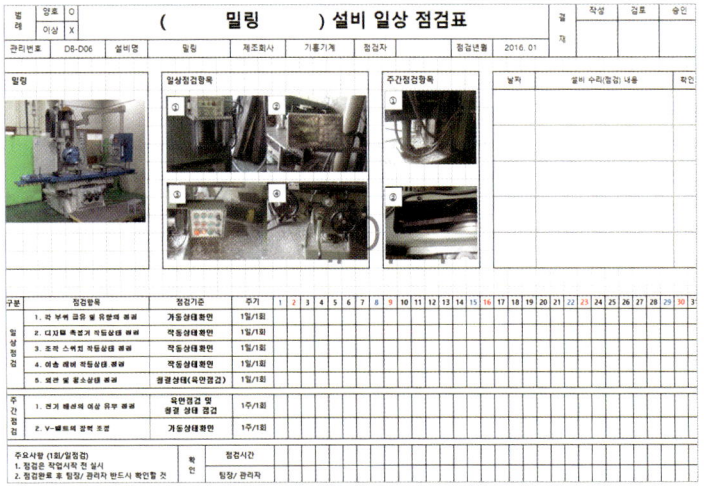

그림 1-17 설비 일상 점검표

(2) 디지털 전환 분석 시스템에 의한 진단과 예측 기능

디지털 전환 생산 관리 시스템은 장비의 라이브러리와 각종 센서 및 측정 시스템의 데이터를 디지털 전환하여 설비·장비의 실시간 진단과 설비 예측을 **그림 1-18**과 같이 실시간으로 시각화된 모니터링을 통하여 가능하도록 제공하며, 이를 통하여 설비·장비의 돌발적인 비가동 사유의 원인에 대한 예측과 예방적 진단 및 정비 등의 필요한 조치를 사전에 수행할 수 있도록 한다.

예를 들면 예측과 진단 시스템의 분석으로 고장이 예상되는 부분의 측정과 조정을 사전에 실시하여 그에 따른 조치를 할 수 있고, 디지털 전환 진단 시스템의 분석으로 교체나 정비가 필요한 부품 또는 공구를 고장이 발생하기 전에 미리 교체하는 등의 예방적 조치를 할 수 있는 모니터링 정보를 제공함으로써 설비·장비의 고장으로 인한 손실을 예방하고 이로 인한 생산 계획 차질을 최소화할 수 있도록 한다.

그림 1-18   CAP의 설비·장비 실시간 상태 진단·예측 모니터링

(3) 시간 진단 모니터링을 활용한 스마트 정비 일정 계획 수립과 관리

디지털 전환 생산 관리 시스템은 설비의 진단 일정 관리 모니터링을 통하여 설비·장비 상태를 실시간으로 파악할 수 있도록 하고, 이를 기반으로 설비·장비의 전체적인 진단 일정을 체계적으로 관리할 수 있도록 한다.

표 1-4   설비 관리 스마트 기능 비교

Before	Contents	After
설비 점검 기준 및 일상 점검	모니터링	설비 보전 모니터링 기반
위의 주기적인 활동을 통해 고장 예방	고장 예방	예지 보전 가능 (고장 가능성 높은 설비 사전 조치)
정기 점검에만 의존하여 갑작스런 고장에 취약	고장 예측	고장 시점 및 이상 부분 예측
고장을 예방하지 못해 직접적인 손실 발생	고장 관련 손실	고장 예측으로 해당 부분을 집중 관리하여 손실 방지

이를 통하여 정비나 수리로 인한 작업 계획의 손실이 가장 적은 범위에서 설비·장비의 진단 일정 관리와 예방 정비 계획을 수립할 수 있도록 한다.

또한 실시간 모니터링과 결합하여 현재 장비의 진단 일정을 실시간으로 파악할 수 있도록 시각화된 정보를 제공한다.

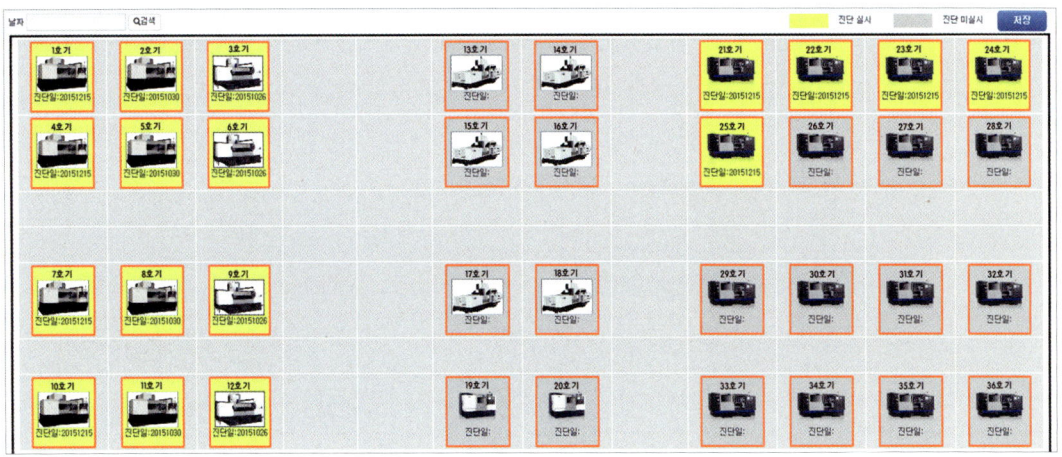

그림 1-19 CAP의 설비·장비 진단 일정 관리

5 모바일 모니터링으로 실시간 현장 현황 파악 기능

디지털 전환 생산 관리 시스템의 모바일 모니터링 기능은 현장의 현황을 파악하는 업무에 있어서 위치나 공간의 제한성을 없애주는 아주 편리한 기능이다. 모바일 모니터링 기능은 일일이 현장을 방문하지 않고도 현재 생산량과 계획 대비 생산 목표 달성률, 설비·장비의 가동 여부 및 작업 중인 프로젝트의 내용, 장비의 이상 유무 등 현황 파악에 필요한 각종 정보를 모바일 통신이나 기타 통신을 이용하여 실시간으로 모니터링을 통하여 파악하고, 이에 따른 장비의 재배치 등 업무 재조정을 원격으로 이행할 수 있도록 해주는 편리한 기능을 말한다.

(1) 현장 방문에 의존하는 현황 파악 방법의 문제점

기존의 작업 진행에 관한 현황 파악의 방법은 정해진 틀에 의한 작업자의 보고나 직접적인 현장 방문으로 설비·장비의 운영 현황을 확인하는 방법으로 이루어져 왔다. 따라서 현장 방문이나 보고에 의하지 않고는 돌발적으로 발생하는 장비의 이상이나 문제점, 장비 가동률, 현재의 작업 공정 상황 등에 관련된 내용을 파악하는 것은 어려운 실정이다. 그리고 현장 상황 파악 내용이 보고자나 직접 방문한 방문자의 주관적인 견해와 판단에 따른 보고에 의존하게 되어 있으므로 인하여 객관적이고 정확한 내용을 파악·분석하기 위해서는 관리자가 직접 현장을 방문하지 않고는 파악할 수 없는 구조적인 어려움의 한계성을 가지고 있다.

그림 1-20 현장 방문을 통한 현황 파악

(2) CAP의 실시간 현장 상황 파악 및 생산 공정 관리 모니터링

CAP는 디지털 전환 데이터 분석을 통하여 월별로 CAPA(작업시간) 대비 실적 분석과 장비별 가동률 분석, 현재의 작업 진행 현황과 생산량, 계획 대비 생산 목표 달성률, 설비 운영 현황과 가동 여부, 설비에서 현재 작업 중인 품목을 실시간으로 파악할 수 있도록 각종 분석 정보를 제공하여 정확한 현장 상황 파악과 생산 공정 관리가 이루어질 수 있도록 한다. 또한 계획 대비 실적의 이상이나 설비 가동에 따른 이상에 따른 문제점을 실시간으로 정보를 제공함으로써 현장 현황에 대하여 신속하게 대처할 수 있도록 한다.

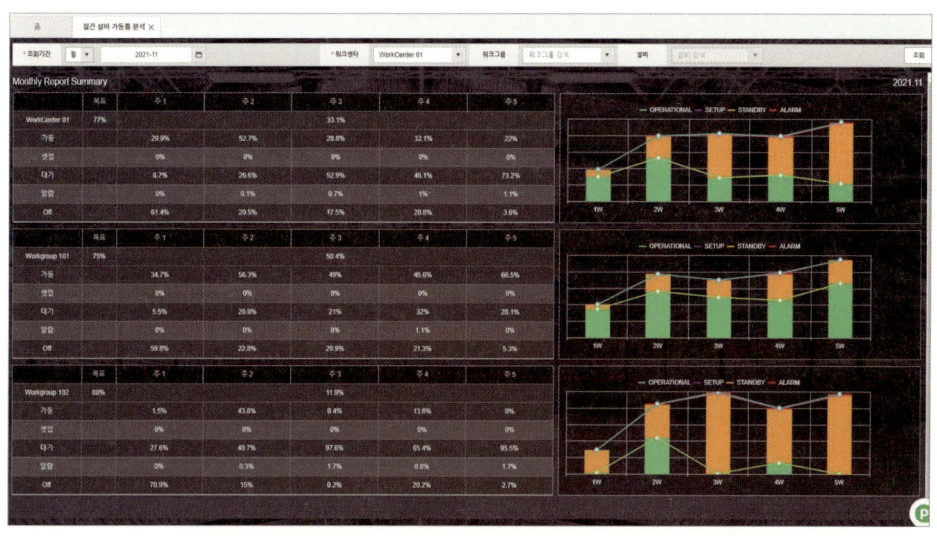

그림 1-21 CAP를 사용한 월별 실적 분석과 장비별 가동률 분석

(3) 위치나 장소의 제한성이 없는 모바일 실시간 현장 모니터링

CAP의 핵심 기능 중에서 가장 편리한 기능은 관리자가 위치나 공간의 제한을 받지 않고서도 현장의 상황을 파악할 수 있도록 모바일 모니터링을 제공한다는 점이다. 출장 또는 다른 업무로 현장을 방문하지 못하는 상황에서도 모바일 기능을 사용하여 현장의 상황을 실시간으로 파악할 수 있다는 것은 여러 가지 편리한 정보를 제공하므로 업무의 효율성에서 엄청난 차이점을 초래하게 되며, CAP의 가장 큰 장점이라고 할 수 있다.

이 기능은 현장을 일일이 방문하지 않고서도 실적 관련 업무를 모바일을 사용하여 모니터링을 통한 현장의 상황을 실시간으로 파악하고, 관련된 지시를 할 수 있도록 다양한 정보와 편리한 기능을 제공한다.

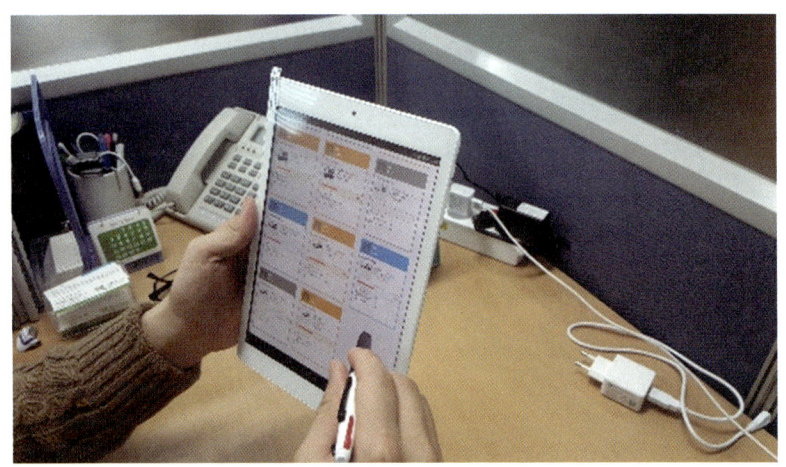

그림 1-22 태블릿을 사용한 모니터링 기능

표 1-5 설비 관리 스마트 기능 비교

Before	Contents	After
작업자로부터 보고받거나 현장 방문	작업 진행 현황	현재 생산량, 계획 대비 생산 달성률 실시간으로 파악
보고받은 정보를 바탕으로 유추	설비 운영 현황	가동 여부, 작업 중인 품목을 실시간으로 파악
실시간 파악 불가능	이상/문제 공정	실시간 파악하여 신속한 조치 가능(손실 최소화)
실시간 파악 불가능	외부에서 파악	모바일 모니터링을 통해 실시간 파악

1-3 디지털 전환 CAP의 특징

디지털 전환 생산 관리 시스템으로써 GUNN-CAP의 특징은 앞에서 설명한 필수 조건과 여러 가지 핵심적인 기능을 가지고 생산 공정 관리를 하고 있다. 무엇보다도 가장 큰 특징은 정확한 분석 자료를 통하여 현장 관리와 원가 절감에 관한 정보를 시각화된 정보를 통하여 모니터링할 수 있도록 편리성을 제공함으로써 생산성 향상을 달성할 수 있다는 점이다. 그리고 효율적인 장비 관리를 통하여 생산성 향상을 최대한 높이고, 각종 정보 분석을 통하여 적정한 원가를 파악하여 기업이 적정한 이윤을 추구할 수 있도록 완벽한 지원을 한다는 것이다. GUNN-CAP는 이와 같은 현장 관리, 원가 절감, 생산성 향상, 효율적인 장비·시설 관리 목적을 달성할 수 있도록 가장 부합하고 적합한 시스템을 구축하여 Flagship 역할을 주도하고 있다. 따라서 GUNN-CAP는 일반적인 CAP와는 차원이 다른 차별화되는 특징을 가지고 있으며, 그 내용은 다음과 같다.

1 생산 현장의 최적화된 솔루션

건솔루션의 디지털 전환 생산 관리 시스템인 GUNN-CAP의 특징은 다음 세 가지로 나누어 설명할 수 있다.

(1) 앞에서 언급된 문제점과 현장의 요구 사항에 대하여 가장 효율적이고 최적화된 시스템 구성으로 강력한 디지털 전환 분석 능력을 가지고 있다.

각각의 생산 현장에 맞도록 특화된 시스템을 구성할 수 있고, 현장의 요구 사항에 대하여 각종 정보를 디지털 전환하고 분석하여 최적화된 해답을 제시할 수 있다.

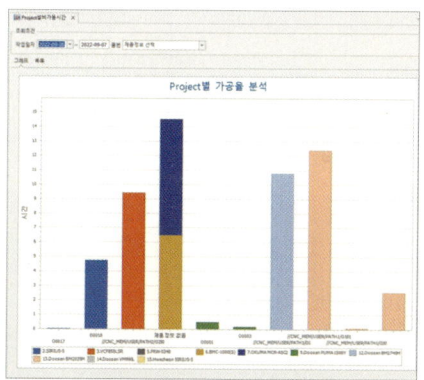

그림 1-23 강력한 디지털 전환 정보 분석 기능의 예시

(2) 강력한 수집 정보의 분석 능력으로 시각화된 모니터링을 실시간으로 할 수 있다.

작업자와 관리자가 별도의 각자 위치에서 실시간 모니터링을 통하여 각종 분석 내용을 공유하고, 해석에 따른 의견을 조정할 수 있으며, 필요시 즉각적인 조치가 가능해진다. 이러한 실시간 모니터링 기능으로 효율적인 장비 운용과 다양한 공정 관리 정보를 통하여 마침내 원가 절감을 실현할 수 있게 되는 것이다.

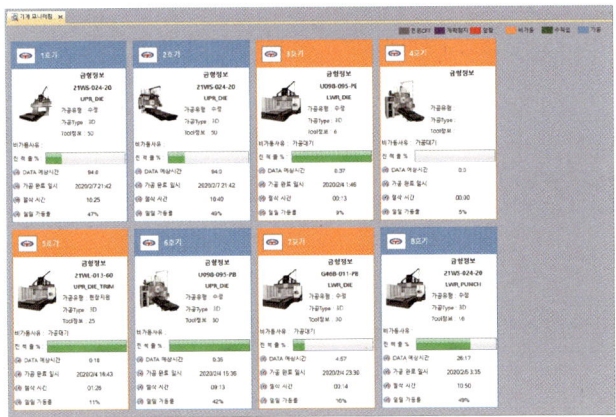

그림 1-24 시각화된 실시간 현장 모니터링

(3) 돌발적인 장비 고장을 최대한 억제할 수 있는 고장 예측 시스템과 예방 정비 기능을 가지고 있다.

이 기능을 사용하여 예측하지 못한 장비의 고장으로 발생하는 생산성 차질을 최대한 방지할 수 있고, 계획적이고 효율적인 정비 운용 계획을 수립할 수 있는 특징을 가지고 있으므로 생산 현장의 최적화된 공정 관리 시스템이라고 할 수 있다.

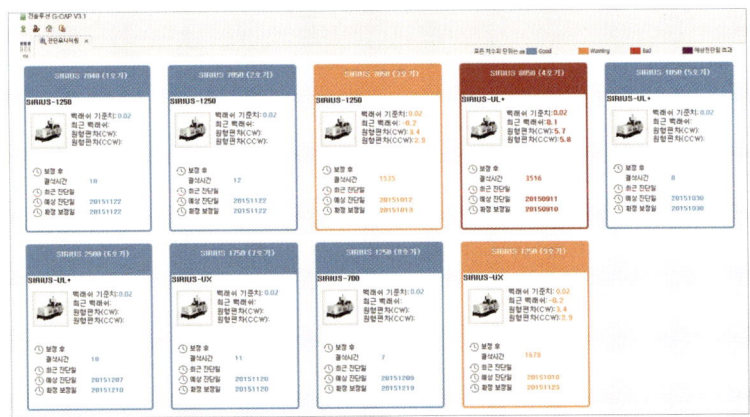

그림 1-25 고장 예측과 예방 정비 기능

2 회사의 사용자와 관리자 요구 특성에 부합하는 독창적인 솔루션 제공

본 교재에서 소개하는 GUNN-CAP는 생산 공정 관리의 일반적인 공통 부분을 기본적으로 구성하고 있을 뿐만 아니라 각각의 회사별 또는 단위 생산 현장별, 부서별로 각기 다른 특성과 요구에 대해서도 풍부한 경험과 유연한 플랫폼 구성 능력으로 전문적이면서도 이원적인 시스템으로 구축할 수 있다.

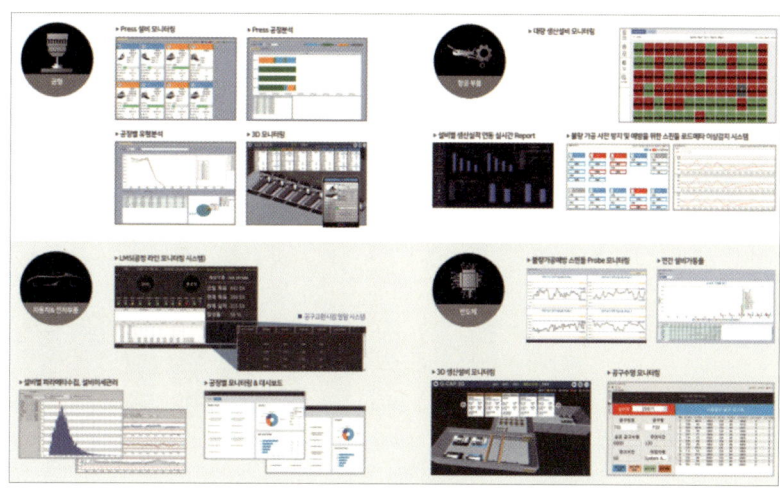

그림 1-26 CAP의 산업별 독창적 구성

또한 사용자와는 별개로 회사 관리자에게만 필요한 특성 정보 요구와 부서별, 직급별로 필요한 각종 단계의 보안 요구 등을 반영하여 이원화된 모니터링이 가능하도록 구성한 독창적인 시스템으로 구성할 수 있다.

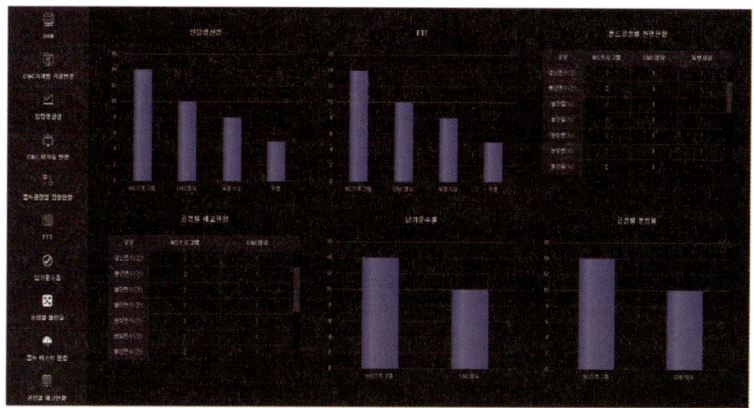

그림 1-27 관리자용 현황 모니터링 정보

3 다양한 정보 수집 방법과 정밀한 생산 관리 계획 수립 지원

GUNN-CAP는 다양한 방법으로 실시간 데이터를 수집하여 사용하며, 네트워크와 연계하여 정보화 및 데이터베이스를 구축하고, 디지털 전환하여 필요한 내용으로 분석한 정보를 사용자에게 제공한다. 또한 디지털 전환된 정보는 시각화된 모니터링을 통하여 실시간으로 공정별 가동률과 생산 실적의 자동집계뿐만 아니라 가공비 분석, 설비 효율 향상과 효율적인 작업 배치 등 생산 관리 전반에 걸쳐 정밀한 분석 정보를 제공하여 현장 상황에 따라 실시간 대응할 수 있도록 한다.

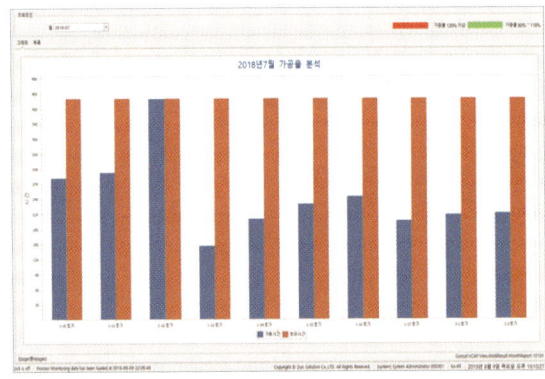

그림 1-28 가동률 분석 모니터링

4 ICT, IIoT, Interface 등 다양한 통신 기술 보유

GUNN-CAP는 시스템 도입에 따른 무리한 하드웨어적 투자 비용이나 설비·장비의 부담스러운 변경 없이, 통신 프로토콜 등 기존의 장비 특성을 적극적으로 활용하므로 초기 투자 비용이 적다는 장점이 있다.

GUNN-CAP는 설비·장비의 정확한 정보 수집을 하기 위하여 ICT, IIoT, Interface 등의 다양한 센서를 장비의 고유 통신 기술과 접목하여 적극적으로 활용하고 있다. 따라서 비교적 적은 비용으로 시스템 도입이 가능하며, 그에 따른 효과는 최대한 크게 기대할 수 있다. 그리고 외부에 의존하지 않고 자체적인 기술로 데이터의 신호 및 통신 체계를 구축할 수 있으며, 풍부한 경험의 시스템 개발 기술력을 보유하고 있으므로 회사 고유의 특성에 맞은 시스템 구성과 추가적인 변경, 후속적인 지원에 대하여서도 어려움 없이 지속적인 지원과 AS를 받을 수 있는 장점이 있다.

디지털 전환 방식을 통한 각종 데이터 분석 정보를 가시화하여 실시간 지원하므로, 필요시 언제든지 즉각적인 현황 파악이 실시간으로 가능하다.

1. 디지털 전환 생산 관리 시스템

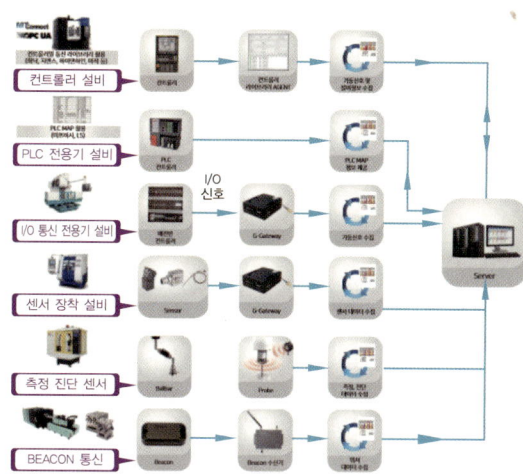

그림 1-29   다양한 장비의 종류에 대응할 수 있는 통신 프로토콜 기술을 사용

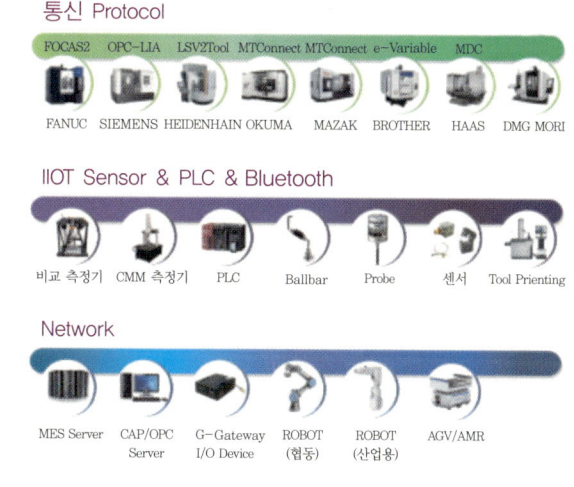

그림 1-30   다양한 데이터 수집 장치를 사용

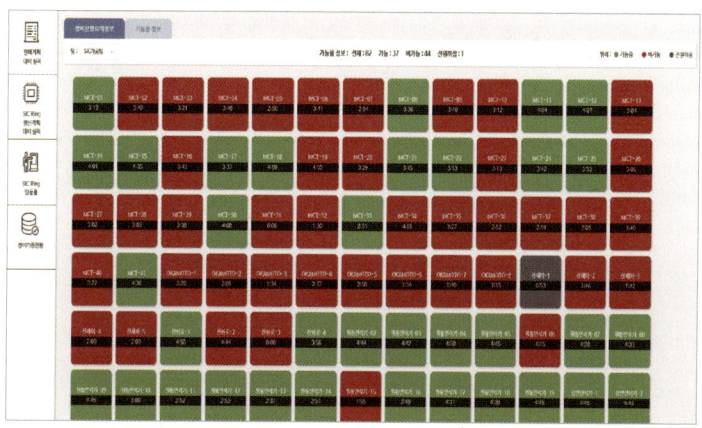

그림 1-31   장비 가동 현황 모니터링의 예

또한 Ballbar와 각종 센서의 신호를 분석하여 자가적인 고장 예측과 예방 보전을 할 수 있도록 시스템을 구성한다.

그림 1-32 Ballbar를 사용한 고장 예측 방지 활동

2. 중소기업의 스마트 공장 구축과 생산 공정 관리

2-1 스마트 공장의 개요

1 스마트 공장의 정의

스마트 공장이란 IoT(Internet of Thing : 사물 인터넷)와 CPS(Cyber Physical System : 사이버 물리적 시스템)를 기반으로 VR을 사이버 시스템에 결합하여 가상공간에서 리얼리티를 실현하고, 기계와 자재 흐름 등을 IoT와 연결하여 정교한 동적 메커니즘을 데이터로 수집하여 현장의 공정, 설비 운전, 공정 물류를 3D 시뮬레이션을 사용하여 파악할 수 있도록 하는 기술을 적용하는 공장을 의미한다. 즉, 스마트 공장은 IoT와 CPS를 사용하여 가상공간에서 공정 상태 및 설비 운전 상태를 실시간으로 모니터링 할 수 있는 시스템으로 운영되는 공장을 의미하며, 스마트 공장의 CPS는 설비 운전 상태 분석과 제조 과정의 전체 단계가 하나의 공장처럼 자동화 및 디지털화하여 가치 사슬 전체가 하나의 공장처럼 실시간으로 연동되는 생산 체계를 사용하게 된다.

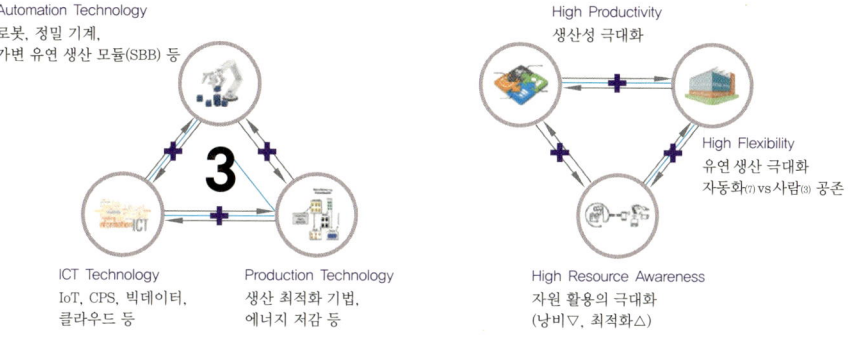

그림 1-33 스마트 공장

따라서 스마트 공장은 IoT를 활용한 가상공간과 물리적 공간의 동기화를 실현하고, 시스템 엔지니어링 기술을 접목한 가상공간 속 물리적 상황의 동기화를 구현하며, Sales & Marketing 설계와 개발 공정 운영 A/S 등의 일관 체제를 지원하여 생산성 재고와 맞춤형 제품 생산이 가능한 새로운 형태의 비즈니스 모델을 창조할 수 있으므로 4차 산업 혁명에 대응이 가능한 시스템을 가진 공장이라고 할 수 있다.

> 참고
> - IOT : 각종 기기에 센서와 통신을 사용하여 데이터를 수집, 저장, 분석하는 기술을 말한다.
> - CPS : IT 기술을 사용하여 IOT에서 컴퓨터를 이용한 사이버 세계와 물리적 세계가 유기적으로 융합되어 사물들이 서로 소통하며 자동적, 지능적으로 제어되는 시스템을 말한다.

2 Digital Twin

Digital Twin은 2002년 미국 마이클 그리브스 박사의 제품 생애 주기 관리(PLM)에서 이상적 모델로 설명하는 과정에서 사용되기 시작하였다.

이후 NASA의 존 비커스 박사에 의하여 이러한 이상적 모델을 Digital Twin으로 정의하였고, 2010년 NASA가 우주 탐사 기술 개발 로드맵에 Digital Twin을 반영하면서 우주 개발 산업에서 본격적으로 사용되었다. NASA의 우주 탐사 계획에서는 Twin 개념이 오래전부터 사용되었으나, 초기에는 Twin 모델을 가상공간에 구축할 수 있는 컴퓨터 기술이 없었으므로, 실제적으로는 물리적 Twin 모델을 만들어서 연구에 사용하였다.

그러나 컴퓨터 기술의 발달로 인하여 현실 세계에 존재하는 사물, 시스템, 환경 등의 조건을 S/W 시스템을 사용하여 가상공간에 동일하게 Virtualization하는 Digital Twin이 가능하게 되었다. 현재 Digital Twin은 실물 시스템의 동적 운동 특성 및 결과 변화를 시스템에서 시뮬레이션을 통하여 최적 상태를 도출하고, 시뮬레이션에서 도출된 최적 상태를 실물 시스템에 적용하고, 실물 시스템의 변화가 다시 가상 시스템으로 전달되도록 하여 끊임없이 순환 적응 및 최적화 체계를 구현하는 기술로 사용하고 있다. 그림 1-34는 Physical Twin과 Digital Twin의 개념을 나타낸 것이다.

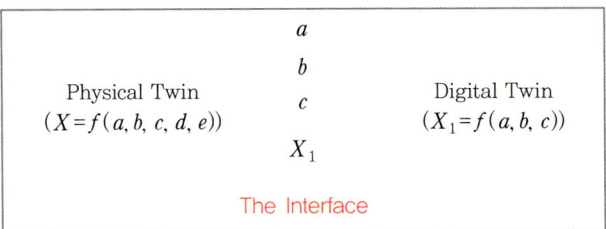

그림 1-34 Physical Twin과 Digital Twin의 개념도

오늘날 스마트 공장에서 적용하는 Digital Twin은 물리적 대상의 3D 모델로서 실물의 라이브 데이터를 기반으로 한 애니메이션을 활용하는 방법이다. Digital Twin은 운용에 대한 Real-Time Data를 생성하거나, 센서를 활용해 연관 활동에 대한 Real-Time Data를 수집하는 물리적 대상인 시설 및 장비와 가상공간 3D 모델, 즉 시설 및 장비의 가상모델을 사용하는 방법으로, 이러한 Twin 모델을 통하여 물리적 대상에서 가상공간의 3D 모델로 전송되는 Live Data Stream과 수신된 Live Data를 기반으로 가상공간의 3D 모델이 물리적 대상과 동일하게 결과를 표현할 수 있도록 하는 소프트웨어 기반의 메커니즘으로 사용하고 있다.

3 Digital Twin과 CPS

Digital Twin과 CPS에 관련되어 있는 두 가지 기술의 비교는 명확하게 구분하기는 힘들다. 실제로 두 개념이 얼마나 같은 것인지, 혹은 다른 것인지, 그리고 다르다면 어떻게 다른지 설명하는 것이 매우 어려운 일이다. 이것은 두 가지 기술이 다른 영역에서 오랜 세월 활용되어온 경험적 사실이 존재하기 때문에 기본적으로 서로 다른 것이라는 인식 아래 그 차이점을 설명하려고 하기 때문에 발생하는 현상이라고 할 수 있다. 실제적으로 IT 시스템에서 물리 객체의 존재와 대응하는 쌍둥이 가상객체의 존재를 만들고, 시뮬레이션, 예측, 제어 등을 수행해서 운영을 최적화 하려는 노력이 있었고, Digital Twin은 제조 분야에서, CPS는 임베디드 시스템 분야에서 각기 독립적으로 발전되어 왔다.

2002년에 Digital Twin의 기본 개념이 제시되었고, 2006년경에 임베디드 시스템에서 Digital Twin과 같은 개념으로 사이버 물리 시스템(CPS) 단어가 사용되기 시작했다. CPS는 2007년 미국 대통령 과학기술 자문위원회(PCAST)가 CPS를 국가적 우선순위로 선정한 후로 임베디드 시스템이 쓰이는 여러 분야에서 CPS가 활용되었고, 독일에서는 제조업 혁신을 도모하기 위한 4차 산업 혁명의 비전에 대하여 핵심 기반 기술로 인정하고 있을 정도이다.

Digital Twin과 CPS는 둘 다 기술 규격을 갖고 있는 고유한 독자 기술이 아니고 개념적 기술이며, 이 개념을 여러 가지 종류의 기술들을 결합시켜 만든 솔루션 기술이라고 할 수 있다. Digital Twin과 CPS 기술은 개념적 기술로서 사람들마다 조금씩 다른 이해와 생각으로 설명할 수가 있는 것으로, 개발자들의 상상과 고객의 요구와 관련 구현 기술을 바탕으로 조금씩 다른 형태를 보이거나 설명하고 있다. 이에 대한 국제적 규격이 아직 없기 때문에 옳고 그름으로 단정 지을 수는 없는 것이다.

이것이 Digital Twin과 CPS에 대하여 설명한 내용들이 조금씩 다른 이유이다. 그러나 본질적으로는 같은 목적, 같은 내용, 같은 결과를 만들어내고자 하는 같은 종류의 기술이라고 할 수 있으므로 Digital Twin과 CPS는 같은 개념의 다른 이름이라고 설명하는 것이 가장 합리적이라고 할 수 있다.

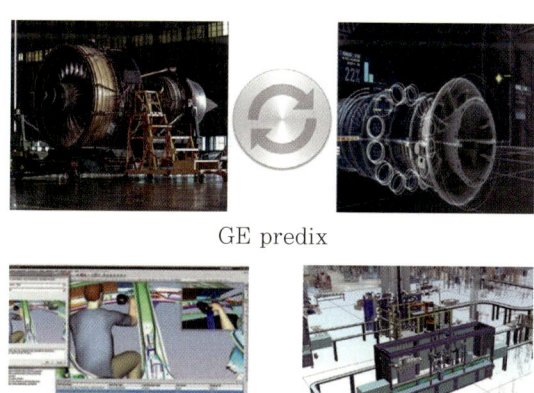

GE predix

Siemens CPS

그림 1-35 Didital Twin

CPS와 Digital Twin에 대하여 정리하면 다음과 같다.

(1) Cyber Physical System 개념의 완성
① VR을 사이버 시스템에 결합하여 가상공간에서 리얼리티를 높임
② 기계, 자재 흐름 등의 IoT와 연결하여 정교한 동적 메커니즘 실현
③ 3D 시뮬레이션(공정, 설비 운전, 공정 물류)
④ 가상공간에서 공정 상태 및 설비 운전 상태 모니터링
⑤ 가상공간에서 설비 운전 상태 분석

(2) Digital Twin의 현실화
① IoT를 활용한 가상공간과 물리적 공간의 동기화
② 시스템 엔지니어링 기술을 접목한 가상공간 속 물리적 상황의 동기화
③ "Sales & Marketing 설계 · 개발 공정 운영 A/S"의 일관 체제 지원

2-2 스마트 공장 구축을 위한 환경 분석과 기술 동향

공작 기계 분야의 스마트 공장 구축은 국가의 기술력에 중대한 요소이므로 각국에서는 이에 대한 투자와 연구가 활발히 진행되고 있다. 또한 글로벌 선도업체들이 기존 장비나 제어기 시장을 플랫폼 비즈니스로 확대하는 추세이며, 이에 대한 성공 사례 확보에 주력하고 있다.

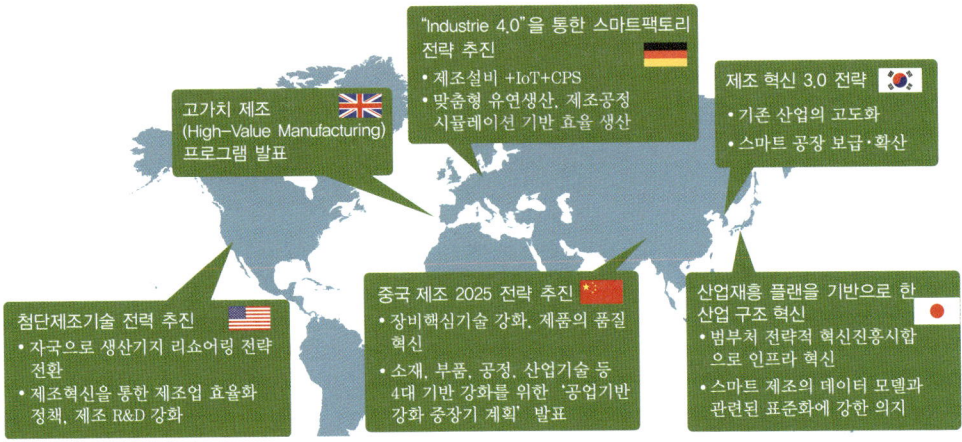

그림 1-36 글로벌 제조업 트렌드

스마트 공장 구축은 다양한 수직형 요소 기술의 요구가 증대되고 있어서 시스템 연동성이 강화된 솔루션화 혹은 생태계 공동 대응 추세가 가속화되는 실정이다.

그림 1-36에서 보는 바와 같이 독일의 국가적 전략 외에도 미국과 일본 그리고 중국 등에서도 제조업의 회귀 현상으로 스마트 공장에 관련된 사업이 국가적 차원에서 추진되고 있다. 이에 대하여 국내 공작 기계 기반 스마트 공장 산업의 구축은 제조 혁신 3.0 전략으로 선정되어 진행하고 있으며, 해외 선진 장비·솔루션에 대한 기술적 종속성을 극복하기 위해 국내 스마트 공장에 특화된 차별화 전략이 필요하고 지속적으로 육성되어야 하며, 독자적 기술로 발전되어야 한다.

1 스마트 공장 구축과 시장 동향

스마트 공장 시장은 산업의 현대화에 따라 급증하는 추세에 있으며, 확대에 따른 공작 기계 기반의 스마트 공장 수직 통합형 패키지의 기술 수요가 증가될 것으로 예상되며, 이에 따른 CPS, AI, IoT, CNC/HMI 등 요소 기술 융합을 통한 4차 산업 혁명 가속화를 위한 전략적 투자가 필요한 상황이다.

(1) ICT 융합 지능형 CNC 공작 기계 가공 시스템의 전망

세계에서 ICT가 융합된 지능형 CNC 공작 기계 시장은 지속적으로 성장하는 추세에 있으며, 2019년 761억 달러 시장을 형성하여 6년간 연평균 약 12% 성장을 거듭하고 있다. 이러한 전망에 따르면 2022년에는 1,010억 불에 이를 전망이다.

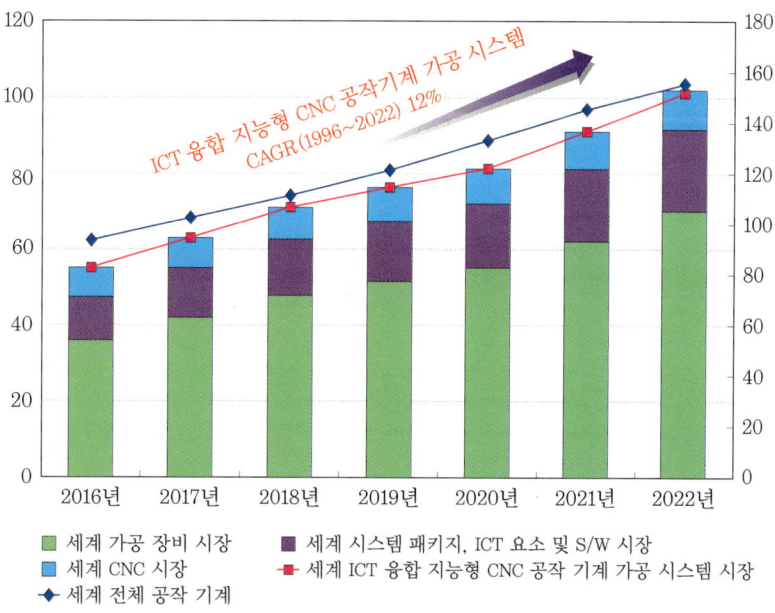

그림 1-37 ICT 융합 지능형 CNC 가공 시스템 시장

(2) 스마트 공장 시장 현황

세계적으로 스마트 공장은 지속적인 확장을 하고 있는 실정이다. 표 1-6에서 나타낸 바와 같이 2019년의 1,568억 달러를 기준으로 이후 3년 동안 연평균 약 9.3%씩 성장하고 있는 것을 알 수 있으며, 같은 증가율을 고려하면 2022년에는 2,054억 달러의 시장 규모를 형성할 것으로 추정할 수 있으므로 스마트 공장의 확대가 광범위하게 가속화되는 것을 알 수 있다.

표 1-6 스마트 공장의 세계 시장 (단위 : 십억 불)

구분	2016	2017	2018	2019	2020	2021	2022	CAGR
스마트 공장	120.98	131.63	143.50	156.85	171.30	187.23	205.42	9.3%
MES 시장	8.49	9.49	10.67	12.15	13.77	15.68	18.22	13.9%

한편, 국내 스마트 공장은 세계적인 추세에 맞추어서 꾸준히 성장하고 있으나 아직은 미흡한 단계라고 볼 수 있다.

표 1-7에 따르면 2016년에 3조 972억 원 규모에서 2022년까지 연평균 약 15%의 고성장이 예상되며, 이런 추세에 비추어보면 2022년에는 8조 8220억 원의 규모로 성장할 것으로 전망된다. 국내 시장 규모에서 스마트 공장을 구성하는 필드 디바이스 및 ICT 분야의 규모는 스마트 공장의 전체 규모에서 약 64%로 추정할 수 있으므로, 이는 기존 설비 체계에 ICT 융복합 S/W 관련 기술 접목이 다양하게 이루어지고 있음을 나타내고 있다.

표 1-7 스마트 공장의 국내 시장 (단위 : 억 원)

구분	2016	2017	2018	2019	2020	2021	2022	CAGR
스마트 공장	3,972	4,428	4,929	5,747	6,086	7,328	8,822	15%

자료: 중소/중견기업 기술 로드맵 2017~2019, 정보기업기술정보진흥원, 2017

2 스마트 공장과 관련된 특허 동향

스마트 공장의 발전에 따라 기술과 특허는 선진국 위주로 발표되고 있으며, 앞으로도 이에 관련된 기술의 특허 출원은 증가할 것이다. 이에 관련된 특허 기술의 동향을 공작 기계 요소 기술/ICT 융합 기술 관련 출원 중심으로 살펴보면 다음과 같다.

미국은 2009년부터 'Remaking America'를 슬로건으로 국가 첨단 제조 방식 전략 계획(2012. 2) 등 제조업의 부흥 정책을 강력하게 추진하여 이에 관련된 특허가 급증하는 추세이다. 예를 들면 보잉사는 차세대 제조 전략(2CES) 추진으로 ISO TC184/SC4 표준을 주도하고 있다.

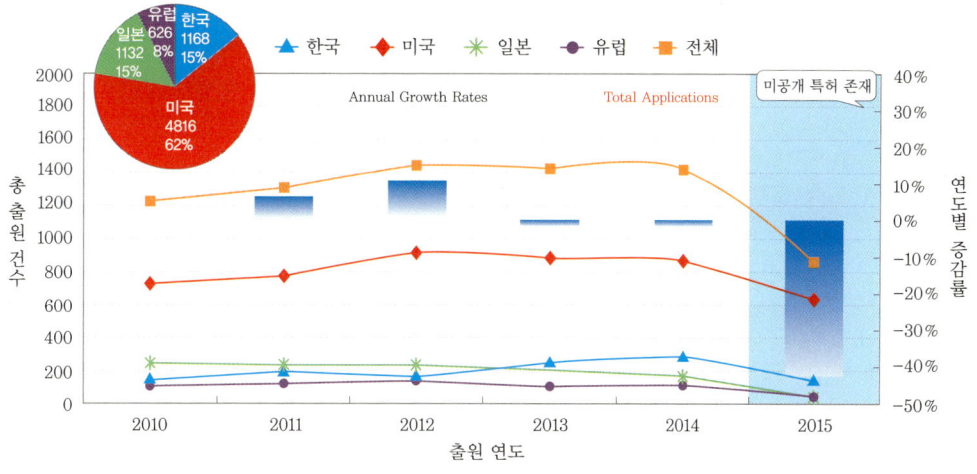

그림 1-38 스마트 제조 관련 특허 출원 동향

일본은 '2013년 산업 재흥 플랜'을 수립하여 2014년 한 해에만 500억 엔을 투입하여 스마트 공장 확산에 주력하였으며, 향후 이에 관련된 특허 출원 건수는 증가할 것으로 예상된다.

그 외에 DMG Mori는 공작 기계 요소 기술 및 ICT 융합 기술과 관련하여 가장 활발한 특허 출원 활동을 하고 있으며, 한국에는 특허 2건을 포함하여 활발하게 진행하고 있다.

한편 국내 지적 재산권 및 표준화 현황은 국내 기관(기업)의 특허 출원 중심으로 살펴보면 한국생산기술연구원, 현대위아, CSCAM, 건솔루션, 심플랫폼에서 ICT 융합 생산 기술, 공작 기계 요소 기술, 스마트 공장 관련 분야의 특허가 다수 확보되었다. 예를 들면 포항공대의 스마트 팩토리 연구센터에서 사이버 물리 제어 기반 스마트 공작 기계의 국제표준안 ISO 23704-1, 2를 2019년 1월에 제정하는 데 착수하여 ISO 물리 장치 제어 기술분과 ISO/TC184/SC1 제조 혁신 핵심 설비 표준안으로 2월에 최종 선택되었다.

또한 현대위아는 보잉사와 함께 IMTS 2018에서 디지털 트윈 가공 프로세스에 대한 기술 데모를 수행하였고, 2018년 9월에는 ISO 23247 표준 컨소시엄에 참여하는 등 활발하게 진행하고 있다.

그림 1-39 현대위아 디지털 트윈 기술 데모, IMTS 2018, 2018년 9월

3 글로벌 선도 기업의 공작 기계 분야 스마트 공장 솔루션 현황

(1) Mazak(日)

일본의 Mazak 사는 장비 지능화를 위한 고성능 자체 HMI인 Smooth X와 스마트 공장에 대응하기 위하여 생산 장비 데이터를 수집하기 위한 Edge Device 종류로서 Smart Box와 Sensor Box를 개발하고, 이를 스마트 공장 구축을 지원하고 있다. 또한 이러한 장비들을 사용하여 Mazak 장비뿐만 아니라 MT Connect로 활용할 수 있도록 하고 있으며, 다양한 장비 연결을 지원하는 IIoT 플랫폼을 개발하여 제공하고 있다.

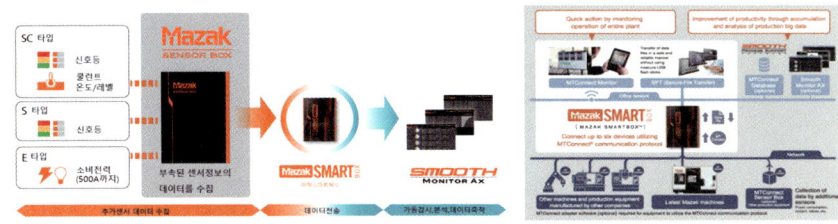

그림 1-40 Mazak의 스마트 공장 구축 장비

(2) Fanuc(日)

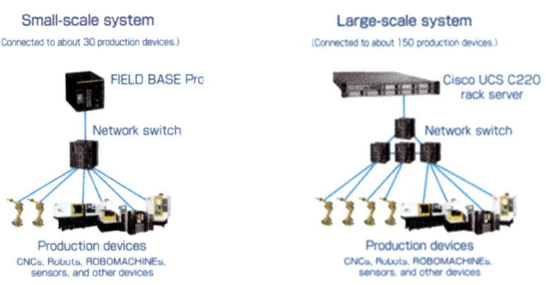

그림 1-41 Fanuc의 FIELD 스마트 공장 구축 장비

일본의 Fanuc 사는 장비 그룹의 IIoT와 AI 적용을 위한 FIELD 시스템(Fanuc Intelligent Edge & Drive)을 개발하여 Fanuc 컨트롤러를 사용하는 CNC 공작 기계와 로봇의 MT Connect와 OPC-UA에 표준으로 지원하고 있으며 규모를 확장하고 있다.

(3) Adamos(獨)

독일은 DMG-Mori 사 중심으로 얼라이언스를 구성하고 IIoT 플랫폼을 클라우드 서비스로 제공하고 있다. 이러한 IIoT 플랫폼을 기반으로 여러 가지 앱을 개발하고 서비스 제공한다. DMG-Mori 사는 CELOS에 탑재하는 앱을 개발하여 시연에 성공하였다. DMG-Mori의 경우에는 자체 HMI인 CELOS와 스마트 공장 플랫폼 Adamos를 연계하여 전체 계층을 통합하는 스마트 공장 구축 전략을 추진하고 있다.

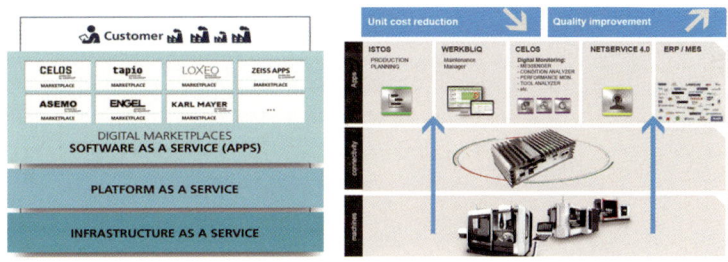

그림 1-42 DMG-Mori의 필드 스마트 공장 구축 장비

4 국내 주요 기술 현황 및 한계

스마트 공장 구축의 국내 기술 현황은 공작 기계 제조사와 MES 솔루션 업체, IoT 플랫폼 기업 등에서 개별 기업 수준으로 스마트 공장 구축에 대응하고 있다.

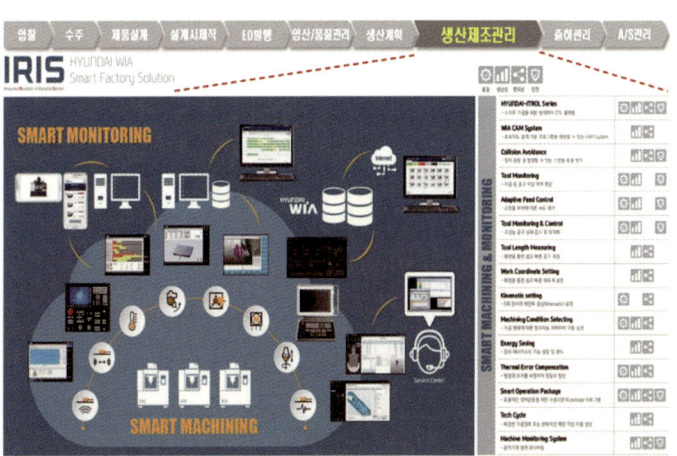

그림 1-43 현대위아 스마트 공장 솔루션 iRiS (2018. 4 출시)

그러나 선진국에 대비하여 제조 기반 산업이 취약한 편이어서 메이저 기업 중심의 통합 솔루션을 구축하는 데는 어려움이 있다.

따라서 국내의 스마트 공장 확산을 위해서는 그림 1-44와 같이 스마트 공장 보급 및 확산 사업과 이에 따른 기술 개발과 기반 구축, 홍보 등이 국가적 차원에서 이루어져야 한다. 국내 산업의 특성을 고려하여 관련 전문 기업의 얼라이언스를 통한 통합 솔루션 개발이 필요하고, 기반 산업 포트폴리오 및 완성도가 높은 선진국의 업체에 대비하여 차별화 전략을 가질 필요성이 대두되고 있다.

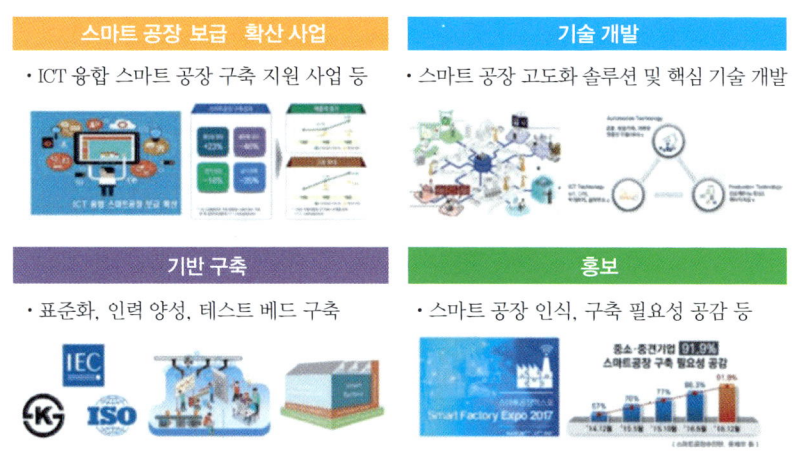

그림 1-44 스마트 공장의 확산 정책

2-3 스마트 공장의 생산 관리 시스템

1 스마트 공장을 위한 생산 관리 시스템 기능

오늘날 많은 중소 제조업체들은 가장 바람직한 운영 방법으로 디지털 전환 생산 관리 시스템을 사용하는 스마트 공장 구축을 생각하고 있다. 이러한 스마트 공장을 구축하기 위한 가장 기본적인 단계이자 핵심적인 방법은 그림 1-45에 나타낸 바와 같이 스마트 공장 생산 공정의 필수적 요소를 모두 충족시키는 것이다. 스마트 공장을 위한 디지털 전환 생산 관리 시스템에서는 스마트 공장 생산 공정의 필수적인 요소는 어느 것 하나도 소홀히 할 수 없는 중요한 요소이므로 필연적으로 갖추어야 하는 기능이라고 할 수 있다.

디지털 전환 생산 관리 시스템은 중소기업체들의 기존의 정해진 설비·장비로도 스마트 공장을 구축할 수 있도록 하는 것이 중요하며, 지나친 초기 투자는 오히려

방해될 수 있다. 스마트 공장을 위한 디지털 전환 생산 관리 시스템은 다음과 같이 여러 가지 필요한 기능을 요구한다.

① 강력한 데이터 수집 기능과 디지털 전환 분석 시스템
② 다양한 디지털 전환 분석 자료와 정보를 제공
③ 시각화된 실시간 모니터링
④ 생산 공정의 안정성과 정확성을 확보
⑤ 문제점 발생 시 신속하게 대응할 수 있는 능력을 제공
⑥ 가동률 재고를 통한 생산 목표 달성과 생산성 향상

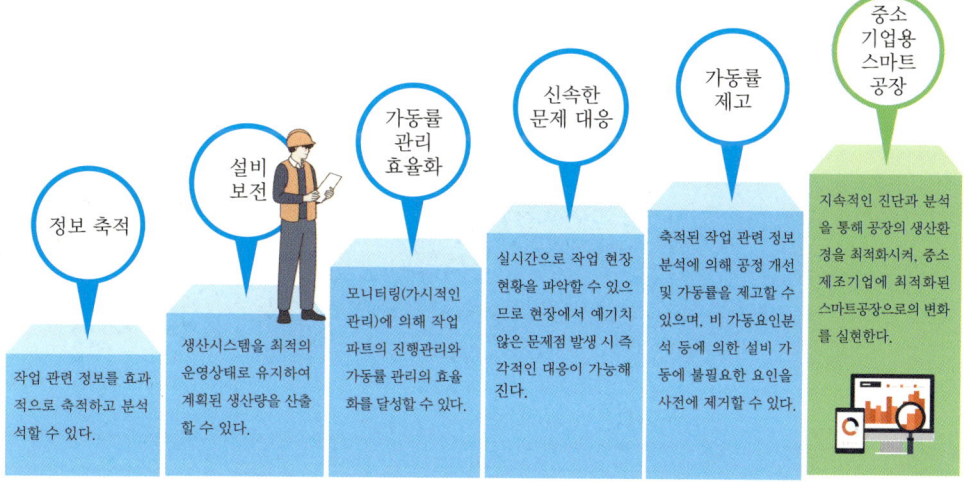

그림 1-45 스마트 공장을 위한 생산 관리 시스템의 기능

2 스마트 공장을 위한 생산 관리 시스템의 필수 조건

스마트 공장 구축을 위한 필수 구비 조건은 다음에 서술한 내용과 같다. 이러한 조건은 스마트 공장의 구축에 필수적인 조건이므로 반드시 검토되어야 하고, 디지털 전환 생산 관리 시스템을 통하여 이를 구축하게 된다.

(1) 실시간 생산 데이터 수집 및 분석

① 설비 모니터링에 의한 가공 실적 자동화 및 반복 작업 제거 : 입력 누락 및 지연 입력 방지 등 수작업에 의한 오류 방지 기능
② 실 가동에 근거한 가공 원 단위 산출 및 작업 계획 수립·배치
③ 가공 불량에 대한 실 가동 가공 원가 분석 산출 : 장비 가동률과 정확한 원가 계산을 통한 원가 책정 및 경쟁력 향상 기능

④ 장비 운영 현황 및 생산성을 고려한 체계적인 공정 관리를 통한 납기 단축 : 효과적인 수주 관리에 의한 외주 가공 비용 절감

(2) 작업 단위(LOT) 추적 관리

제품 단위를 작업 단위별로 추적하여 정확한 문제 확인 및 분석과 예측을 하는 기능

(3) 데이터 기반 품질 분석

① 실시간 공정 변수를 수집하고 분석하여 품질 분석이 이루어지도록 하는 기능
② 가공 시뮬레이션으로 설비 부하 산출 및 가공 완료 시간 예측에 의한 부하 균등화에 의한 효과

(4) 설비 관리 스마트화

① 설비별 진단 및 설비 예방 보존 활동 및 고장 예측 시스템으로 예측 정비
② 알람 등 비가동 사유 분석을 통한 설비 품질 관리, 수명 주기 관리
③ 실시간 장애 알람 모니터링과 이력 관리 효과
- 장애 현상과 알람에 대하여 구체적인 정보 제공
- 장애 현상과 알람의 이력 관리로 예지 보전 활동
- 예지 보전 활동으로 고장 예측 부분을 집중 관리 및 설비 손실 방지

(5) 실시간 공정 파악

실시간 생산데이터 취득 | **작업단위(LOT) 추적관리** | **데이터 기반 품질분석** | **설비관리 스마트화** | **실시간 공장현황 파악**

실시간으로 생산 데이터를 취득할 수 있어서 작업진행 현황을 보다 신속하고 정확하게 확인할 수 있다. | 작업 단위별 추적관리가 가능하여 보다 정확한 문제 확인 및 분석, 예측이 가능하다. | 설비별 공정조건 데이터가 자동 집계되어 품질문제의 원인을 파악하고 데이터 베이스를 구축하여 제품의 품질을 높이고 제조공정의 스마트화 추진이 가능해진다. | 설비별 진단 및 설비예방 보존 활동 및 통계적 예측으로 철저한 관리를 실현한다. | 작업진행현황, 설비운영현황 및 공정 상의 이상 발생이나 문제공실에 관해 실시간 진단 및 알람을 통해 조속히 대처하여 손실을 최소화한다.

그림 1-46   스마트 공장 운영을 위한 필수 조건

① 현장의 작업 진행 상황과 설비 운영 현황의 실시간 파악 기능
② 공정상의 이상 발생이나 문제점에 대한 실시간 감시 능력
③ 실시간 진단 및 알람에 즉각적인 대처 능력

2-4 공작 기계를 기반으로 하는 스마트 공장의 구축

1 스마트 제조 기술의 핵심 요소와 수직형 통합 표준 방식 솔루션

(1) 스마트 제조 기술의 핵심 요소

스마트 공장을 구축하여야 하는 여러 산업 분야에서 그림 1-47과 같이 여러 가지 산업 분야로 분류할 수 있다. 이중에서 기계 로봇 산업 분야는 자체적으로 가지는 규모도 매우 크지만, 영향력과 파급성으로 볼 때 중요성과 시급성이 매우 큰 분야이다. 이러한 기계 로봇 산업은 CNC 공작 기계를 위주로 공정 장비가 구성되어 있으며, 이에 적합한 기계 부품류 생산 시스템을 구축하는 것이 필요하다.

CNC 공작 기계 기반의 공장을 스마트 공장으로 구축하는 구성 요소는 그림 1-47과 같이 애플리케이션과 플랫폼으로 구성되는 시스템 융합의 첨단 기술 부분과 디바이스, 장비 부분으로 크게 나누어 볼 수 있다.

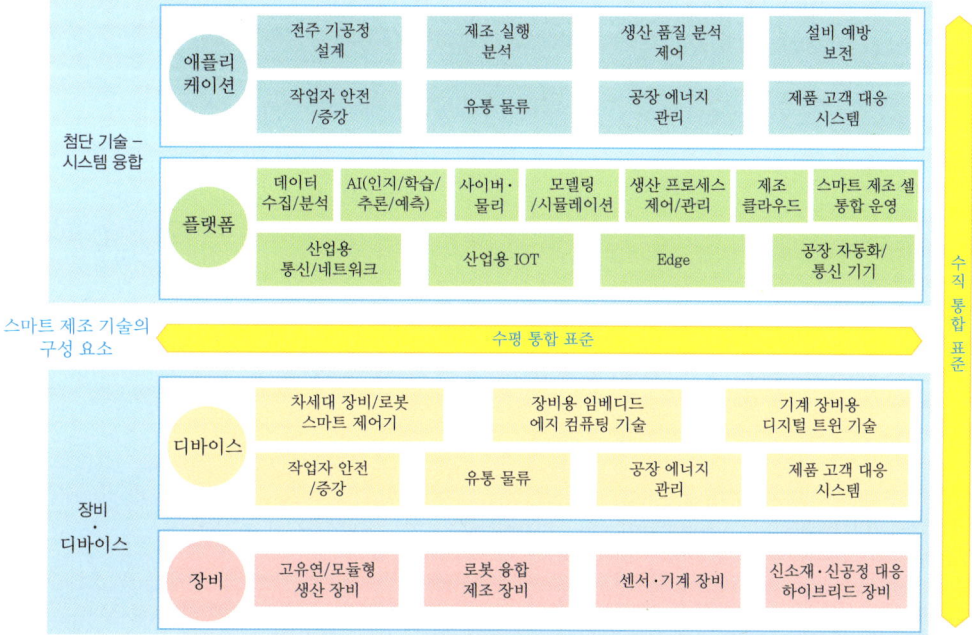

그림 1-47 스마트 공장으로 구축하는 방법

각각의 구성 요소들은 그림 1-47에서와 같이 여러 가지 세부 내용으로 구성된다.

애플리케이션은 전주기에 대한 공정 설계와 제조 실행의 분석, 생산 품질에 대한 분석과 제어, 설비의 예방 보전에 대한 사항을 포함하여야 하고, 플랫폼은 데이터 수집과 분석, AI, Cyber, 모델링과 시뮬레이션, 생산 프로세스의 제어와 관리, 제조 Cloud, 스마트 제조 Shell의 통합 운영, 산업용 통신과 네트워크, 산업용 IoT, Edge, 공장자동화 및 통신기기에 관련된 요소들로 구성된다.

디바이스는 차세대 장비와 로봇 기술, 장비용 Embedded-Edge Computing 기술, 기계 장비용 Digital-Twin 기술, 내장형 제조 공정의 최적화 기술, 별도의 검사를 시행하지 않는 Non-검사를 지향하는 스마트 검사 장비 시스템과 고난도의 조립 공정을 위한 로봇 자동화 기술, 인간과 로봇의 협업 및 관련 안전 기술 등으로 구성된다. 장비 부분에서는 고도의 유연성 및 모듈형 생산 장비와 로봇 융합의 제조 장비, 센서와 기계 장비, 신소재와 신공정에 대응하는 하이브리드 장비에 관련된 내용이 포함된다.

(2) 수직형 통합 표준 방식의 솔루션

이들의 애플리케이션, 플랫폼과 디바이스, 장비 등의 구성 요소를 통합 운영하기 위한 솔루션은 수평형 통합 표준 방식보다 장비와 디바이스 플랫폼 애플리케이션으로 이어지는 수직형 통합 표준 방식의 솔루션을 적용하는 것이 적합하다.

수직형 통합 방식의 솔루션은 디지털 제조 정보 및 IIoT 통합 공작 기계용 스마트 공장 플랫폼 기술 개발과 공작 기계 기반 스마트 공장 수직형 애플리케이션 개발, 그리고 다양한 유형의 실증 사이트 구축 및 솔루션 적용의 단계로 이루어진다.

2 스마트 공장의 디지털 제조 정보 및 IIoT 통합 플랫폼

디지털 제조 정보 및 IIoT 통합 공작 기계용 스마트 공장의 플랫폼은 그림 1-48과 같이 디지털 제조 데이터 관리 플랫폼과 장비단에서 실행력을 강화한 Cloud-Edge 구조의 IIoT 플랫폼인 장비 제어 및 운영 플랫폼으로 구분할 수 있다. 이를 통하여 IIoT 연동 데이터 분석이 이루어지고 애플리케이션에서 장비단까지 지능화의 다양한 수준을 커버하도록 확장하며, IIoT 연동 엣지 플랫폼을 구축하게 된다.

(1) 디지털 제조 데이터 관리 플랫폼

디지털 제조 데이터 관리 플랫폼은 CNC 가공 전/중/후 데이터를 통합하는 데이터 관리 플랫폼으로, 기계 가공 프로세스에 필수적인 3D 모델과 공정 계획, 공정 및 장비 상태와 측정 결과를 통합하는 플랫폼이다.

이를 위하여 디지털 제조 데이터 관리 플랫폼은 AI를 응용한 예측형 설비 보전과 기계 장비 및 제조 공정의 디지털 트윈 모델 개발, 3D 모델을 기반으로 생산 및 운영 관리 시스템인 MES, 작업 현장의 디지털 운영 및 통제를 위한 각각의 애플리케이션을 통하여 데이터 관리가 이루어지게 된다.

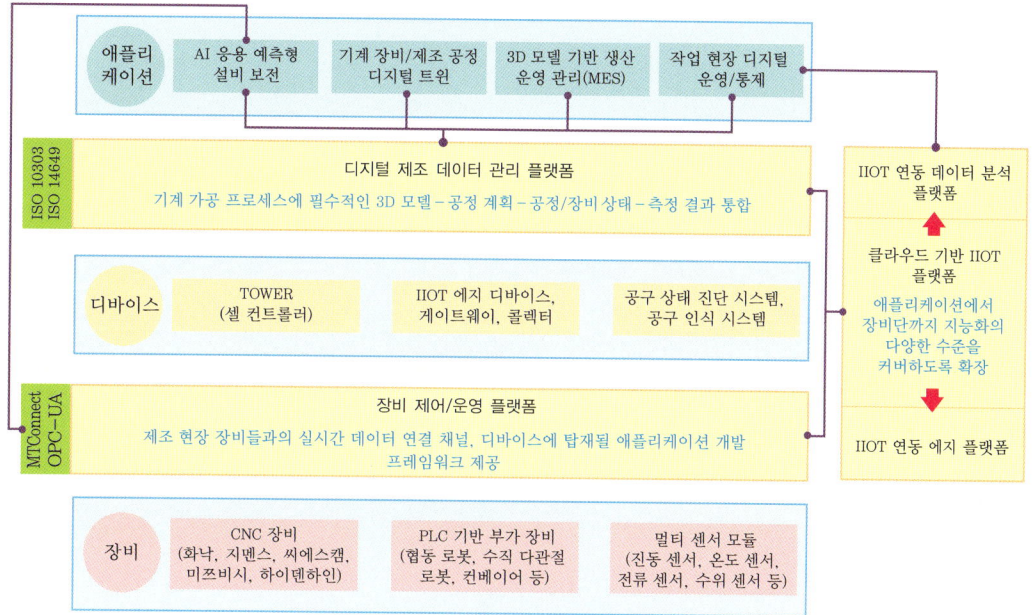

그림 1-48 디지털 제조 데이터 관리 플랫폼

디지털 제조 데이터 관리 플랫폼은 공작 기계 기반의 설계 관련 정보 및 생산 현장 제조 정보를 연계하여 구조화하고 이를 Context 기반의 데이터로 통합 관리하는 플랫폼이다. 그림 1-49는 3D모델-공정 계획-공정·장비 상태-측정 결과를 통합하는 디지털 제조 데이터 관리 플랫폼 개발을 그림으로 나타낸 것이다. 디자인 데이터에서 ISO 10303, ISO 14649 표준을 참조하여 제품·부품 설계 관련 정보와 제조 현장의 운영 정보에 대한 데이터 항목 정의, 데이터 스키마 설계 및 DB를 구축한다.

Execution Data에서는 상용 CAD/CAM의 공정과 측정에 대한 정보를 추출하기 위한 Parser를 개발하고, 디지털 제조 데이터 관리 플랫폼 통합 DB 인터페이스 애플리케이션을 개발한다. Context Data에서는 CAD/CAM 정보에서 소재와 공구, 공정, 치수, 공차, 형상 등을 기준으로 소재와 공구, 공정 운영, 센서와 측정, 보전 이력 등의 운영 정보를 연계한 Context Mapping 기술을 개발하는 것을 나타내고 있다.

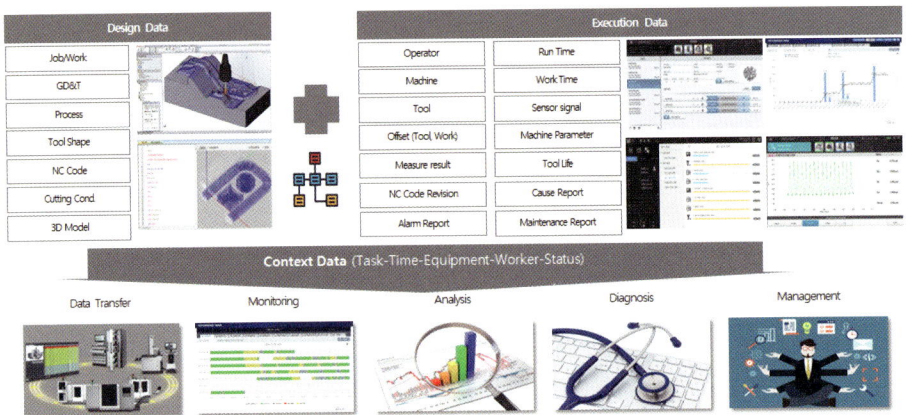

그림 1-49　Context 기반의 데이터로 통합 관리하는 플랫폼

(2) 장비 제어 및 운영 플랫폼

장비 제어 및 운영 플랫폼은 CNC/PLC/센서의 데이터를 활용하여 Tower 앱 개발을 지원하는 장비 제어·운영 플랫폼 개발을 말한다. 장비 제어 및 운영 플랫폼은 제조 현장의 CNC 장비와 PLC 기반 부가 장비, 멀티 센서 모듈 장비에서 발생하는 실시간 데이터를 연결하는 채널과 디바이스에 탑재될 Tower 앱 컨트롤러와 IIoT Edge Device, 공구 상태를 진단하는 시스템과 공구를 인식하는 시스템의 애플리케이션에 대한 Frame-Work를 제공하는 것이다. 이는 장비 제어·운영 플랫폼은 서로 다른 이기종의 CNC 장비, PLC 기반 비(非)가공 장비, 센서 모듈의 실시간 데이터 통신을 바탕으로 현장 디바이스인 HMI와 Tower에 탑재되는 앱에 대하여 개발 Frame-Work를 제공하는 것을 의미한다.

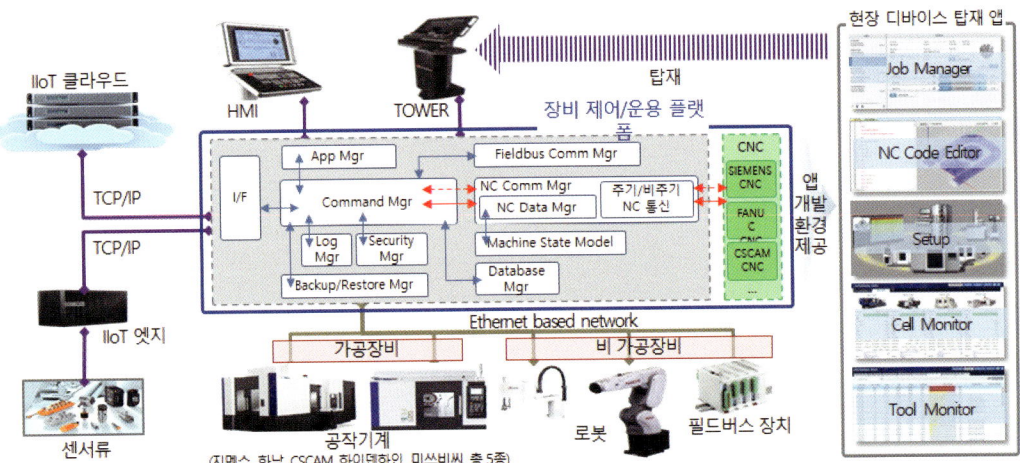

그림 1-50　장비 제어 및 운영 플랫폼

그림 1-50은 현장 디바이스(HMI/Tower) 구동을 지원하는 장비 제어/운영 플랫폼 개발 과정을 나타낸 것이다. 그림에서 장비 제어 및 운영 플랫폼은 5종 CNC 및 MT Connect/OPC-UA 프로토콜에 대한 통합 인터페이스 및 필드버스 적용 PLC 기반의 비가공장비 연결 통신 모듈 개발과 센서 데이터 수집 디바이스와 클라우드 서버 간 통신 중계 기능 및 장비 제어 · 운영 플랫폼 사용자 API 개발을 개발, 그리고 5종류의 CNC 장비와 센서 디바이스 그리고 PLC 기반 비가공 장비 연동 실증 시스템의 연동 테스트 및 SDK 형태의 배포 Version-Packaging 방식의 앱 개발을 지원하는 환경을 제공한다.

(3) Cloud-Edge 기반 IIoT/Data 분석 플랫폼

① Cloud-Edge 기반 IIoT 플랫폼

Cloud-Edge 기반의 IIoT 및 Data 플랫폼은 공작 기계를 기반으로 하는 스마트 공장에서 공정 특성 및 데이터 유형을 반영하여 산업용 AI 응용을 지원하는 Cloud-Edge 기반 IIoT 플랫폼과 IIoT 플랫폼과 연동하는 데이터를 분석하는 플랫폼을 말한다. 그림 1-51에 나타낸 바와 같이 Cloud-Edge 기반 IIoT 플랫폼은 현장 Device인 HMI/Tower, 그리고 PLC와 센서 등 공작 기계 관련 IIoT Connectivity 및 IIoT에서 수집되는 데이터를 다른 시스템에서도 사용이 가능할 수 있도록 애플리케이션을 구성하는 플랫폼을 의미하고, Edge-플랫폼은 Edge 컴퓨터에서 CNC, PLC, 센서 등에서 데이터를 수집 및 저장하고 AI 알고리즘을 다운로드하여 실행하는 플랫폼을 말한다.

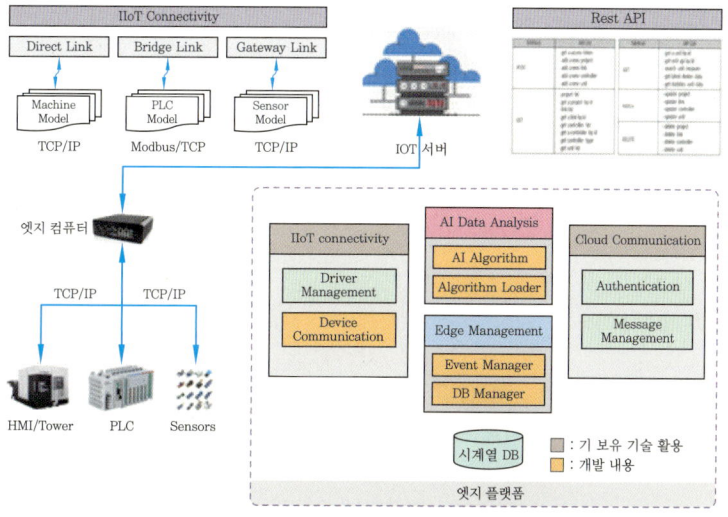

그림 1-51 Cloud-Edge기반 IIoT 플랫폼

② IIoT 플랫폼과 연동된 데이터 분석 플랫폼

IIoT 플랫폼과 연동된 데이터 분석 플랫폼은 실시간 이상 진단 예측 애플리케이션 개발을 위한 플랫폼으로, Algorithm-Board, Algorithm-Implementation 그리고 Algorithm-CMS 기능을 개발하는 플랫폼이다. 그림 1-52에서 설명한 바와 같이 머신-러닝 분석 툴과 바운더리 생성 툴을 통하여 Algorithm-Board를 구성하고, 알고리즘 성능 관리와 알고리즘 정확도 관리를 통하여 Algorithm-Implementation을 구성한다. 그리고 Algorithm-CMS 기능은 버전 관리와 배포 관리, 수명 관리를 의미한다.

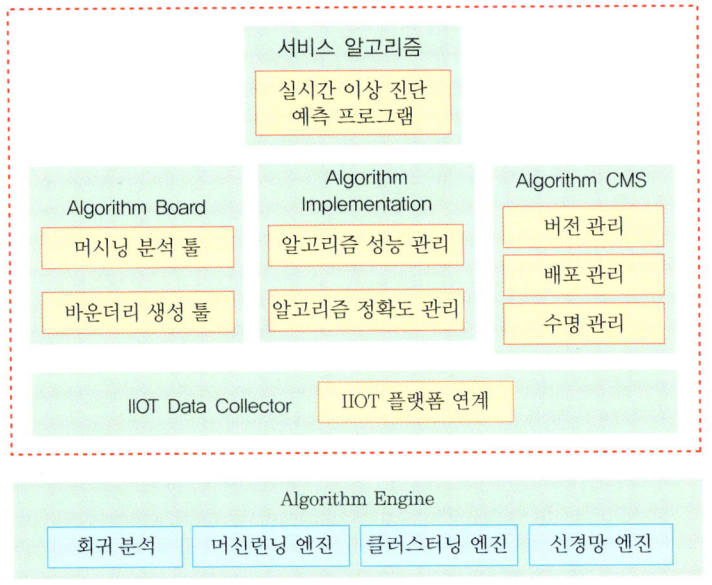

그림 1-52 IIoT 플랫폼과 연동된 데이터 분석 플랫폼

그림 1-53은 IIoT 플랫폼과 연동된 데이터 분석 플랫폼에서 사용하는 기계 학습 및 바운더리 알고리즘 개발을 나타낸 것이다.

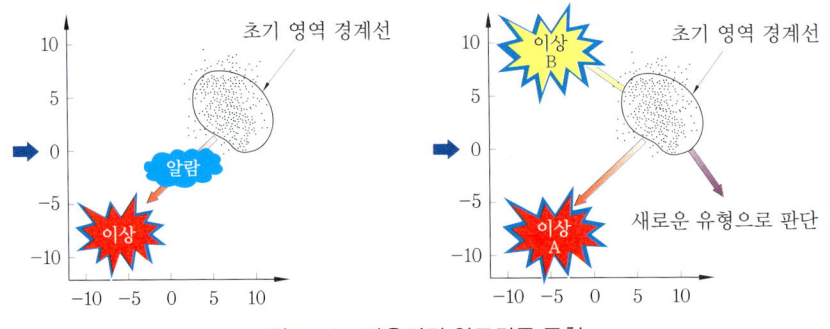

그림 1-53 바운더리 알고리즘 구현

IIoT 플랫폼과 연동된 데이터 분석 플랫폼은 알고리즘 엔진으로 회귀 분석과 머신 러닝 엔진, 클러스터링 엔진, 신경망 엔진을 사용하여 스핀들이나 기타 설비 상태의 실시간 이상 진단 및 예측을 분석할 수 있는 애플리케이션 개발 플랫폼이다.

3 공작 기계 기반 스마트 공장 수직형 애플리케이션

공작 기계 기반 제조 현장의 스마트 공장에 적용해야 하는 수직형 애플리케이션은 그림 1-54와 같이 실시간 데이터 활용성을 강화한 작업 현장의 디지털 운영과 디지털 제조 데이터의 활용성을 보강한 3D MES, 기계 장비 및 제조 공정에 대한 Digital-Twin 및 AI 응용 등 3가지 애플리케이션 군으로 구분할 수 있다.

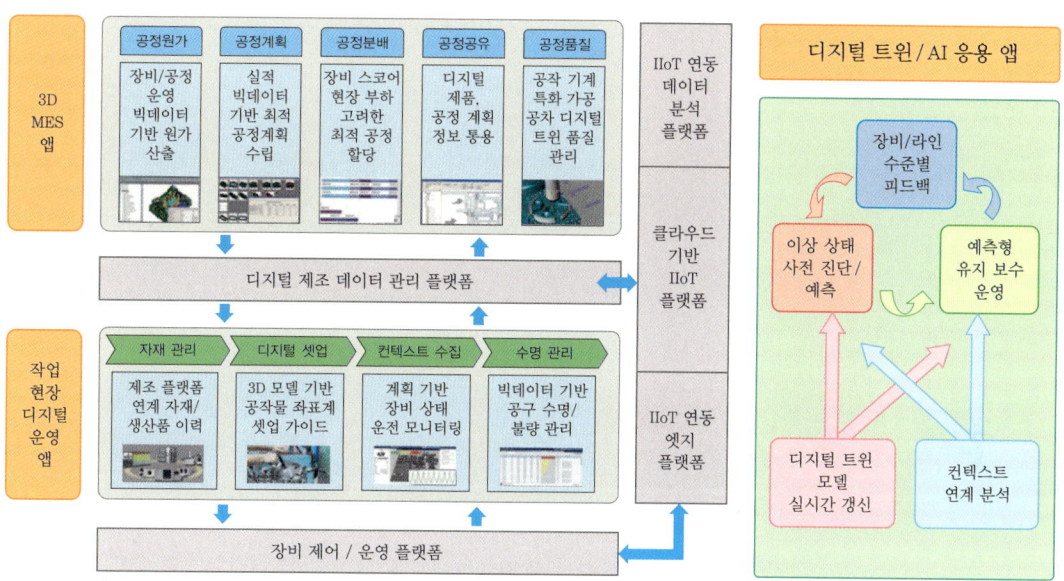

그림 1-54 공작 기계 기반 스마트 공장 수직형 애플리케이션

(1) 3D-MES

수직형 애플리케이션의 3가지 요소 중 3D MES는 장비와 공정의 운영에 관련된 빅 데이터를 기반으로 공정 원가를 산출하고, 실적 빅 데이터를 기반으로 최적의 공정 계획을 수립한다. 장비 Score를 통하여 현장에서의 부하를 고려한 최적 공정을 할당하여 공정 분배를 실현하고, 제품과 공정 계획 정보를 디지털시켜 통용함으로써 공정 정보를 공유하게 된다. 또한 공작 기계의 특화 가공과 공차와 관련하여 Digital-Twin을 사용한 품질관리를 함으로써 공정 품질을 실현하는 것이다.

3D-MES 앱은 그림 1-55에서 설명하는 바와 같이 가공 공정 및 작업에 대해 계획하고 지시하며, 공정 분배와 실적을 3D 데이터 기반으로 직관화 할 수 있도록 구현하고, 부품과 조립에 관련된 부분을 공학적 의미로 설명한 3D 측정 리포트를 생성한다.

따라서 3D 모델을 기반으로 하는 생산 운영 관리 기술 개발과 3D MES를 솔루션화하기 위해서는 3D 모델을 핸들링하기 위한 CAD Translation Manager와 3D 작업 지시를 위한 모델링의 가시화 및 경량화 기술을 기반으로 하는 3D PDF 모듈 개발이 필요하다. 또한 공정 계획과 공정 분배, 실적과 설비 등급에 관련 데이터와 모델링 데이터간에 상호 연계될 수 있도록 3D 데이터에 생산 관리 기법이 적용될 수 있도록 개발되어야 한다. 그리고 CAD 데이터에 포함된 입력 치수와 재질, 공차, 제조 기법의 비형상 데이터와 기하 공차를 적용한 측정이 이루어져야 하고, 이를 리포트로 생성하여 가시화(Hoops Visualize & Publish) 될 수 있어야 한다.

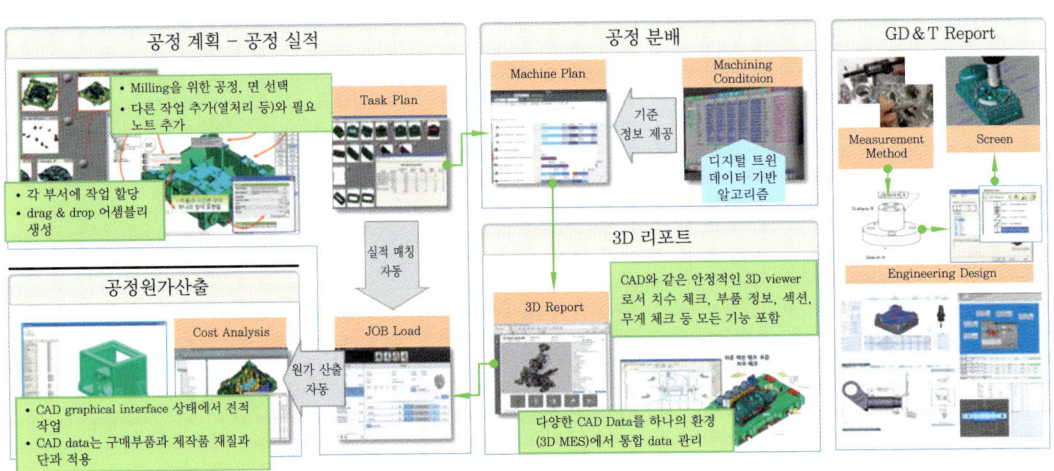

그림 1-55 3D 모델을 기반으로 하는 생산 운영 관리 기술 개발과 3D MES의 솔루션화

(2) 작업 현장의 디지털 운영

수직형 애플리케이션의 3가지 요소 중 두 번째 요소인 작업 현장의 디지털 운영은 제조 플랫폼과 연계하여 자재와 생산품의 이력을 관리하는 자재 관리와 3D 모델 기반의 공작물 좌표계 Setup Guide를 하는 Digital Setup, 그리고 계획 기반 장비 상태 운전을 모니터링하는 Context 수집, 빅 데이터를 기반으로 공구 수명과 불량 관리 등의 수명 관리하는 것이다.

작업 현장 디지털 운영 앱은 가공 Shell에서 Setup → 가공 → 검사 → 유지 보수의 각 단계를 효율적으로 운영 및 통제하고, 각 단계에서 발생하는 정보를 Context Data 형태로 수집하기 위하여 작업 현장의 디지털 운영 기술과 현장 Device 탑재용 애플리케이션을 말한다.

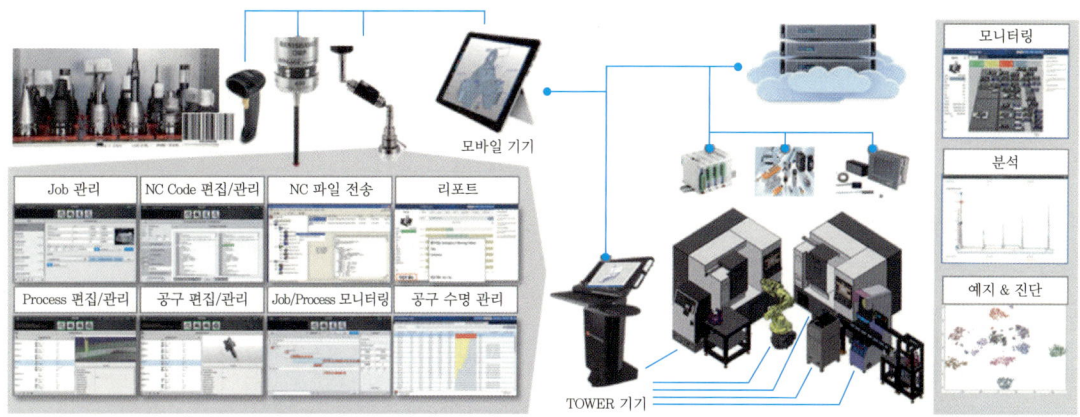

그림 1-56 작업 현장 디지털 운영 기술 개발 및 애플리케이션 구현

따라서 작업 현장의 디지털 운영 기술과 애플리케이션은 Tower-Type 기기에서 복수 장비 공정 운영에 관한 기술과 Job, Process, Tool에 관련 사항, 작업 이력, 장비 비가동 리포트, 공구 수명 관리 등의 실행 정보를 수집할 수 있어야 한다. 또한 모바일형 기기에서 실물 공구와 동기화된 공구 정보를 관리할 수 있도록, 예를 들면 Presetter → RFID (Radio Frequency Identification) 혹은 Barcode → NC Tool 정보의 디지털 연계 및 인터페이스 할 수 있어야 하며, 공정과 공구, 장비, 측정 및 운영 등의 제조와 IIoT 데이터를 활용한 가공에서 Shell 상태의 모니터링과 장비 상태를 진단할 수 있는 기술을 포함하는 애플리케이션이어야 한다.

(3) Digital-Twin 및 AI 응용

수직형 애플리케이션의 3가지 요소 중 3번째 요소인 Digital-Twin 및 AI 응용 앱은 디지털 제조 데이터 관리 플랫폼의 3D-MES 앱과 장비의 제어 및 운영 플랫폼의 작업 현장 디지털 운영 앱의 각종 데이터를 IIoT 연동 데이터 분석 플랫폼과 Cloud 기반 IIoT 플랫폼, 그리고 IIoT 연동 엣지 플랫폼과 연계하여 Digital-Twin 모델의 실시간 Update와 Context를 연계한 분석 결과를 얻을 수 있다. 이 결과를 활용하면 사용자는 장비의 이상 상태에 대한 사전 진단과 예측을 할 수 있고, 예측에 의한 사전 유지 보수, 즉 예측형 유지 보수 운영이 가능하므로 수준별로 장비 또는 라인을 피드백하여 관리할 수 있다. 그러므로 Digital-Twin과 AI 응용 앱은 공작 기계 기반 스마트 공장의 수직형 통합 패키지 솔루션이 제공할 수 있는 고도화된 기술 요소인 기계 장비 및 가공 공정에 대한 Digital-Twin 기술과 AI 학습기법을 적용하여 지능화된 응용 기술 개발 및 애플리케이션을 구현한다.

① 기계 장비 Digital-Twin 모델의 실시간 Update

기계 장비 Digital-Twin 모델의 실시간 Update의 기능은 그림 1-57에서 나타낸 바와 같이 공정 능력지수 기반 Digital-Twin 모델을 생성하고 Update하여 배포하는 기능과 Context와 연계하여 실시간으로 공정 모니터링 정보를 가시화하는 애플리케이션 기능이다.

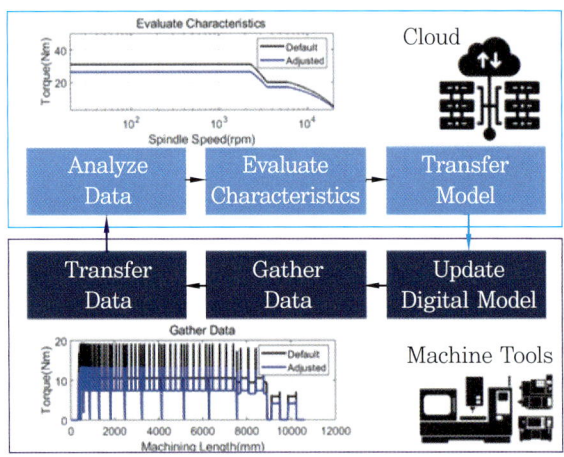

그림 1-57 기계 장비 Digital-Twin Model의 실시간 Update

② Digital-Twin 모델을 기반으로 장비·라인의 수준별 피드백

Digital-Twin 모델을 기반으로 장비·라인의 수준별 피드백 기능은 그림 1-58과 같이 가상가공과 모니터링, 측정 데이터를 이용하여 품질을 예측할 수 있다.

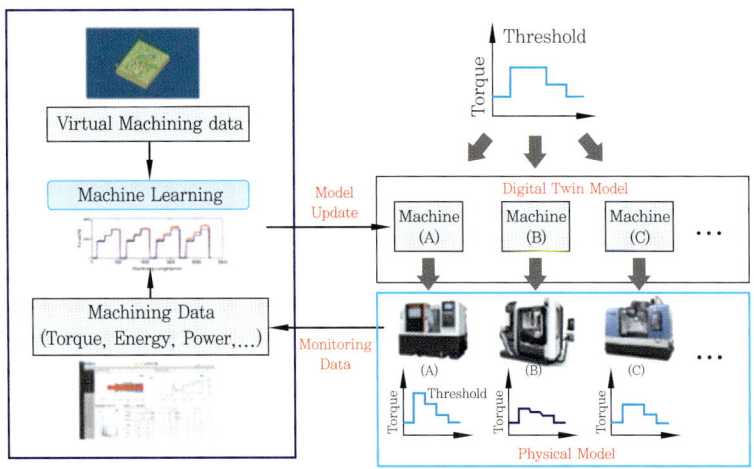

그림 1-58 Digital-Twin Model 기반의 장비·라인의 수준별 피드백

또한, 그림 1-59와 같이 가공 중에 적색 부분처럼 가공이 정상적으로 이루어지지 못한 경우에 장비의 이상 상태를 즉시 검출할 수 있는 애플리케이션 기능이다.

그림 1-59 Digital-Twin Model 기반의 장비 이상 상태 검출

③ 국제 표준 대응 공작 기계 Digital-Twin 응용 Prototype

Digital-Twin 응용 Prototype을 ISO 23247과 ISO 23704의 국제 표준에 적합한 USE Case(10여 개)를 활용하여 정보 요소 분석 모델을 개발하고, 표준에 기반을 둔 Digital-Twin 공작 기계 응용 Prototype을 구현하는 것이다.

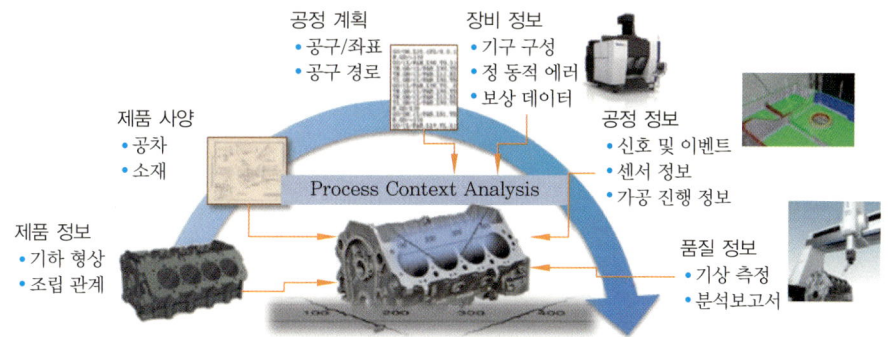

그림 1-60 공작 기계 Digital-Twin 응용 Prototype

④ AI 기법을 활용한 공작 기계 핵심 요소 상태 예측

그림 1-61에서와 같이 스핀들에 대한 건전성 Scoring System과 고장 여부 감지 알고리즘, 공구 및 이송계 등에 대한 알고리즘 적용 확대를 통하여 장비의 상태를 예측하는 애플리케이션 기능이다.

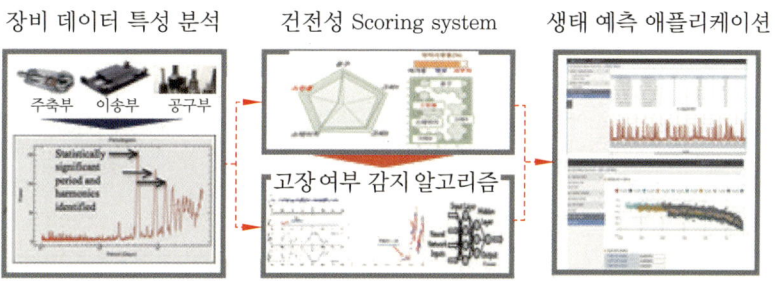

그림 1-61 AI 기법을 활용한 공작 기계 핵심 요소 상태 예측 예시

4 다양한 유형의 실증 사이트 구축 및 솔루션 적용

공작 기계를 기반으로 하는 스마트 공장의 구축은 작업 현장의 특성상 다양한 기종의 장비가 설치되어 있으므로 도입에서 구축에 이르기까지 여러 가지 사항을 고려해야 한다. 따라서 최소한 시행착오를 줄이고 짧은 기간에 효율적인 효과를 가져오게 하기 위해서는 그림 1-62와 같이 적용 실증된 검증이 요구된다. 수직형 통합 패키지의 검증은 디바이스 실증과 테스트 베드 기반 실증, 그리고 수직형 통합 패키지 솔루션 적용 실증으로 분류하여 진행할 수 있다.

디지털 제조 정보 및 IIoT 통합 공작 기계 기반 스마트 공장 플랫폼과 공정과 장비 운영, 분석, 예측, 제어 등의 애플리케이션을 적용한 시스템 통합 및 다양한 유형의 실증 사이트에 대한 수직형 통합 패키지 솔루션 적용을 검증할 수 있어야 한다.

이를 위하여 그림 1-62와 같이 현장 디바이스 시제 제작 및 테스트 베드 구축은 TOWER, 모바일 기기, 엣지 디바이스 등 다양한 형태의 현장 디바이스 HW 시제 제작을 구성하여야 한다.

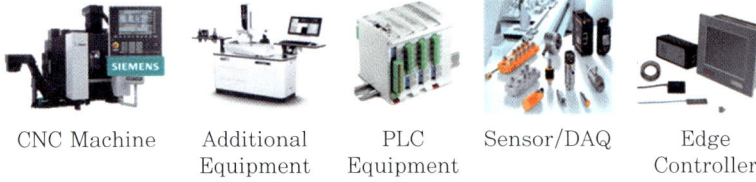

그림 1-62 Test-Bed를 위한 디바이스 구성

그림 1-63 수직형 통합 패키지의 솔루션 적용 검증

디바이스 시제 제작 및 테스트 베드 구축은 개발 결과 검증에 활용할 수 있도록 구축되어야 한다. 그러므로 실증 사이트를 모사한 테스트 베드를 구축하여 여러 분야에 걸쳐 실증 테스트를 거쳐야 한다.

(1) 현장 디바이스 시제 제작

현장 디바이스 시제 제작은 복수 장비를 통제·관리하며 작업자에게 제조 데이터 운영 기능을 제공하는 TOWER형 디바이스 시제를 제작하고, 바코드 등의 IIoT 정보를 읽고 장비, 플랫폼과 데이터를 실시간으로 연계하는 모바일 디바이스 시제 제작을 하여야 한다.

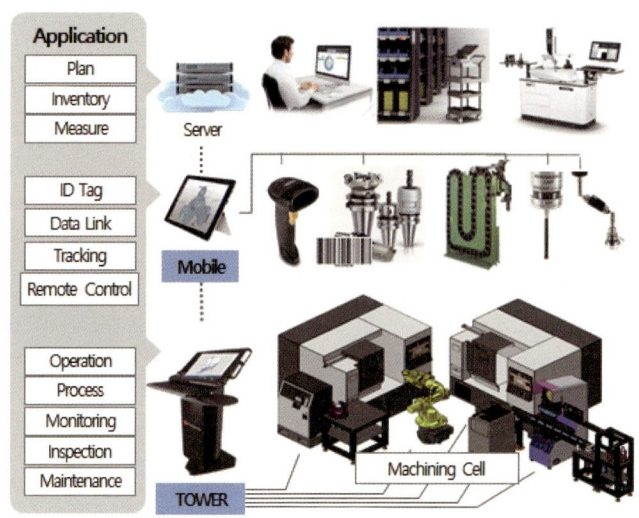

그림 1-64 현장 디바이스 시제 제작

(2) 테스트 베드 구축 및 운영

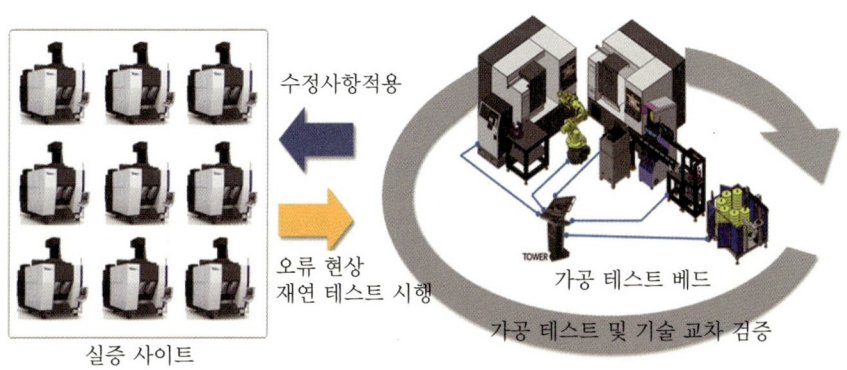

그림 1-65 테스트 베드 구축과 운영

실증 사이트를 모사한 가공 공정 테스트 베드를 구축하여 개발 플랫폼과 애플리케이션 개발의 테스트 환경을 제공하여야 한다. 테스트 베드를 통하여 실제 운영 환경에서 발생할 수 있는 여러 가지 문제를 재연 및 시험 적용을 통하여 개발되는 기술에 대한 교차 검증을 실시하여야 한다.

(3) 2~3개 유형의 실증 사이트 구축 및 실증 테스트

각 연차별 개발될 수직형 통합 패키지 솔루션 등에 대해 다양한 산업군에 적용해 개발된 통합 패키지에 대한 앱 Plug & Play 검증과 실 가공 중에서 앱 관리 기능을 검증하고, 기본 운용 모듈에 대한 검증 등 구축 시스템 전반에 대한 통합 실증 테스트를 거쳐야 한다.

① 5축 공작 기계 부품 가공 공장의 실증 테스트

부품 가공군의 공장에 대한 실증 테스트는 그림 1-66과 같이 10대 이상의 3~5축 기반의 공작 기계를 대상으로 실증 테스트를 한다.

그림 1-66 5축 공작 기계 부품 가공 공장

또한, 그림 1-67과 같이 장비의 특성이 서로 다른 5종 이상의 CNC 컨트롤러 기반의 공작 기계 대상으로 실증 테스트를 한다.

그림 1-67 5종 이상의 CNC 컨트롤러 기반의 공작 기계 실증 테스트

② 공작 기계 20대 규모 부품 제조군 공장의 실증 테스트

그림 1-68과 같이 의료 장비를 생산하는 공장이나 방산 장비, 반도체 장비, 모바일과 TV 등 전자 제품을 가공하는 공장 군은 중형 제조군을 형성하고 있다. 이러한 규모의 제조군을 가지는 공장에 대한 실증 테스트는 정밀 가공품이 많은 특징을 가지고 있으며, 이에 따른 디바이스와 테스트 베드 구성이 이루어져야 하고, 정밀한 실증 테스트가 이루어져야 한다.

그림 1-68 부품 제조군 공장

③ 공작 기계 150대 규모의 항공 제조군 공장 실증 테스트

항공 제조군의 특징은 그림 1-69와 같이 3~5축 가공이 주로 이루어지는 대규모의 공장군이므로, 10대 이상의 3~5축 기반의 공작 기계를 대상으로 실증 테스트가 실시되어야 한다.

그림 1-69 항공 부품 제조군 공장

또한, 그림 1-70과 같이 복잡하고 다양한 형태의 제품이 정밀하게 가공되므로 제품의 특성에 맞는 제각각의 형태를 가진 기계가 사용된다. 따라서 5종 이상의 CNC 컨트롤러 기반의 공작 기계를 대상으로 실증 테스트가 이루어져야 한다.

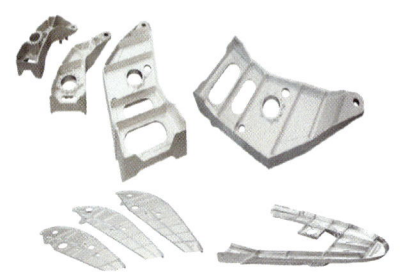

그림 1-70 항공 부품

5 공작 기계 기반 스마트 공장의 기대 효과

공작 기계 기반의 공장에서 스마트 공장을 위한 패키지 솔루션의 적용은 그림 1-71과 같이 여러 가지 기대 효과를 가져오게 된다.

(1) 국산 스마트 공장 솔루션의 경쟁력 강화에 대한 기대 효과

현재 세계 각국에서 활발하게 진행되고 있는 스마트 공장의 솔루션으로 부터 국내 산업을 보호하고 종속성을 탈피하기 위한 국산 솔루션 개발은 대단히 중요한 의미를 갖게 된다. 현재 우리나라는 글로벌 Top 3의 기술력을 확보하고 있으며, 세계 시장의 10% 점유율을 달성하고 있다.

(2) 스마트 공장 Alliance 시장 개척 기대 효과

스마트 공장을 위한 패키지 솔루션의 적용은 국내외 스마트 공장과 업체들의 Biz를 활성화하고, 스마트 공장 솔루션 산업의 인력을 양성하고 개발할 수 있는 환경을 제공함으로써 고용 증대의 효과를 기대할 수 있다.

(3) 스마트 공장의 장비 관련 표준화에 대한 주도적 역할 기대 효과

스마트 공장을 위한 패키지 솔루션의 개발은 ISO 국제 표준화 정책에 대하여 능동적으로 대응하고, 나아가서 국제 표준화에 대하여 주도적 역할을 하는 효과가 있다. 스마트 공장에 관련된 Cell과 장비의 지능화에 관련하여 기술을 선점하고, 국제 표준화 제정에 선점하는 효과를 기대할 수 있다.

(4) 스마트 공장의 공정을 최적화하는 인공 지능 기술을 선도하는 기대 효과

스마트 공장을 위한 패키지 솔루션의 개발은 빅 데이터 분석 기술과 AI 기술을 사용하여 전체 공장의 공정과 Unit 단위의 공정을 최적화하는 기술이므로, 이를 적용하는 관련 기술을 선도할 수 있는 효과를 기대할 수 있다.

(5) 스마트 공장 지원 플랫폼 사업의 활성화 기대 효과

스마트 공장을 위한 패키지 솔루션의 개발은 IIOT 기술과 제조 데이터를 사용하는 통합 플랫폼을 구축하는 기술을 요구하고 있으며, 이에 대한 사업의 확장이 요구되는 실정이다. 이러한 추세에 따라서 한국생산기술연구원의 제어·운영 플랫폼 표준화 보급을 기반으로 사업의 활성화가 이루어지고 있으며 이에 부응하는 기대 효과가 있다.

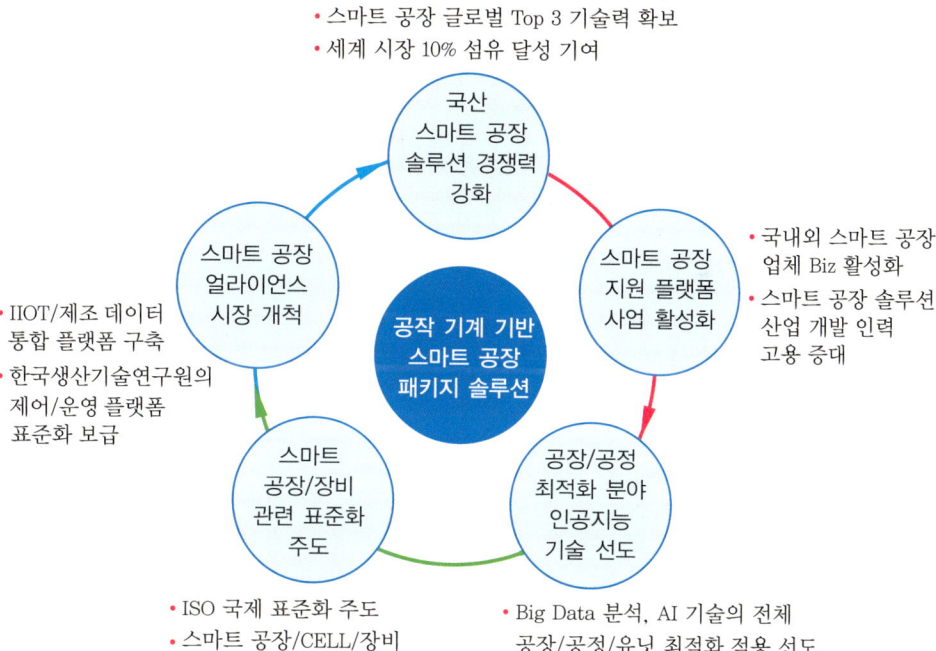

그림 1-71 공작 기계 기반 스마트 공장 기대 효과

6 스마트 공장 구축에 필요한 모듈

(1) 모듈의 분류와 상호 관계

스마트 공장 구축을 위한 IOT 기술은 그림 1-72와 같이 Point Edge, 데이터 통합 S/W의 Point View, IOT 센서 통합 모듈, 열화상 카메라, 스마트 공장 통합 Dash Board, 전력 IT 등의 모듈로 구분할 수 있다. 여기에서 가장 핵심적인 IOT의 Point Edge 기술과 데이터 통합 S/W의 Point View 기술, 그리고 스마트 센서의 스마트 센서 시스템 기술의 상호 관계를 그림 1-72에 나타내었다.

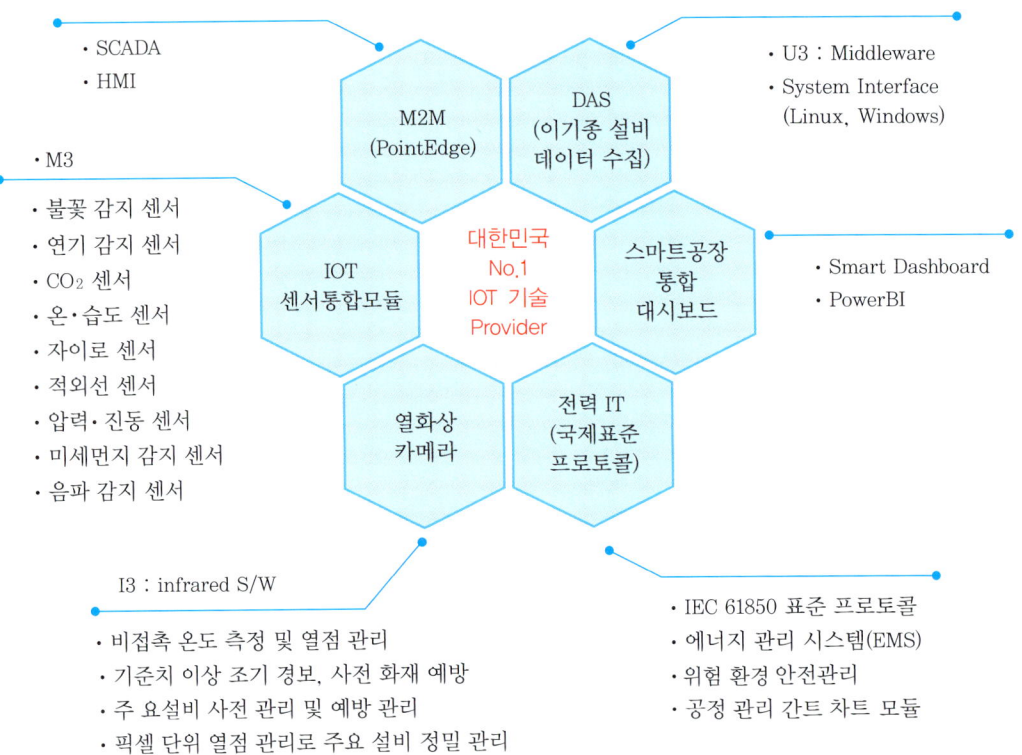

그림 1-72 스마트 공장을 위한 IOT 기술

(2) 스마트 공장 구축에 필요한 모듈의 기능

① IOT는 Point Edge 모듈로서 사물 인터넷을 기반으로 센서 데이터를 수집하는 S/W 기술을 의미한다.

이 모듈은 사물 지능 통신 시스템과 머신과 센서의 인터페이스 기술, 그리고 IOT 및 빅 데이터를 사용하여 센서 데이터를 수집하는 방법이다.

```
┌─ IoT/M2M ─────────┐   ┌─ Data 통합 S/W ──────────┐   ┌─ Smart Sensors ──────┐
• 사물 지능 통신 시스템      • SCADA/HMI 공정 감시제어시스템    • 스마트 센서 보드
• Machine/Sensor Interface  • 이기종 유틸리티 연계 시스템      • 제조, 에너지, 기상 관측 시스템
• IoT 및 빅데이터 수집 기술   • 통신 프로토콜(Unified Gateway)  • 환경 데이터 실시간 계측
```

보유 솔루션

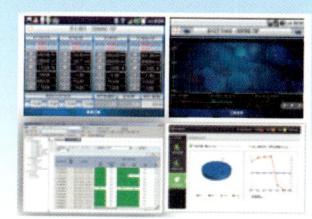
Point Edge
(사물인터넷 기반 센서데이터 수집 S/W)

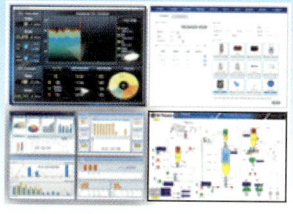
Point View
(제조, 플랜트 공정 감시제어 S/W)

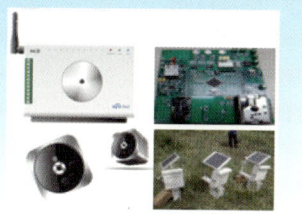
Smart Sensor System
(복합센서, 적외선, 화재예방 센서 모듈)

그림 1-73 스마트 공장 구축에 필요한 모듈의 기능

② 데이터를 통합하는 S/W는 Point View 모듈을 의미한다.

이 모듈은 SCADA 혹은 HMI를 이용하여 제조 및 공정 감시 제어 시스템을 구성하는 기술, 그리고 서로 다른 종류의 설비 데이터를 Middleware 또는 System Interface(Linux, Windows)를 사용하여 각종 데이터를 연계하는 기술과 통신 프로토콜(Unified Gateway)을 사용하는 기술을 의미하는 모듈이다. 실제 제조업 현장에서는 이기종 설비로부터 데이터를 집계하고 통합하는 것에 대하여 통합적·즉각적인 생산 설비 현황 데이터의 부재와 주요 이슈에 대한 즉각적 경보 시스템 부재, 그리고 현장 이슈에 대한 이해 및 솔루션 부족으로 어려움을 겪고 있다. 생산 설비의 각 현장 레벨에서 발생하는 데이터 수집 방안에는 자동화의 계층별 특성에 따라 다양한 데이터 수집 방법을 적용하여 Protocol 통합 Gateway를 구성하게 된다.

Protocol 통합 Gateway는 스마트 공장 인프라 구축에서는 필수적 기능으로서 서로 다른 기종의 설비와 설비의 데이터 교환을 위한 통합 Protocol Gateway를 구성하는 것이다.

이를 위해서 Protocol Gateway는 다양한 디바이스 및 데이터 전송 방식을 지원할 수 있는 신뢰도가 높은 프로토콜이 되어야 하고, Realtime 및 Historical 데이터를 관리할 수 있어야 하며, 스크립트 및 사용자 프로그램으로 데이터 연산과 가공을 할 수 있어야 한다.

그림 1-74는 각기 서로 다른 기종의 데이터 수집 대상으로부터 Unified S/W를 사용하여 상의 시스템으로 인터페이스되는 통합 기능의 구조를 나타내고 있다.

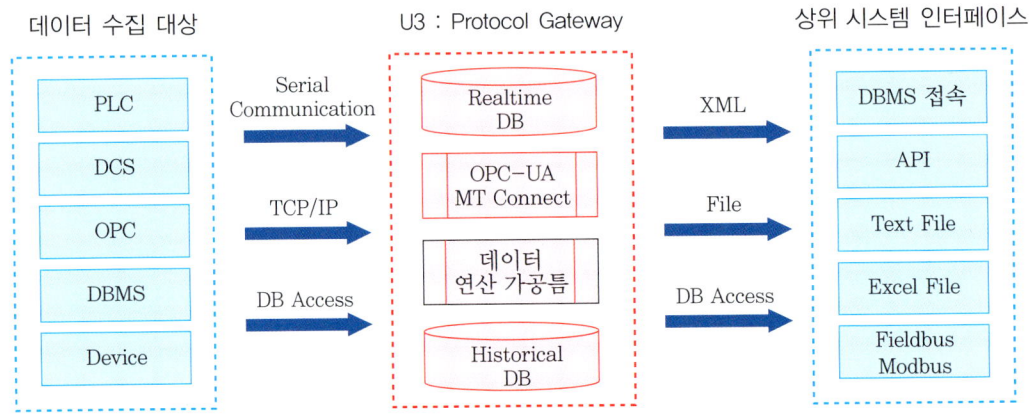

그림 1-74 Unified S/W의 이기종 설비 데이터 통합 기능 구조

> 참고
> - **DBMS** : DataBase Management System(데이터베이스 관리 시스템)
> - **API** : Application Program Interface(OS와 응용 프로그램 간 통신에 사용되는 언어나 메시지 형식)
> - **OPC** : OLE for Process Control(공정 제어 기기용 통신 드라이브)
> - **Modbus** : 자동화 시스템의 디바이스 간 통신을 위해 개발된 산업용 통신 규약

③ 스마트 센서는 IOT 센서 통합 모듈을 의미한다.

이 모듈은 스마트 센서 보드를 구성하는 기술과 제조 및 에너지를 기계에서 직접 데이터를 수집하는 기상관측 시스템 기술, 그리고 환경 데이터를 실시간으로 계측하는 기술을 의미하는 스마트 센서 시스템이다. 이를 위하여 각종 복합 센서와 적외선 감지 센서, 화재 예방을 위한 센서 등을 사용하는 시스템을 의미하는 모듈이다. 여기에 사용되는 센서는 데이터 구성에 필요한 여러 가지 센서를 사용하여 필요한 데이터를 수집하는 모듈을 의미한다.

실제로 구성되는 시스템의 목적에 따라 불꽃 감지 센서, 연기 감지 센서, CO_2 센서, 온·습도 센서, 자이로 센서, 적외선 센서, 진동 감지 센서, 미세 먼지 감지 센서, 음파 감지 센서 등의 여러 가지 센서를 사용하여 시스템을 구성하고 데이터를 수집하는 모듈이다.

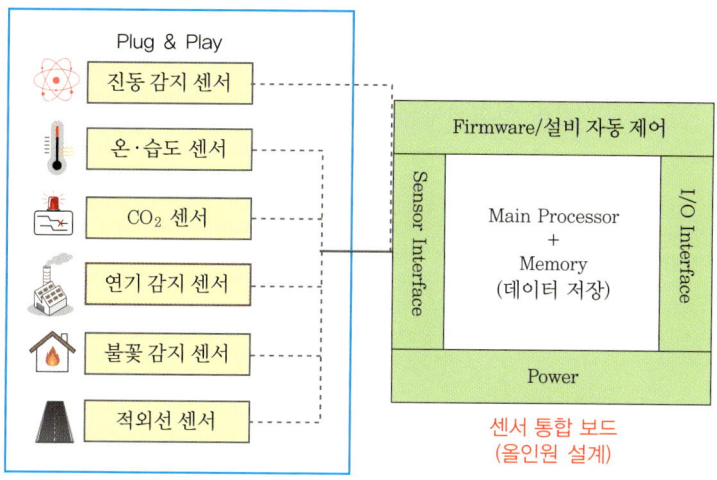

그림 1-75 IoT 센서와 센서 통합 보드

④ 열화상 카메라 감시 솔루션 모듈은 Infrared S/W를 사용하여 비접촉 온도 측정 및 열점 관리와 기준치 이상 조기 경보, 사전 화재 예방, 주요 설비 사전 관리 및 예방 관리, 픽셀 단위 열점 관리로 주요 설비 정밀 관리 기능을 하는 모듈이다.

⑤ 스마트 공장 통합 대시 보드 모듈은 스마트 대시 보드나 Power BI를 사용하여 발전소, 공장, 빌딩 및 각종 산업 현장의 주요 설비 현황을 실시간으로 파악할 수 있도록 해주는 모듈이다.

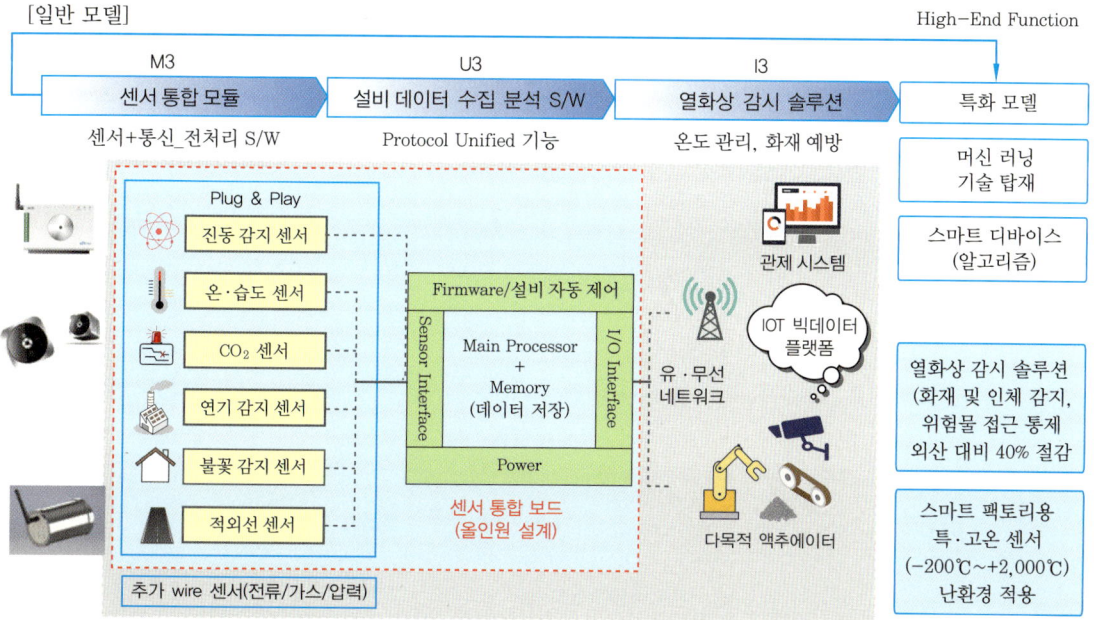

그림 1-76 IoT 센서와 모듈의 구성

예를 들면 전력 IT 부분의 모듈은 IEC 61850 표준 프로토콜과 에너지 관리 시스템(EMS), 위험환경 안전관리 공정 관리, 간트 차트 모듈을 사용하는 기술이다. **그림 1-76**과 같이 이러한 모듈은 서로 다른 다양한 기종의 설비 및 각종 IoT 센서, 계측기 데이터의 통신 프로토콜에 대한 표준 규약을 준수하여야 하며, 설비와 다른 설비에 원활한 데이터 연동 모듈을 제공할 수 있도록 구성되어야 한다.

⑥ IoT 센서 통합 모듈의 보드

센서 통합 보드는 여러 가지 종류의 다양한 보드가 개발되어 있으므로 시스템의 사용 목적에 따라 적당한 형태의 기능을 가진 보드를 선택할 수 있다.

표 1-8 IoT 센서 통합 보드 관련 제품 현황

구분	사양 및 기능	아두이노	라즈베리파이	삼성전자 아틱	시그널 컨버터 (Small PLC)	시그너스
이미지	모델 구분	우노 R3	Pie-3	Artik-7	HXSP-2108E	M3
사양	• Processor • Clock Speed • Analog(IN) • GPIO • USB/UART/LAN • 사용 전원 • OS	• ATMEGA328 • 16 MHz • 6(0) • 14 • 1/1/0 • 7~12V 175mW • None	• BCM2836 • 900 MHz • 0(0) • 17 • 4/1/1 • 5V 800mA • Linux & Others	• ARM A7 base • 1 GHz • 2(0) • 47 • 1/2/WiFi/BT • 3.4~5V • Yocto	• - • - • 0(0) • 0 • 0/1~4/1 • 100~240V • None	• BCM2836 • 900 MHz • 4~8CH • 센서-직접통신 • 1/1/WiFi/BT • 5V/100~230V • Linux & RTOS
기능	특징	외부 기어 제어(센서, 모터, LCD 등)	데이터 처리 중심(음향, 영상, USB, 이더넷, HDMI)	영상처리 및 보안+Arduino 호환	UART ↔ LAN 변환	표준 I/O 통합 보드 CPU B/D 선택 가능 고속 데이터 처리
장·단점	SDK	Arduino 로직 구성 별도	Linux 기반 로직 구성 별도	로직 구성 별도	신호 변환기 로직 없음	센서 PnP 구성 확장 로직 편리
S/W	보안	없음	Linux 기반	HW Embedded Security Element(eSE) +TLS(DTLS)	없음	Linux & SSL VPN MQTT/COAP 등 표준 프로토콜 지원
기타 (비용)	경제성	30,000+통신옵션(추가 필요)	45,000+통신옵션(추가 필요)	$50~$70 (추가 필요)	10만원+SW 별도(추가 필요)	CPU+I/O+Housing (패키지 포함)

현재 일반적으로 많이 사용되는 IIoT 센서 관련 통합 보드의 제품은 **표 1-8**과 같이 여러 종류가 있다.

설비의 작동(머신 러닝) 상태의 데이터를 자동 분석한다는 것은 일반적인 센서 통합 보드의 용도와는 확연하게 다른 목적이므로 일반적인 센서 통합 보드로는 한계가 있고 신뢰성도 낮은 편이라 사용하기 곤란한 문제가 발생한다.

따라서 머신-러닝 상태의 데이터를 자동 분석하기 위한 특화된 보드는 목적에 부합하기 위하여 머신-러닝 엠비디드 S/W를 사용하여야 하고, 다양한 디바이스 및 데이터 전송 방식을 위하여 신뢰성이 높은 프로토콜을 지원하여야 한다. 그리고 Real-time 및 Historical 데이터의 연계가 가능하여야 하며, 스크립트 및 사용자 프로그램으로 데이터 연산 및 가공 기능을 가지고 있어야 한다. 그러므로 작동(머신 러닝) 상태의 데이터를 자동 분석하기 위한 보드로는 IoT 센서 통합 모듈로서는 특화된 보드를 사용하여야 데이터의 신뢰성을 높이고 환경과 요구에 만족하도록 지원할 수 있게 된다.

그림 1-77은 일반적인 장치와 IoT 센서 통합 모듈용으로 개발된 전용 보드를 비교하여 나타낸 것이다.

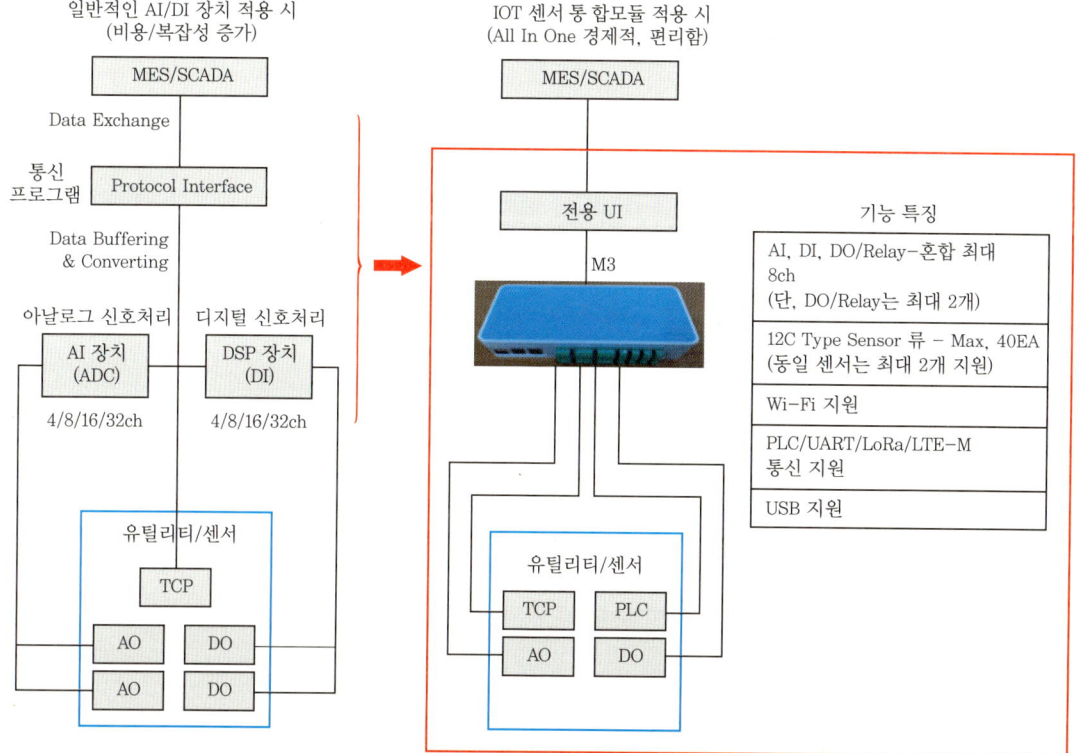

그림 1-77　IoT 센서 통합용 특화된 보드의 특징

7 공작 기계 기반 스마트 공장의 생산 관리 시스템 필수적 기능

(1) 공작 기계에 특화된 데이터 처리

공작 기계는 일반적인 데이터 처리와는 다른 각자의 공작 기계에 특화된 독자적인 데이터 처리 시스템을 가지고 있다. 따라서 이기종간의 CNC/PLC/센서 모듈에 대한 실시간 데이터 통신이 원활하게 이루어질 수 있도록 데이터 처리 방법이 필요하게 된다.

그러므로 각각의 CNC 장비에 따라 상이한 I/F(Interface) 구조와 PLC 기반 비가공 장비와의 연계성, 시계열 스트리밍(Time series-Streaming) 센서의 데이터 활용 방법이 마련되어야 한다.

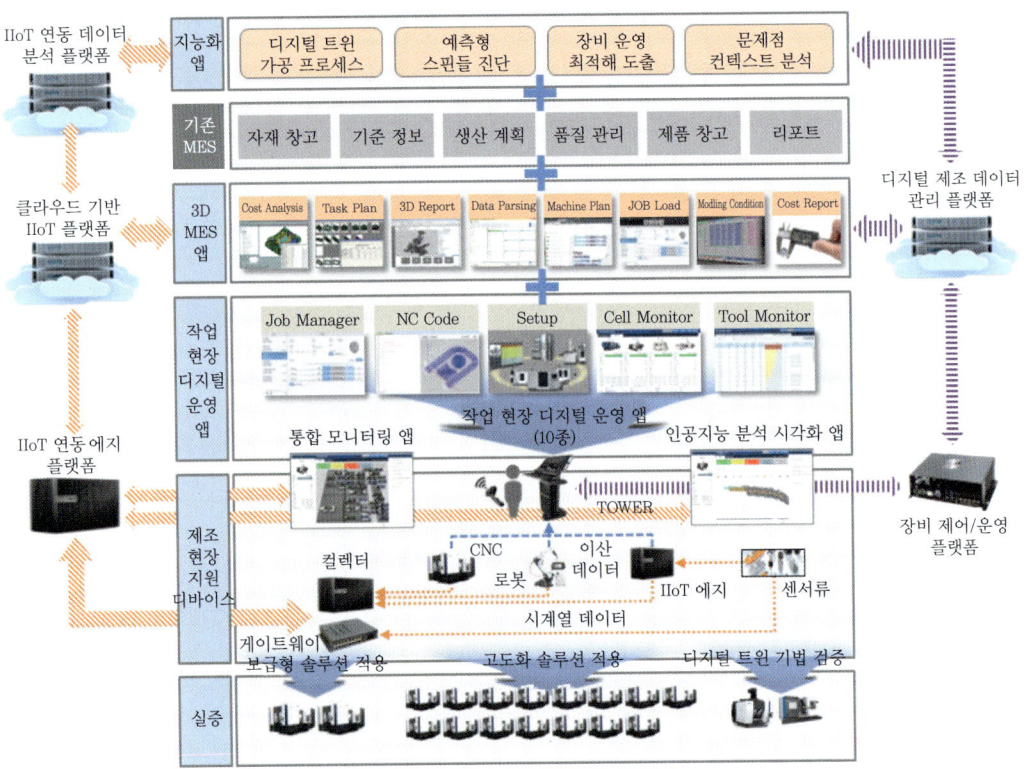

그림 1-78 공작 기계 기반 생산 시스템에 대한 공정/장비 운영/분석/예측/제어

(2) AI, CPS 등 첨단 ICT 응용

공작 기계 기반의 스마트 공장은 장비 상태 진단 및 예측에 대한 데이터 분석 기반의 접근 방식을 시도하기 위하여 AI(Artificial Intelligence : 인공 지능), CPS(Cyber Physical System : 가상 물리 시스템) 등의 첨단 ICT(Information Communication Technology : 정보 통신 기술)를 사용하게 된다. ICT는 각각의

장비와 장비 그룹에서 AI 학습 모델을 실행하여 기계 장비와 가공 공정의 디지털 트윈 모델을 사용하여 기계 장비 운영과 공정 최적화가 이루어지게 된다.

(3) 공작 기계 관련 현장 디바이스 지원

공작 기계를 기반으로 하는 스마트 공장은 단위 장비의 공작 기계에 대한 HMI(Human Machine Interface : 인간과 기계의 상호 작용) 기술과 복수의 공작 기계 장비에 대한 TOWER에 탑재될 애플리케이션을 개발하여 지원할 수 있도록 하여야 한다. 여기서 시스템에 탑재되는 애플리케이션은 장비의 상태를 알려주는 각종 데이터를 수집하고, 디지털화된 작업 운영을 지시하며, 제어 기능이 실시간으로 가능하도록 구성되어야 한다.

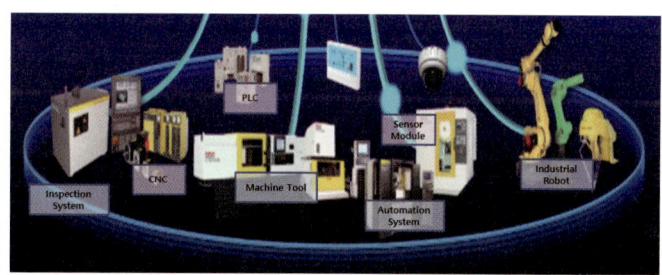

그림 1-79 공작 기계 스마트 공장의 현장 디바이스 지원

(4) 엔지니어링 데이터와 연동되는 생산 운영

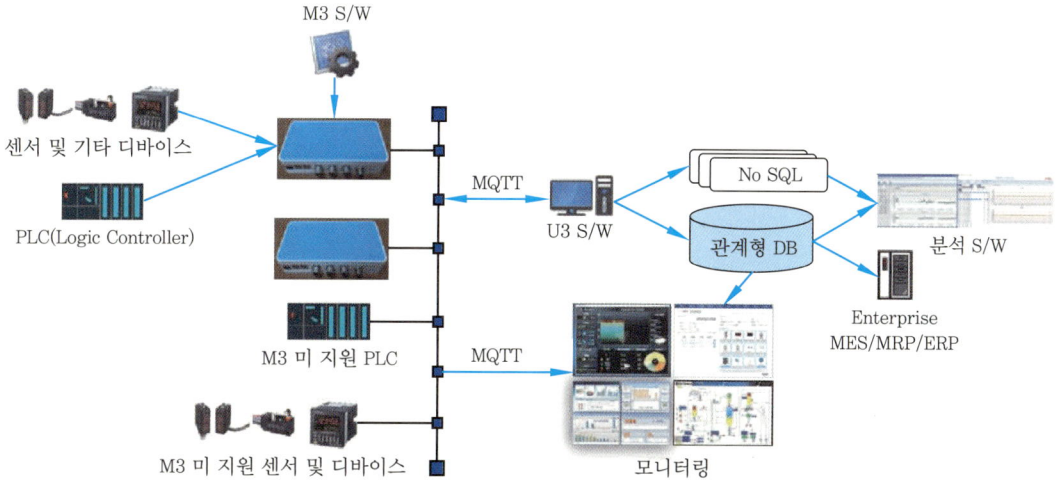

그림 1-80 스마트 공장의 장치와 인터페이스 구성도

공작 기계 기반의 스마트 공장은 가공 전 공정 계획 엔지니어링 정보와 가공 후 측정 검사 품질 정보의 단절이 발생하지 않도록 연결할 수 있는 시스템 구축이 필요하다. 이러한 기능은 CNC 공정·장비에 특화된 MES 기능으로 3D 형상 정보, 검사 측정 정보 등과 연동하여 운용할 수 있도록 하여야 한다. 그림 1-80은 인터페이스 구성의 예를 나타내었다.

스마트 공장 설비 데이터 수집 시스템 구성에 필요한 Raw Data 연계 프로세스를 예를 들어 나타내면 그림 1-81과 같다. 다음의 구성도는 현장의 상황에 따라 변경될 수 있으며, 구성 장치도 변경될 수 있다.

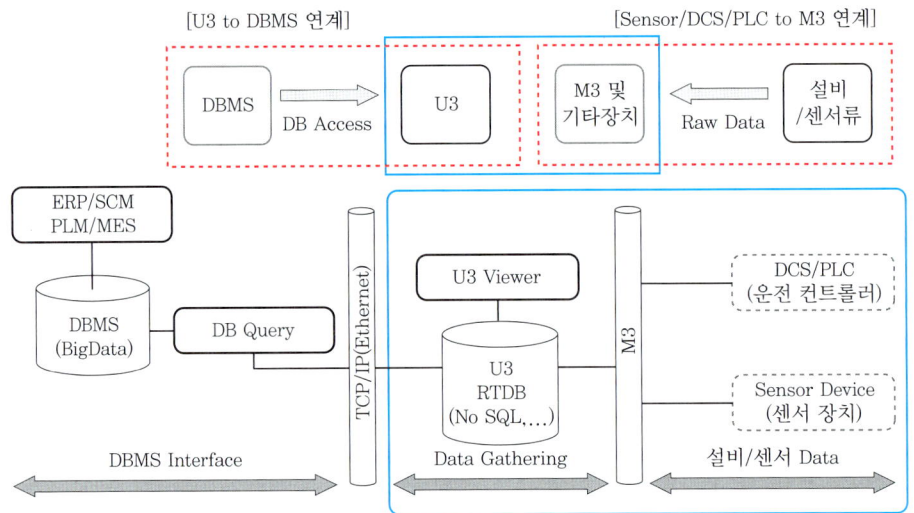

그림 1-81 설비 데이터 수집 시스템 구성의 Raw Data 연계 프로세스

디지털 전환 생산 관리 시스템의 컬렉션

1. CAP 데이터 컬렉션의 개요
2. CAP의 컬렉션 모듈
3. CAP 데이터 컬렉션 프로세스 구성

디지털 전환 생산 관리 시스템의 컬렉션

1. CAP 데이터 컬렉션의 개요

1-1 디지털 전환 생산 관리 시스템의 데이터

1 CAP 데이터 컬렉션의 구성 조건

디지털 전환 생산 관리 시스템의 데이터는 생산 현장의 각종 기본 정보 데이터를 기반으로 사용하는 시스템이므로 현장에서 수집되는 기본 정보 데이터는 가장 기본적이며 동시에 가장 중요한 요소이다. 디지털 전환 생산 관리 시스템 데이터의 수집은 생산 관리에 필요한 요구 조건과 장비 유지 시스템의 요구 조건을 기능별로 분석하여 누락되는 항목이 없도록 범위를 설정하고, 수집 방법을 결정하여야 한다.

디지털 전환 생산 관리 시스템 데이터 구성을 위한 우선적 작업은 생산 현장에서 사용하는 각종 일지와 일상적인 관련 데이터, 예방과 점검 기록 등 데이터 구성을 위한 관련 내용들을 사전에 상세하게 기록하고, 축적하여야 한다.

디지털 전환 생산 관리 시스템의 데이터는 수집의 다양성을 위하여 모바일, 태블릿 장치 등과도 연계하여야 하며, ERP와 MES 등의 다른 시스템과도 호환될 수 있도록 구성되어야 한다. 이를 위하여 데이터 컬렉션은 다음과 같은 조건을 갖추도록 구성하여야 한다.

① 대장 관리에 대응하여야 한다.

설비 구성 정보에 적합한 설비 데이터를 계층별로 구분하고 관리할 수 있어야 하며, 다양한 대장 정보의 관리 방법에 대응할 수 있도록 구성하여야 한다.

② 다양한 통신망으로 작업지시가 가능하여야 한다.

수집된 정보가 신속하게 전달되고 공유할 수 있도록 모바일이나 태블릿에 의한 작업이 가능하도록 구성하여야 한다.

③ **예비품 관리 및 재고, 관리 기능을 할 수 있어야 한다.**
예비 품목의 입고 · 출고 · 재고 관리가 가능하고, 거점 간 예비 품목의 재고 정보가 공유되어 재고의 적정화를 유지할 수 있도록 구성하여야 한다.

④ **설비 보전 및 가동 데이터를 축적하고 원격 제어와 연계성을 가져야 한다.**
설비 보전 정보와 설비 가동 정보를 축적하도록 구성하고, 이들을 연계시켜 원격으로도 장비 이상 유무를 신속하게 파악할 수 있도록 구성하여야 한다.

⑤ **예산 관리 · 예산 분석에 필요한 내용과 연계되어야 한다.**
설비 보전 업무의 보전 비용 예산 및 실적 관리를 위하여 다른 시스템과 연계될 수 있어야 한다.

2 디지털 전환 생산 관리 시스템 데이터의 수집 목적

① 기준 정보 데이터는 생산 제작에 사용되는 설비에 대하여 공장별 또는 생산 현장별 최적의 설비 보전 계획을 수립하고, 효율적인 설비 관리를 할 수 있도록 구성되어야 한다.

② 생산 설비와 장비 관리, 유지보수 및 운영 시간을 데이터화시키고, 최적의 설비 상태를 유지하도록 하며, 공장 설비 · 기계 고장이 발생하지 않도록 예방 점검을 할 수 있도록 한다.

③ 기준 정보 데이터는 설비별, 공장 부서별, 실별 점검 기록을 축적함으로써 향후 설비 관리 시스템의 기본 정보로 활용되어야 한다.

3 디지털 전환 생산 관리 시스템 데이터 수집의 필수 조건

기준 정보 데이터는 설비 보전에서 요구되는 다양한 문제의 해결과 최적의 장비 유지 관리를 위하여 각종 분석 자료와 진단 자료를 제시할 수 있도록 구성하여야 한다. 이러한 요구 조건을 충족하기 위하여 기준 정보 데이터는 다음과 같은 조건을 갖추어야 한다.

① **설비의 동작 상태 데이터를 컬렉션하기 위하여 다양한 방법으로 입력할 수 있어야 한다.**
기존 설비에 대한 동작 상태를 사용자가 쉽게 데이터로 입력할 수 있어야 한다.

② **설비의 이상 징후를 파악할 수 있도록 컬렉션이 되어야 한다.**
가동 중인 생산 설비에 대해 고장 전에 이상 징후를 미리 진단하고 파악하여야 하며, 이에 대한 대책을 마련할 수 있도록 하여야 한다.

③ 설비의 보전 대책 및 예측을 할 수 있도록 컬렉션이 되어야 한다.

예를 들면 금형 제작 설비의 고장 시기, 구성품의 수리 및 교체 시기 등이 사전에 예측되어야 한다.

④ 설비의 작동 상태를 가시화할 수 있도록 컬렉션이 되어야 한다.

예를 들면 금형 제작 설비에서 시각화하기 어려운 상태에 있는 미세한 진동, 소음 변화, 온도 변화 등에 대하여 시각적으로 파악할 수 있도록 정보를 제공하여야 한다.

⑤ 시스템과 연계성이 확보되는 컬렉션이 되어야 한다.

수집·분석한 정보 데이터는 자사의 시스템과 연계시켜 관리할 수 있어야 한다.

1-2 CAP 데이터 컬렉션의 정보화

CAP에서 데이터의 누락 방지와 정확성은 제조 현장의 안정적 가동을 위해서 필수적인 조건이다. 설비·기계의 축적된 데이터는 최적의 보전 계획을 수립하는 데 기본이 되므로 유지 보수 및 수리 실적, 장비 사양 등의 기본 정보는 일원 관리하여 데이터베이스로 만들어야 하고, 누락 방지와 정확성을 구현하기 위하여 내용을 서로 공유할 수 있어야 한다.

1 PDCA 사이클을 활용한 데이터 정확성 구현

데이터의 정확도는 수집된 데이터의 누락 방지와 정확성을 구현하기 위하여 PDCA 사이클을 활용하여 사이클을 반복하여 수집된 데이터에 대한 정확성을 유지하여야 한다. 컬렉션 데이터는 PDCA 사이클의 반복적인 실행으로 강화된 정확성을 기반으로 설비 보전의 다양한 과제를 해결하고, 최적의 장비 유지 관리를 실현할 수 있도록 지원하는 구조로 구성되어야 한다.

PDCA 사이클은 그림 2-1과 같이 보전 계획 → 보전 활동 → 결과 분석 → 예방 보전의 4단계를 순회하며 설비별로 데이터를 추출하여 누락이나 작업 오류 등의 문제점을 방지하고 정확도를 높일 수 있다.

PLAN 단계(보전 계획 단계)에서는 일상적인 순회 점검과 정기 점검을 책정하고, 작업계획서와 보전 매뉴얼의 일원화를 실행하여 보전 계획 전체를 가시화한다.

DO 단계(보전 활동 단계)에서는 점검 누락 부분이나 작업 미스 부분을 절감할 수 있는 보전 계획을 기반으로 한 보전 활동을 실시한다. 그리고 보전 내용과 고장 상태와 현장 상황에 대한 기록을 남겨서 이력 분석에 활용할 수 있도록 하여야 한다.

CHECK 단계(결과 분석 단계)에서는 보전 실적을 검토하고 시설과 설비의 보전 상황을 점검한다. 또한, 과거의 경향을 분석하여 종합적으로 수립된 보전 계획에 대한 분석을 시행한다. 그리고 소모품과 예비품의 재고율을 관리하여 안전 재고를 실현할 수 있도록 한다.

ACTION 단계(예방 보전 단계)에서는 이력 분석을 기반으로 보전 주기를 조정하고, 다른 시설의 보전 전개, 동종 설비의 횡 전개를 통하여 보전 계획을 조정한다. 또한, 설비 수명을 향상하여 설비 보전의 품질이 향상되도록 한다.

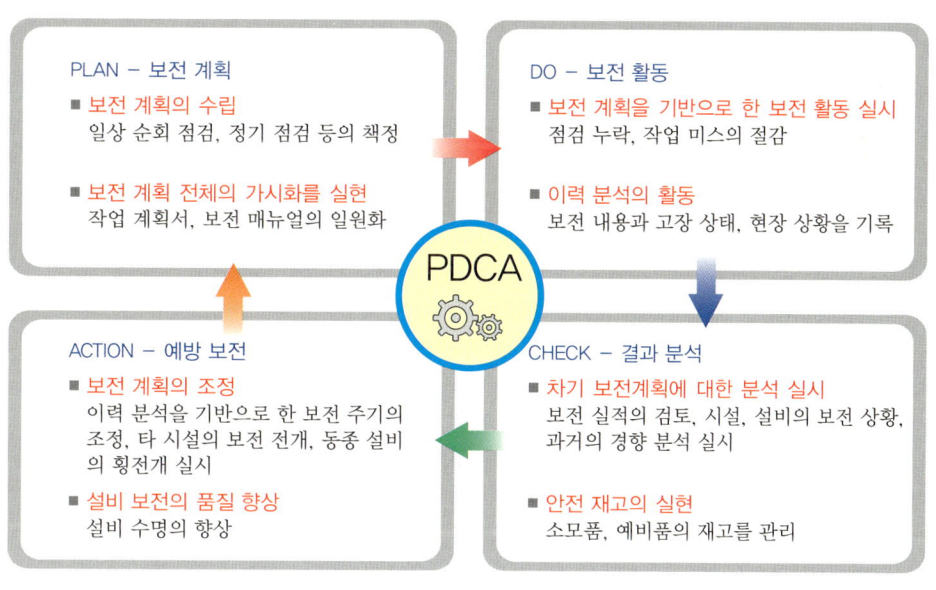

그림 2-1 PDCA 사이클

2 데이터베이스화 및 네트워크 구축으로 정보화 실현

(1) 데이터베이스 및 네트워크

PDCA를 이용하여 보전 계획을 수립하는 경우를 예를 들어 설명해보기로 하자. CAP는 보전 계획을 수립하기 위하여 설비 사양 및 카탈로그, 매뉴얼 등 시설에 관한 정보 및 점검 기록을 일원화하여 관리하여야 하고, 설비 점검 및 부품 교체 주기와 시설의 상태(문제점) 등에서 설비별 데이터를 추출하여 보전 계획과 연계시켜야 한다.

그림 2-2와 같이 추출·수집·축적된 설비 관리의 컬렉션 데이터는 CAP에서 네트워크에 연계되어 데이터베이스에서 처리되고 시각화 과정을 거치는 정보화가 이루어지게 된다.

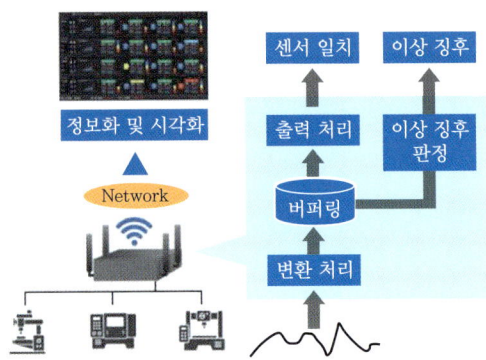

그림 2-2 데이터 정보화 및 시각화

(2) 솔루션 업체 서버를 사용하는 데이터베이스 시스템 구축

데이터의 수집과 분석 등이 이루어지는 데이터베이스 서버의 운영이 어려운 환경을 보유한 중소기업의 경우에는 그림 2-3과 같이 솔루션 업체의 서버와 네트워크를 사용하여 연계시켜 운영할 수 있다.

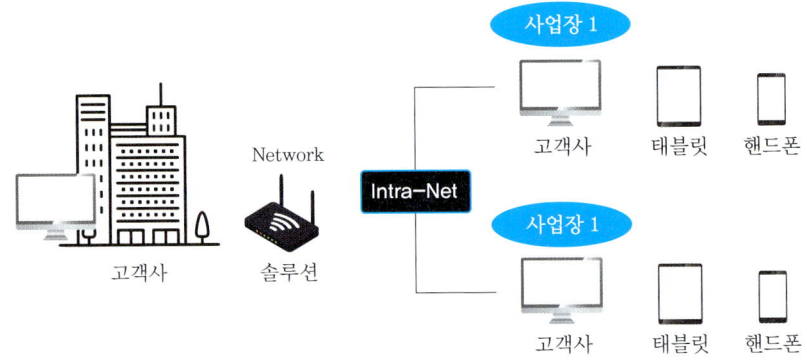

그림 2-3 자사 시스템 구성하기

① 솔루션 업체의 서버를 네트워크로 연계한 정보화 구축

이 방법을 사용하는 서버 구축 방법은 현장의 설비에 센서를 부착하고 정보 수집이 이루어지면 네트워크를 이용하여 솔루션 업체의 서버에 전달되고 그 전달된 데이터는 서버의 분석 절차를 거쳐 분석된 결과를 다시 네트워크를 통하여 금형 업체에 전달하는 형태이다.

② 설비 보전 시스템의 연계하는 데이터베이스 구축

금형 현장의 설비에 대한 이상 징후나 고장 검출 정보를 솔루션 업체에서 감지하게 되면 고객이 보유한 설비 보전 시스템과의 네트워크 연계를 통하여 계획적인 유지 보수, 장비의 유지 보수를 지원하는 방법이다.

(3) 데이터 컬렉션 정보화 구축 방법

데이터 컬렉션의 정보화를 구축하기 위한 우선 조건은 기존 설치되어 있는 제조 설비나 기계 등의 동작 상태를 빠르게 감지하고 대응하기 위하여 데이터 수집 구성 요소와 센서 등이 시스템과 호환되어야 한다. 기존 설비의 정보화 구축을 위한 구성 요소는 사용자가 요구하는 항목을 반영하여 데이터 수집 정보화에 필요한 항목으로 결정해야 한다.

① 기존 설치되어 있는 제조 설비, 기계 설비 그대로 상태에서 시스템의 동작 상태를 알기 쉽게 파악할 수 있는 정보화를 지원한다.
② 가동 중인 생산 설비에 대해서는 고장 발생 전에 이상 징후를 재빨리 파악하고 대책을 세울 수 있는 정보화를 지원한다.
③ 생산 설비의 고장 시기, 구성 기기의 수리 및 교체 시기를 예측할 수 있는 정보화를 지원한다.
④ 감지된 정보는 설비 보전 시스템과 고객사의 시스템으로 통지할 수 있는 정보화를 지원한다.

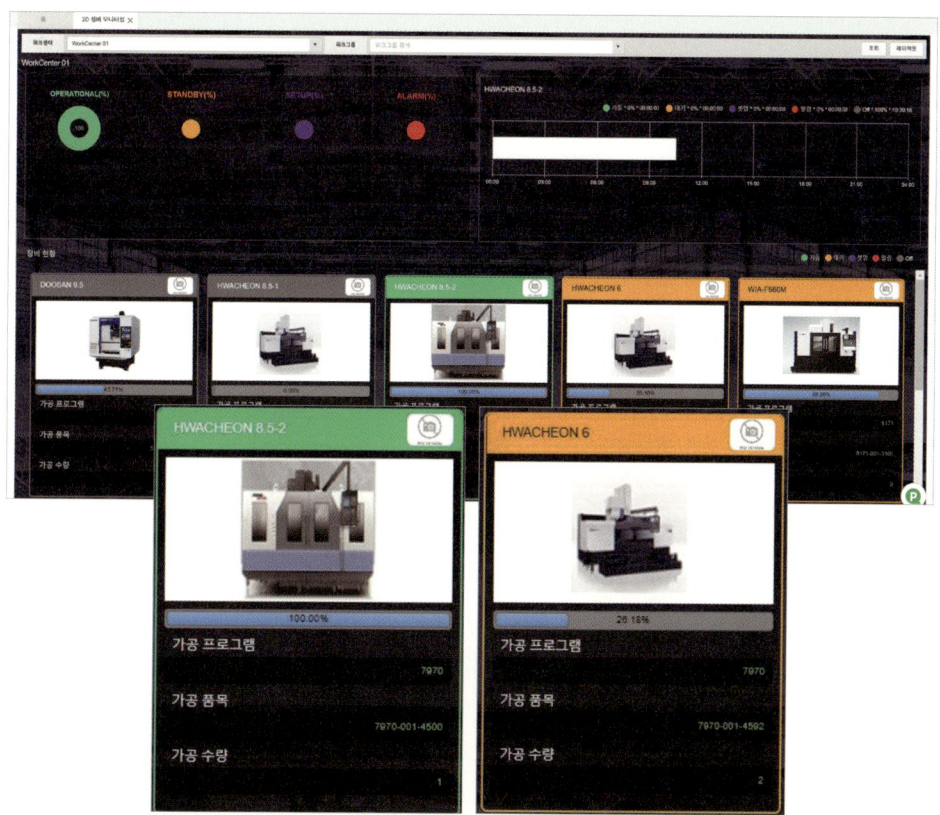

그림 2-4 설비 상태 구축 및 모니터링

1-3 CAP 데이터 컬렉션의 시각화

1 데이터의 시각화

데이터의 시각화는 현장 설비의 데이터 수집 과정에서 설비의 이상 징후나 고장 검출 정보를 감지하게 되면 CAP는 이를 변환 처리, 버퍼링 작업을 거쳐 사용자에게 출력 처리를 하게 된다. 이때 시각화는 출력하는 내용을 사용자가 얼마나 정보에 쉽게 이해할 수 있느냐를 결정하는 핵심적인 인자가 된다. 아무리 좋은 출력이라고 할지라도 사용자가 이해하기 어려운 형태로 출력된다면 아무런 소용이 없기 때문이다. 따라서 개발사들은 다양한 도형이나 그래픽을 사용하여 빠르고 쉽게 내용을 이해할 수 있도록 화면을 구성해야 한다. 이러한 시각화 처리를 거쳐서 사용자가 정보의 내용을 간편하게 모니터링될 수 있어야 한다.

(1) 데이터 시각화 항목의 구성

데이터 시각화의 항목은 설비에서 시각화가 어려운 부분을 데이터 정보를 기반으로 시각화하여 모니터링을 할 수 있도록 시스템을 구축하여야 한다.

① 기계 설비에서 시각적으로 확인하기 어려운 상태(미세한 진동, 소음 변화, 온도 변화 등)를 시각화로 대응하여 확인할 수 있도록 구성되어야 한다.
② 수집·분석한 정보 데이터는 디지털 전환 시스템과 연계하여 분석 처리를 하고 가시화 과정을 거쳐 모니터링될 수 있도록 구성하여야 한다.
③ 실시간 생산 정보에 맞춘 현장 정보를 디지털 전환 시스템과 연계하여 분석 처리를 하고 생산 가시화하여 현장 정보를 표시할 수 있도록 구성하여야 한다.

(2) 데이터 시각화 구성하기

데이터 시각화를 구성하기 위해서는 설비의 데이터를 수집하여 이를 정보화하고 시각화하는 단계를 거쳐야 한다. 이를 위해서는 각 설비 요소별로 정보 수집을 위한 환경을 구축하고 시스템을 구성하여야 한다.

① **설비의 각종 컨트롤러 데이터 신호를 구축한다.**

설비의 동작 신호, 알람 신호, 알람 메시지, M 코드 신호, 공구 신호, 가공 부품명, 시간, 위치 신호, 부하량 등의 항목을 기본으로 하는 시스템을 구축한다.

동작 신호					알람 신호 알람 메시지			M코드 신호	공구 신호	품명	시간			위치 신호	부하량
모드	모드 상태	이송 속도	FEED OVERRIDE(%)	회전수	회전수 OVERRIDE(%)	알람 신호	알람 번호	알람 메시지	시스템 알람	M코드	공구 번호	제품 코드(품명)	전원 시간	가공 시간 (G01+G00)	CUTTING TIME	사이클 시간	X, Y, Z 축 위값	X, Y, Z 부하량	스핀들 부하량

그림 2-5 컨트롤러 데이터 신호 구축

② 설비의 PLC 데이터 신호를 구축한다.

설비에 대한 전압, 전력, 유량, 압력, 가열 속도, 온도, 전류, 가공 시간, 사이클 시간, 작업일시, 수량 카운터 등의 항목을 기본으로 하는 시스템을 구축한다.

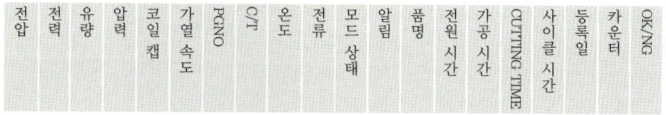

그림 2-6 PLC 데이터 신호 구축

③ 데이터 통계의 시각화를 위한 그래프를 작성한다.

수집된 데이터를 근거로 분석하고 설비의 항목별 그래프를 작성한다. 이들 그래프의 정보를 시각화하는 과정을 거쳐 설비 보존이나 공정 관리 시스템 운영에 쉽게 접근할 수 있도록 한다.

- 고장 기기별 원인별 건수 그래프
- 고장 부위별 건수 그래프
- 고장 원인별 건수 그래프
- 고장 월별 건수 그래프
- 고장 기기별 수선비 그래프
- 고장 기종별 수선비 그래프
- PM 기기별 내용별 건수 그래프
- PM 기종별 건수 그래프
- PM 기기별 수선비 그래프
- PM 기종별 수선비 그래프
- 월간 보고

1-4 CAP 데이터 컬렉션의 기준 정보

CAP에서 수집하여야 하는 기본 데이터를 기준 정보라고 한다. 기준 정보는 설비의 안정적인 가동과 최적의 설비 관리를 위한 기본적 데이터이므로 누락된 부분이 없도록 점검하여 수집될 정보의 범위가 결정되어야 한다. 또한, 기준 정보 데이터는 일정한 형식으로 입력되어 일원 관리, 작성되어야 하고, 상호 공유하여 오류가 발생하지 않도록 하여야 한다.

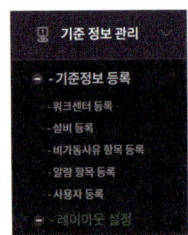

그림 2-7 CAP의 기준 정보

1 CAP 데이터 컬렉션의 기준 정보 기능

(1) 센서를 통한 데이터 컬렉션 기능
기준 정보는 현장의 데이터를 수집하기 위해서 생산 설비의 무리한 변경이나 개조를 하지 않고, 센서 부착 등의 비교적 간단한 조치나 부품 사용 등으로 가능하여야 한다.

(2) 설비의 이상 징후를 감지할 수 있는 데이터 컬렉션 기능
기준 정보는 설비의 이상 징후나 고장 검출 등의 정보를 감지할 수 있어야 한다.

(3) 정보의 전달 및 공유가 가능한 데이터 컬렉션 기능
기준 정보는 감지된 데이터 정보를 설비 관리 시스템을 통하여 작업자 및 관리자가 내용을 파악할 수 있도록 해야 한다.

(4) 디지털 전환 생산 관리 시스템의 설비 유지 보수와 연계하는 데이터 컬렉션 기능
기준 정보는 설비 관리 시스템과 연계하여 계획적인 유지 보수와 장비의 유지 보수를 지원하여야 한다.

2 CAP 데이터 컬렉션의 기준 정보 설정

설비 관리를 위한 기준 정보는 일반적으로 생산 설비에 사용되고 있는 모든 장비와 장비 사양 등이 선정되어야 하고, 회사의 특성에 따른 특수 설비에 관련된 필요한 사항들도 빠짐없이 선정하여야 한다.

(1) 기준 정보 – 설비 정보

설비 정보는 현장의 전반적인 사항을 등록하는 것으로 누락되는 부분이 없어야 한다. 그림 2-8에서 조회 조건과 설비 리스트 필드로 구성하며, 설비 리스트 필드는 설비 코드, 설비명, 가공 구분, 신호 취득용 IP, 요일별 구분, 제작사, 모델, 컨트롤러 유형, 기계나 장비의 크기를 나타내는 스트로크 사이즈, 장비나 기계가 위치한 장소를 나타내는 위치 정보인 공장 위치, 장비 사진을 업로드하여 시각적으로 구분을 쉽게 하는 사진 등의 탭으로 구성한다.

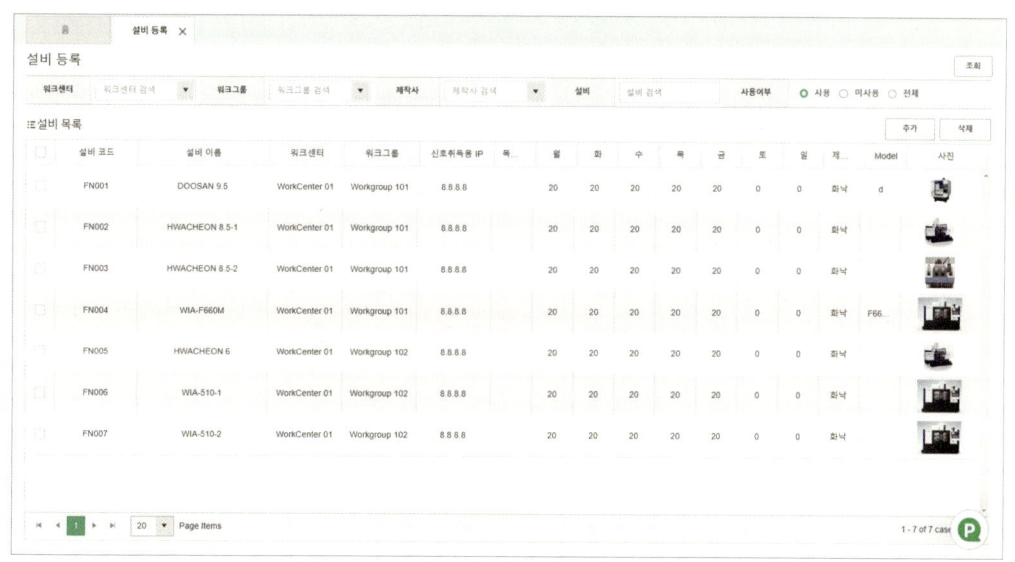

그림 2-8 CAP의 기준 정보 – 설비 정보

(2) 기준 정보 – 불량 유형

불량 유형은 작업 중이나 작업 후에 발생된 불량에 대한 유형을 분석하여 생산성을 향상시킬 방법을 모색하기 위하여 내용을 검색하는 것이다. 그림 2-9와 같이 조회 조건과 불량 코드 리스트 필드로 구성한다.

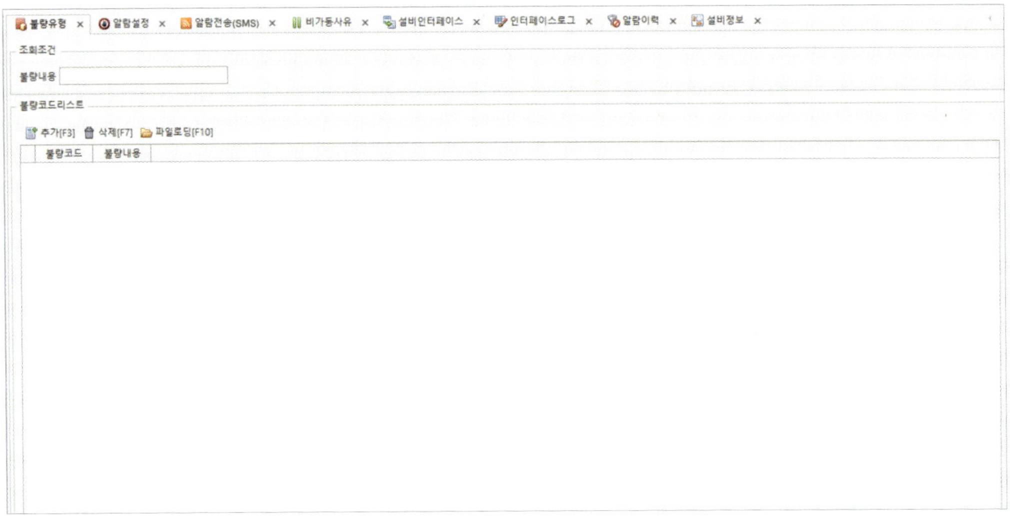

그림 2-9 CAP의 기준 정보 – 불량 유형

(3) 기준 정보 – 알람 설정

알람 설정은 조회 조건과 알람 리스트 필드로 구성되며, 알람 리스트에는 알람 코드와 제작사, 내용을 조회할 수 있도록 한다. 지속적이거나 빈번한 알람의 발생과 동일한 알람이 반복적으로 발생하는 경우, 이에 대응 조치를 할 수 있도록 기준 정보를 작성하여야 한다. 예방적 조치를 할 것인지 또는 부품이나 장비를 교체하여야 할 것인지 선택할 수 있는 기준을 제시할 수 있어야 한다.

그림 2-10 CAP의 기준 정보 – 알람 설정

1. CAP 데이터 컬렉션의 개요

그림 2-11은 CNC에서 발생한 알람 현황을 예시로 보여주고 있다.

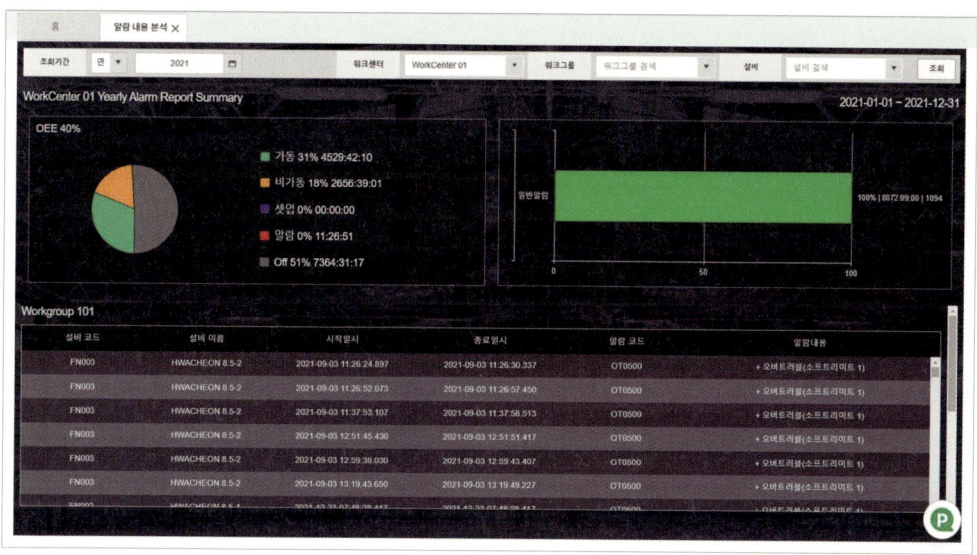

그림 2-11　CAP의 기준 정보 – 알람 발생 현황

(4) 기준 정보 – 알람 전송

알람 전송은 조회 조건과 SMS 담당자에게 SMS 전송 실적을 확인할 수 있도록 필드를 구성한다. 알람의 경우에는 사전에 알람을 수신할 대상자를 별도의 창에서 미리 설정해두어야 한다. 설정된 대상자에 해당 알람이 발생하면 자동적으로 통지될 수 있도록 하는 기능이다.

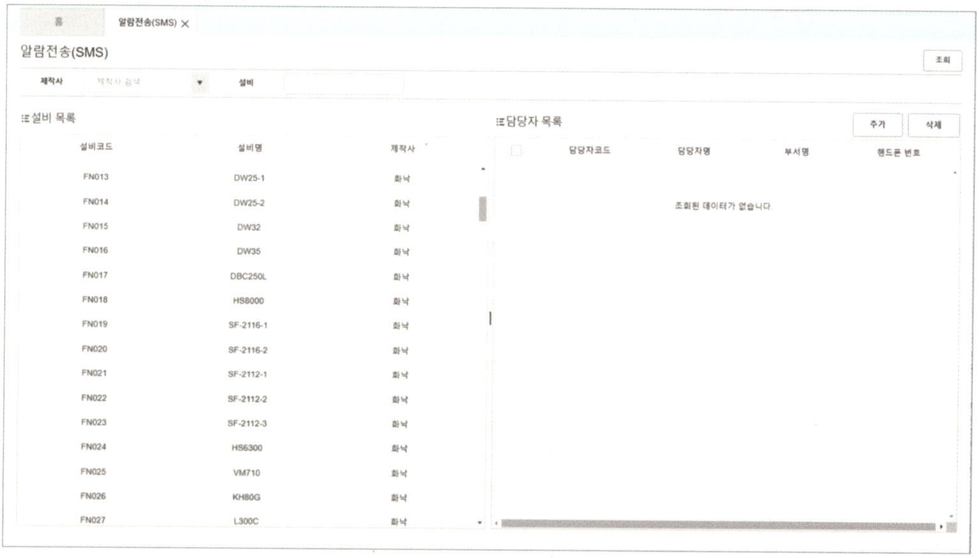

그림 2-12　CAP의 기준 정보 – 알람 전송

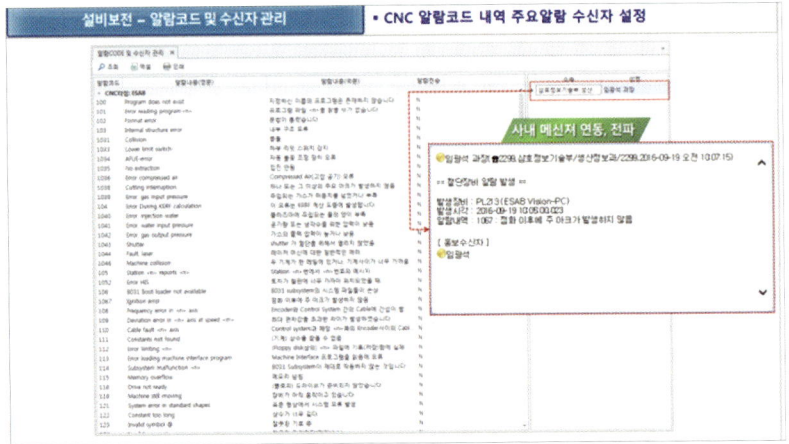

그림 2-13 CAP의 기준 정보 – 주요 알람 수신자 설정

(5) 기준 정보 – 비가동 사유

비가동 사유는 조회 조건 필드와 비가동 사유 필드로 구성된다. 비가동 리스트는 비가동 사유와 비가동 코드로 구분하여 탭을 설정한다. 가동률을 검색하기 위한 기준 정보가 되며 장비의 효율을 판단하는 기준 정보가 된다.

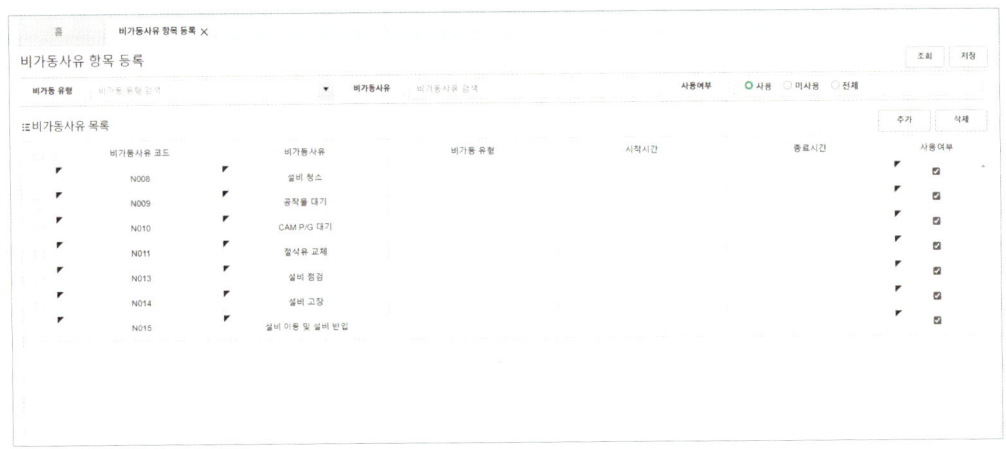

그림 2-14 CAP의 기준 정보 – 비가동 사유

(6) 기준 정보 – 설비 인터페이스

설비 인터페이스 화면은 조회 조건과 비즈니스 룰 리스트 필드로 구성한다. 비즈니스 룰 리스트는 룰코드와 룰명, 시스템 코드, 비고, 사용 여부, 속성 코드, 속성명, 데이터 Type, Column Length, Precision탭으로 구성한다. 설비에 관련 사항을 검색할 수 있도록 하는 기능을 수행한다.

1. CAP 데이터 컬렉션의 개요   91

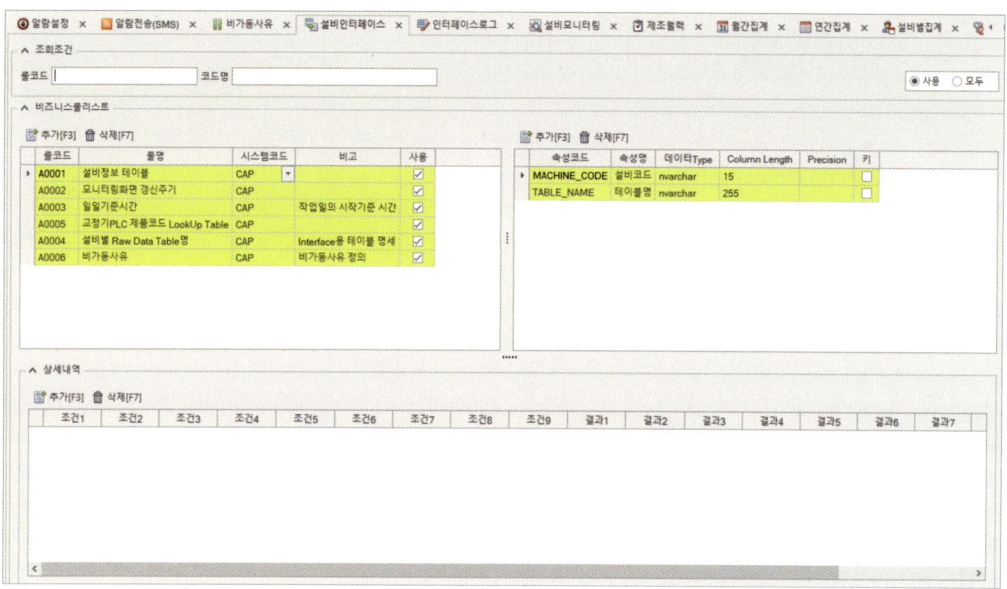

그림 2-15 CAP의 기준 정보 – 설비 인터페이스

(7) 기준 정보 – 인터페이스 로그

인터페이스 로그는 **그림 2-16**과 같이 조회 조건과 로그 리스트로 구성되는 2개의 필드를 가지고 있다. 로그 리스트는 정보 취득일, 설비 코드, 설비명, 테이블명, 정보 데이터, 에러 코드, 에러 메시지의 탭을 가지고 있다.

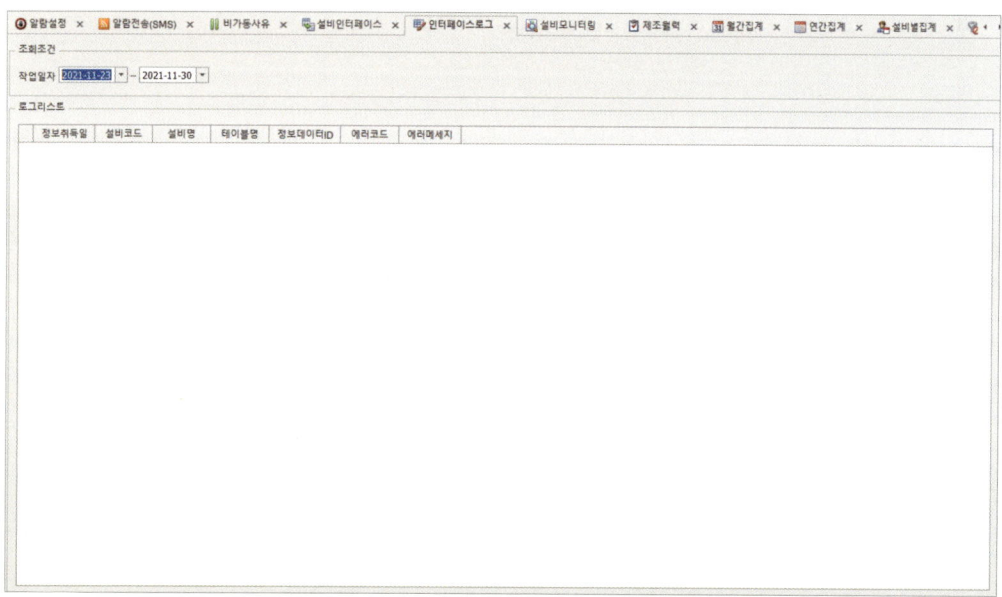

그림 2-16 CAP의 기준 정보 – 인터페이스 로그

1-5 CAP 모듈의 특징과 데이터

1 CAP의 기본 모듈 종류

CAP는 기본적으로 Collection, Analysis, Prediction의 3가지 모듈로 구성되어 있다. 각 모듈의 핵심 기능과 세부 기능은 **표 2-1**과 같다.

표 2-1 CAP의 모듈

구분	Collection	Analysis	Prediction
핵심 기능	설비별 가동 상태 정보 수집	설비별 가공 시간 및 가동률 분석	Ballbar/센서를 활용한 예방적 장비 진단
세부 기능	설비 모니터링	프로젝트별 가공 시간 분석	공정 등록
	제조 월력	프로젝트별 장비 가공 분석	공정 시뮬레이션
	월간 데이터 수집 및 통계	프로젝트별 가공 분류	진단 모니터링
	연간 데이터 수집 및 통계	설비별 가공 분류 (2D/3D 가공, 세팅, 측정, 가공 시간 분석)	진단 등록조회
	비가동 내역 수집 및 통계		진단 일정관리
	알람 내역 수집 및 분석		진단 항목별 조회
			최근 진단 테이블
			진단 레이아웃/ 보정일 예측

2 CAP의 모듈 구성과 연계성

CAP의 모듈은 **그림 2-17**과 같이 공작 기계의 Protocol과 Sensor, PLC, Bluetooth 등으로 각종 데이터를 수집하고, 네트워크와 CAP 서버, CAP Box의 Gateway를 통하여 디지털 전환시키는 모듈, 분석과 디지털 전환을 거친 데이터를 필요한 리포트로 제공하는 모듈을 가지고 있으며, Ballbar와 센서 등의 장치로 사용하여 장비 상태를 모니터링하고 장비 진단 및 진단 관리를 하는 모듈로 구성하고 있다. 그림에서 나타난 바와 같이 Collection, Analysis, Prediction의 모듈은 각각의 역할을 수행하기도 하지만, 서로 연계되어 데이터 수집과 분석, 진단 등의 업무를 수행한다.

1. CAP 데이터 컬렉션의 개요

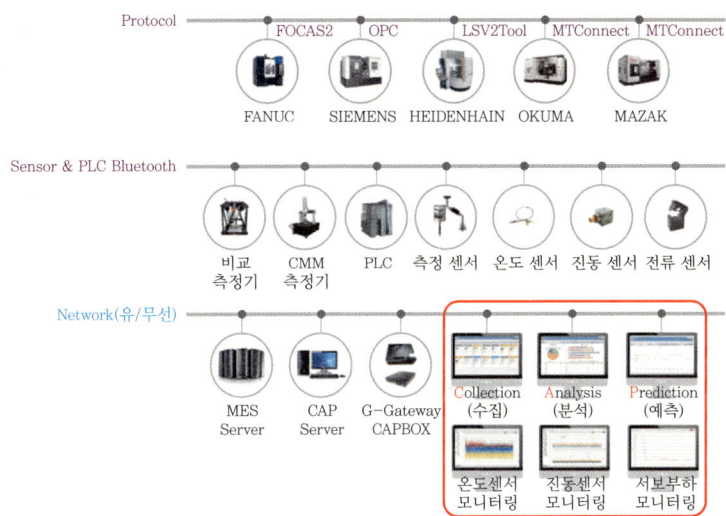

그림 2-17 CAP의 데이터 수집과 모듈의 연계성

3 장비의 모듈별 수집 데이터

각각의 모듈은 사용하는 설비·장비에 따라 지원하는 일률적으로 동일하지 않고, 내용이 조금씩 다르게 된다. 공작 기계의 경우는 주로 컨트롤러의 특성에 의하여 각각의 모듈에서 지원하는 내용이 결정되며, 이는 공작 기계의 컨트롤러에 따라 조금씩 다른 것을 알 수 있다. 각각의 공작 기계 컨트롤러에 따른 모듈의 지원 내용을 간략하게 표시하면 **표 2-2**와 같이 나타낼 수 있다.

표 2-2 컨트롤러 종류에 따른 CAP 모듈의 수집 데이터 내용

솔루션		Collection					Analysis				Prediction						
		모니터링	분석 리포트				PO	모니터링			계획 일정	설비 진단 모니터링			설비 진단 리포트		
컨트롤러		현장 모니터링	제조 이력	진단 분석	해킹 분석	샘플 테이블 분석	알람 이력	PO 등록	Project별 가공 시간	Project별 장비 가공	Project 가공 분류	장비별 가공 분류	공정 시뮬레이션	Ballbar 모니터링	진단 등록 조회	진단 일정 관리	설비별 진단 통계	장비별 공작 통계	Ballbar 분석 테이블	진단 케어아웃	보정용 분석
제작사	버전																				
화낙 & SNK	CM~15M	○	○	○	○	○	△	○	△	△	△	○	△	○	○	○	○	○	○	○	○
	0i	○	○	○	○	○	○	○	○	○	○	○	○	○	○	○	○	○	○	○	○
	16i~3Ci	○	○	○	○	○	○	○	○	○	○	○	○	○	○	○	○	○	○	○	○
하이덴하인	iTNC430	○	○	○	○	○	○	○	○	○	○	○	○	○	○	○	○	○	○	○	○
	TNC530	○	○	○	○	○	○	○	○	○	○	○	○	○	○	○	○	○	○	○	○
	TNC640	○	○	○	○	○	○	○	○	○	○	○	○	○	○	○	○	○	○	○	○
지멘스	SINUMERIK B 28	○	○	○	○	○	△	△	△	△	△	○	○	○	○	○	○	○	○	○	○
	SINUMERIK B 4C	○	○	○	○	○	△	△	△	△	△	○	○	○	○	○	○	○	○	○	○
오쿠마	OSP E100	○	○	○	○	△	○	△	△	△	△	○	○	○	○	○	○	○	○	○	○
	OSP P200	○	○	○	○	△	○	△	△	△	△	○	○	○	○	○	○	○	○	○	○
	OSP P300	○	○	○	○	△	○	△	△	△	△	○	○	○	○	○	○	○	○	○	○
마작	SMART	○	○	○	○	△	○	△	△	△	○	○	○	○	○	○	○	○	○	○	○
	MATRIX. 2	○	○	○	○	△	○	△	△	△	○	○	○	○	○	○	○	○	○	○	○
	SMOOTHX. G	○	○	○	○	△	○	△	△	△	○	○	○	○	○	○	○	○	○	○	○
	FUSION 640	○	○	○	○	△	○	△	△	△	○	○	○	○	○	○	○	○	○	○	○

4 장비의 수집 데이터 내용

장비에서 수집하는 데이터의 종류는 **표 2-3**과 같다. 대부분의 컨트롤러는 데이터 수집이 가능하지만 항상 그렇지는 않다.

표 2-3 컨트롤러에서 수집하는 데이터의 종류

설비명	설비코드	모드상태	운전상태	피드	스핀들	알람신호	툴번호	전원시간	운전시간	절삭시간	사이클시간	등록일	품명	카운터	가동/비가동
	●	●	●	●	●	●	●	●	●	●	●	●	●	●	●
	●	●	●	●	●	●	●	●	●	●	●	●	●	●	●
	●	●	●	●	●	●	●	●	●	●	●	●	●	●	●
	●	●	●	●	●	●	●	●	●	●	●	●	●	●	●
	●	●	●	●	●	●	●	●	●	●	●	●	●	●	●

설비명	품명	상태 정보					모드 정보					모드 상태			동작 정보		코드 정보			시간 정보			
		가동	계획정지	알람	전원	전원	Memory	JOG	MDI	Handle	EDIT	START	RESET	HOLD	스핀들 회전	좌표 이동	코드	코드	코드	현재시간	운전시간	절삭시간	사이클시간
	○	○	○	○	○	○	○	○	○	○	○	○	○	○	○	○	○	○	○	○	○	○	○
	○	○	○	○	○	○	○	○	○	○	○	○	○	○	○	○	○	○	○	○	○	○	○
	○	○	○	○	○	○	○	○	○	○	○	○	○	○	○	○	○	○	○	○	○	○	○
	○	○	○	○	○	○	○	○	○	○	○	○	○	○	○	○	○	○	○	○	○	○	○

표 2-4는 각 컨트롤러별로 지원하는 데이터 내용을 정리한 것이다. 표에서 알 수 있듯이 컨트롤러마다 지원하는 데이터도 있고 그렇지 않은 경우도 있으므로 정확하게 확인하여야 수집 데이터에 대한 계획을 세울 수 있다.

1. CAP 데이터 컬렉션의 개요

표 2-4 장비별 지원하는 데이터

제작사	데이터 신호 버전	동작 신호					알람 신호 알람 메시지			M코드 신호	공구 신호	품명	시간			위치 신호	부하량	
컨트롤러		모드	모드 상태	이송 속도	FEED OVER RIDE (%)	회전수	회전수 OVER RIDE (%)	알람신호	알람번호	알람메시지	시스템알람	M코드	공구번호	제품코드(품명)	전원시간	가공시간(G01+G00)	CUTTING TIME	사이클시간	X,Y,Z 축위값	X,Y,Z 부하량	스핀들 부하량
화낙	OM-30M	×	O	△	×	△	×	O	×	×	×	×	△	O	×	O	×	O	×	×	×
	OIM-32IM	O	O	O	O	O	O	O	O	O	O	O	O	O	O	O	O	O	O	O	O
하이덴하인	ITNC430	O	O	O	O	O	O	O	O	O	O	O	O	O	O	O	O	O	O	O	△
	ITNC530	O	O	O	O	O	O	O	O	O	O	O	O	O	O	O	O	O	O	O	△
	ITNC630	O	O	O	O	O	O	O	O	O	O	O	O	O	O	O	O	O	O	O	△
지멘스	826D 솔루션 라인	O	O	O	O	O	O	O	O	O	O	O	O	O	O	O	O	O	O	O	△
	840D 솔루션 라인	O	O	O	O	O	O	O	O	O	O	O	O	O	O	O	O	O	O	O	△
	840D 파워 라인	O	O	O	O	O	O	O	O	O	O	O	O	O	O	O	O	O	O	O	△
	830D 파워 라인	O	O	O	O	O	O	O	O	O	O	O	O	O	O	O	O	O	O	O	△
오쿠마 (MTCONNECT)	OSP-E100	O	O	O	O	O	O	O	O	O	O	O	O	O	O	O	O	O	O	O	△
	OSP-P200	O	O	O	O	O	O	O	O	O	O	O	O	O	O	O	O	O	O	O	O
	OSP-P300	O	O	O	O	O	O	O	O	O	O	O	O	O	O	O	O	O	O	O	O
마작 (MTCONNECT)	SMART	O	O	O	O	O	O	O	O	O	O	O	O	O	O	O	O	O	O	O	△
	MATRIX	O	O	O	O	O	O	O	O	O	O	O	O	O	O	O	O	O	O	O	△
	SMOOTHX	O	O	O	O	O	O	O	O	O	O	O	O	O	O	O	O	O	O	O	△
	FUSION	O	O	O	O	O	O	O	O	O	O	O	O	O	O	O	O	O	O	O	△
브라더	A00	O	O	O	O	O	O	O	O	O	O	O	O	O	O	O	O	O	O	O	△
	B00	O	O	O	O	O	O	O	O	O	O	O	O	O	O	O	O	O	O	O	△
	C00	O	O	O	O	△	△	△	△	O	O	O	O	O	O	O	O	O	O	O	△
HASS		O	O	O	O	O	O	O	O	O	O	O	O	O	O	O	O	O	O	×	×
ESAB		O	O	O	O	O	O	O	O	O	O	O	O	O	O	O	O	O	O	O	O
SODICK		O	O	O	O	O	△	O	O	O	O	△	O	×	O	O	O	O	O	△	×
+GF+		O	O	O	O	△	O	O	O	O	△	O	O	O	O	O	O	O	O	△	△

PLC	데이터 신호	전압	전력	유량	압력	코일 캡	가열속도	PGND	C/T	온도	전류	모드 상태	알람	품명	전원시간	가공시간	CUTTING TIME	사이클시간	등록일	카운터	OK/NG
미쯔비시	MELSELC-Q 시리즈	O	O	O	O	O	O	O	O	O	O	O	O	O	O	O	O	O	O	O	O
	MELSELC-L 시리즈	O	O	O	O	O	O	O	O	O	O	O	O	O	O	O	O	O	O	O	O
	MELSELC-F 시리즈	O	O	O	O	O	O	O	O	O	O	O	O	O	O	O	O	O	O	O	O
LS	XGT 시리즈	O	O	O	O	O	O	O	O	O	O	O	O	O	O	O	O	O	O	O	O
	XG5000 시리즈	O	O	O	O	O	O	O	O	O	O	O	O	O	O	O	O	O	O	O	O
	XGB 시리즈	O	O	O	O	O	O	O	O	O	O	O	O	O	O	O	O	O	O	O	O

※ PLC : PLC 맵, D번지에서 제공해주는 데이터는 수집 가능

2. CAP의 컬렉션 모듈

2-1 컬렉션 모듈의 종류

CAP의 컬렉션 기능은 다양한 수집 방법을 통하여 설비별 가동 상태에 대한 모든 정보를 24시간 실시간으로 수집하고, 디지털 전환을 통하여 분석과 모니터링하고 시각화하는 기능이다.

CAP의 컬렉션은 무엇보다도 설비 가격의 High, Middle, Low 등을 구별하지 않고 컬렉션이 가능하고, 회사의 실정에 적합한 내용으로 구성된 고유의 시각적인 모니터링을 지원하기 때문에 특정 업종만 가능하다는 제약 조건이 없는 장점과 확장성, 유연성을 가지고 있다. 컬렉션을 통하여 공정별 가동률과 생산량, 가동 현황 등 각종 작업 진행 정보를 시간과 장소에 제한 없이 모바일, 스마트 기기 등 다양한 통신 방법으로 실시간 시각적인 모니터링을 할 수 있다.

그림 2-18에서 보는 바와 같이 컬렉션의 모듈은 현장 모니터링, 제조 월력, 월·연간 분석, 알람 문자·비가동, 설비별 분석 기능을 가지고 있다. 이러한 모듈은 회사의 사정에 따라 내용이 변경될 수도 있고 추가될 수도 있다.

그림 2-18 CAP의 컬렉션 모듈1

1 현장 모니터링 기능

① 가공 현장 모니터링 기능은 공정별 생산 관련 데이터들을 가동 및 비가동 상태를 구분하지 않고 24시간 수집, 분석하여 체계적인 정보로 D/B를 구축하고, 디지털 전환하여 각종 정보를 실시간으로 제공하는 아주 중요한 핵심 기능이다.

② 가공 모니터링의 가장 큰 기능은 설비·장비의 현재 상태와 각종 작업 진행 정보를 파악, 관리할 수 있도록 하는 것이며, 돌발 상황에 실시간으로 즉시 대응할 수 있도록 한다.

③ 컬렉션의 현장 모니터링 기능은 다음과 같은 내용을 실시간으로 제공하는 기능이다.
- 가공 제품 정보(제품명), 공구 정보, 비가동 사유
- 절삭 시간, 비가동 시간, 가동률, 진척률
- 월간·연간 데이터 수집 및 통계
- 비가동 내역 수집 및 통계
- 알람 내역 수집 및 분석

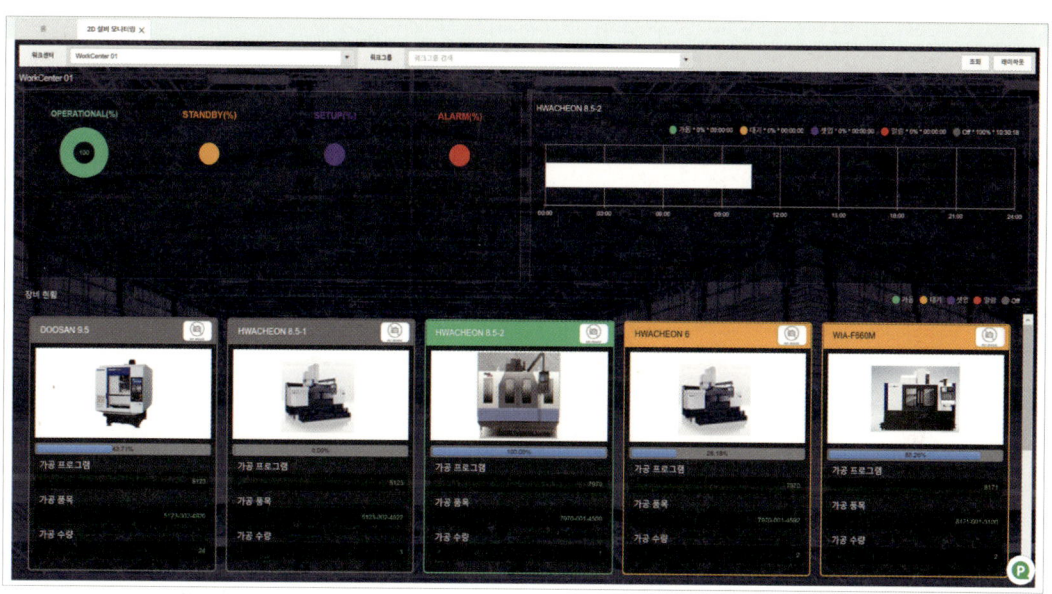

그림 2-19 현장 모니터링 기능

④ 비정상 가동을 방지하기 위한 데이터 수집

시설·장비의 정상적인 작동 상태를 실시간으로 파악하는 일은 대단히 중요한 일이다. 설비·장비가 비정상적으로 가동되는 원인은 주로 기계적 원인, 전기적 원인, 열적 원인, 화학적 원인, 환경적 원인, 기타 원인 등으로 분류할 수 있다.

표 2-5 비가동 원인과 세부 내용

종류		비가동 원인의 세부 내용
비정상 가동 원인	기계적 원인	각종 하중, 마찰, 접촉, 변형, 유체 유동
	전기적 원인	과전압, 과전류, 저항 증가, 절연 열화, 단락
	열적 원인	과도한 온도 상승/저하
	화학적 원인	산화, 부식, 변질, 화학 반응
	환경적 원인	먼지, 이물질, 자외선, 습기, 동결, 융해
	기타 원인	설계 및 제작 불량

이러한 원인을 방지하기 위해서 **그림 2-20**과 같이 진동, 유분석, 열화상, 전기 신호 분석, 음향 방출, 구조물의 건전성 진단 등의 특성값을 검출하고 데이터를 수집한다.

그림 2-20 비가동 원인을 방지하기 위한 수집 데이터 종류와 특성값

2 제조 월력 기능

① 제조 월력 기능은 설비별로 가동률, 절삭률, 비가동 정보와 설비의 이력 관리를 통하여 돌발적인 비가동 상태를 예방하기 위한 진단과 정비에 필요한 정보를 제공하는 기능이다.

② 제조 월력 기능은 이전의 비가동 발생 경력과 그에 대한 사유, 비가동 시간, 정비 관련 자료, 발생 당시 제품 정보, 공구 정보 등의 모든 관련 자료를 수집하고

디지털 전환 분석하여, 돌발적인 비가동 상태를 예방하기 위한 예방적 조치, 즉 설비 상태(예 직각도/백래시/진직도 등)의 측정 및 관리와 예방적 수리 일정 관리가 이루어질 수 있도록 하는 기능이다.

③ 제조 월력 기능에서 제공하는 내용은 다음과 같다.
- 설비별 절삭 시간, 비가동 시간, 가동률, 진척률 등의 수집 및 분석
- 설비별 상세한 이력 관리 및 진단, 수리 정보 제공
- 비가동 발생 시 가공 제품 정보, 공구 정보와 연관성 등을 수집 및 분석
- 비가동 상태의 예방을 위한 장비 상태 측정 및 관리와 수리 일정 분석

그림 2-21 현장 모니터링 기능을 사용한 제조 월력 기능

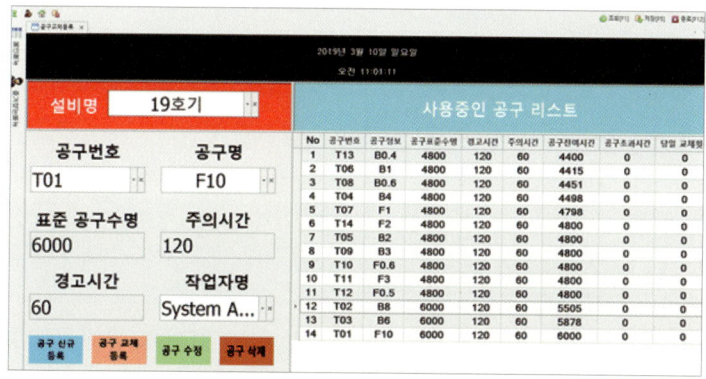

그림 2-22 제조 월력 기능의 공구 정보

그림 2-23 제조 월력 기능의 진단 예측 일정 관리

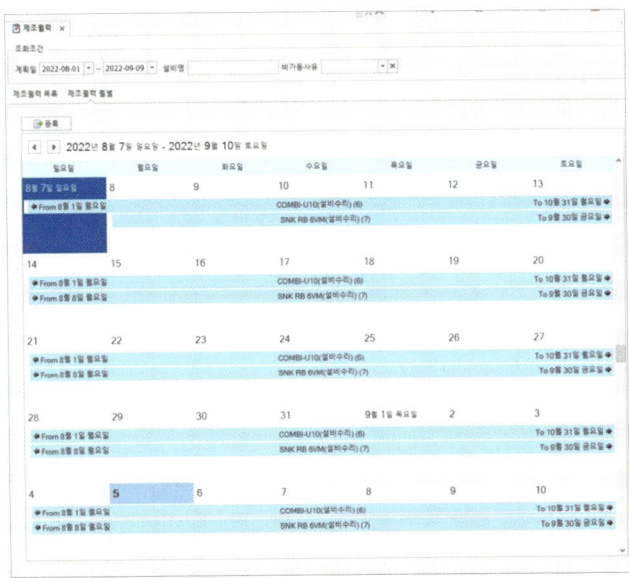

그림 2-24 제조 월력 기능의 설비별 측정 및 진단 일정 관리

3 월간·연간 분석 기능

① 월간·연간 분석 기능은 기간에 따른 가동 시간과 실가공 시간의 데이터 수집과 분석 기능을 통하여 작업의 효율성과 장비의 효율성을 분석하는 기능이다.

② 장비의 가공 시간이 지나치게 적거나 많은 경우는 가동 시간과 실가공 시간의 분석을 통하여 일감의 재배치와 인원의 재배치 조정 등을 통하여 장비의 효율적인 가동률을 재고할 수 있도록 하는 기능이다.
③ 월간 · 연간 분석 기능에서 제공하는 내용은 다음과 같다.
- 기간별 실제 절삭 시간과 가동 시간의 분석
- 설비별 실제 절삭 시간과 가동 시간의 분석

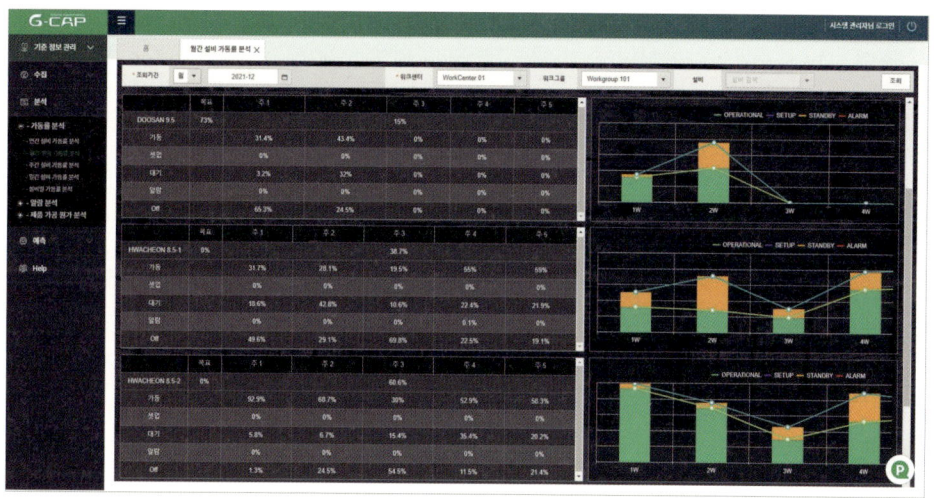

그림 2-25 일간 · 월간 · 연간 분석

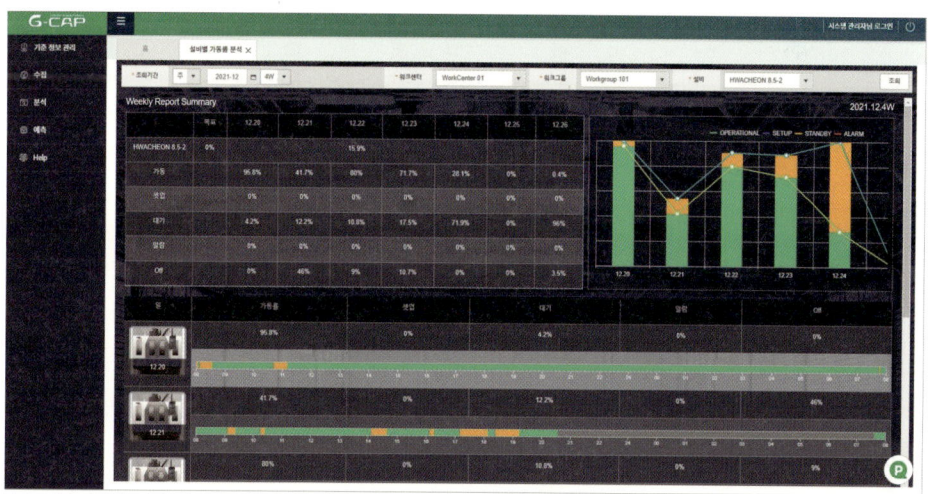

그림 2-26 설비별 가동률 분석

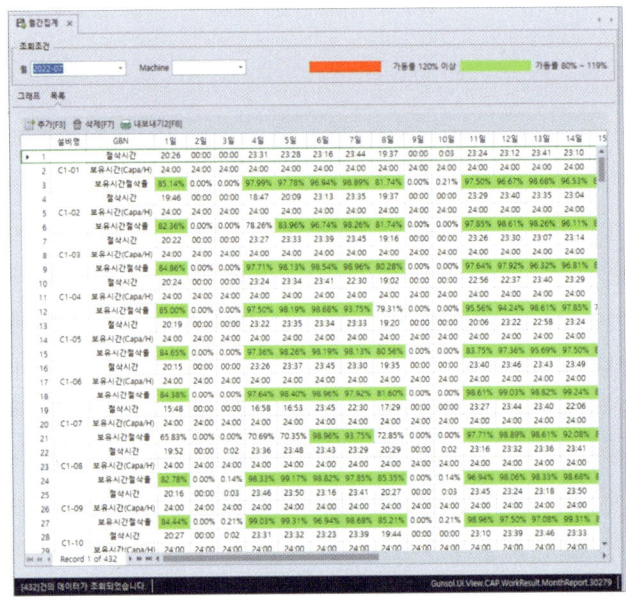

그림 2-27 일간·월간·연간 분석 기능의 월간 장비별 가동률

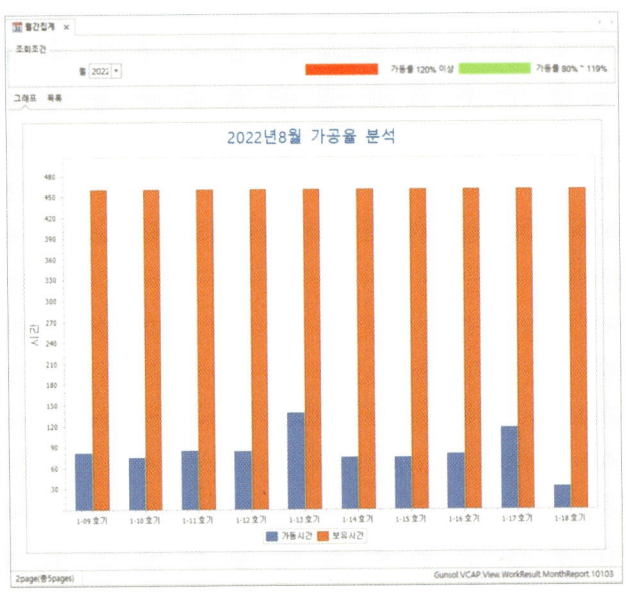

그림 2-28 일간·월간·연간 분석 기능의 월간 장비별 가동률 분석

4 알람 문자, 비가동 기능

① 알람 문자 기능은 설비 문제 발생 시 미리 설정된 사용자, 혹은 관리자에게 알람 내용을 즉각적이고, 자동적으로 전달되도록 하는 기능이다.

② 알람 내용은 자동적으로 신속하게 전달되어 조치가 이루질 수 있도록 하는 것이 관건이므로, 모바일 통신 등과 같이 간편하고 다양한 방법을 사용하여 전달될 수 있어야 한다.

그림 2-29 알람 문자 비가동 기능의 문자 송신 기능

③ 비가동 기능은 비가동 상태가 발생한 경우에 원인과 처리 방법을 신속하고 정확하게 결정할 수 있도록 과거의 유사한 비가동 발생 경우와 조치 경험 등을 바탕으로 디지털 전환된 정보를 제공하고, 해결 및 수리 방법, 수리 기간에 따른 수리업체 연결, 외주 처리, 생산 목표의 변경 등 필요한 조치를 할 수 있도록 하는 기능이다.
④ 알람 문자 비가동 기능에서 제공하는 내용은 다음과 같다.
- 알람 발생 시 관리자에게 자동적으로 전송하는 기능
- 비가동 시 원인을 수집, 분석하여 신속하게 대응할 수 있도록 하고, 목표율 관리에 적절한 조치를 할 수 있도록 한다.

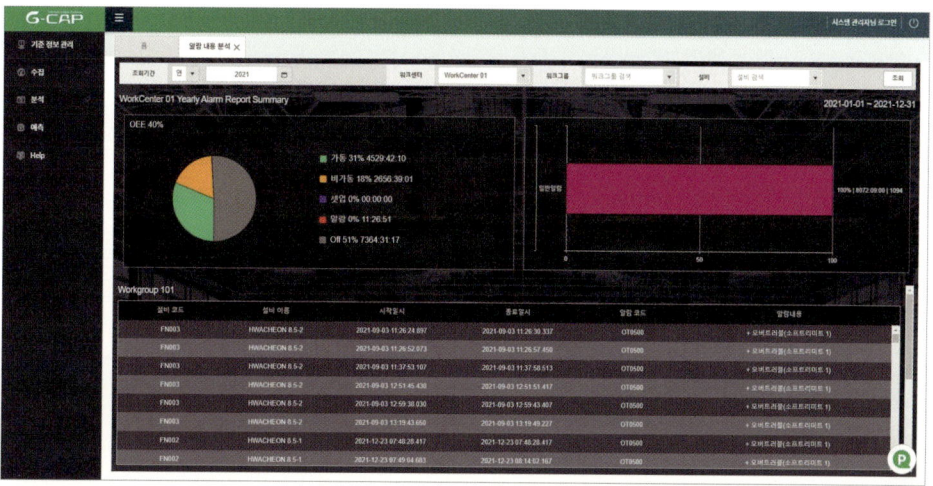

그림 2-30 알람 문자 비가동 기능의 알람 이력 제공

5 설비별 분석 기능

① 설비별 분석 기능은 설비 또는 장비별로 어떤 프로젝트를 수행하였는지 분석하는 기능으로, 이 기능을 통하여 생산 라인의 장비에 대하여 효율성을 산출할 수 있고, 과/부족을 파악할 수 있다. 또한, 설비 투자의 적정성을 분석할 수 있고, 외주 처리와 내부 가공의 기준을 정할 수 있다.

그림 2-31 설비별 분석 기능의 기간별 장비 실가동 분석

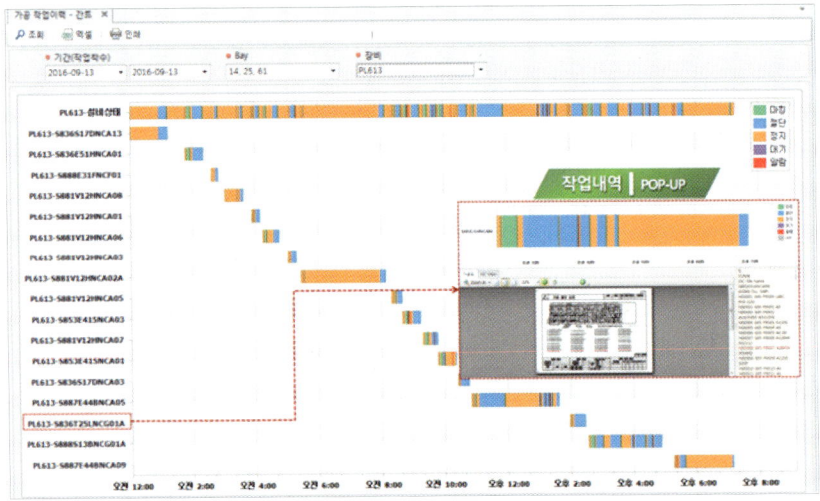

그림 2-32 설비별 분석 기능의 장비별 가공 작업 실적 분석

3. CAP 데이터 컬렉션 프로세스 구성

3-1 CAP 데이터 수집 프로세스 구성

1 CAP 데이터 수집의 네트워크 구성

CAP의 네트워크 구성은 그림 2-33과 같이 각각의 설비·장비의 정보 통신망을 사용하여 가동 상태와 각종 신호 및 정보를 추출하여 온라인 네트워크로 서버와 연결된다.

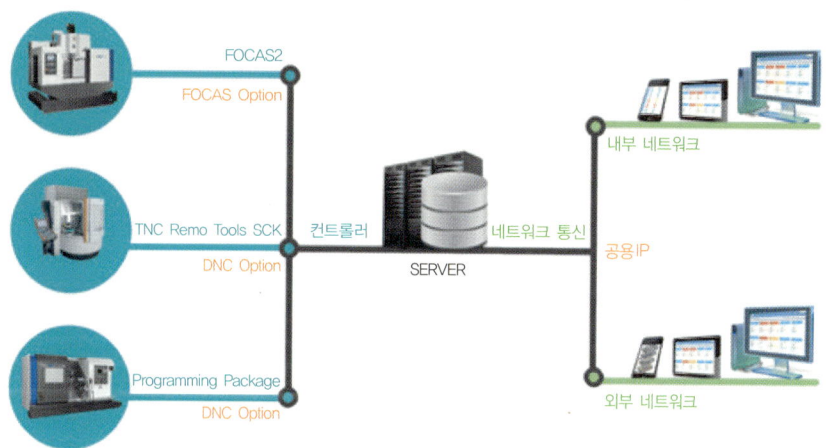

그림 2-33 CAP 데이터의 네트워크 구성

온라인 네트워크로 전달된 정보는 서버에서 집계하고 디지털 전환하여 생산 공정에 필요한 분석 결과로 변환되어 시각적인 분석 자료로 공정 모니터링 정보로 된다. 서버에서 생산된 각종 분석 자료와 정보는 사용자의 내부 네트워크와 외부 네트워크를 사용하여 시각화된 모니터링을 통한 관리가 이루어지도록 한다.

2 CAP 데이터 수집의 프로세스

CAP 시스템 프로세싱은 그림 2-34와 같이 CNC 출력 신호 검출, 디지털 I/O 변환과 정보처리, 시각적인 모니터링 자료, 예방적 진단 과정으로 구성되어 있다.

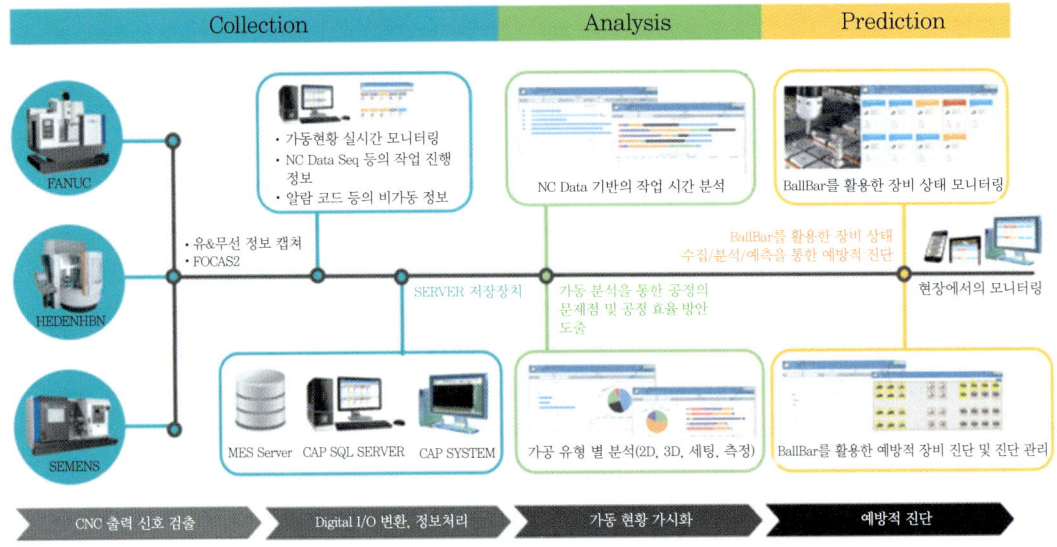

그림 2-34 CAP의 데이터 수집 프로세스

이러한 프로세스는 Collection, Analysis, Prediction의 모듈로 나눌 수 있으며 각각의 모듈에서 프로세스는 다음 설명과 같다.

① Collection 과정에서 CNC 공작 기계의 정보 통신망을 통하여 각종 출력 신호와 NC 데이터 Seq 등의 작업 진행 정보를 검출하고 알람 코드 등의 비가동 정보를 수집한다. 수집된 정보는 서버 저장 장치에서 데이터베이스화되어 MES 서버와 CAM 시스템 등과 연계하고, 디지털 I/O 변환과 디지털 전환 정보처리 과정을 하게 된다. 이런 과정을 거친 정보를 시각화시켜 시설·장비의 가동 현황을 실시간 모니터링할 수 있도록 한다.

② Analysis 과정에서 수집된 정보를 분석하여 공정의 문제점이나 공정의 효율적 방안에 필요한 각종 분석 정보와 가동 현황을 필요한 리포트로 시각화하여 제공한다.

③ Prediction 과정에서 Ballbar와 센서 등의 장치를 사용하여 장비 상태를 수집하고 분석하여 장비 상태의 모니터링을 하고 예방적 진단 및 진단 관리를 할 수 있도록 한다.

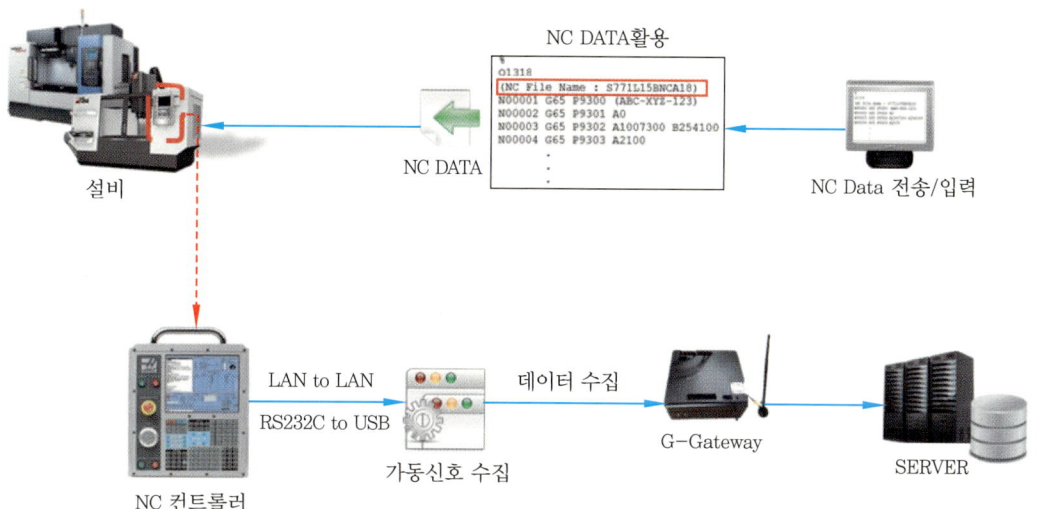

그림 2-35 CNC 공작 기계의 데이터 수집 구성도

제3장

디지털 전환 생산 관리 시스템의 Analysis

1. CAP Analysis와 Gantt Chart
2. 가동률과 종합 효율
3. CAP의 Analysis 모듈

3. 디지털 전환 생산 관리 시스템의 Analysis

1. CAP Analysis와 Gantt Chart

1-1 Analysis의 개요

CAP의 Analysis 기능은 설비 효율성을 향상시키는 목적을 위한 핵심적인 기능이다. 생산 관리 시스템의 분석기능은 설비 가동과 비가동 분석, 생산 실적의 분석, 가공비 및 원가 분석, 공정별 분석을 수행하여 생산 실적집계와 비가동 요인 분석을 통하여 설비 효율성을 향상시키는 기능을 한다. 이를 위하여 CAP는 Gantt Chart 분석 방법을 사용한다.

1-2 Gantt Chart 분석 방법

1 Gantt Chart 분석 방법의 특징

Gantt Chart는 제1차 세계 대전 때 미국 기계 공학자이며 경영 컨설턴트인 Henry Gantt에 의하여 개발된 분석기법이다. 이 방법은 프로젝트 관리 및 생산 관리 등의 공정 관리에서 프로젝트의 각 단계를 작업 단위까지 세밀하게 확장(Work Breakdown Structure 참조)하여 전체 작업 흐름 및 진행 상황을 파악하는 데 적합한 방법으로 유용하게 사용된다. Gantt Chart는 공정 관리에서 프로젝트의 진행 예정 상태를 한 장의 공정표에 테이블 형식으로 표현하는 방법을 사용하고 있으며, 다음과 같은 장·단점이 있다.

(1) Gantt Chart의 장점
① 설비 가동 진행 계획에 대해 간편히 볼 수 있다.
② 비즈니스 현장에서 익숙한 형태이며, 엑셀 등을 사용하여 쉽게 만들 수 있다.
③ 인쇄 기능과 파일을 공유하여 사용자의 생각대로 화면을 만들기 쉽다.

(2) Gantt Chart의 단점
① Gantt Chart를 사용하여 여러 명이 편집 작업을 하는 경우에는 반드시 버전 관리를 해야 한다.
② 여러 가지 버전을 사용하는 경우 버그에 의한 공유·편집·삭제 등이 발생할 수 있다.

2 공정 관리에서 사용하는 Gantt Chart 분석 방법

현장에서 소규모의 프로젝트가 진행되는 경우에는 '누가, 언제, 무엇을 하고 있는지'를 파악하는 것은 어렵지 않다. 그러나 규모가 커지면 커질수록 프로젝트의 전체 상황과 진행을 관리하기가 어려워진다. 이러한 경우에 전체 프로젝트의 진행 상황을 파악하기 위하여 Gantt Chart를 사용하면 진행 및 일정 파악, 담당자 및 공정의 확인 등을 시각화하여 효율적으로 업무를 수행할 수 있다.

(1) 프로젝트의 전체를 가시화하여 표현
프로젝트 계획 시작 단계뿐만 아니라 진행 관리 단계에서도 전체 프로젝트를 가시화할 수 있다. 따라서 처음의 계획과 실제 진행 과정과의 차이점을 쉽게 알 수 있고, 비가동 진행 계획도 쉽게 파악할 수 있다.

(2) 프로젝트 계획 단계에서 타당성 및 가능성을 확인
Gantt Chart에서 일정 및 담당자, 작업 공수, 작업 순서를 할당해 볼 수 있다. 그러므로 담당자의 공정이 현실적인지, 작업 공정의 순서가 최적화되어 있는지, 진행 일정표에 맞게 짜여 있는지 등의 검사를 할 수 있으므로 계획 단계에서 타당성과 가능성을 검사할 수 있다.

(3) 프로젝트 시작 시점에서 정보를 공유
Gantt Chart는 작업 공정마다 일정 및 공정 담당자를 시각화할 수 있다. 따라서 Gantt Chart의 작성이 완료된 시점에서 이러한 정보를 직원들에게 쉽게 공유할 수 있는 장점이 있다.

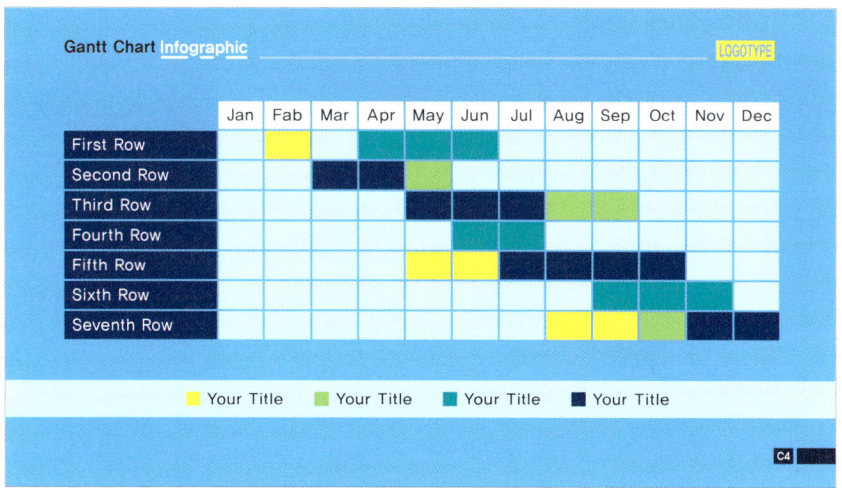

그림 3-1 Gantt Chart

3 Gantt Chart로 시각화할 수 있는 정보의 항목을 선정하기(실습)

① 다양한 프로젝트의 타이틀을 선정한다.
② 프로젝트의 예정된 스케줄을 작성한다.
③ 프로젝트가 지속된 시간을 산정한다.
④ 활동비 등 프로젝트 비용에 대한 예산을 집행한다.
⑤ 프로젝트 내 업무들의 연계성을 파악한다.
⑥ 현재 진행 상태를 파악한다.
⑦ 전체 프로젝트의 소요 기간을 이해한다.

4 시판용 Gantt Chart 프로그램 사용 및 특징을 파악하기(실습)

Gantt Chart 프로그램은 크게 무료 Open Source 그래픽 플러그인, Gantt Chart를 만드는 전문적인 Chart Software, Gantt Chart가 포함된 전문적인 Reporting Solution의 3가지로 분류된다. 이 3가지 Gantt Chart 프로그램은 필요에 따라 프로젝트 관리 툴로 선택하여 사용할 수 있다.

(1) 파인 리포트에 대하여 검토하기

파인 리포트는 리포트 제작을 기반으로 프로젝트 관리도 지원하는 소프트웨어 리포트 툴이며, 내장된 Gantt Chart는 다층적 프로젝트 및 일련의 태스크를 충족할 수 있다.

(2) Team Gantt에 대하여 검토하기

Team Gantt는 사용자가 쉽고 눈에 띄게 프로젝트를 관리할 수 있기 때문에 프로젝트 스케줄링에 있어 매우 좋은 옵션으로 Team Gantt를 사용하면 태스크, 시간표, 팀 과제 등 기본 사항을 얻을 수 있다.

(3) Microsoft Office Project에 대하여 검토하기

마이크로소프트에 의해 출하된 범용형 프로젝트 관리 소프트는 국제적으로 인기가 많으며, 현대 이론과 방법을 관리하는 많은 성숙한 프로젝트들이 응집되어 있어 관리자에게 시간, 자원, 원가의 계획과 통계를 실현하도록 미리 채워진 풀다운 메뉴 등 프로젝트 관리자에게 친숙한 일정 관리 기능을 통해 프로젝트 관리 소프트웨어의 교육 시간을 단축하고 계획을 간소화할 수 있다. 그런데 마이크로소프트 프로젝트는 공식 가격이 특히 비싸기 때문에 중소기업에게는 부담이 된다.

(4) Canva에 대하여 검토하기

프로젝트 관리 툴인 Canva는 간단한 Gantt Chart를 만들 수 있다는 장점을 가지고 있다. 온라인 디자인을 지원하고 복잡한 소프트웨어를 배우지 않아도 전문가급 Gantt Chart를 쉽게 만들 수 있다. Canva 라이브러리에서 다양한 데이터 시각화 요소를 가지고 있어 원하는 스타일을 선택하면 된다.

(5) Wrike에 대하여 검토하기

Wrike는 조직 설계를 중요하게 여기고 있다. 작업자, 작업 이름, 시작 및 종료 날짜와 함께 테이블 뷰의 역할을 하여 보기 쉽고 이해하기도 매우 쉽다. 이 프로젝트 관리 툴은 프로젝트 내에서 필요한 부분을 조정하고 어떤 변경 사항에도 계속 집중할 수 있기 때문에 팀원들간의 원활한 의사소통이 가능하게 하므로, 미팅의 필요성을 최소화하게 된다.

5 파워포인트에서 Gantt Chart 만들기(실습)

파워포인트에서 템플릿을 사용하여 Gantt Chart를 만들 수 있다. 템블릿을 가져오는 시간이 다소 필요하며, 수행할 작업 순서는 다음과 같다. Gantt Chart 템플릿에 대한 Microsoft 페이지로 이동하여 사용하려는 템플릿을 다운로드한다. 프레젠테이션을 원하는 정도에 따라 인터넷에서 무료 또는 프리미엄 Gantt Chart 테마를 검색한다.

① Chart에 대한 데이터를 입력한다. 이 단계에서는 템플릿의 작업을 자신의 작업 세트로 바꾸는 것으로 시작을 한다.
② 프로젝트 작업과 일치하도록 타임 라인(컬러 막대)을 이동하고 늘릴 수 있다. 레이블을 편집하고 텍스트 스타일, 색상 테마 등과 같은 다양한 요소로 사용자 정의를 한다.

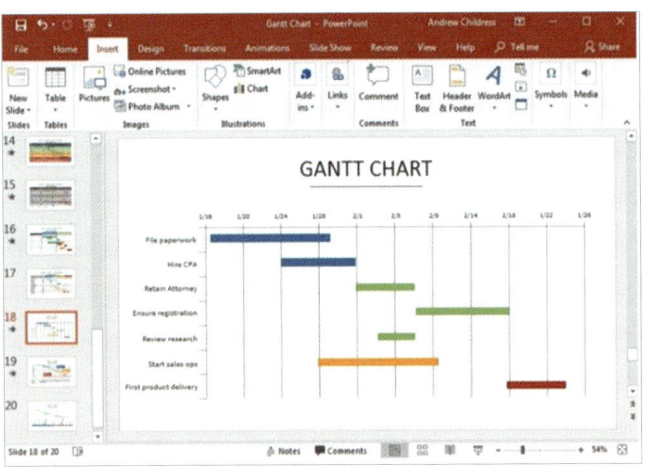

그림 3-2 파워포인트 제공 차트 사용하기

6 설비 가동 시간과 비가동 시간의 분석 사례를 Gantt Chart와 연계하여 설명하기(실습)

① 그림 3-3에 나타낸 수치를 보고 Gantt Chart를 작성

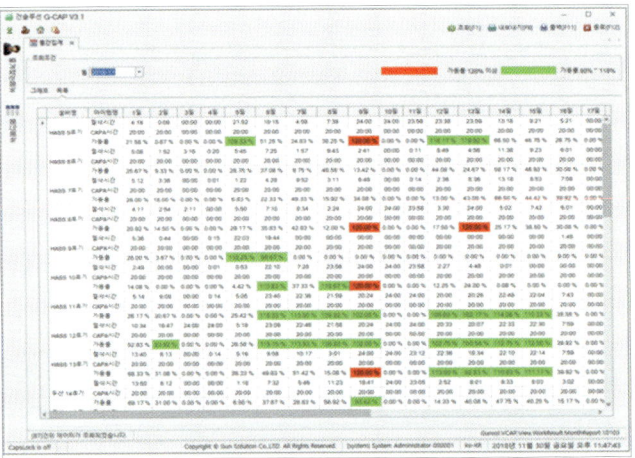

그림 3-3 기간별·설비별 가동률 분석 사례

② Gantt Chart와 테이블을 연계하여 설명하기

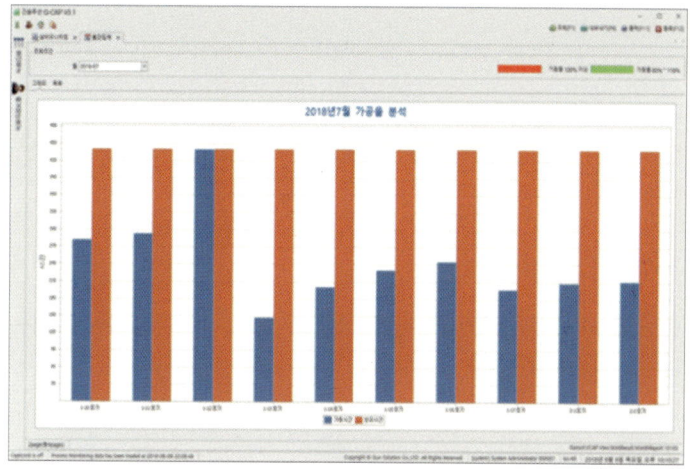

그림 3-4 일간 · 월간 · 연간 설비별 가동 시간 분석 Gantt Chart

2. 가동률과 종합 효율

2-1 설비 가동률과 종합 효율

종합 효율 관리의 목적은 설비의 로스 발생 원인을 분석하고 개선하여 설비 효율을 향상시키는 것이다. 이를 위하여 설비 로스를 유형별로 분류하여 정확한 설비 효율이 산출되도록 하고, 현재 효율 상태를 정확하게 분석하여 개선 대책을 수립하고, 계획을 시행하는 기초 데이터로 활용하고 있다.

1 설비 가동률

① 설비 가동률의 정의

설비 가동률은 설비 운영의 효율성을 나타내는 지표로, 설비가 주어진 조건 하에서 정상적으로 가동하였을 때 생산할 수 있는 최대 생산량에 대한 실제 생산량의 비율이다. 설비 가동률은 생산 설비 이용도를 나타내 산업 활동의 동향을 읽을 수 있는 중요한 지표 중 하나이며, 설비 계획에 따라 설비 관리를 수행한 후 도출된 실제 생산량의 비율을 바탕으로 측정할 수 있다.

② 공장 내의 설비가 만약에 중단되는 경우는 설비 가동률이 크게 저하되는데, 이는 곧 생산성의 하락으로 이어진다. 따라서 설비 가동률은 생산성과 직결되어 있다는 것을 알 수 있다. 설비 가동률을 높이고 생산성을 증대시키기 위해서는 효율적으로 설비를 관리하는 것이 중요하다.

2 설비 종합 효율

(1) 종합 효율의 의미

종합 효율은 설비를 시간적인 면, 성능적인 면, 품질적인 면에서 얼마나 유효하게 관리하였는가를 종합적으로 평가하는 척도이다.

(2) 설비 종합 효율 산출 방법

종합 효율 = 시간 가동률 × 성능 가동률 × 양품률

각종 효율의 산출 계산식

- 종합 효율 = 시간 가동률 × 성능 가동률 × 양품률

- 시간 가동률 = $\dfrac{D}{A}$ = $\dfrac{\text{가동 시간}}{\text{부하 시간}}$ × 100%

- 성능 가동률 = $\dfrac{E \times F}{D}$ = $\dfrac{\text{이론 CT} \times \text{생산량}}{\text{가동 시간}}$ × 100%

- 양품률 = $\dfrac{G-H}{G}$ = $\dfrac{\text{투입량} \cdot \text{불량량}}{\text{투입량}}$ × 100%

기호	용어	산출내역
A	보유 시간	24시간/일
B	계획 정지	행사 및 교육, 교체 등의 계획 정지
C	비계획 정지	설비의 가동이 돌발 중단된 시간
D	가동 시간	부하 시간 · 정지 시간
E	이론 C/T	표준 조건 하에서의 단위 작업 시간
F	생산량	생산계획상 생산해야 할 양
G	투입량	설비에 투입된 양
H	불량량	불량으로 발생된 양

3 CAP 시스템의 가동률 분석 효과 비교

CAP는 Analysis의 각종 장비별 가동률 분석 결과와 모니터링을 통하여 현장의 설비 관리와 생산성 향상 효과를 가져오게 한다. CAP 시스템 도입을 통한 생산성 향상 효과는 그림 3-5에서 도입 전과 도입 후로 나누어 정리하여 나타낸다.

① Analysis 기능은 현장의 작업 진행 상황을 현재 생산량과 계획 대비 생산 달성률을 분석하여 실시간으로 파악할 수 있도록 한다.
② Analysis 기능은 현장의 장비나 시설의 가동 여부와 작업 중인 품목을 실시간으로 파악할 수 있도록 분석 자료를 제공하여 설비 운영 현황을 실시간으로 파악할 수 있도록 한다.
③ Analysis 기능은 모니터링 기능을 사용하여 돌발적인 이상이나 문제가 발생하는 경우 실시간으로 파악하여 신속한 조치가 이루어질 수 있도록 하여 손실을 최소화한다.
④ Analysis 기능은 모니터링 기능을 사용하여 모바일 모니터링을 통하여 실시간 생산성과 각종 분석 자료 및 지표를 확인할 수 있도록 한다.

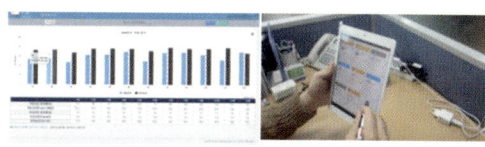

월별 CAPA 대비 실적 분석   장비별 가동률 분석

BEFORE	실시간 공장현황 파악	AFTER
작업자로부터 보고 받거나 현장 방문	작업 진행 현황	현재 생산량, 계획 대비 생산 달성률 실시간으로 파악
보고받은 정보를 바탕으로 유추	설비 운영 현황	가동 여부, 작업 중인 품목을 실시간으로 파악
실시간 파악 불가능	이상/문제 공정	실시간 파악하여 신속한 조치 가능(손실 최소화)
실시간 파악 불가능	외부에서 파악	모바일 모니터링을 통해 실시간 파악

그림 3-5 CAP의 Analysis 기능 효과

2-2 설비 효율 저해 로스(Loss)

1 가공 설비의 7대 로스

가공형 설비의 효율을 저해하고 있는 주요 로스는 다음과 같다. 이것을 가공형 설비의 7대 로스라고 한다. 이러한 요인이 발생하면 장비는 비가동 상태가 되므로 생산성 효율은 당연히 낮아지게 된다. 따라서 이러한 요소들을 사전에 최소화하거나 제거하는 조치가 필요하다.

① 고장 로스　② 준비 · 교체 · 조정 로스　③ 절삭 기구 로스　④ 초기 수율 로스
⑤ 일시 정지 · 공운전 로스　⑥ 속도 저하 로스　⑦ 불량 · 재가공 로스

표 3-1 가공형 설비 7대 로스의 정의와 사례

로스 명칭	정의	단위	사례
고장 로스	돌발적으로 발생하는 고장에 의한 생산 중단 로스	시간	기계적 요인의 고장, 전기적 요인의 고장으로 인해 5분 이상 생산이 중단되는 로스
준비 · 교체 · 조정 로스	시업 시, 차기 제품 생산 개시 시, 종료 시에 작업 준비 · 교체 · 조장에 따른 손실	시간	시업 시, 차기 제품 생산 개시 시, 종료 시의 작업 준비, 부품 및 지그 교체, 양품 조건이 되기 위한 조정, 종료 시의 마무리 작업 등에 의한 시간적 로스
절삭 기구 로스	절삭 기구의 정기적인 교환과 절삭에 의한 일시적인 교환에 따른 시간적 로스와 교환 전후에 발생하는 불량 로스(불량 재손질)	시간 kg	팁(Tip) 교환, 그라인더 교환, 교환 후의 워크 계측 시간, 팁 파손 때에 발생하는 재가공품과 그 재가공 시간, 폐품 불량 또는 교환 후의 품질이 안정되기까지의 시간 등
초기 로스	규정 Cycle Time으로 인해 운전해도 기계적인 문제는 없으나, 초기 불량에서는 품질안정 시까지 걸리는 시간적 로스와 그 기간의 불량 로스(불량, 재손질)	시간 kg	• 정기 수리 후의 시동 시 • 휴지 후(장시간 정지)의 시동 시 • 휴일 후의 시동 시 • 점심시간 후의 시동 시 등의 초기에 발생하는 로스
일시 정지 · 공운전 로스	고장과는 달리 일시적인 트러블 때문에 설비가 정지하거나 공운전하는 경우의 로스	시간	5분 미만의 생산 중단, 정상 생산을 하지 않고 설비를 공운전하는 데 따른 시간적 로스
속도 저하 로스	설계 시점의 속도(또는 품종별 기준 속도)와 실제 속도와의 차이에 의한 로스	kg ton	설비의 성능 저하 혹은 감산 운영으로 속도가 느리기 때문에 발생하는 로스
불량 · 재가공 로스	불량 · 재가공에 따른 물량적 로스와 수정하여 양품으로 만들기 위한 시간적 로스	kg ton	불량 · 재가공에 따른 물량적 로스(폐기 불량)와 수정하여 양품(재가공품)으로 만들기 위한 시간적 로스

2 가공형 설비의 시간적 7대 로스 구조

설비 효율화의 저해 요인인 로스가 어디에 얼마나 있는지를 알기 위해서는 설비의 로스 구조를 파악해야 한다. 가공형 설비의 시간 구조와 설비 효율화 저해 7대 로스 구조는 그림 3-6과 같이 나타낼 수 있다.

가공형 설비의 시간 구조는 Calendar 시간에서 가치 가동 시간에 이르기까지 휴지 로스, 정지 로스, 성능 로스, 불량 로스 등의 여러 로스들이 발생하고 있으므로, 이들 로스를 감소시키기 위해서는 설비 효율화 지표들을 산출하여야 하며, 산출된 설비 효율화 지표들을 기준으로 로스의 발생 정도를 파악하여 개선을 위한 바로미터로 활용한다.

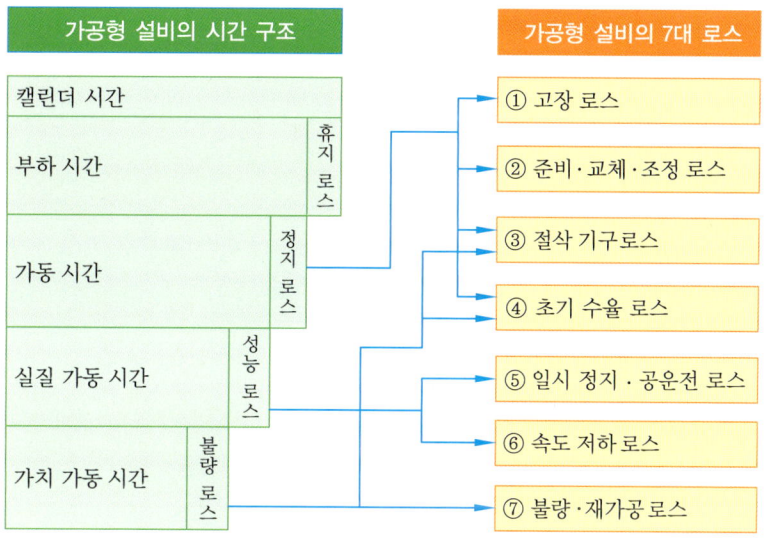

그림 3-6 가공형 설비의 시간적 7대 로스 구조

그림 3-6에서

① **Calendar 시간은 달력에 주어진 시간을 말하는 것이다.**
1년이면 「24시간×365일」로 나타내며, 1개월이면 「24시간×30일」로 나타낸다.

② **부하 시간은 Calendar 시간에서 연간, 월간 또는 1일을 통해 설비가 가동해야 하는 시간 혹은 조업할 수 있는 시간을 말한다.**
이는 설비가 가동해야 하는 시간 혹은 설비가 조업할 수 있는 시간이다.
㉠ 정기 보수로 인한 계획 정지, 정전, 용수 중단, 화재, 불가피(노사 분규 등), 신규 증설 또는 설비 교체로 인한 비계획 정지 등의 SD 로스 시간
㉡ 수주 부족, 자재 품절, 재고 과다 등의 생산 조정 로스 시간을 차감한 것이다.

③ 가동 시간은 실제로 설비가 가동한 시간을 말한다.

가동 시간은 부하 시간에서 기계적 고장, 전기적 고장 등의 설비 고장 로스 시간과 작업 준비, 품종 교체, 공정 조건 조정 등의 준비·교체·조정 로스 시간, 절삭 기구 로스 시간, 설비 운전 개시 후의 로스 시간인 초기 수율 저하 로스 시간 등을 차감한 것이다.

④ 실질 가동 시간은 가동 시간에 대해 일정한 속도로 실질적으로 가동한 시간을 말한다.

일시 정지 및 공운전으로 인한 로스 시간, 설계 속도와의 차이로 인한 속도 저하 로스 시간 등을 차감한 것이다.

⑤ 가치 가동 시간은 실제로 양질의 제품을 만든 시간이다.

실질 가동 시간에서 불량품, 재가공에 사용된 시간을 차감한 것이다.

2-3 설비 종합 효율 산출 방법

1 가공형 설비의 설비 종합 효율 산출

가공형 설비의 시간 구조에 따른 설비 효율화에 관한 요소로는 시간 가동률, 성능 가동률, 양품률 등이 지표로 사용된다. 설비 종합 효율은 시간 가동률, 성능 가동률, 양품률의 세 가지를 곱한 것으로 산출한다.

설비 종합 효율은 현재 상태의 설비가 시간적, 속도적으로 정상적인지 아닌지를 판단하고, 양품률의 실적은 어떤가를 판단하여 종합적으로 부가 가치를 만들어내는 시간이 어떤 상태인지를 나타내는 척도를 말한다. 설비 종합 효율을 산출하는 방법은 다음과 같다.

(1) 시간 가동률 산출 방법

시간 가동률은 설비의 정지를 제외한 실질 시간인 가동 시간(부하 시간-정지 시간)의 부하 시간에 대한 시간적 비율을 산출한 것이다.

$$시간 \; 가동률 = \frac{가동 \; 시간}{부하 \; 시간}$$

(2) 성능 가동률 산출 방법

성능 가동률은 실질 가동률과 속도 가동률로 구성되어 있으며, 다음 식과 같이 나타낼 수 있다.

$$\text{성능 가동률} = \underbrace{\frac{\text{총생산량} \times \text{실제 C/T}}{\text{가동 시간}}}_{\text{실질 가동률}} \times \underbrace{\frac{\text{이론 C/T}}{\text{실제 C/T}}}_{\text{속도 가동률}}$$

위의 수식에서
① 실질 가동률은 지속성을 의미하며, 잠깐 정지에 의한 로스를 산출하는 것이다.
② 속도 가동률은 속도 차를 의미한다.
③ 이론적 사이클 타임(C/T)은 설비가 놓인 상태에 의해 다음 중에서 하나를 선택한다.
  • 설계 시방에 정해진 사이클 타임(단위 : 초/개)
  • 현재의 이상적인 상태로 생각할 수 있는 사이클 타임(품종별 사이클 타임)
  • 현재까지 최고의 사이클 타임, 유사 설비를 기준으로 판단되는 목표로서의 사이클 타임
④ 성능 가동률에 대해 위의 식을 달리 간단한 식으로 변형하면 다음 식과 같이 표현할 수 있다.

$$\text{성능 가동률} = \frac{\text{이론 C/T} \times \text{총생산량}}{\text{가동 시간}}$$

(3) 양품률 산출 방법

양품률은 양품 수량의 총생산량에 대한 비율을 가리키며, 다음 식과 같이 나타낼 수 있다.

$$\text{양품률} = \frac{\text{양품 수량}}{\text{총생산량}}$$

(4) 설비 종합 효율 산출 방법

위의 식들을 사용하여 설비 종합 효율을 구하면 다음과 같다.

(가공형 설비) 설비 종합 효율 = 시간 가동률 × 성능 가동률 × 양품률

$$= \frac{\text{가동 시간}}{\text{부하 시간}} \times \frac{\text{이론 C/T} \times \text{총생산량}}{\text{가동 시간}} \times \frac{\text{양품 수량}}{\text{총생산량}}$$

$$= \frac{\text{이론 C/T} \times \text{양품 수량}}{\text{부하 시간}}$$

$$= \frac{\text{양품 수량}}{\text{부하 시간} \times \text{시간당 이론 생산량}}$$

위의 설비 종합 효율을 구하는 공식을 살펴보면,

시간 가동률은
  ① 고정 로스
  ② 준비 교체 조정 로스
  ③ 절삭 기구 로스
  ④ 수율 로스가 관계되고,
성능 가동률에는
  ⑤ 일시 정지 · 공운전 로스
  ⑥ 속도 저하 로스가 관계되며,
양품률에는
  ⑦ 불량 · 재가공 로스가 관련되어 있는 것을 알 수 있다.

따라서 이러한 7대 로스 중에서 주요 개선 대상이 되는 로스로 선택하여 개선 활동을 수행하면 된다. 가공 설비의 경우 한 개의 라인이 여러 대의 설비로 구성되어 이루어져 있는 경우에는 공정 중에서 Bottle Neck 설비의 이론 사이클 타임을 대입하여 한 개의 라인에 대한 설비 종합 효율을 산출하면 된다.

2 가공형 설비의 설비 종합 효율 산출하기(실습)

[과제] 다음 주어진 데이터를 사용하여 설비 종합 효율 산출하기

표 3-2 설비 종합 효율 산출 데이터

로스 내용	시간/개수
1일 조업 시간	60분×8시간=480분
1일 부하 시간	460분
1일 가동 시간	400분
1일 총생산량	400개
정지 시간 : (준비 작업)	20분
정지 시간 : (고장)	20분
정지 시간 : (조정)	20분
불량품 수량	8개
이론 사이클 타임	0.5분/개
실제 사이클 타임	0.8분/개

주어진 데이터에 의해 로스의 구조는 **그림 3-7**과 같다.

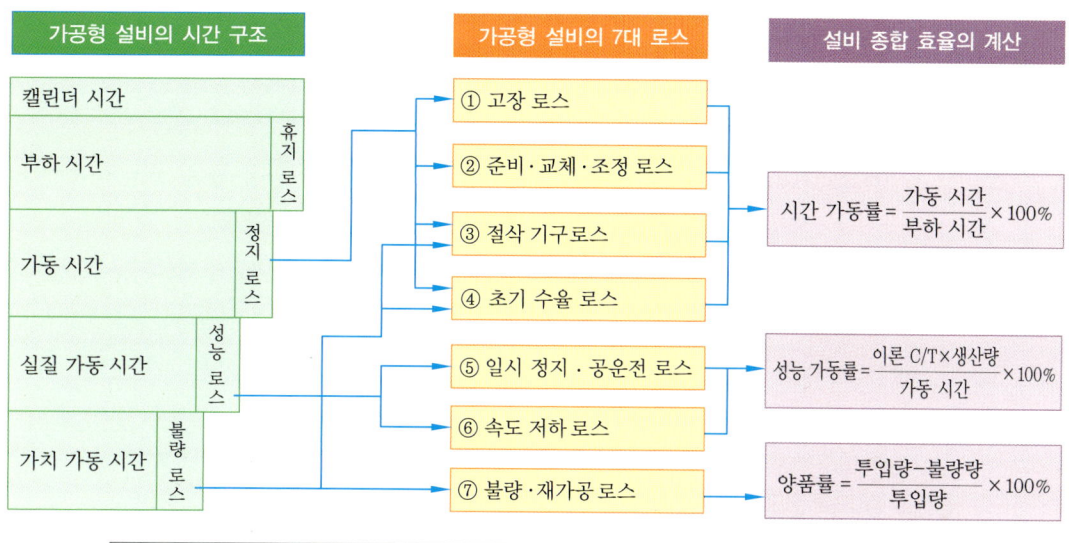

그림 3-7 설비 종합 효율 구조

설비 종합 효율의 산출은 다음과 같이 시간 가동률, 성능 가동률, 양품률을 먼저 구한 다음, 이들 3개를 곱하여 구하면 된다.

① 시간 가동률 $= \dfrac{\text{부하 시간} - \text{정지 시간}}{\text{부하 시간}} = \dfrac{460-60}{460} = 0.87$

② 성능 가동률 $= \dfrac{\text{총생산량} \times \text{실제 C/T}}{\text{부하 시간} - \text{정지 시간}} \times \dfrac{\text{기준 C/T}}{\text{실제 C/T}}$

$= \dfrac{400 \times 0.8}{460-60} \times \dfrac{0.5}{0.8} = 0.8 \times 0.625 = 0.5$

성능 가동률 계산은 다른 방법으로 다음과 같이 계산할 수도 있다.

성능 가동률 $= \dfrac{\text{이론 C/T} \times \text{총생산량}}{\text{가동 시간}} = \dfrac{0.5 \times 400}{460-60} = 0.5$

③ 양품률 $= \dfrac{\text{양품 수량}}{\text{총생산량}} = \dfrac{400-8}{400} = 0.98$

설비 종합 효율 = 시간 가동률 × 성능 가동률 × 양품률 × 100
$= 0.87 \times 0.5 \times 0.98 \times 100 = 42.6\%$

3 주요 관리 시간의 정의 및 모니터링 분석

종합적 효율에 따른 요소인 주요 관리 시간의 내용은 다음과 같다.

① Tact Time은 요구하는 생산 목표를 달성하기 위하여 제품 하나를 생산하는 데 필요한 시간을 말한다.
② Neck Time은 전체 공정에서 1Cycle의 작업 시간이 가장 높은 공정의 시간으로, 현 공정상에서 제품의 생산 능력을 좌우하는 시간을 말한다.
③ Cycle Time은 단위 공정별 1Cycle의 작업을 하기 위하여 사용되는 시간을 의미한다.
④ Standard Time은 표준화된 작업 환경에서 일정한 작업 방법에 따라 보통 정도의 숙련된 작업자가 정상적인 속도로 작업을 수행할 때 사용되는 시간을 말한다.
⑤ Lead Time은 단위 공정별 작업을 수행하는 시간 및 공정 대기 시간에 필요한 일련의 사용 시간이다.

이들 주요 관리 시간의 내용과 산출 방법은 표 3-3과 같다.

표 3-3 주요 시간 정의 및 산출 방법

구분	정의	산출식	예시
Tact Time	• 요구하는 생산 목표를 달성하기 위해 제품 하나를 생산하는 데 필요한 시간	$\dfrac{가동\ 시간}{필요\ 생산\ 수량}$	$\dfrac{1,901,400(초)}{75,906(대)} ≒ 25(초)$
Neck Time	• 전체 공정에서 1Cycle의 작업 시간이 가장 높은 공정의 시간 • 현 공정상에서 제품의 생산 능력을 좌우하는 시간	Max Cycle Time	18(초)
Cycle Time	• 단위 공정별 1Cycle의 작업에 소요되는 시간		단위 공정 1 = 16(초)
Standard Time	• 표준화된 작업 환경에서 일정한 작업 방법에 따라 보통 정도의 숙련된 작업자가 정상적인 속도로 작업을 수행하는 시간	표준 시간 = 정미 시간 + 여유 시간	16.5(초)
Lead Time	• 단위 공정별 작업을 수행하는 시간 및 공정 대기 시간에 필요한 소요 시간	Lead Time = Σ(Cycle Time + 대기 시간)	1,200(초)

3. CAP의 Analysis 모듈

3-1 Analysis 모듈의 개요

CAP의 Analysis 기능은 앞 장의 컬렉션에서 수집된 관련 데이터를 데이터베이스에서 디지털 전환하여 장비의 효율성 향상과 정확한 원가 산출에 필요한 각종 자료를 제공하는 기능이다.

1 Analysis 모듈의 기능

Analysis는 프로젝트에 따른 기간별, 장비별 절삭 가동 시간 분석과 장비 가공 시간을 분석하고, 가공비의 원가 분석을 위하여 공정별로 가공 임률과 가공 원가를 정밀하게 산출한다.

또한 Analysis는 장비·설비에 따른 기간별 가동·비가동 시간 분석, 설비·장비별 절삭 가동 시간과 총 가동 시간의 분석, 가공비 원가 분석을 통하여 품질 관련에 예상되는 문제의 원인을 사전에 파악하고, 가동률과 생산성을 극대화하도록 필요한 정보를 제공한다.

그리고 생산 상황이나 설비 오류 정보 등을 가시화하고 문제점을 분석, 작업 계획의 정확도를 향상하여 납기 준수가 가능하도록 지원하는 납기 관련 지원 기능과 생산, 판매, 재고의 시각화 및 시뮬레이션에 의한 재고 적정화 솔루션이 가능하도록 지원하는 적정한 재고 관리 기능을 제공한다.

Analysis 기능은 회사의 업종과 특성에 따라 분석 항목과 분석 요구 내용을 각각 다르게 구성할 수 있다. 따라서 회사의 요구에 부응하여 유연하고 독창성 있게 구성할 수 있다.

그림 3-8은 CAP Analysis 기능에 의한 원가 절감 효과를 보여주고 있다.

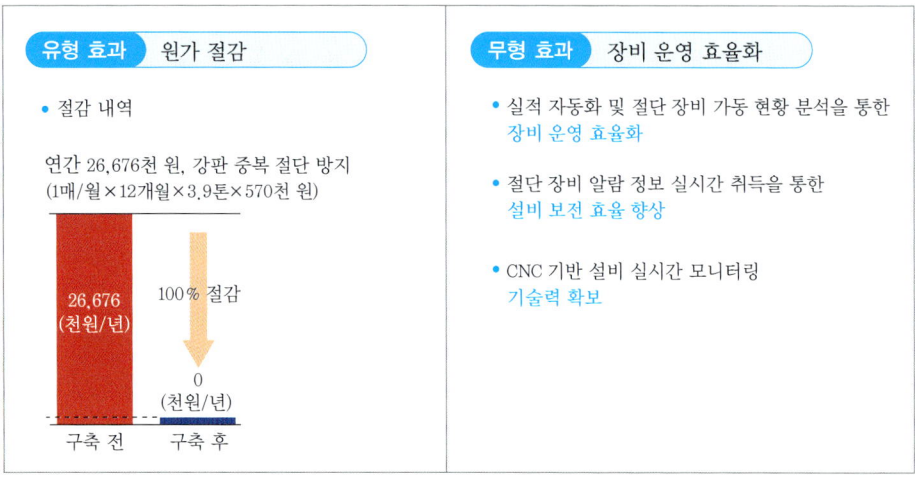

그림 3-8 Analysis에 의한 원가 절감 효과

3-2 Analysis 모듈의 구성

앞서 설명한 바와 같이 Analysis 모듈의 구성은 회사마다 차이가 있을 수 있으나 일반적인 내용을 소개하면 그림 3-9와 같이 Project별 가동 시간, Project별 장비 가공의 종류에 따른 원가 분석, Project별 가공 종류에 따른 상세 원가 분석, 가공 유형과 난이도에 따른 원가 분석, 비가동 사유 모듈로 구성한다.

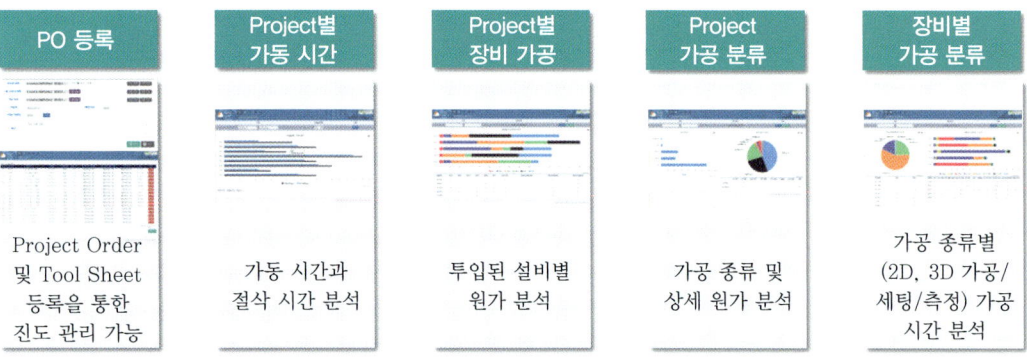

그림 3-9 Analysis 모듈의 구성

1 PO 등록-Project Order 및 Tool Sheet 등록, 진도 관리 기능

PO 등록 기능은 기존의 작업 지시서를 Paperless의 작업 지시서로 전환하고, Project Order 및 Tool Sheet 등록과 설비 현황 분석을 통하여 효율성을 향상하고 작업 지시서 관리를 통한 진도 관리가 가능하게 하는 기능이다.

그림 3-10 PO 등록에 의한 작업 지시서 검색 기능

PO 등록을 수행한 결과는 **그림 3-11**과 같이 검색된다.

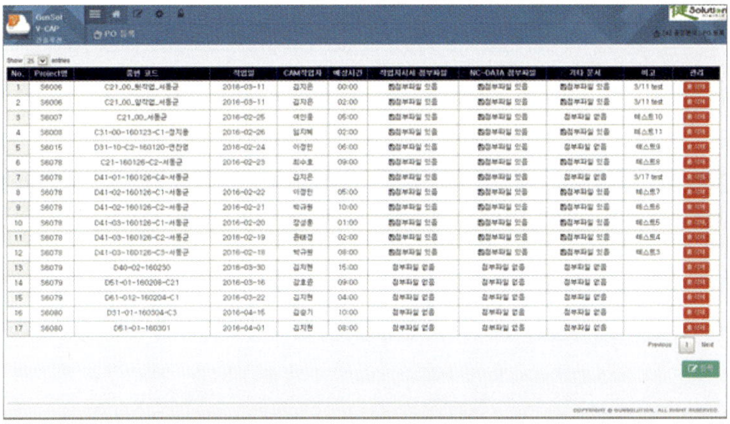

그림 3-11 PO 등록 검색

PO 등록은 작업자와 관리자가 다른 곳에서 각자 입력하거나, 한 사람이 중복해서 입력하는 것을 방지할 수 있는 기능을 말한다. 만약 오류에 의하여 이미 작업이 완료된 내용을 재입력하면, 같은 내용의 작업이 재개되는 불상사가 발생할 수 있다. 따라서 PO는 이런 오류를 자동 분석하여 알려주는 기능을 포함하고 있다.

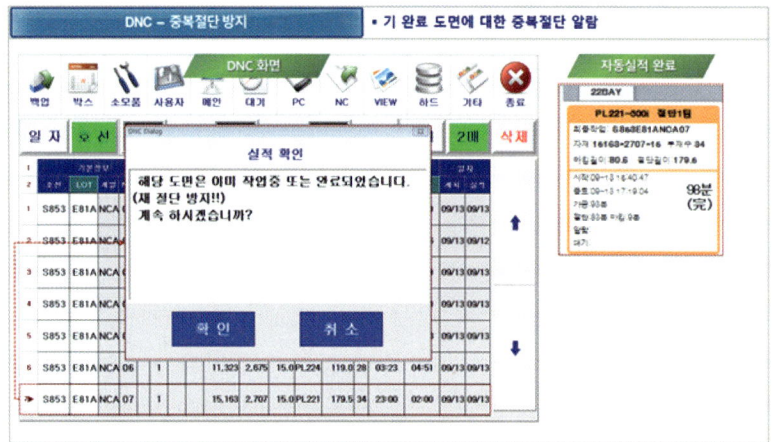

그림 3-12 작업 완료된 도면에 대한 중복 작업 알람

2 Project별 가동 시간-가동 시간과 절삭 시간 분석

① Project별 가동 시간 분석은 Project별로 가공 시간과 절삭 가공 시간을 분석하는 기능이다. 이 기능은 각 Project별 절삭 시간 뿐만 아니라 Project의 부품별 절삭 시간을 분석할 수 있어야 한다. Project별로 절삭 시간을 분석하여 해당 Project에 대한 임률과 가공 원가 분석을 통하여 전체적인 가공 원가를 산출할 수 있어야 한다.

② Project에 따라서는 가공 시간이 많이 소요되는 것과 비교적 짧은 시간이 소요되는 것이 있다. Project별 가공 시간 기능은 Project의 전체 가동 시간 중에서 부품별로 장비의 실제 가공 시간을 정밀 분석하여 전체 가공 시간과 각 부품의 가공 시간에 대한 적절성을 검토할 수 있고, Project에 따른 인원과 장비의 합리적 배치를 할 수 있다.

③ 하나의 Project에 여러 가지의 부품이 포함되어 있다. 또한, 각 부품은 서로 다른 가공 시간을 가질 수 있다. Project별 가공 시간 기능은 부품별 가동 시간과 부품별 가공 시간의 분석을 통하여 Project 부품의 원가를 정확하게 산출할 수 있고, 부품을 가공 시간에 따라 서로 다르게 일감을 배분하여 유휴 장비를 최소화할 수 있고, 장비의 효율성을 높일 수 있다.

Project별 가공 시간 분석을 정리하면 다음과 같다.
- Project별/부품별 장비 가공 시간을 분석한다.
- Project별/부품별 장비 가공 시간을 고려하여 전체 가동 시간의 적정성을 분석한다.

- Project별/부품별 장비 가공 시간과 가동 시간에 따른 장비와 인원 배치의 적절성을 분석하고 조정한다.
- Project별/부품별 가동 시간 분석에 따른 원가를 결정한다.

그림 3-13은 Project별 가동 시간을 보여준다.

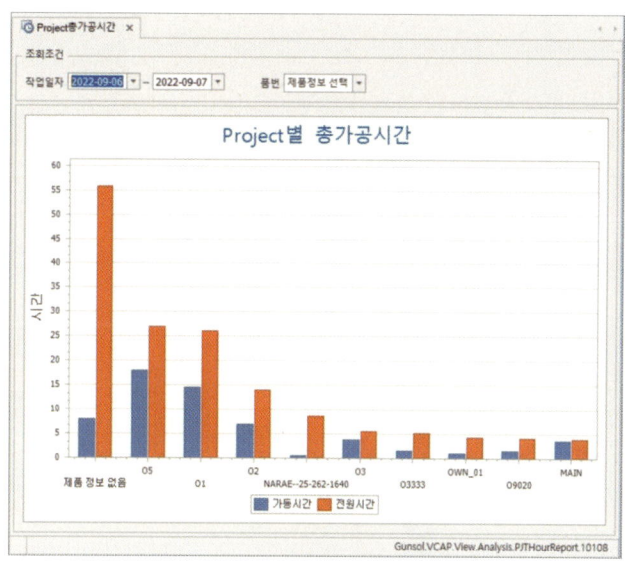

그림 3-13 Project별 가동 시간

그림 3-14는 Project별 가동 시간과 비가동 시간 및 사유의 비가동 원인 분석으로 원가 산출에 반영한다.

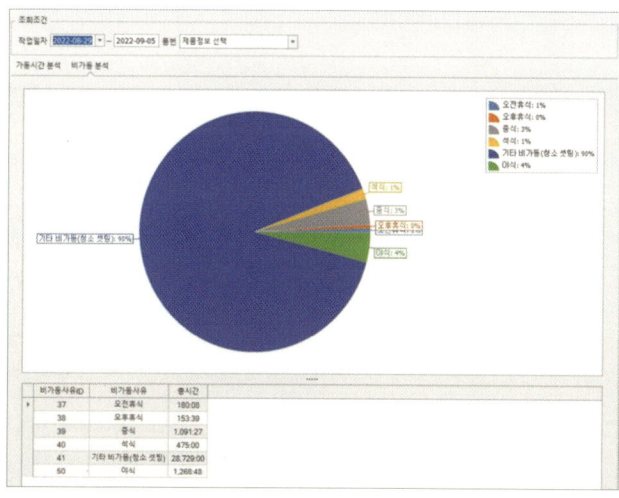

그림 3-14 설비별 가동 시간에 대한 비가동 시간 및 사유의 비가동 원인 분석

④ **Project별 절삭 시간 및 부품별 절삭 시간 분석하기(실습)**

그림 3-15는 Project별 절삭 시간 및 부품별 절삭 시간을 분석한 그림으로 Project별로 부품별 가공 시간을 고려하여 임률과 가공 원가 산출에 반영할 수 있는 자료가 된다.

[과제] 자동차 전방 램프 가공을 예시로 수행해야 하는 조치들을 설명하기로 한다.
- 총가공 10시간
- 뒷판 가공 4시간
- 앞판 가공 3시간
- 내부 및 기타 가공 3시간

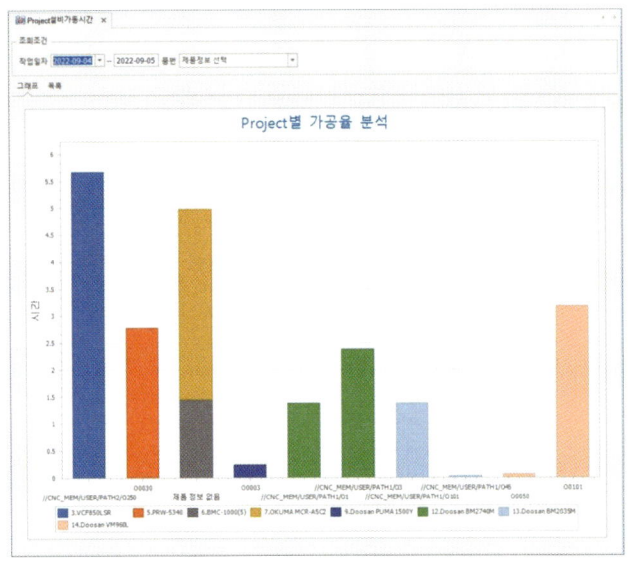

그림 3-15 Project별 절삭 시간 및 부품별 절삭 시간 분석

3 Project별 장비 가공-투입된 설비별 원가 분석

① Project별 장비 가공 분석은 투입된 장비별 원가 분석을 하는 것으로 Project별 소요 장비와 가공 시간을 분석하여 원가 산출에 반영하는 자료이다. 또한, Project별 장비 가공 분석 기능은 Project의 특성에 따라 소요되는 제각기 다른 설비·장비와 그에 따른 사용 공구 및 부속 장치 등의 비용을 분석하여 임률과 원가 산출에 반영하는 기능이다.

② 각 Project는 특성에 따라 사용되는 장비가 결정되고, 그에 따라 공구의 종류(일반 공구/특수 공구 등)와 부속 장치의 종류가 결정된다. 이에 따라 소요되는 장비는 희소성과 기능, 종류, 크기에 따른 구매 비용이 제각기 다르고 사용 공

구도 일률적으로 동일하지 않고 다를 수 있다. 이러한 변수들을 상세하게 산출하여 원가에 반영되도록 하는 기능이며, 해당 Project와 부품에 특별하게 소요되는 특수 공구나 부속 장치 등의 비용이 당연히 원가 산출에 반영할 수 있도록 하는 기능이다.

③ 동일한 Project가 연속성인지 단발성인지에 따라 특수 공구와 부속 장치의 원가를 다르게 적용하여야 한다.

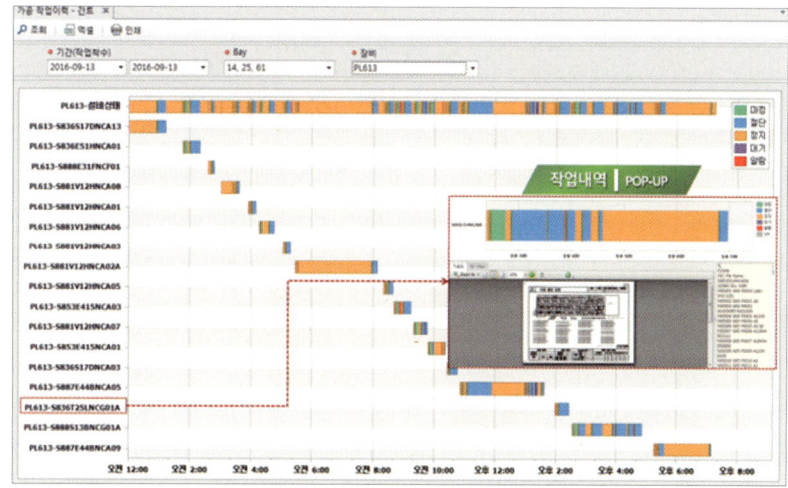

그림 3-16 장비별 가공 작업 실적 분석

그림 3-17은 Project별 장비 가공을 고려한 가공 원가 분석으로 임률을 예측하기 위한 자료 화면이다.

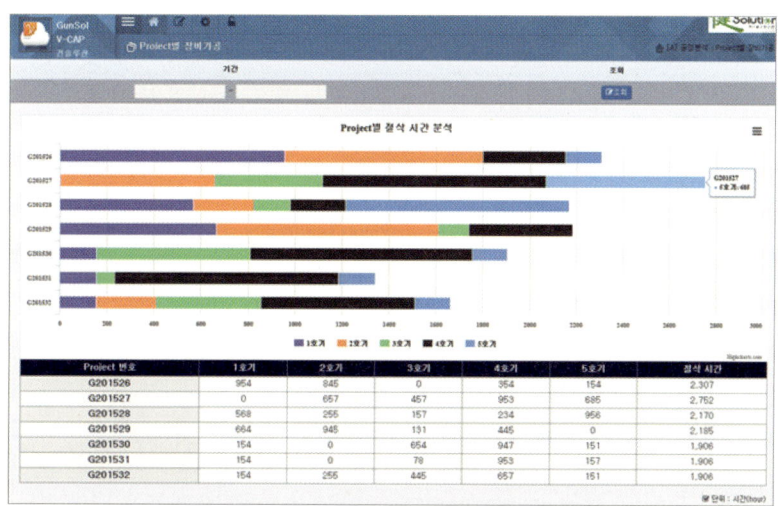

그림 3-17 Project별 가공 장비의 절삭 시간 분석

④ Project별 장비 가공 분석의 임률을 고려한 가공 원가 예측하기(실습)

Project별 절삭 시간 및 부품별 절삭 시간을 분석(실습)

[과제] 다음 내용으로 임률의 추가적인 요소를 산출하기로 한다.
- 소요 장비 : MCT 4호기 5시간
  CNC 선반 2시간
  CNC W/C 2시간
- 소요 공구 : 초경 공구 $\phi 30$ End mill 5ea
- 소요 부속 장치 : OMV 장치, Setting 장치

4 Project 가공 분류-가공 종류 및 상세 원가 분석

① Project별 가공 분류는 동일한 명칭의 Project라 할지라도 용도와 크기에 따라 사용되는 설비나 장비의 종류와 가공 방법이 다르게 되므로 정확한 분석을 바탕으로 원가 산출에 반영하여야 한다.

② 각각의 Project는 정밀도와 난이도에 따라 Project의 특성상 서로 다른 장비가 사용되고, 설비에 따른 가공 방법도 완전히 다른 별개의 작업이 된다. 예를 들면, 동일한 평면 가공이라 할지라도 자동차 부품류의 평면 가공과 전자 제품의 평면 가공, 프레스 부품의 평면 가공은 각각 작업의 난이도가 다르게 진행된다.

③ Project의 특성에 따라 상세 가공 원가와 가공 형태에 따른 비용을 산출하여 원가 분석에 반영하는 기능이다.
- 가공 종류에 따른 가공 원가 분석
- 가공 방법과 난이도에 따른 원가 분석

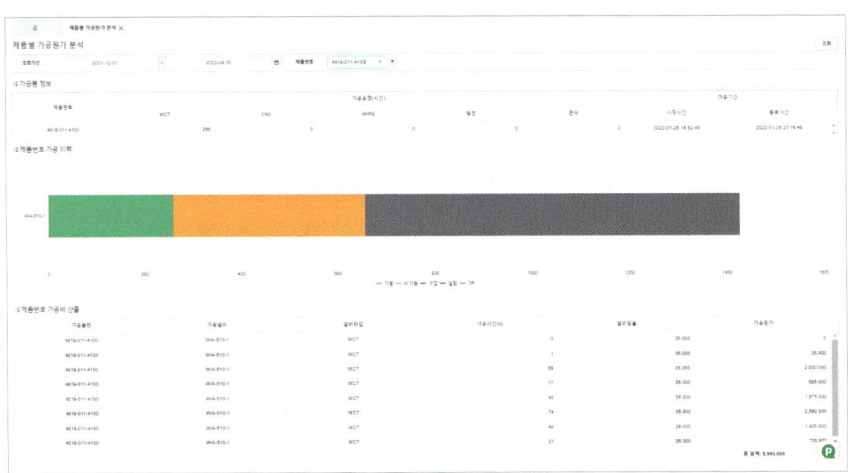

그림 3-18 Project별 가공 분류에 따른 상세 가공 원가 및 가공 종류에 따른 원가 분석

그림 3-18은 Project별 가공 분류에 따른 상세 가공 원가 및 가공 종류에 따른 원가 분석을 하기 위한 것이다.

그림 3-19는 공정 분석을 통한 장비 가동 이력을 보여준다. 각각의 공정에 따른 작업의 난이도를 원가에 반영할 수 있다.

그림 3-19 공정 분석-장비 가동 이력

④ 동일한 형태의 Project인 경우에도 크기에 따라 대형 Project와 소형 Project로 나누어지고(예 TV 등), 그에 따른 시설과 장비 및 공구와 부속 장치 등이 서로 다르게 적용되므로 비용에 따른 원가 결정이 다르게 적용되어야 한다. 그림 3-20은 Project별 임률을 분석하여 원가에 반영하기 위한 것이다.

그림 3-20 Project별 임률 분석을 통한 가공 원가 산출

5 장비별 가공 분류-가공 종류별(2D, 3D 가공/세팅/측정) 가공 시간 분석

Project별 소요 장비 특성에 따른 가공 분석은 장비와 가공의 특성에 따라 제각기 다른 가공 시간 로스가 발생하는 것을 분석하는 기능이다. 계산 작업, 손실 및 불량률 예측 작업, 작업 방법 분석 및 준비 시간, 가공 종류(2D, 3D 가공)에 따른 공구 및 공작물 세팅 시간, 측정 시간 등 장비 가동에 따른 일련의 관련 작업을 모두 분석하고 데이터화 하여 원가에 반영하는 기능이다.

예를 들면 자동차 부품과 인공위성의 부품 가공은 비슷한 형태인 경우에도 불구하고, 사용되는 지그나 공구가 서로 다르며, 측정 부위 및 측정 개소도 차이가 발생하고 정밀도에 따라 공작물 및 공구 세팅도 제각기 다르게 소요된다.

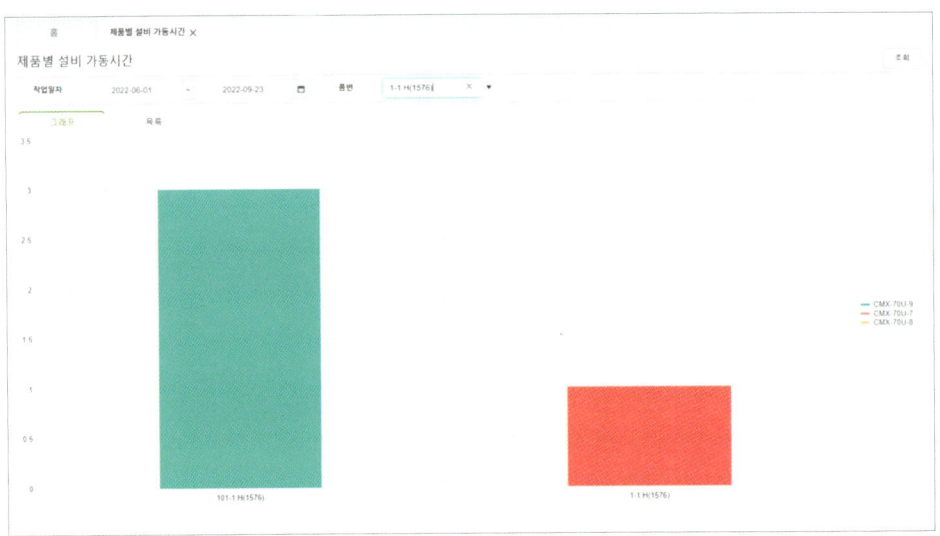

그림 3-21 각 Project에 대한 절삭 종류별 가공 시간 분석

그림 3-22는 Project별 가공 종류에 따른 2D, 3D 가공, 세팅, 측정, 가공 시간을 분석하는 자료를 나타내고 있다.

그림 3-22 Project별 가공 분류

그림 3-23은 설비별 가공 종류에 따른 2D, 3D 가공, 세팅, 측정, 가공 시간을 분석하는 자료를 나타내고 있다. 이를 기준으로 원가 산출에 반영하여야 한다.

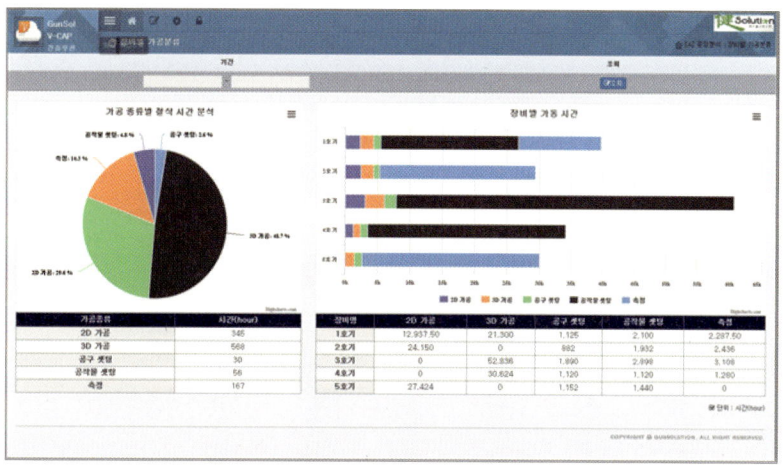

그림 3-23 설비별 가공 분류

디지털 전환 생산 관리 시스템의 Prediction

1. CAP Prediction과 설비 예지 보전
2. CAP의 Prediction 모듈

디지털 전환 생산 관리 시스템의 Prediction

1. CAP Prediction과 설비 예지 보전

1-1 설비 예지 보전

1 설비 예지 보전의 개요

(1) 예지 보전의 개요

정기 보전이 정착되면 돌발 고장은 줄어드나 보전비가 상승한다거나 예상 밖의 고장이 생기는 일이 있다. 이것은 정기 보전(TBM)이 열화 진행 시간을 가정한 시간 기준의 보전이고, 열화의 진행 정도를 측정해서 보전 시기를 조정하는 기능이 없기 때문이다. 이럴 때는 설비 진단을 통해 열화의 상태를 파악하여 보전 시기와 방법을 정하는 예지 보전(CBM : Condition Based Maintenance)이 필요하게 된다. 설비 열화의 대용 특성으로 진동, 온도, 압력, 유량, 윤활유 열화, 두께 감소, 결함 성장, 부식률, 전기 저항 등을 측정할 수 있어야 하는 것 등의 조건이 있다.

(2) 예지 보전의 정의

설비 진단 기술, 상태 감시 기술에 근거하여 설비의 상태를 정확히 취득하고, 결함을 가능한 조기에 검지하는 것이다. 이후 그 경과를 추적하여 향후의 진전을 예측, 적절한 시기에 정비를 수행한다. 또 열화가 진행되는 기간 중에 그 정도와 진행 속도를 고려하여 종합적 생산 비용에 대한 영향이 최소화되는 시기를 결정하는 계획 보전의 발전된 형태이다.

2 예지 보전의 필요성

일반적으로 생산 현장은 낭비 요소가 많을 뿐만 아니라 효과적이지 못한 정비 비용이 과다 소요되고 있다. 국제적인 조사 기관에서 파악된 통계를 보면 다음과 같다.

① 정비 비용이 제조 간접 비용의 15~40%이며, 그 중 50%가 불필요한 정비 활동이다.
② 정비 활동의 50~65%가 개량 정비 비용으로 예지 보전보다 10배 이상의 비용이 소요된다.
③ 정비 활동의 25~30%가 예방 정비로 예지 보전보다 5배 이상 비용 소요되고 있으며, 그 중 60%가 불필요한 활동이다. 그러나 정비 활동의 불과 5~25%만이 예지 보전에 사용되고 있는 실정이다.

3 예지 보전의 적용

다음과 같이 설비에 대한 경제적인 고려, 보유한 인적, 시설 능력 등을 고려하여 설비에 대한 관리 기법을 선정해야 한다.

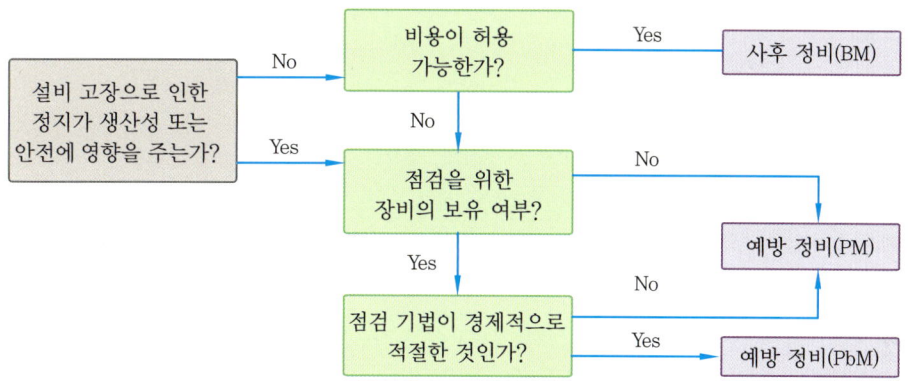

그림 4-1 설비 보전 방식의 선정

4 예지 보전의 장·단점

(1) 예지 보전의 장점

고장 직전(Minor part 손상)까지 운전이 가능하며, 계획에 따라 운전을 정지하고 보수 경비를 최소화(사후 정비의 50%)할 수 있다. 따라서 돌발 고장을 감소시키고, 고장으로부터 연속적인 2차 손상 회피가 가능하며 설비 수명의 증가 효과를 볼 수 있다.

(2) 예지 보전의 단점

초기 투자와 전문적인 설비 진단 기술의 습득이 필요하다. 운전 중 기대하지 않은 임의의 과부하에 의한 부품의 고장은 회피가 불가하며, 또한 갑작스런 고장 모드를 가지는 부품은 필요한 사전 예지가 다소 어렵다.

따라서 모든 설비에 대한 방법이 아니라, 고장이 발생되면 생산에 중요한 영향을 미치는 핵심 설비 중심으로 예지 보전의 도입, 전개를 검토할 필요가 있다.

5 예지 보전 대상 설비의 선정 기준

(1) 고장 발생 비용이 큰 설비

설비 가동의 중단으로 생산 중단의 경제적 손실이 큰 설비로서, 예를 들면 막대한 에너지가 소모되는 소성로나 반응 장치, 전 공장에 에어나 가스, 증기 등을 공급하는 유틸리티 장치 또는 고장 시 모든 설비가 정지되는 일관 공정 등의 경우이다.

(2) 고장에 민감한 공정, 설비

설비의 이상에 의한 고장 시 인명 피해가 예상되는 항공기, 선박 등의 안전이 고장에 민감한 설비 또는 대기·수질 오염을 유발시킬 수 있는 집진기나 정수 펌프의 고장 등을 말한다.

(3) 변수 감지가 중요한 공정, 설비

시스템의 각종 변수가 시스템의 임무 수행에 밀접하게 연계되어 이들 변수의 변화가 실시간 또는 정기적으로 감지되지 않으면 안 되는 시스템을 말한다. 예를 들면 가스 누출이나 공정 제어 등을 위한 각종 스위치나 센서류 등을 말한다.

(4) 예지 보전 대상 설비 선정 사례 (D사)

진단 기기 적용 대상 확립

진단 기술	적용 대상 장치								
	작동유	유압 장치	대차	Magnet	펌프	Fan	압력 용기	수랭 설비	전기로
HM & CMS		●	●		●	●			●
초음파 분석									
유 분석					●				
비파괴 분석				●			●		
초음파 유량계		●			●			●	
디지털 온도계	●		●		●			●	
디지털 압력계		●			●	●	●		
열화상 측정기									●
진동 분석					●				

그림 4-2 예지 보전 대상 설비 및 진단 기술 적용

6 예지 보전의 특성값 수집 과정

주요 설비 또는 그 부품에는 물리적, 화학적, 환경적인 원인에 따른 다양한 스트레스가 작용하여 시간이 지남에 따라 손상이 발생하고 성장하여 이상 현상이 발생된다. 예지 보전에서 실시하는 설비의 진단은 상태에 따라 정량적인 데이터로 표현된다. 현장의 모든 환경 및 설비들에 대한 실시간 데이터 컬렉션과 통계적 분석을 기반으로 하는 모니터링, IIoT 센서, Ballbar 테스트를 통하여 설비 보전을 위한 데이터 컬렉션, 데이터 분석, 예측 예방 보전을 하게 된다.

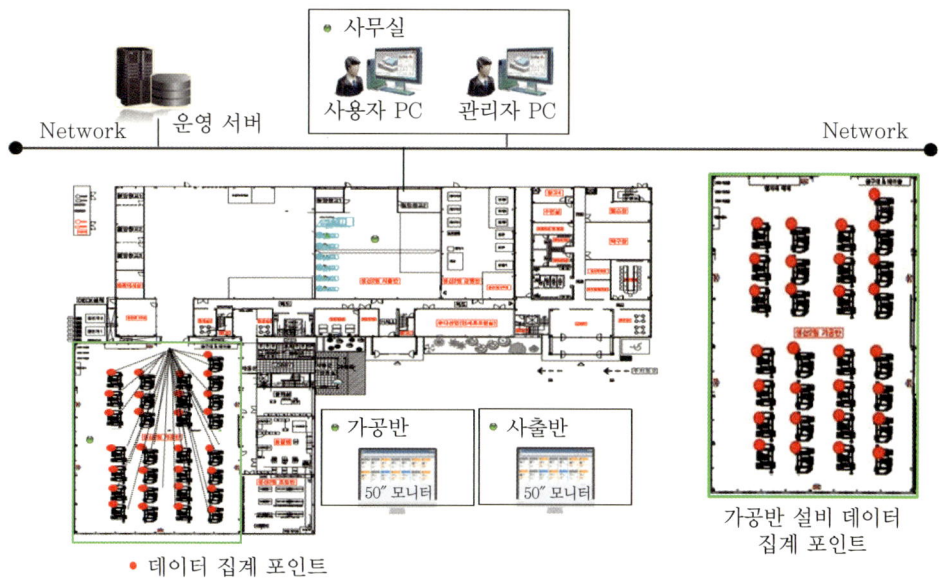

그림 4-3 설비 진단 데이터의 수집·분석 시스템

(1) 특성값 수집 및 분석

생산 설비가 스트레스를 받게 되면서 발생되는 문제점에 대하여 다양한 ICT, IIoT 인터페이스 통신으로 설비 데이터 컬렉션, 데이터 분석을 통하여 이들이 성능에 미치는 영향을 평가하여 설비의 이상 유무를 진단하게 된다.

(2) 특성값 측정의 세부 내용

설비 열화에 대한 측정 내용을 크게 기계적 원인, 전기적 원인, 열적 원인, 화학적 원인, 환경적 원인 등으로 분류하여 각 분류별로 스트레스 원인을 나열하여 측정 및 기록하고 그 결과를 기록한다.

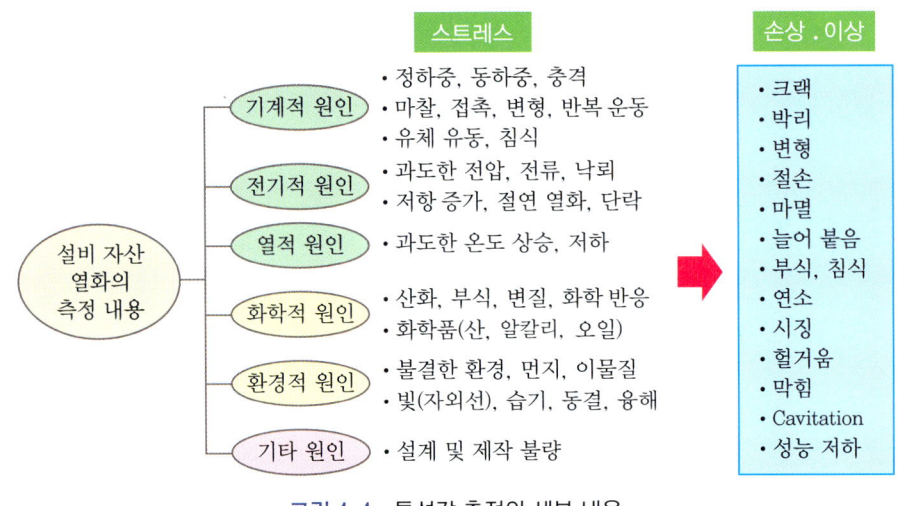

그림 4-4 특성값 측정의 세부 내용

(3) 예지 보전의 주요 설비 진단 특성값

그림 4-5는 주요 설비 진단 기술에 대한 세부 내용의 특성값을 나타내었다.

그림 4-5 설비 진단에 사용되는 수집 데이터의 특성값

7 특성값을 측정하기 (실습)

앞에서 선정된 예지 보전 대상 설비 중 하나를 선정하여 진동 분석을 실시한다.

(1) 진동 기기 준비 및 측정 방법 교육

휴대용 간이 진동 측정기(주파수 분석 가능)를 4명당 1대씩 배당하며 측정 방법과 주의 사항을 교육한다. 회전 기계 등급별 판정 기준표를 준비한다.

진동 속도 (실효치) 측정 범위 (mm/s)	회전 기계 등급별 판정 기준			
	소형 회전 기계 Class I	소형 회전 기계 Class II	소형 회전 기계 Class III	소형 회전 기계 Class IV
0.28	~15 kW	15~300 kW	300 kW~	터보 등
0.45				
0.71	G			
1.12		G	G	G
1.80	C			
2.80				
4.50		C		
7.10			C	
11.2	D			C
18.0		D		
28.0			D	
45.0				D

그림 4-6　회전 기계 진동 크기별 판정 기준표

(2) 설비의 정밀도와 센서 진단 모니터링

설비의 레벨링 주축 직진도, 흔들림, 축 이송 직각도, 스핀들, 클램프 압력 등을 측정하는 설비 정밀도 모니터링과 온도, 진동, 전류, 변위, 서보 부하, Probe 등의 센서 모니터링 등을 통하여 발생되는 특성값을 전용 S/W를 통하여 자동 측정할 수 있다.

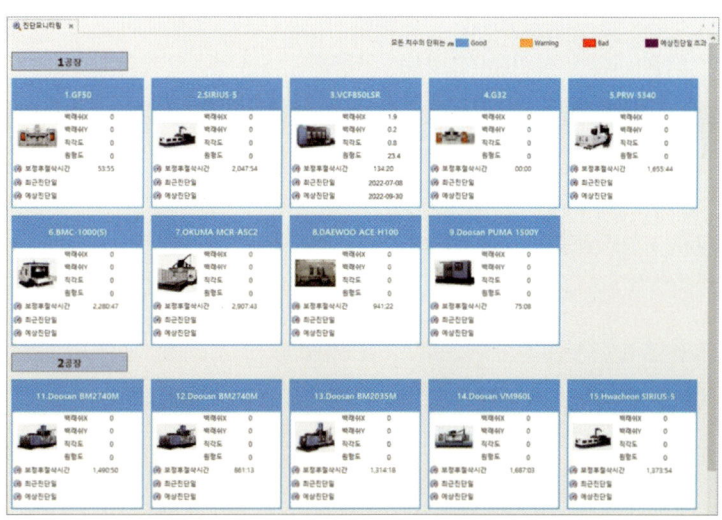

그림 4-7　설비 진단 실시간 모니터링

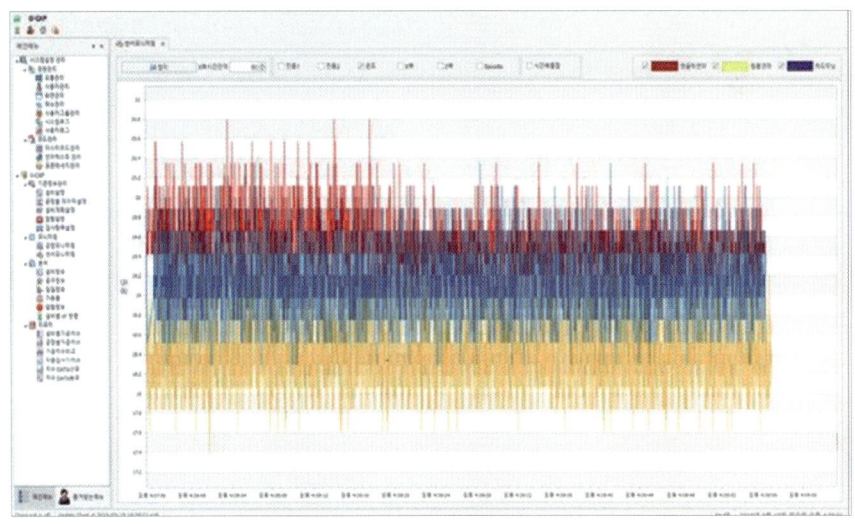

그림 4-8 센서 데이터 진단 모니터링

1-2 설비 보전

1 설비 보전의 개요와 신뢰성 중심 보전(Reliability Centered Maintenance)

최근 기업은 시장과 경쟁의 세계화, 원재료와 에너지 자원의 가용성, 비용 증대 및 설비와 작업 인력의 노후화 악조건의 사업 환경 속에서 고군분투하고 있다. 이에 설비 보전 부문의 투입 비용, 시간, 불확실성, 위험을 줄이고 수익성, 생산성, 신뢰성을 높임으로써 원가 절감과 자산 이익률 향상을 추구하고 있다. 그러나 기술의 발전에 따라 설비는 고성능, 자동화, 대용량, 고가화와 대형 사고화 추세를 보이고 있으므로, 이러한 문제를 개선하기 위한 보전 방법으로 신뢰성 중심 보전을 선택하고 있다.

(1) 신뢰성 중심 예방 보전의 필요성

1960년대 말에 미국 U항공사는 대형 상업용 항공기 개발에 관련하여 안전에 대한 염려를 이유로, 기존의 경험 기준의 예방 보전 노력 및 보전 시간을 줄이고자 시도하였다. 그러나 항공 산업의 통계적 연구에 의하면, 정기적 분해 점검 중심인 예방 보전에 따른 신뢰성 및 안전의 개선이 가능한 고장률 형태는 8%에서 23% 범위 이내이며, 그 외의 경우에 정기적 분해 점검에 의한 혜택이 없는 것으로 나타나게 되어 신뢰성 중심 보전이 필요하게 되었다. 신뢰성 중심 보전은 특정 운전 조건 및 환경 내에서 실물 자산의 안전과 비용 효과적 운영을 보장하기 위한 고장 관리 전략을 결정하기 위해 사용하는 논리적, 기술적 절차를 말한다(SAE JA1011). 따라서 신뢰성 중심 보전은 운전(성능) 요구 조건에 대해서 운전 신뢰성과 관련 보전 업무를 최적화하기 위한 체계적인 계획 보전 활동이라고 할 수 있다.

(2) 신뢰성 중심 보전의 특징

신뢰성 중심 보전은 설계 시에 의도된 신뢰성 수준을 갖추도록 하며, 고장에 의해 발생하는 제반 문제점들의 방지 혹은 감소를 도모한다. 신뢰성 중심 보전의 특징은 다음과 같다.

① 대상의 기능·고장 전체를 다루는 구조적으로 완벽한 프로그램이다.
② 운전 조건을 기준으로 건강·안전·환경을 고려하여 위험성을 최소화한다.
③ 반복적 과정으로 지속적 개선을 추구하여 가용성 증대와 비용 절감을 실현한다.
④ 분석을 기반으로 선행 장비 및 기본 활동의 직무 목록을 개발한다.
⑤ 시간·노력·자금 등의 자원 투입 강도가 높다.

신뢰성 중심 보전의 가장 큰 효과는 설비의 고장을 예방하는 것이다. 이를 통해 안전과 환경적 건강을 최대화할 수 있으며, 신뢰성·가용성이 개선되고 정비 프로그램 변화에 대한 문서 기록의 확보가 가능해진다. 또한, 정비 프로그램 및 설비 성능에 대한 지속적 개선의 매개체를 제공한다. 신뢰성 중심 보전은 1960년대 대형 항공기 개발을 위한 항공 산업에서 시작되어, 현재는 높은 신뢰도와 가용도가 필요한 모든 산업에 성공적으로 적용하고 있다.

(3) 신뢰성 중심 보전 적용과 조건

신뢰성 중심 보전 대상 설비의 부품에 대한 다음의 질문에 정확히 대답하는 것이 가장 중요하다.

① 고장이 발생되는 주요 부품은 무엇인가? (이를 파악하기 위하여 고장 모드 영향 해석(FMEA)를 실시한다.)
② 그 부품의 고장 확률은 어느 정도인가?
③ 그 고장 확률을 없앨 최적의 보전 방식은 무엇인가?

신뢰성 중심 보전이 훌륭한 기법이기는 하나 구체적인 실행에는 많은 시간과 자원을 필요로 한다. 따라서 모든 보전 작업에 적용할 수는 없으며, 선택적으로 도입할 필요가 있다.

신뢰성 중심 보전의 필요 여부를 확인하기 위해서는 높은 신뢰성이 요구되고, 많은 보전비가 발생하고 있으며, 조직적·기술적으로 활용할 역량이 되어야만 효과적인 실행이 가능하므로 조건에 따른 한계성을 가지고 있다.

2 FMEA를 이용한 예지 보전의 고장 예측

(1) FMEA(Failure Mode Effect Analysis)

신뢰성 중심 보전에서는 FMEA 등 다양한 방법을 활용하여 과거의 고장뿐 아니라 현재 예방되는 것들, 아직 발생되지 않은 사항들까지 포함하여 모든 가능한 고장들에 대해 검토되어야 한다. 이를 위하여 신뢰성 중심 보전은 그림 4-9와 같이 7단계로 진행된다.

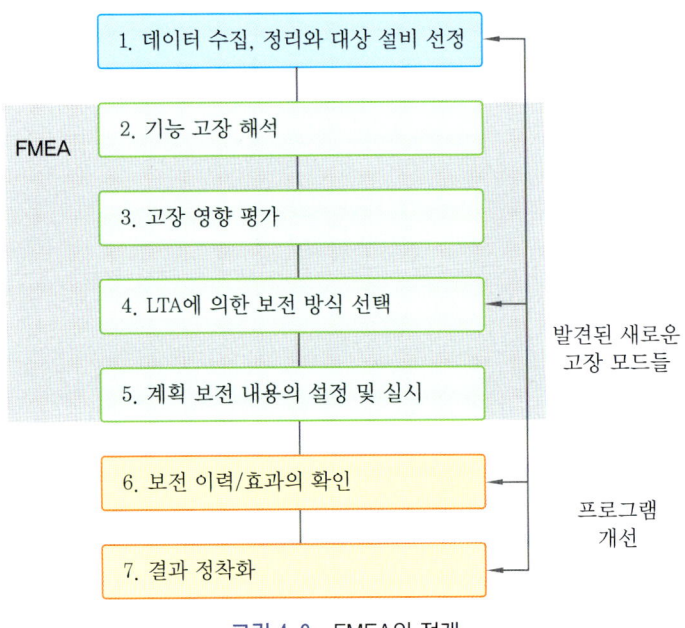

그림 4-9   FMEA의 전개

(2) FMEA 분석의 고장 등급

FMEA(고장 영향 분석)는 신뢰성 중심 보전 활동 대상 설비에서 수집된 데이터에 대한 기능 고장 해석에서부터 계획 보전 항목의 설정에 이르는 과정에서 필수적으로 사용되는 분석 도구이다.

FMEA의 고장 등급 결정은 설계 조건과 고장의 중요성을 대조하면서 정해진 기준에 따라 고장 등급을 매긴다. 고장 등급은 고장이 어떤 영향을 미치는가를 객관적으로 평가하여 등급을 매기는 것으로서 평가 요소에 따라 고장 평점법과 치명도

(致命度) 평가법이 있으나, 대부분 고장 평점법을 많이 사용한다.

다섯 가지 평가 요소(C1~C5)의 전부 또는 2~3개의 평가 요소를 사용하여 고장 평점 Cs를 계산하고, 이에 대응하는 고장 등급을 결정하는 방법이다.

표 4-1 FMEA 고장 등급표

고장 등급	고장 구분	판단 기준	대책 내용
I	치명 고장	업무 수행 불능, 인명 손실	설계 변경 필요
II	중대 고장	업무의 중대한 부분 수행 곤란	설계의 재검토 필요
III	경미 고장	업무의 일부 수행 곤란	개선 활동 필요
IV	미소 고장	영향이 전혀 없음	–

(3) FMEA 분석 사례

다음의 사례는 자동차 스핀들 계통의 변속 장치에 대한 고장 영향 분석을 실시한 것이다. 분석 결과 기어 박스의 기어와 축은 고장 등급이 낮게 예상되는 IV등급이나, 시프트의 솔레노이드가 치명 고장이 예상되는 I 등급으로 나타나 FTA 등의 재분석이 필요한 것으로 분석되었다.

서브 시스템	스핀들 계통	구성품	변속 장치	FMEA 표		작성자		작성일			

조립품	부품명	기능	고장 모드	고장 원인	고장의 영향	점검 방법	기능적 중요도 (C1)	파급 영향 (C2)	발생 빈도 (C3)	예방 가능성 (C4)	고장 평점 (C5)	등급	대책
기어 박스	기어	회전수 변환 동력 전달	마모, 파손	윤활 부족 변속 기어 부딪힘	동력 전달 불량	청각 육안	10	5	1	1	2.66	IV	자주 보전 시 점검
	축	회전력 전달	마모, 파손	마찰, 노후	회전 불량		10	5	1	1	2.66	IV	
Shift	솔레노이드	실린더이동 방향 결정	소손, 마모	절연 파괴, 이물질	Shift 실린더 작동 불능	테스트기, 분해	10	5	10	5	7.07	I	재분석 실시 (FTA)
	실린더	기어 Shift 상하 이동	누유	Packing 마모	기어 변환 불능	육안	5	5					
	리듀싱 밸브	일정 압력 유지	마모, 기능 저하	이물질 스프링장력 약화	Shift 실린더 작동 불능	압력계							

그림 4-10 FMEA 분석표 (사례)

3 설비 보전 및 보정 과정

(1) 설비 보전을 위한 센서 모니터링을 활용한다.

설비 보전을 위해서는 IIOT 센서, Ballbar, Probe를 활용하여 설비를 진단하고 진단된 데이터를 활용하여 보정일을 예측하고, Ballbar Test를 통한 데이터 값을 근거로 설비의 보정을 위한 측정값을 산출한다. 그리고 Ballbar, 센서 진단일 이력 관리를 통하여 향후 진단 일정 관리 및 설비 보정일 분석을 실시한다.

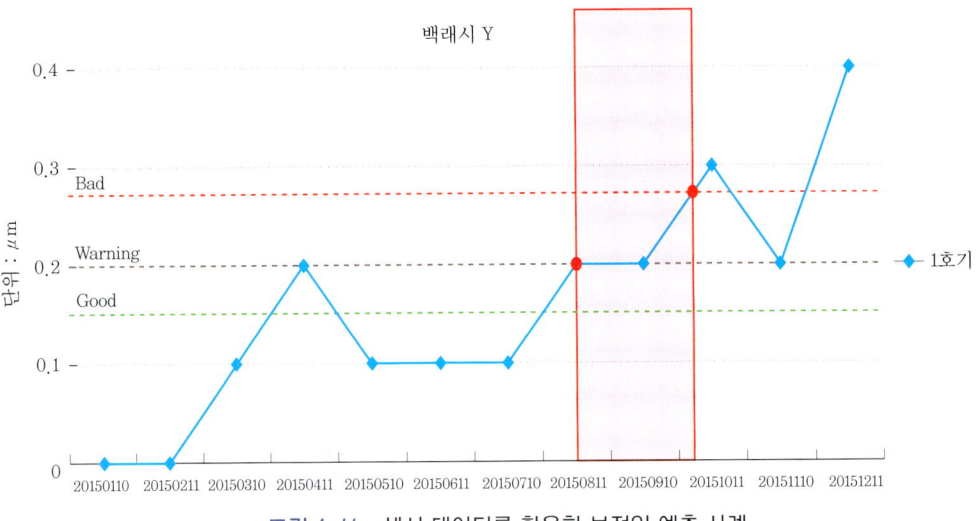

그림 4-11 센서 데이터를 활용한 보정일 예측 사례

(2) 최적의 설비 보전 계획 수립하기

① 시설 관리·검색(대장 관리)을 실시한다.

설비 정보(설비 이름, 형식, 제조업체, 도입 연도 등)뿐만 아니라, 시설에 관련된 책자, 설명서, 설계 정보, 예비품, 소모품 등도 보관해야 한다.

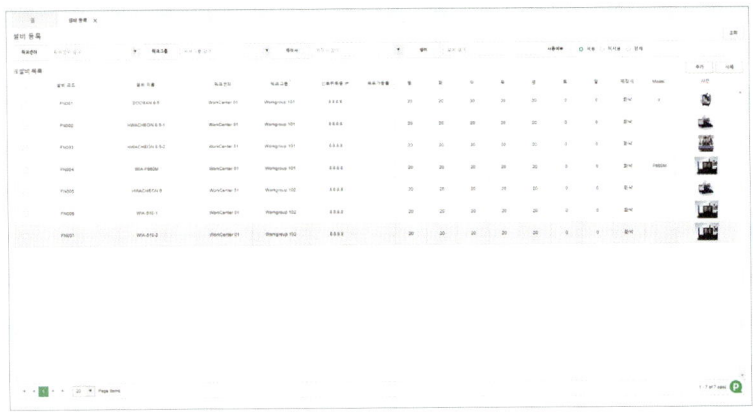

1. CAP Prediction과 설비 예지 보전

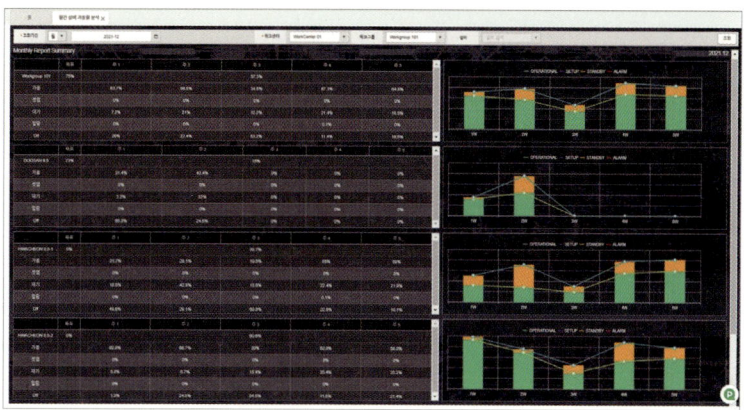

그림 4-12 설비 정보 및 대장 관리

또한, 보전 계획과 보전 내용도 함께 표시함으로써 설비에 관한 모든 정보를 설비 대장에서 확인할 수 있게 하여야 한다. 보관된 설비 정보는 중앙 시스템에서 관리되는 계층과 분류 코드에서 쉽게 검색할 수 있어야 한다.

② **보전 계획을 수립한다.**

설비 점검 및 부품 교체 주기, 점검 시에 궁금했던 시설의 상태(문제점) 등으로 시설별로 필요한 정보를 추출하여 보전 계획을 만들어야 한다.

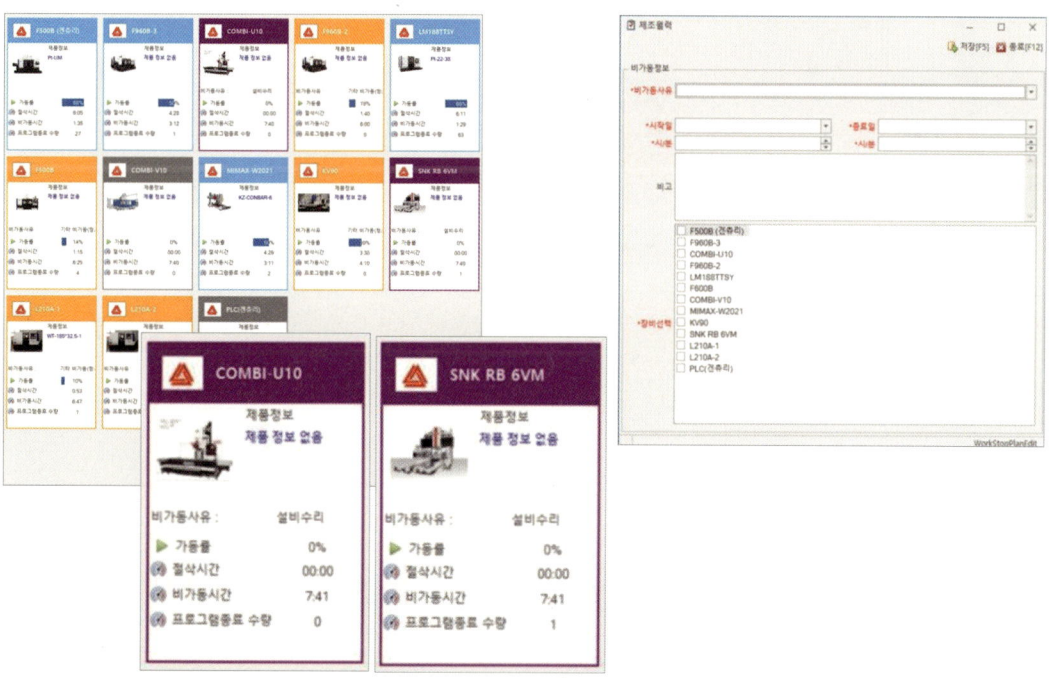

그림 4-13 시설별 정보 추출 및 보전 계획

③ 보전 활동을 실시한다.

작성한 보전 계획에 따라 일상 점검 및 유지 보수 등의 보전 활동을 실시하며 기록을 확인한다.

④ 결과를 분석하기

실시한 보전 결과를 검색 표시하여야 한다. 또한, 설비의 점검 데이터와 측정 정보를 시계열로 참조하여 그래프로 표시하여 최신 설비 상태를 파악할 수 있도록 해야 한다. 결과 데이터를 기초로 경향 분석하는 것으로 보전 계획의 재검토와 최적화에 도움이 되도록 해야 한다.

⑤ 예방 보전을 실시하기

보전이 일상적으로 발생하는 설비 문제와 설비 보전 시의 현안 사항 등을 등록하고 관리를 해야 한다. 등록된 정보는 보전 계획 및 작업 관리도 연계되어 해당 누출을 방지하게 하며, 작업 시 부품 교환 실적을 등록하고 관리하도록 만들어야 한다.

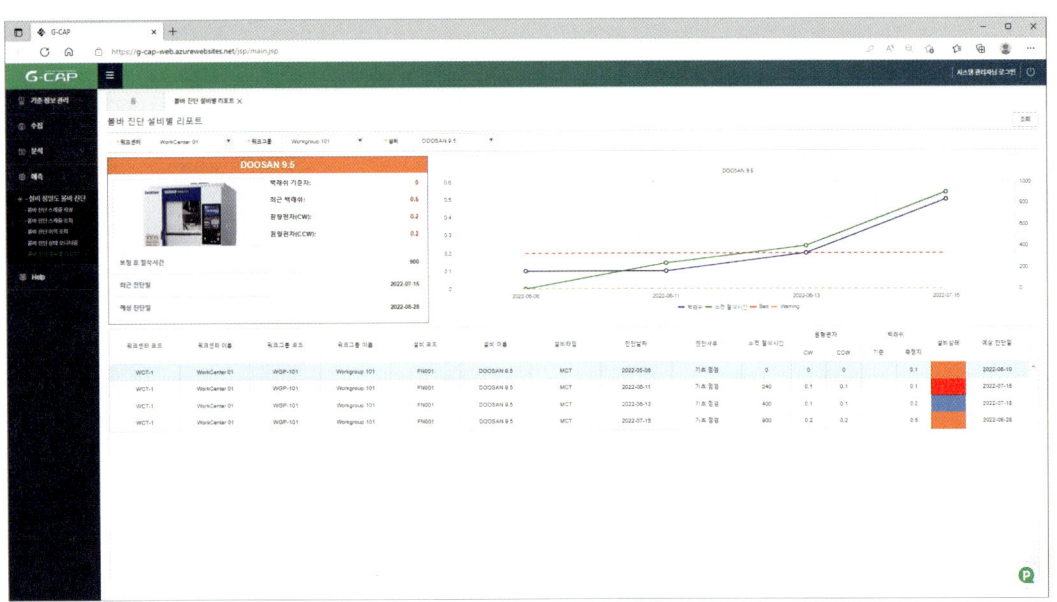

그림 4-14　설비 상태 참조

또한, 장비 상태 분석 내용을 근거로 한 진단 일정 관리가 가능한 것인지 설비 상태(원형도, 직각도 등) 측정 및 진단 이력 정보 관리가 가능한지를 파악하여 관리해야 한다.

1-3 설비 진단 관리하기

1 진단 항목 선택과 범위 선정하기

설비에 내장된 센서 등으로 측정된 파라미터의 변화로, 검출된 기계 내부의 주요한 변화 데이터 분석을 통하여 점검이 행해지게 되므로, 설비 진단 기술에 의해 설비의 상태를 관측하여 특성값을 도출하고 그 진단 결과에 따라 진단 항목과 범위를 선정하고 진단 주기를 설정할 수 있다.

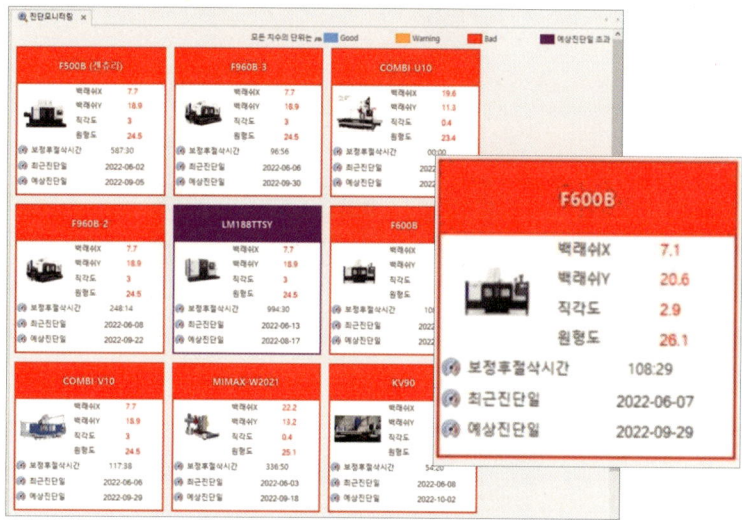

그림 4-15 진단 항목과 측정 범위 사례

그림 4-15는 해당 설비에 대한 진단 항목과 범위를 선정한 사례로, 설비의 특성에 맞는 백래시의 기준치, 최근의 백래시, 원형 편차 등의 진단 항목을 선정하고, 이에 따른 측정 범위를 선정하여 실시간으로 설비를 진단할 수 있으며, 그 진단 항목과 측정값을 기준으로 예상 진단일이나 확정 보정일을 예측할 수 있다.

2 설비 점검표 작성 항목 선정하기

① 현장에서 운영되는 설비 제조처의 설비 점검표를 참조하여 스마트 설비 관리 도입 운영이 가능한 사례들을 선정 및 확정한다.
② 설비 고장 방지 및 효율화 활동과 설비 관리 부서에서 운영되는 설비 보전 관리 사례도 참조한다.

③ 선정된 사례에서 설비 보전 관리 현황과 고장 등의 문제점을 파악하고, 상호 관련성을 파악한다.
④ 설비별 진단 진행 관리 및 설비 진단 결과를 근거로 설비 예측 점검의 가능성 등에 대한 점검 항목을 검토하고 확정한다.

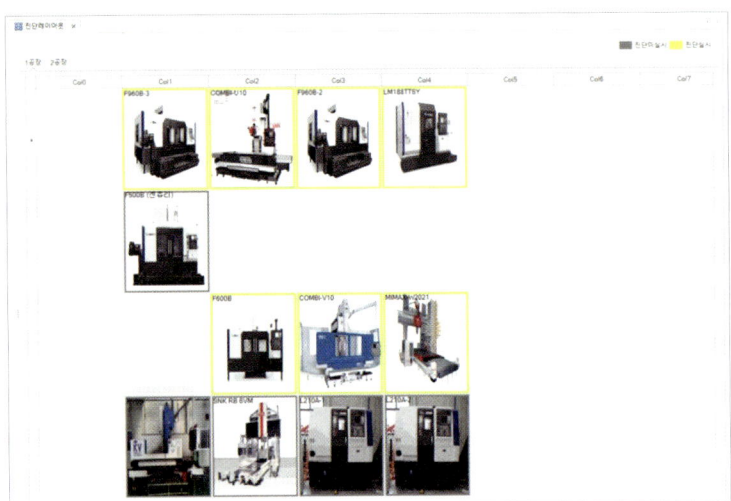

그림 4-16 설비별 점검표

3 설비의 진단 항목 설정

설비의 진단 범위 설정에서 가장 주의를 요하는 회전 기계의 이상 진동에 대한 이상 예지 방법을 사례로 들면 다음과 같다.

① 목적은 무엇이며, 무엇을 대상으로 하는가를 명확히 한다. 고장을 예지하는 것인가, 불량을 예지하는 것인가를 명확히 한다(검사 단위가 유닛 단위인가, 부품 단위로 조사하는가 등).
② 이들의 성능 열화 상태는 알 수 있는가를 관찰한다(유닛이나 부품의 마모가 시간과 더불어 점증형(점점 커짐)이 되고 있는가).
③ 파라미터로 생각할 수 있는 것은 무엇인가를 파악한다. 열화의 형태로부터 최적 파라미터를 선정한다. 만약 이상 진동이라면 변위인가, 속도인가, 가속도인가?
④ 파라미터의 측정 방법은 어떤 것인가, 어떤 기기로 무엇을 측정하는가를 검토한다. 예를 들어 이상 진동이라면 주파수를 측정하는 것이 일반적이다.
⑤ 정기적으로 측정한다.
⑥ 파라미터와 기능 열화의 상관은 있는가를 파악하고, 파라미터의 변화와 기능 열화 정도의 상관관계를 측정 결과를 보며 조사한다.

⑦ 잠정 기준(경계값, Threshold)을 설정한다. 열화 정도를 추정하여 잠정 한계 기준값을 설정한다.
⑧ 현물을 분해 조사하여 상관관계를 실증한다. 잠정 기준을 벗어난 것을 분해 조사하고 상태를 체크한다. 데이터를 누적시키면서 파라미터와 성능 열화의 상관관계를 입증한다.
⑨ 경향 관리 시스템을 구축한다. 미래를 위해 퍼스컴을 사용한 경향 관리 시스템 등을 만든다.
⑩ 선정된 설비 점검표 항목을 정리하고 진단 기준값에 따라 측정을 한다.

표 4-2 설비 판정의 사례

측정 파라미터	이상의 종류	내용의 예
변위	변위량 또는 움직임 그 자체가 문제가 되는 이상	공작 기계의 진동 현상 회전축의 요동
속도	진동 에너지나 피로도가 문제가 되는 이상	회전 기계의 진동
가속도	충격력 등과 같이 힘의 크기가 문제가 되는 이상	베어링의 흠집 진동 기어의 흠집 진동

4 진단 항목 비교 진단 및 진단 이력 관리

설비 점검은 점검의 효율화를 위한 설비 진단 기기 활용으로 설비의 이상을 사전 감지하여 고장으로 인한 손실을 피하기 위한 것이다. 즉, 계획적으로 잠재적 고장을 검사하고, 계획 보전을 구현하기 위한 기본 활동이다. 따라서 효율적인 점검을 위해서는 반드시 필요하다고 볼 수 있다.

(1) 기준값 측정을 위한 진단 기기의 필요성

점검 지시를 받고 점검 시 점검 대상 설비의 이상 가동에 대한 감시 결과를 우선적으로 확인해 보는 것이 필요하다. 진단 기기가 중요하게 취급되는 이유는 다음과 같다.

① 오감으로는 대형 고속 기계의 진단이 어렵다.
② 사람의 점검은 계수화 및 정량화와 데이터 축적의 한계이다.
③ 점검자의 기능 차에 의한 정도의 격차가 발생한다.
④ 설비의 대형화·복잡화에 따른 점검 개소가 증대한다.
⑤ 인력의 노령화 및 우수 인력 확보가 어려워진다.

(2) 기준값 측정을 위한 진단 기기 활용 사례

진단 기기를 통한 측정 결과는 정량적으로 나타내어야 객관적인 판단이 가능하다. 그림 4-17은 설비의 스핀들에 로드미터 이상 감지 시스템을 이용하여 설비별 스핀들에 대한 부하량을 측정하여 이상 감지를 방지하는 시스템 활용 사례를 보여주고 있다.

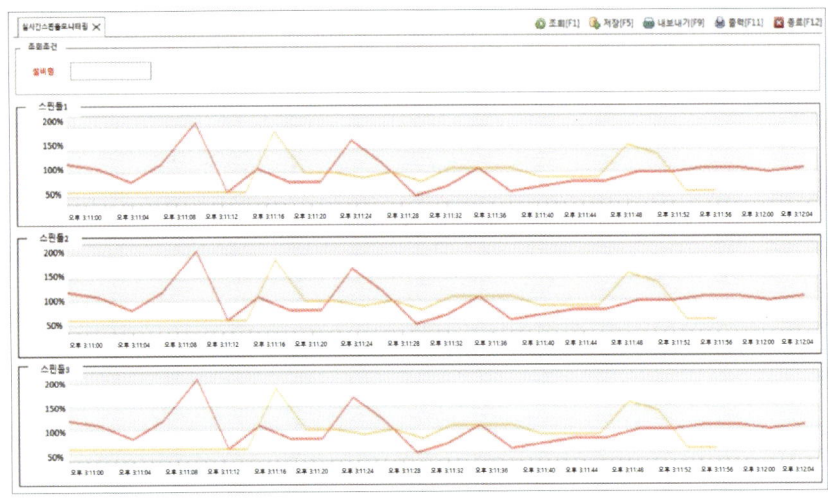

그림 4-17 스핀들 로드미터 이상 감지 시스템을 이용한 활용 사례

5 기준값 이상 징후 발견 시 조치 요령

(1) 조치 요령

설비 진단에서의 이상 징후도 이미 초기 고장 상태이기 쉽다. 그러나 초기 고장 상태라 하더라도 보수 준비를 위한 약간의 시간은 벌 수 있다.

표 4-3 이상 징후 발견 시 조치 요령

구분	주요 이상 징후	조치하기	
		단기 대책	장기 대책
체결 요소	이완(풀림), 안 풀림, 파손, 부식 및 변형 등	조임, 풀림 확인용 마킹 설치	풀림 방지 장치 재점검 및 적정 토크값 재확인, 측정
기계 요소	중심 어긋남, 변형, 이상 마모, 부식, 파손	조정 또는 교체, 윤활, 조임	• 수명 파악으로 예방 보전 실시 및 재질 개선
구동 요소	늘어짐, 진동, 소음, 이상 마모, 변형, 누유	윤활	• 강도 증대로 수명 증대
전달 요소			• 정밀도 향상 및 설비 진단 실시

단기 대책은 당장 설비를 가동하기 위한 임시 대책이고, 장기 대책은 향후 재발이 되지 않도록 하는 근본적인 대책을 말한다. 조치 요령을 좀 더 자세히 알아보면 표 4-3과 같다.

(2) 이상 징후에 대한 보고와 체크, 기록

정기 점검에서 이상 징후에 대한 조치는 관련 부서와 협의 후 보고서 작성 또는 정기 점검 체크 시트에 새로운 사항을 기재한 후, 즉시 또는 차기 보수 시 보수 작업이 이루어져야 한다. 중요한 것은 더 나빠지지는 않는가, 공정에 지장을 주지는 않는가에 대해 이상 상태를 지속적으로 확인하는 일이다. 또 이상 상태를 3현 주의에 의거 점검 체크 시트에 체크하는 것도 중요하다.

6 정비 계획의 수립

설비는 장시간 사용함에 따라 열이나 오염, 오손, 진동, 변형, 부식 등에 의한 피로 현상, 즉 열화가 나타나게 된다. 이에 따라 정비 계획을 수립하여야 하는데 정기 점검·보수는 일반적으로 설비를 정지시켜 놓고 개방 점검 또는 부품 교환을 하게 되므로 보전 작업 중 가장 규모가 크고 많은 시간과 비용, 인력이 소요되는 업무이다. 따라서 생산 정지 시간의 최소화와 경제적인 보수를 위해 최대한 효율화를 도모할 필요가 있다.

(1) 정기 점검·검사 활동 준비

정기 점검·검사 대상을 명확히 하고, 열화 발견이 가능한 설비, 부위 또는 부품을 선정한다. 주로 계획 보전 대상 설비 가운데서 다음에 해당되는 설비를 정기 점검·보수의 대상으로 한다.

① 정기 점검을 법으로 규제하고 있는 법정 검사 설비
② 경험을 통해 보전 주기가 확립되어 있는 설비
③ 공정에서의 기능의 중요성으로 반드시 정기 점검이 필요한 설비
④ 구성 부품의 수명 때문에 교체 주기가 확립된 설비
⑤ 열교환기 등이 물질 부착으로 성능 열화 시기를 알 수 있는 설비
⑥ 중요 기기로 운전 중에 이상 예지, 점검을 할 수 없는 설비

(2) 정기 점검·검사 기준의 작성

① 점검·검사 담당 부서와 담당자 선정

② 점검·검사 항목(세부적인 장소, 위치 포함) 선정
③ 점검·검사 개소 (설비, 부위, 부품 등) 선정
④ 점검·검사 주기 및 시기(주기 및 운전 중, 정지 중) 선정
⑤ 점검·검사 방법(수단, 공기구 및 측정 기기 포함) 선정
⑥ 점검·검사 판정 기준과 조치 내용 선정

(3) 정기 점검·검사 계획 수립
① 점검·검사 항목 및 소요 공수 산정
② 연간 점검·검사 실시 계획 수립
③ 분·반기·월간 점검·검사 실시 계획 수립

(4) 정기 점검 체크 시트의 준비
① 정기 점검·검사 체크 시트 작성
② 점검 검사용 측정 도구, 기기, 보조물 등 준비

(5) 정기 점검의 정착화
① 보전 계획에 의거 점검·검사 실시(안전 확보 및 위험 예지 훈련)
② 점검·검사 실시 이력 관리
③ 점검·검사 등 효율 관리(장비, 도구, 방법의 개선)

1-4 진단 이력에 따른 설비 점검 방법

1 효과적인 정기 점검을 위한 준비

정기 점검은 정기 보수와 연계되어 실시된다. 따라서 정기 점검의 가장 큰 목적은 설비의 상태를 정확하게 판단하여 언제, 어느 부위를 어떻게 보수해야 할 것인지에 대한 최적 안을 결정할 수 있도록 하는 것이다. 이를 위해 정기 점검 작업에 필요한 숙련된 인력과 설비 진단 기기 등과 같은 공·기구 등을 빠짐없이 준비해야 하며, 안전에도 유의해야 한다.

(1) 정기 점검에 필요한 인력
일반적으로 설비의 특성이나 중요도 등에 따라 다소 차이는 있으나, 약 3년 이상

의 근무 경험과 간이 진단기를 취급할 수 있고, 점검 보고서를 작성할 수 있는 보수 담당자가 담당하는 것이 적당하다.

설비보전기사·기능사 등의 국가 자격의 취득을 권장하거나, 전문 교육 기관에서 계획 보전 및 설비 진단 등과 관련된 교육을 이수하게 하는 것도 인력 준비에 큰 도움이 된다.

실제 현장은 인력 부족으로 점검과 보수의 구분 없이 필요한 대로 누구나 점검 또는 보수 업무를 담당하는 경우도 있으나, 전문가를 위주로 정확하게 점검하는 것이 정기 점검의 생명이므로 가능한 한 구분하여 전문성을 지속적으로 발전시켜 나가는 것이 바람직하다.

(2) 정기 점검에 필요한 공·기구 준비

정기 점검 중 정밀 점검도 포함되는 경우가 많다. 따라서 이에 필요한 공·기구류도 같이 준비하는 것이 필요하다. 기계를 세워 놓고 점검 중 공·기구를 찾아 돌아다니거나, 공·기구가 없어 점검이 소홀해지는 상황이 발생되면 안 된다. 따라서 점검에 앞서 필요한 공·기구류를 확보해 두거나, 평소 사용하던 것이라도 상태를 다시 한번 점검해 두는 것이 반드시 필요하다. 그러나 설비의 규모나 특성에 따라 다를 수 있으므로 회사의 사정에 맞게 준비해야 하며, 공·기구 대장을 만들어 활용하는 것도 필요하다.

2 정기·정밀 점검 기준서 준비

정기 점검의 준비 중 가장 중요한 것은 정기 점검의 표준이 되는 정기 점검 기준서와 이를 실제 실시하는 내용인 체크 시트를 작성하는 것이다.

(1) 정기·정밀 점검 기준서의 작성 요령

정기·정밀 점검 기준서는 아주 많은 종류가 있다. 원래 해당 설비에 대해 제조사에서 정해 주거나, 법규 등에서 정해 놓은 점검 기준과 체크 시트 등이 있다면 그대로 표준화하여 지켜야 하나, 기본은 다음 사항을 준수하는 것이 바람직하다.

① 정기·정밀 점검 대상 설비에 대해 모두 작성한다. 기준서의 경우 같은 설비는 묶어서 작성하지만, 체크 시트는 점검한 설비에 대해 개별적으로 작성하게 된다.
② 점검 결과는 모두 정량적이거나 판단이 가능한 형태로 표현해야 한다.
③ 기재 사항은 일반적으로 **표 4-4**에 의한다.

표 4-4 정기 점검 기준서, 체크 시트 기재 표준

구분	기준서	체크 시트
공통 항목	그림(레이아웃), 점검 부위, 점검 항목, 주기, 점검 방법, 판정 기준, 결재	
개별 항목	설비 등록 번호 대책, 점검 담당 부서(운전, 보전)	일자, 문제점, 보전 대책

(2) 정기 · 정밀 점검 기준서 작성 (예)

① 정기 · 정밀 점검 기준서

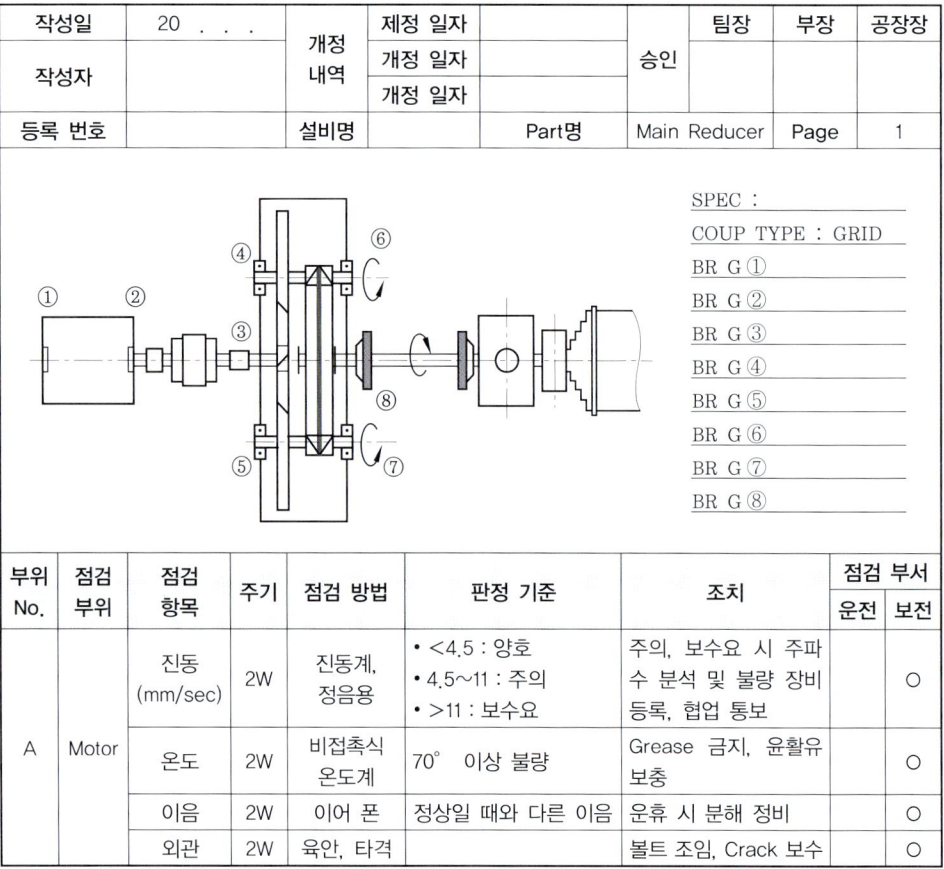

그림 4-18 정밀 점검 기준서

② 정기 · 정밀 점검 체크 시트

체크 시트 점검 결과 중요한 문제에 대해서는 별도의 보고서가 작성되어야 한다. 일단 점검 시 **그림 4-19**와 같이 체크 시트 아래에 문제점과 보전 대책(안)을 수립하여 관련 부서와 협의한다.

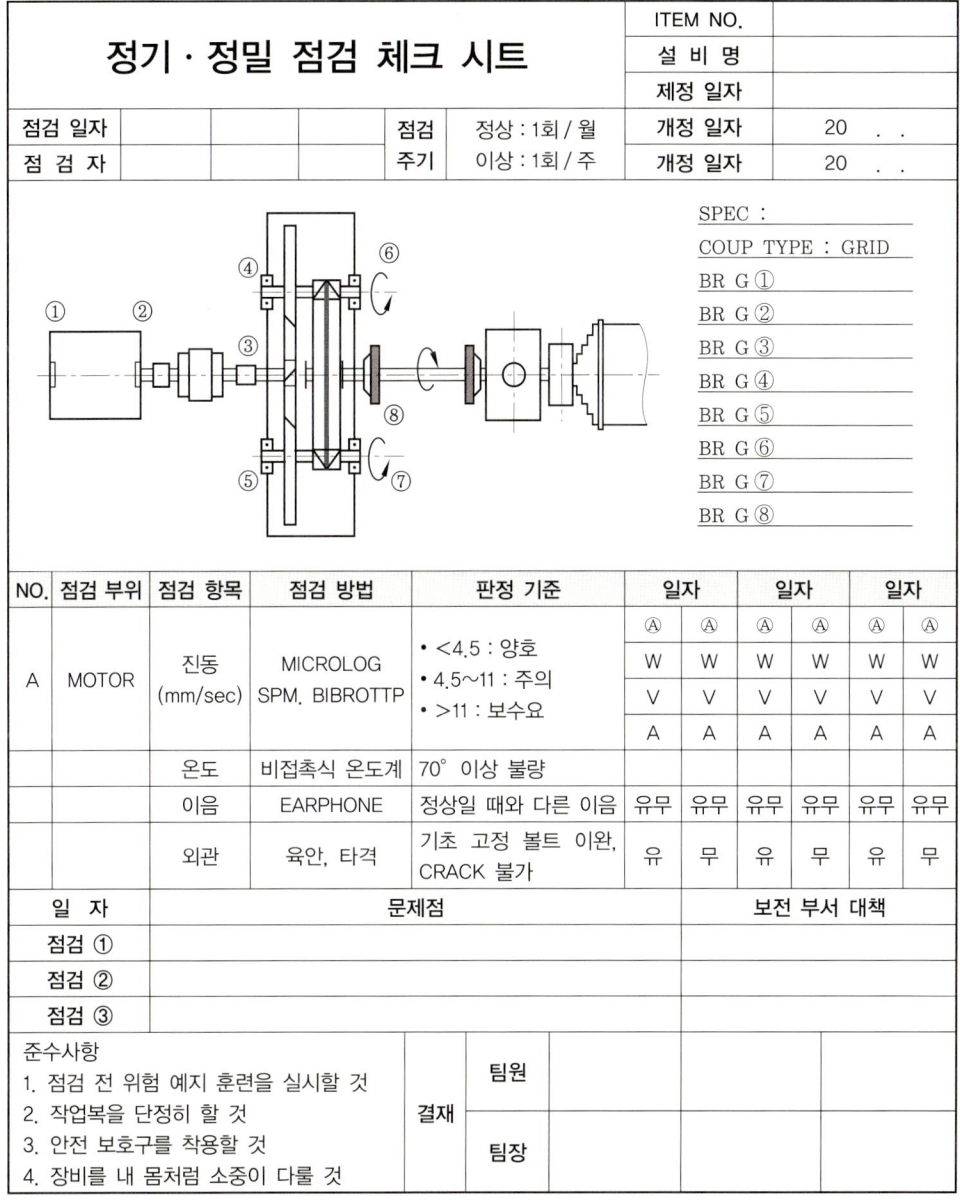

그림 4-19 정밀 점검 체크 시트

2. CAP의 Prediction 모듈

2-1 CAP의 Prediction의 개요

1 Prediction 모듈의 개요

① CAP의 Prediction 기능은 설비별 진단 및 설비 예방 보존 활동을 통계적으로 예측하고, 수명 주기 관리로 설비의 효율적인 운영을 하기 위한 것이다.
② 진단과 예측의 데이터를 지표로 장비나 시설의 돌발적 비가동 상태를 사전에 대응 조치하여 생산성 저하를 방지하고, 궁극적으로 납기 준수와 생산 품질 향상을 도모하는 데 그 목적이 있다.
③ Prediction 기능은 설비 상태에 따른 진단 주기 예측으로 정비 일정을 설정하고, 시뮬레이션할 수 있으며, 이에 따르는 장비 상태 예측과 소모품 예측이 가능하다.
④ Prediction은 Sensor, Ballbar, Probe, Blutooth, PLC를 활용한 예방적 진단과 IIot 센서, Ballbar, Probe를 이용한 설비 진단을 이용하여 측정값에 대한 오차를 사전에 진단하고 예방적 조치를 수행할 수 있도록 하는 통계적 예측 기능이다.

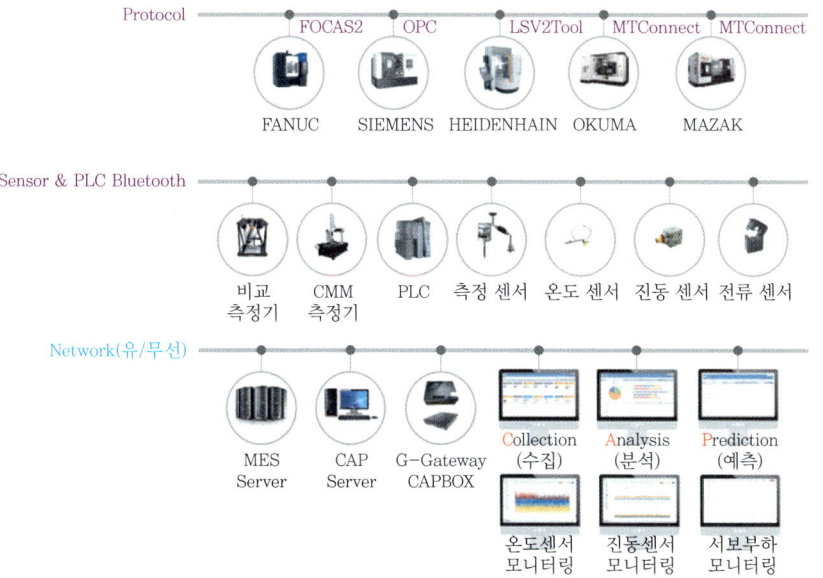

그림 4-20 Prediction에 사용되는 IIoT

2 Prediction 모듈의 기능

① **공정 시뮬레이션** : 생산 공정 최적화 시뮬레이션
② **설비 정도 모니터링** : Leveling, 주축 진직도, 흔들림, 축 이송, 직각도, 스핀들, 클램핑 압력 등의 모니터링
③ **센서 모니터링** : 온도, 진동, 전류, 변위, 서보 부하, Ballbar, Probedp에 의한 모니터링
④ **진단 등록 조회** : Ballbar 및 Sensor 진단일, 이력 관리
⑤ **진단 일정 관리** : 진단 일정 관리, 설비 보정일 분석

2-2 Prediction 모듈의 구성

Prediction 모듈의 구성은 **그림 4-21**과 같다.

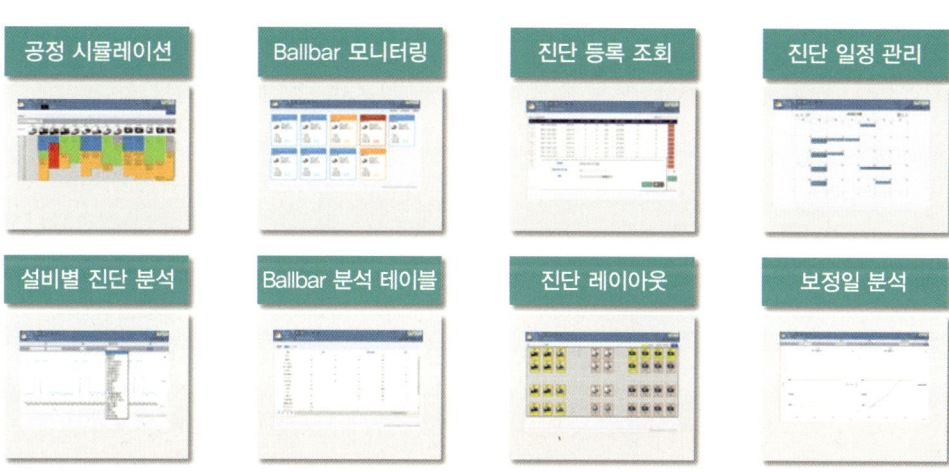

그림 4-21　Prediction의 모듈 구성

1 공정 시뮬레이션

CAP Prediction 모듈의 공정 시뮬레이션은 ST 분석을 통한 설비별 일정을 고려해 보기 위한 시뮬레이션으로 장비별 진단 상태를 나타내 주는 것이며, 기간별 직관적인 일정 조율이 가능하여야 한다.

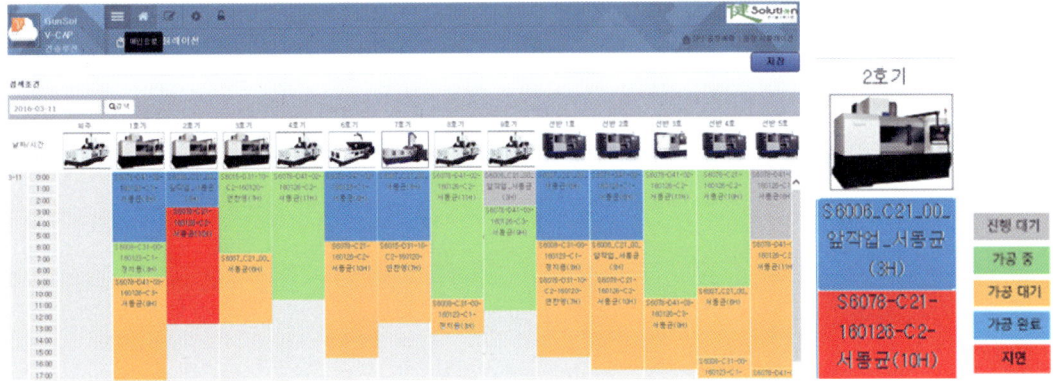

그림 4-22 공정 시뮬레이션

공정 시뮬레이션은 진단 모니터링 기능을 사용하여 생산 설비·현장 시스템의 데이터 통합에 따른 공정 진행의 상황을 실시간 가시화하여 인력에 의한 조립 공정의 작업 시간을 가시화하고 Line Balancing을 실현하도록 지원한다.

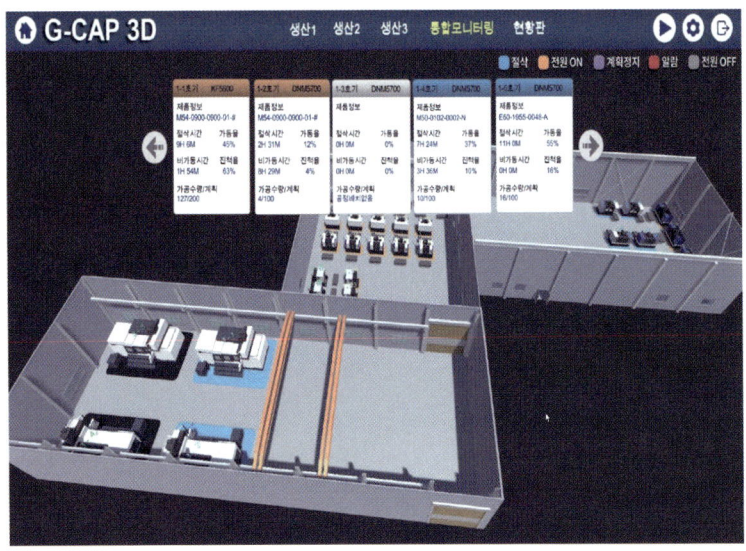

그림 4-23 설비 정도 모니터링

2 Ballbar 모니터링

CAP Prediction 모듈의 Ballbar 모니터링은 CAP에서만 가능한 기능으로 **그림 4-24**와 같이 RENISHAW 사의 Ballbar를 활용하여 예방적 진단을 하는 것이다.

그림 4-24 Ballbar를 이용한 진단 Test

그림 4-25는 Ballbar로 Test한 측정 데이터를 모니터링할 수 있도록 보여주는 것으로, Ballbar로 Test를 실시한 설비 상태를 분석하고, 설비의 진단 주기 예측을 컬러로 표시하여 가시성을 좋게 한 것이다.

① **파란색** : 요구하는 정밀도를 만족하는 장비
② **노란색** : 현재 주의를 해야 하는 장비
③ **빨간색** : 정밀도를 벗어난 장비

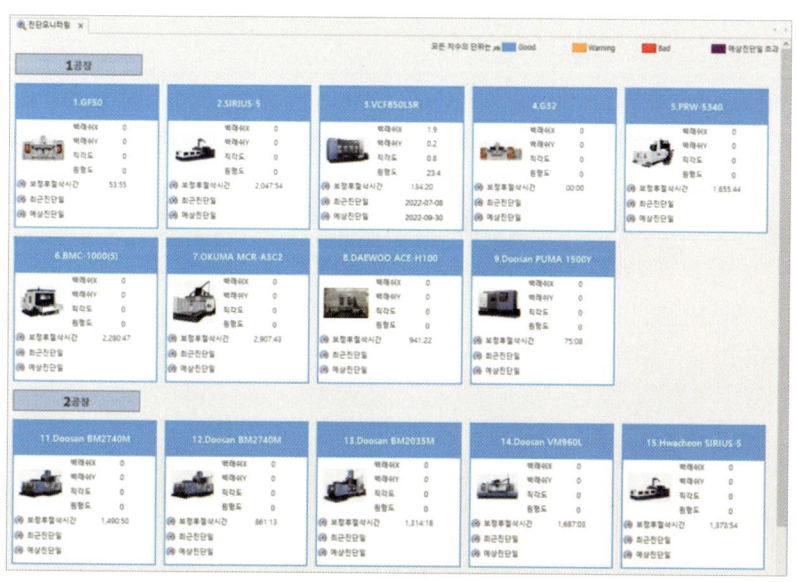

그림 4-25 Ballbar 측정 데이터 모니터링

3 진단 등록 조회

설비별 진단을 통하여 통계적 설비의 상태 예측 관리가 가능해지며, 진단 사항을 조회할 수 있도록 하는 기능이다.

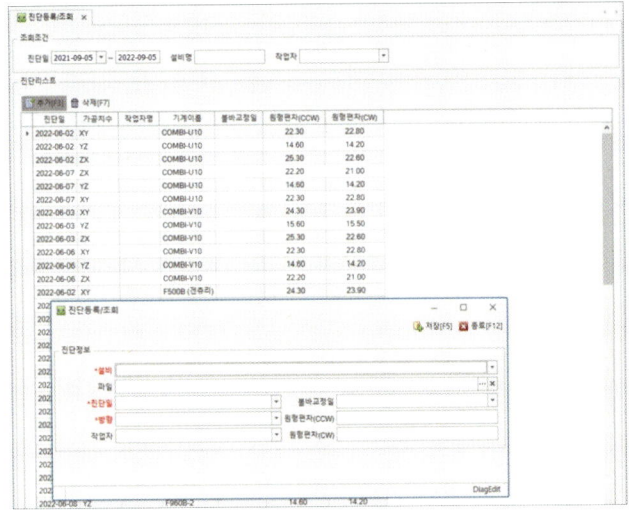

그림 4-26

4 설비별 진단 분석

설비별 진단 분석은 설비 진단 결과를 근거로 설비 점검 진단 예측이 가능한가를 핵심 사항으로 분석하는 것이다.

그림 4-27

그림 4-27에서 왼쪽 진단 결과를 보고 오른쪽 검정색 일정으로 점검하면, 적색 선 범위는 정밀도를 보장할 수 없는 범위를 나타내고 있는 것으로, 적색 선을 넘지 않는 범위에서 장비를 유지하여야 정밀도를 유지할 수 있다.

5 설비별 진단 분석 및 Ballbar 분석 테이블

설비별 진단 분석 및 테이블은 그림 4-28과 같이 진단 그래프를 분석하는 것이다. 설비별 객관적인 진단 수치 관리를 위하여 그래프를 수치로 나타낸 것이며, 그림 4-29는 테이블로 작성된 것이다.

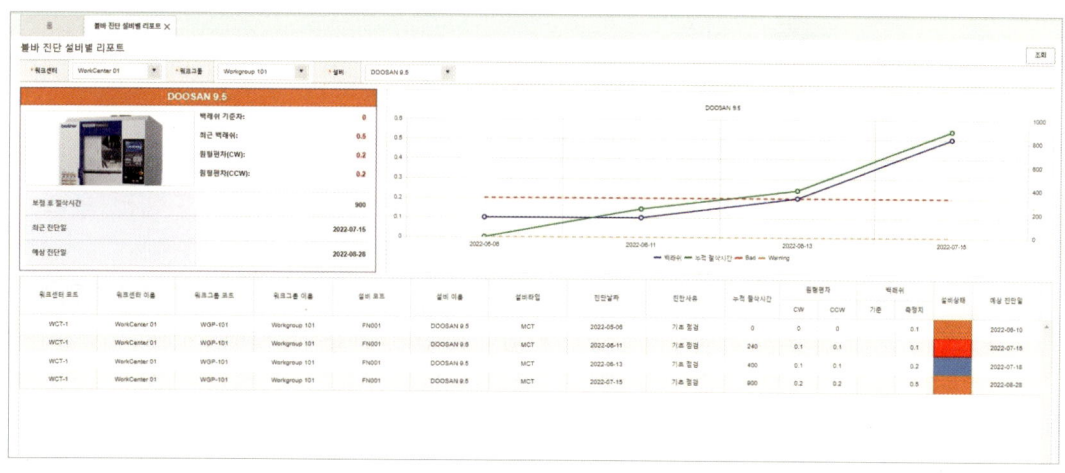

그림 4-28 백래시 진단 그래프

그림 4-29 백래시 진단 결과 값

6 진단 레이아웃

진단 레이아웃은 보정일 분석과 기능을 합쳐서 주로 활용한다. 이 기능은 레이아웃 기능과 Ballbar 모니터링 기능을 나타내는 것이다. 그림 4-30은 노란색과 회색으로 설비별 진단 진행 관리 및 체계적인 일정 관리를 하고 있는 사례를 나타내었다.

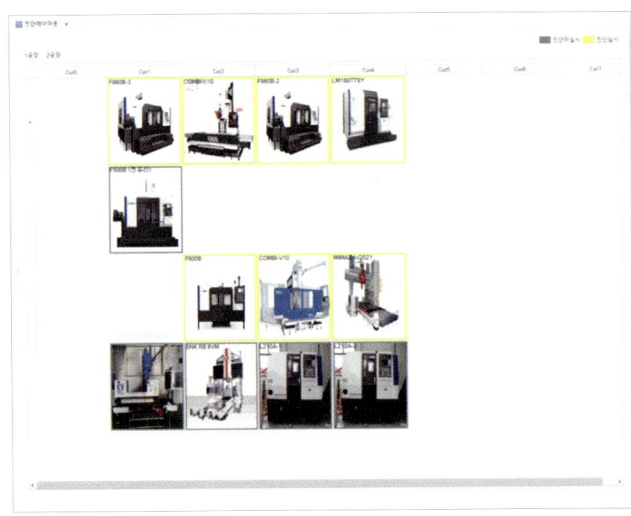

- 회색 : 진단하지 않은 장비
- 노란색 : 진단을 마친 장비

그림 4-30 진단 레이아웃

7 보정일 분석

보정일 분석은 그림 4-31과 같이 설비 진단 일자별 직각도/백래시/직진도/원형도에 대한 상태 분석 관리가 가능한가를 전체 일정표에 작성한다.

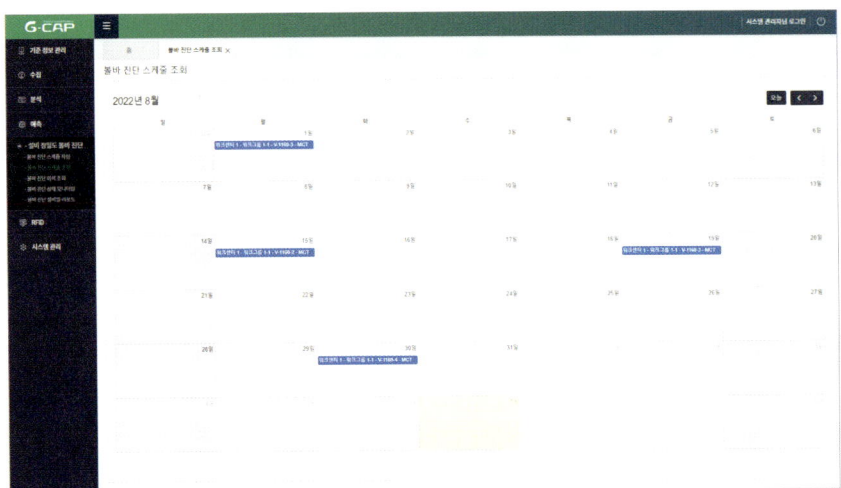

그림 4-31 진단 일정표

제 5 장

G-CAP 4.0 관리자 매뉴얼

1. G-CAP 4.0 상세 메뉴 구성
2. G-CAP 4.0 매뉴얼

G-CAP 4.0 관리자 매뉴얼

1. G-CAP 4.0 상세 메뉴 구성

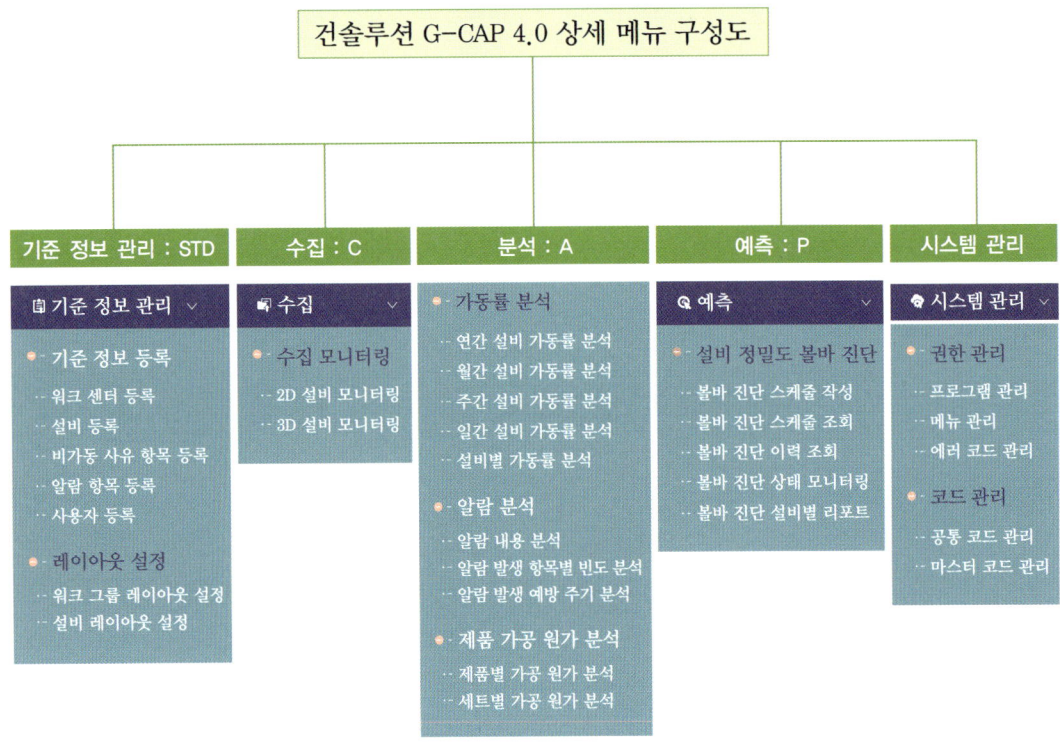

메뉴 구성 수정 권고

수집 내용에 리포트 메뉴가 포함되어 있어 분석 의미에 해당된다. 따라서 분석의 메뉴로 이동하고, 설비 가동률을 분석한다. 타임 관점, 설비 관점으로 분리한다.

- 분석 타임 : 일간, 주간, 월간, 연간
- 분석 설비 관점 : 단위 설비 주간

대분류	로그인	중분류	로그인	소분류	
화면목적	사용자 로그인 화면			ID(메뉴/화면)	

설명

G-CAP 로그인 화면이다.
① ID를 입력한다.
② PW를 입력한다.

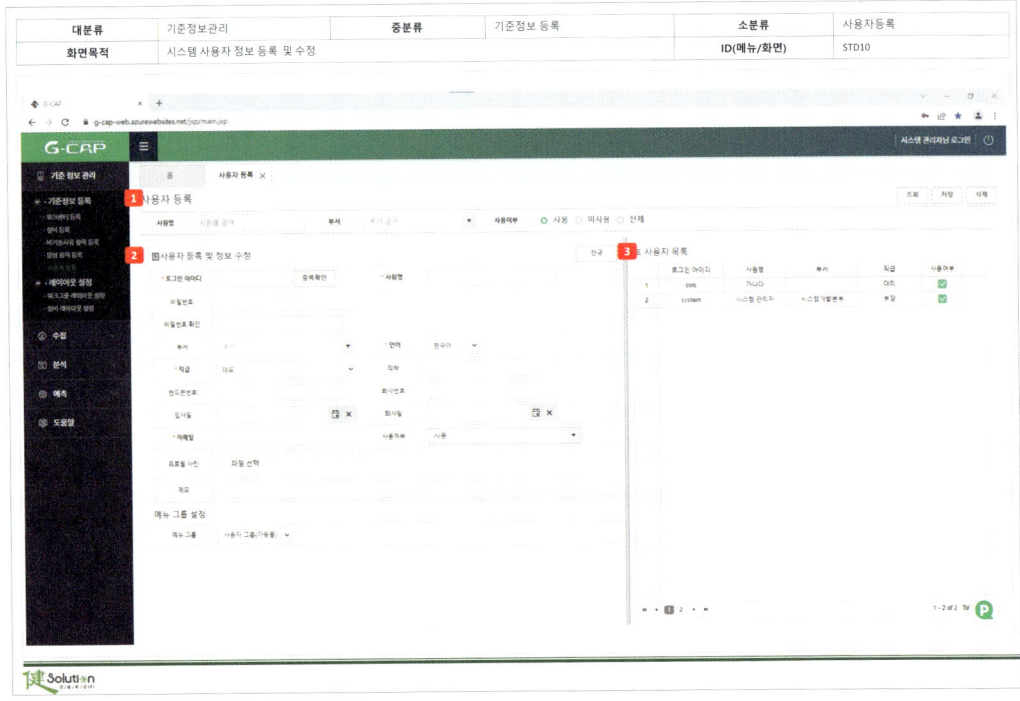

기능 설명

1 조회 조건
- 사원명 : 직접 입력(자동 완성 기능)
- 부서 : 해당 부서 선택
- 사용, 미사용 선택

2 사용자 등록
- 로그인 ID : 직접 입력(영문, 숫자만 사용 가능)
- 사원명 : 직접 입력(한/영문만 사용 가능)
- 회사명 : 마스터 코드에 등록된 정보 노출
- 부서, S/W 기술자 등급
- 직급 : 셀렉트 박스에서 선택
- 직책 : 직접 입력
- 핸드폰번호
- 회사번호 : 직접 입력(숫자만 사용 가능)
- E-mail : 직접 입력(이메일 형식으로 입력되지 않았을 경우에는 저장 불가)
- 입사일, 퇴사일 : 직접 입력 또는 달력 선택(YYYY-MM-DD 형식으로 노출)
- 사용 여부 선택 (시스템 사용 권한 부여)

- 메모 : 직접 입력
- 메뉴 그룹 : 시스템 관리 권한 선택

3 1번의 내용이 표시 된다.

> **참고**
> - 사용자 최초 등록 시 비밀번호 초기 설정은 "gsol7447!"
> - 비밀번호 변경은 영문, 숫자, 특수문자 포함하여 8자 이상으로 설정
> - 중복 확인 알림창 기능
> - 최초 등록 시에만 ID 등록 가능(아이디 수정 불가)

대분류	기준정보관리	중분류	기준정보 등록	소분류	설비 등록
화면목적	설비 등록 및 관리			ID(메뉴/화면)	STD10

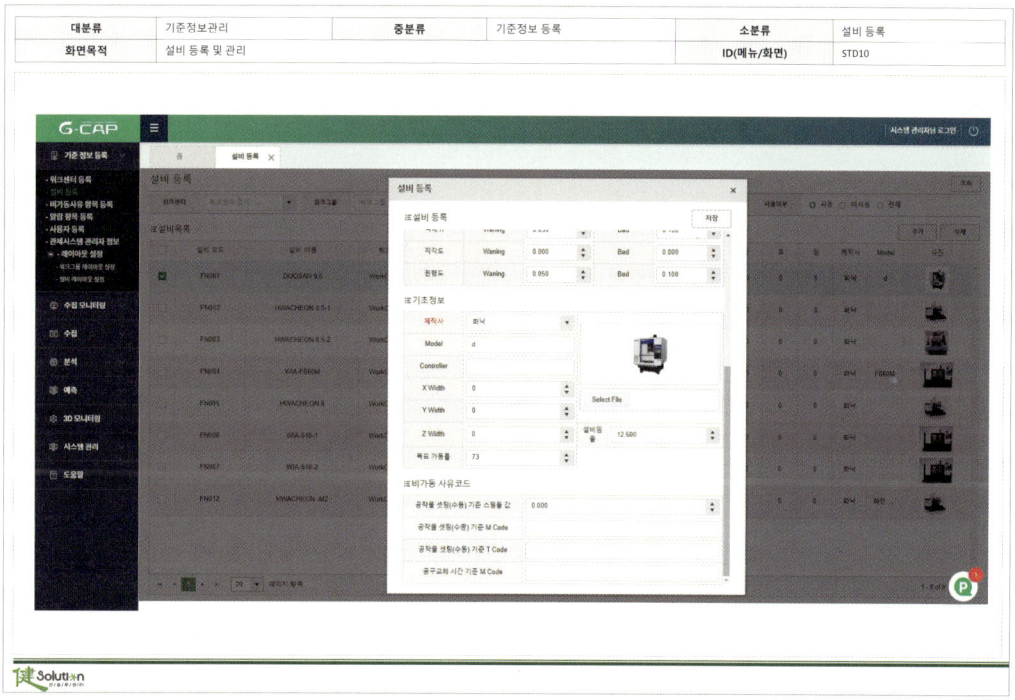

기능 설명

1 조회 조건
- 사원명 : 직접 입력(자동 완성 기능)
- 부서 : 해당 부서 선택
- 사용, 미사용 선택

2 1번의 내용이 표시된다.

3 사용자 등록

- 로그인 ID : 직접 입력(영문, 숫자만 사용 가능)
- 사원명 : 직접 입력(한/영문만 사용 가능)
- 회사명 : 마스터 코드에 등록된 정보 노출
- 부서, S/W 기술자 등급
- 직급 : 셀렉트 박스에서 선택
- 직책 : 직접 입력
- 핸드폰번호
- 회사번호 : 직접 입력(숫자만 사용 가능)
- E-mail : 직접 입력(이메일 형식으로 입력되지 않았을 경우에는 저장 불가)
- 입사일, 퇴사일 : 직접 입력 또는 달력 선택(YYYY-MM-DD 형식으로 노출)
- 사용 여부 선택(시스템 사용 권한 부여)
- 메모 : 직접 입력
- 메뉴 그룹 : 시스템 관리 권한 선택

> **참고**
> - 사용자 최초 등록 시 비밀번호 초기 설정은 "gsol7447!"
> - 비밀번호 변경은 영문, 숫자, 특수문자 포함하여 8자 이상으로 설정
> - 중복 확인 알림창 기능
> - 최초 등록 시에만 ID 등록 가능(아이디 수정 불가)

2. G-CAP 4.0 매뉴얼

1 모니터링 > 2D 모니터링

대분류	수집		중분류	수집설비모니터링	소분류	2D 설비모니터링
화면목적	선택된 그룹별 / 장비별 실시간 상태, 가동이력, 작업 정보를 표시				화면활용	C010

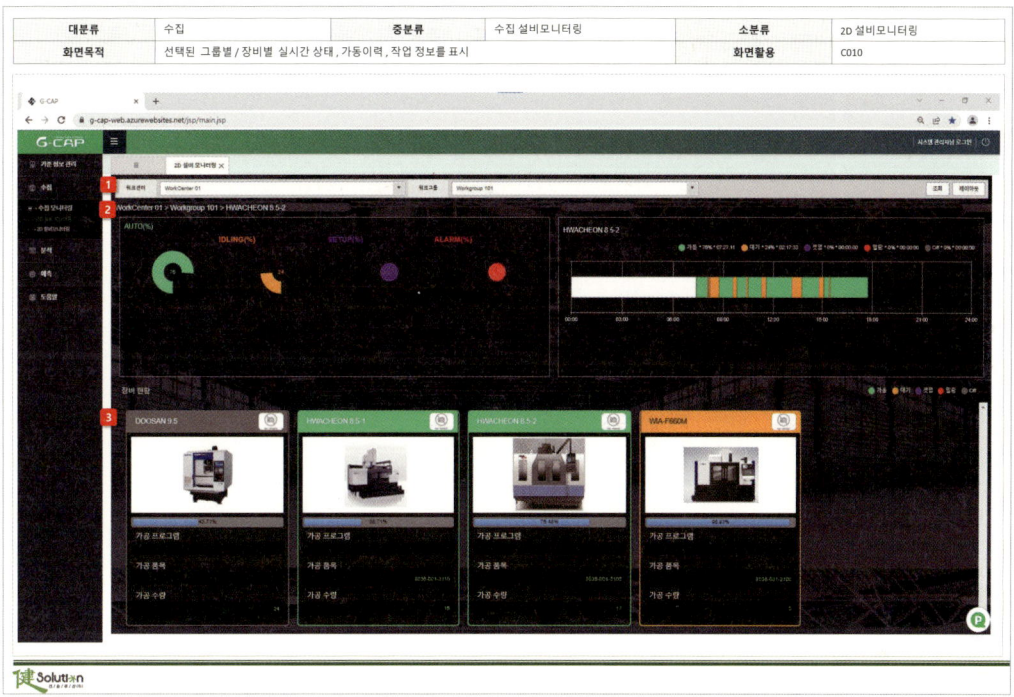

기능 설명

1 • 워크 센터 선택
  • 워크 그룹 선택

2 ① WORK-CENTER 및 GROUP 선택
  ② 설비 효율, 가동률
  • OEE인 경우
    ① AVA(시간 가동률) ② PER(성능 가동률) ③ OPR(조업 가동률)

3 설비 작업 정보 표시
  ① 색상 : 가동 상태 표현
  ② 가공 품목
  ③ 가공 수량

대분류	분석	중분류	가동률 분석	소분류	연간 설비 가동률 분석
화면목적	연간 설비 종합 효율 분석 리포트			화면활용	

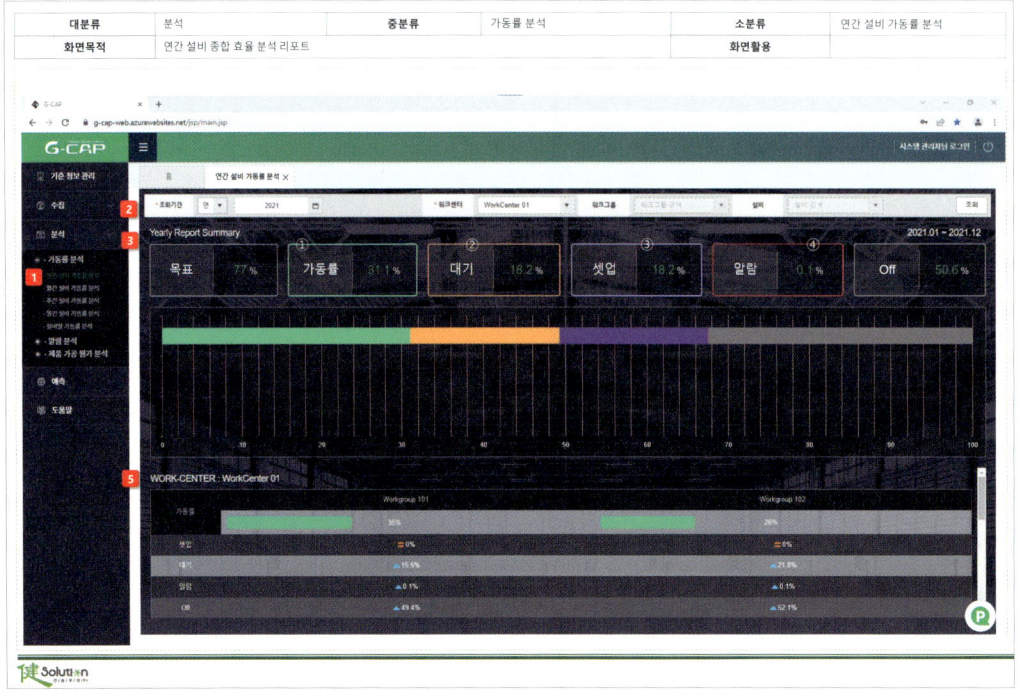

기능 설명

1 메뉴 : 설비 가동률 리포트를 선택했을 경우

2 리포트 조회 설정

　• 조회 기간 설정 : 연/월만 콤보 창 노출

　① WORK-CENTER만 활성화

　② WORK-GROUP & Machine 비활성화

3 목표 설정값 : 사용자 입력값

　① 가동 = $\dfrac{\text{절삭 가공 시간}}{\text{근무 시간}} \times 100\%$

　② 대기 = $\dfrac{\text{정지(M30) 시간}}{\text{근무 시간}} \times 100\%$

　③ 셋업 = $\dfrac{\text{정지 시간} - (②+④+⑤)}{\text{근무 시간}} \times 100\%$

　④ 알람 = $\dfrac{\text{알람 정지 시간}}{\text{근무 시간}} \times 100\%$

　⑤ OFF = $\dfrac{\text{OFF 시간}}{\text{근무 시간}} \times 100\%$

　• 각 집계 내용 막대 그래프 표시

4 WORK-CENTER : NAME 출력
- Group-1 … 그룹 등록 수만큼 생성

5 WORK-GROUP : NAME 출력
① 각 설비명 출력 : 설비 수량만큼 생성
② OEE, ③ 셋업, ④ 대기, ⑤ 알람, ⑥ OFF 기록
WORK-GROUP 수량만큼 테이블 생성

대분류	수집		중분류	가동률 분석		소분류	월간 설비 가동률 분석
화면목적	월간 설비 가동률 분석 리포트					화면활용	

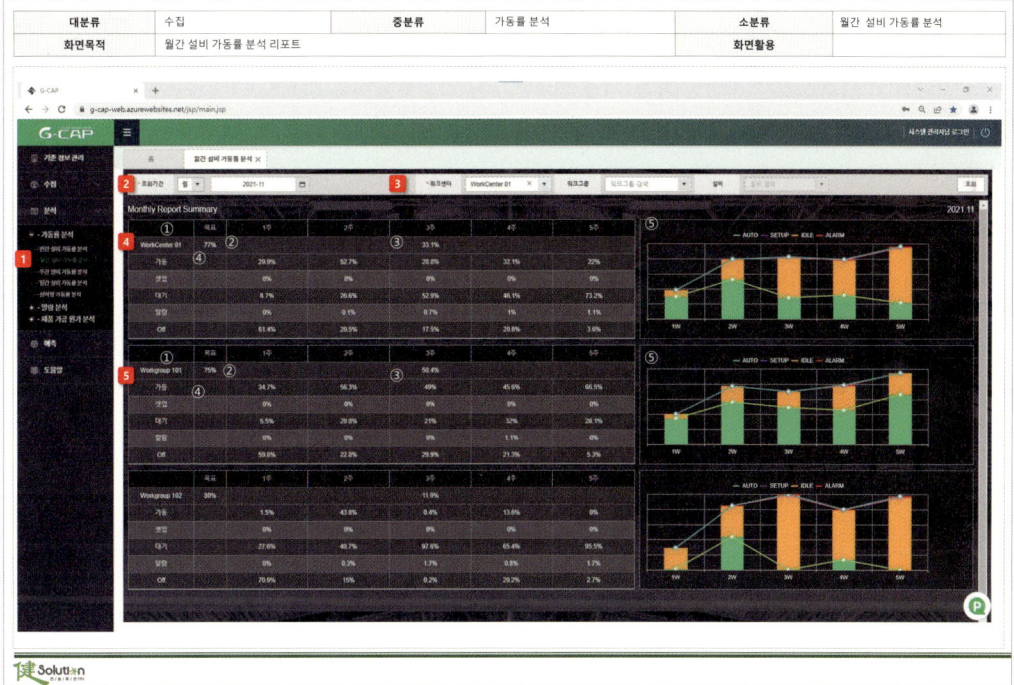

기능 설명

1 메뉴 : 월간 설비 가동률 리포트를 선택했을 경우

2 리포트 조회 설정

월간 리포트 조회는 WORK-CENTER, GROUP만 조회 가능
① WORK-CENTER 조회 : 포함된 가공 그룹 전체
② WORK-GROUP 조회 : 지정 가공 그룹만 조회 가능

3 월간 리포트 조회는 WORK-CENTER, GROUP만 조회 가능

4 ① 이름 설정
- WORK-CENTER 조회만 워크 센터 이름
- WORK-CENTER+GROUP일 때 GROUP 이름

② ①번의 목표값 : 사용자 입력값
③ ①번의 하위 그룹 가동률 평균값 : 1주~5주 평균
④ 해당 월 1주~5주 차까지 항목별 평균값
- WORK-CENTER : 그룹별 각 항목 평균값
- WORK-GROUP : 그룹 내 설비별 각 항목 평균값
⑤ 설비 가동률 인자 추이 곡선 그래프 출력
- ④번 항목 가동률 집계 정보를 이용

5 ① 이름 설정 : WORK-CENTER+GROUP일 때 GROUP 이름
② ①번의 목표값 : 사용자 입력값
③ ①번의 하위 그룹 가동률 평균값 : 1주~5주 평균
④ 해당 월 1주~5주 차까지 항목별 평균값
- ①번의 하위 그룹 평균 항목별 평균값
⑤ 설비 가동률 인자 추이 곡선 그래프 출력
- ④번 항목 가동률 집계 정보를 이용

※ 월별 주차 구분
- 매월 1일 포함된 주를 1주 차 표현
- 매월 30, 31일 포함된 주를 마지막 주 차로 표현

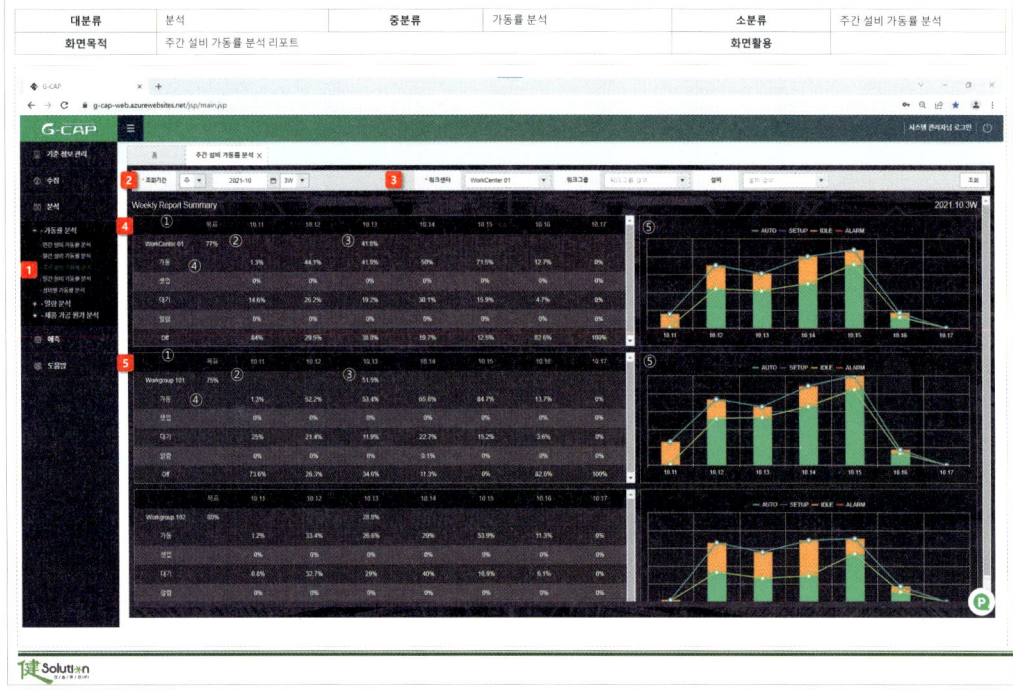

기능 설명

1 메뉴 : 월간 설비 가동률 리포트를 선택했을 경우

2 리포트 조회 설정

    월간 리포트 조회는 WORK-CENTER, GROUP만 조회 가능

    ① WORK-CENTER 조회 : 포함된 가공 그룹 전체

    ② WORK-GROUP 조회 : 지정 가공 그룹만 조회 가능

3 월간 리포트 조회는 WORK-CENTER, GROUP만 조회 가능

4 ① 이름 설정
- WORK-CENTER 조회만 워크 센터 이름
- WORK-CENTER+GROUP일 때 GROUP 이름

  ② ①번의 목표값 : 사용자 입력값

  ③ ①번의 하위 그룹 가동률 평균값 : 1주~5주 평균

  ④ 해당 월 1주~5주 차까지 항목별 평균값
- WORK-CENTER : 그룹별 각 항목 평균값
- WORK-GROUP : 그룹 내 설비별 각 항목 평균값

  ⑤ 설비 가동률 인자 추이 곡선 그래프 출력
- ④번 항목 가동률 집계 정보를 이용

5 ① 이름 설정
- WORK-CENTER+GROUP일 때 GROUP 이름

  ② ①번의 목표값 : 사용자 입력값

  ③ ①번의 하위 그룹 가동률 평균값 : 1주~5주 평균

  ④ 해당 월 1주~5주 차까지 항목별 평균값
- ①번의 하위 그룹 평균 항목별 평균값

  ⑤ 설비 가동률 인자 추이 곡선 그래프 출력
- ④번 항목 가동률 집계 정보를 이용

  ※ 월별 주차 구분
- 매월 1일 포함된 주를 1주 차 표현
- 매월 30, 31일 포함된 주를 마지막 주 차로 표현

대분류	분석	중분류	가동률 분석	소분류	일일 설비 가동률 리포트
화면목적	시간별 (24시간) 일일 설비 가동률 분석			화면활용	

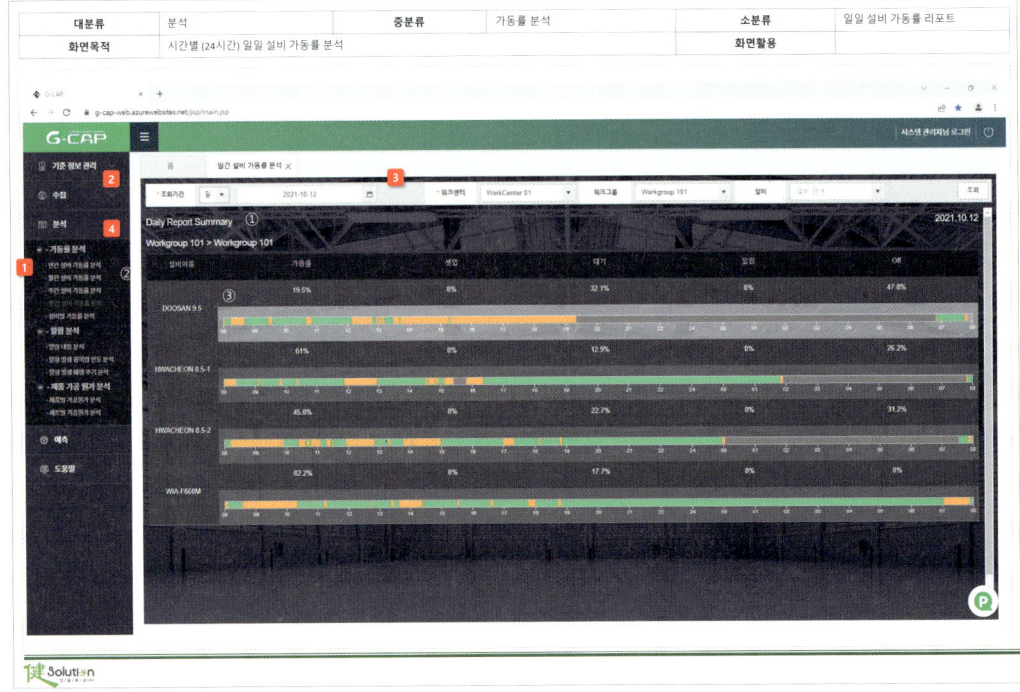

기능 설명

1 메뉴 : 일일 설비 가동률 리포트를 선택

2 조회 기간 설정

　① 일 Tap을 선택

　② 해당 날짜 선택

3 워크 그룹 선택

　① 워크 센터 선택

　② 워크 그룹 선택

　설비는 비활성화 된다.

4 ① 선택된 워크 그룹이 디스플레이 된다.

　② 선택된 워크 그룹의 설비명이 디스플레이 된다.

　③ 시간별 일일 가동률 표시

2. G-CAP 4.0 매뉴얼

대분류	분석	중분류	가동률 분석	소분류	설비 별 가동률 분석
화면목적	요일별 (24시간) 주간 설비 가동률 분석			화면활용	

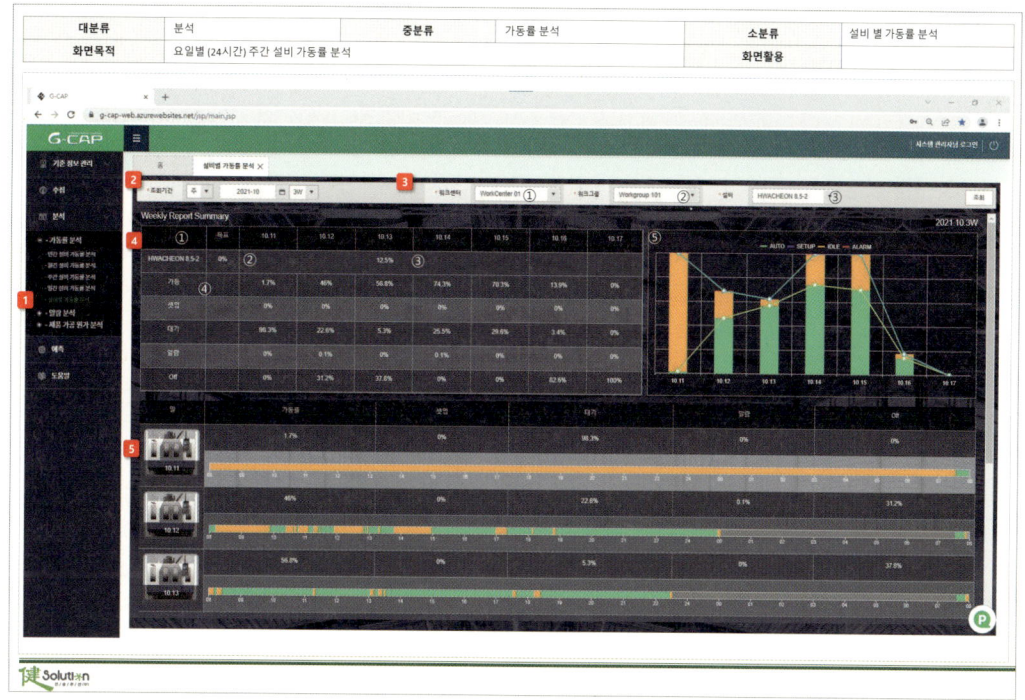

기능 설명

1 메뉴 : 단위 설비 주간 가동률 리포트를 선택

2 조회 기간 설정

3 설비 선택 방법

　① 워크 센터 선택

　② 워크 그룹 선택

　③ 설비를 선택하면

　4번 영역에 디스플레이 된다.

4 ① **3**번의 값이 디스플레이 된다.

　② 가동률 목표 설정값 : 사용자 입력

　③ 가동률의 주간 평균값

　④ 요일별 가동 항목 평균값

　⑤ 요일별 주간 설비 가동 그래프

5 해당 설비의 요일별 주간 가동률

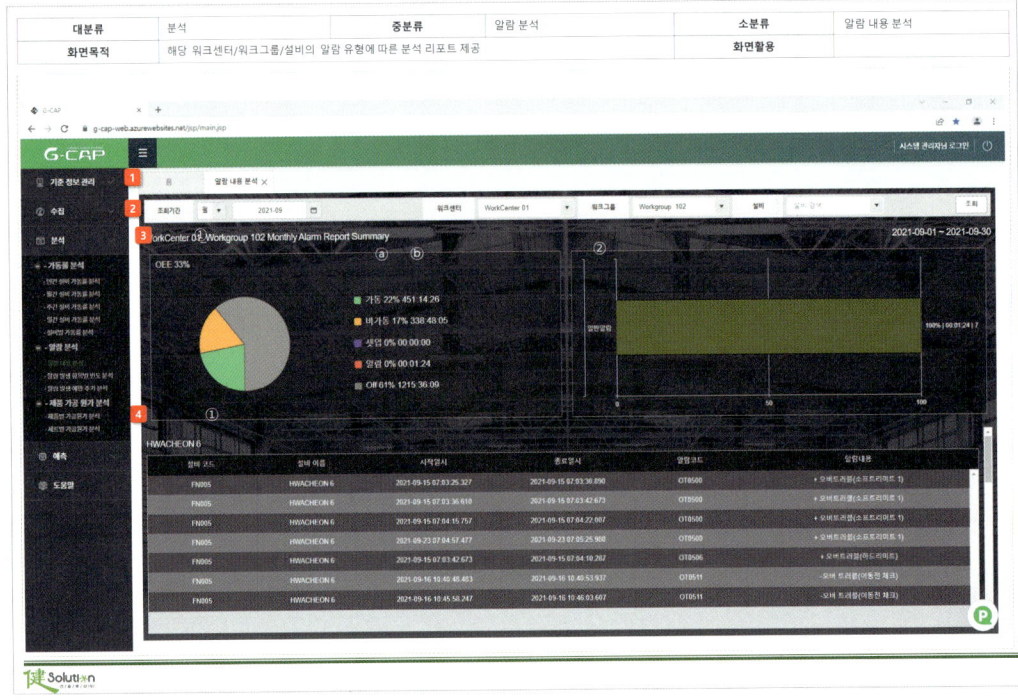

대분류	분석	중분류	알람 분석	소분류	알람 내용 분석
화면목적	해당 워크센터/워크그룹/설비의 알람 유형에 따른 분석 리포트 제공			화면활용	

기능 설명

메뉴 : 알람 내용 분석 리포트를 선택

메뉴 > 기준 정보 관리 > 메뉴 그룹 설정에서

    시스템 관리자 그룹(가동률)

    시스템 관리자 그룹(OEE)

    사용자 그룹(가동률)

    사용자 그룹(OEE)

    사용자 그룹 OEE 선택

1 ① 조회 기간 설정

    일 : Daily, 주 : Weekly, 월 : Monthly, 연 : Yearly

② 워크 센터 선택

    워크 그룹 선택

    설비 선택

2 **1**번의 선택 항목이 디스플레이 된다.

    [예시] 워크 센터 1_Weekly Alarm Report

        워크 센터 1_워크 그룹 1 Weekly Alarm …

워크 센터 1_워크 그룹 1_설비 1 Weekly Alarm …

3 ① 원형 그래프 : OEE 인자별 분석
  • ⓐ OEE 인자 : 가동, 정지, 셋업, 알람, OFF
  • ⓑ OEE 인자별 시간
 ② 알람 유형(% – 시간 – 건수)
  • 일반 알람 : 예 작업자 조작 미숙
  • 유지 보수 알람 : 예 윤활유 부족
  • 중대 알람 : 예 주축 충돌
4 선택 대상의 알람 이력 표시

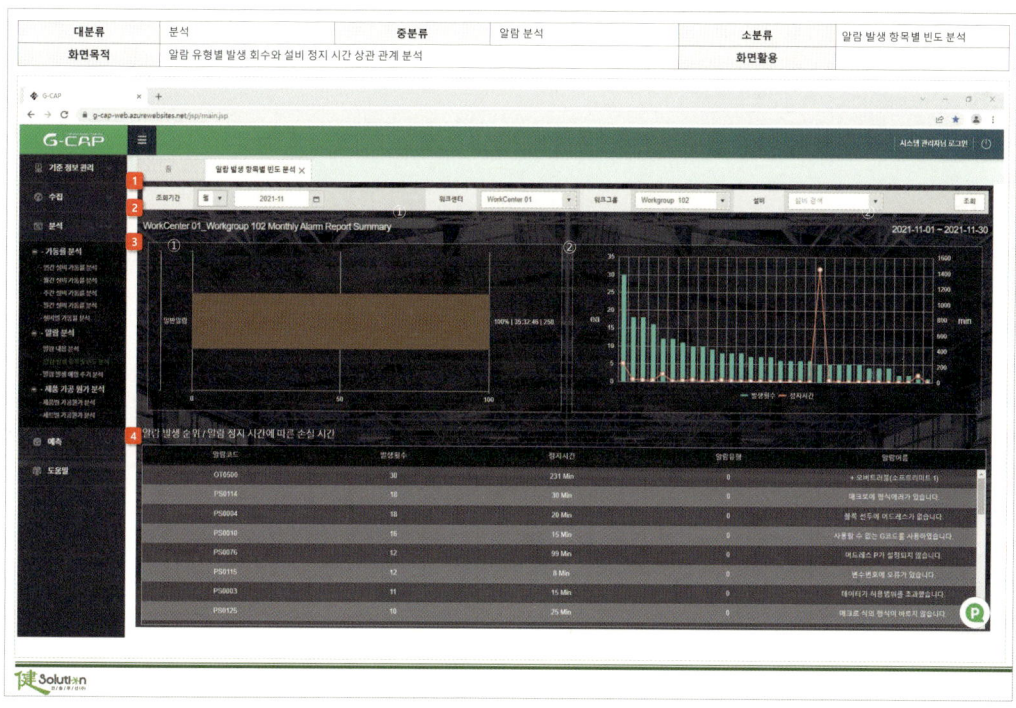

기능 설명

1 리포트 조회 설정

  WORK-CENTER, WORK-GROUP, Machine

2 ① 조회 기간 설정

   일 : Daily, 주 : Weekly, 월 : Monthly, 연 : Yearly

  ② 워크 센터 선택

   워크 그룹 선택

3 조회 기간 내
　① 알람 유형(% – 시간 – 건수)
　　• 일반 알람 : 예 작업자 조작 미숙
　　• 유지 보수 알람 : 예 윤활유 부족
　　• 중대 알람 : 예 주축 충돌
　② 알람 유형별 : 발생 횟수 – 정지 시간 상관 관계
4 알람 발생 순위 / 알람 정지 시간에 따른 손실 시간 표시

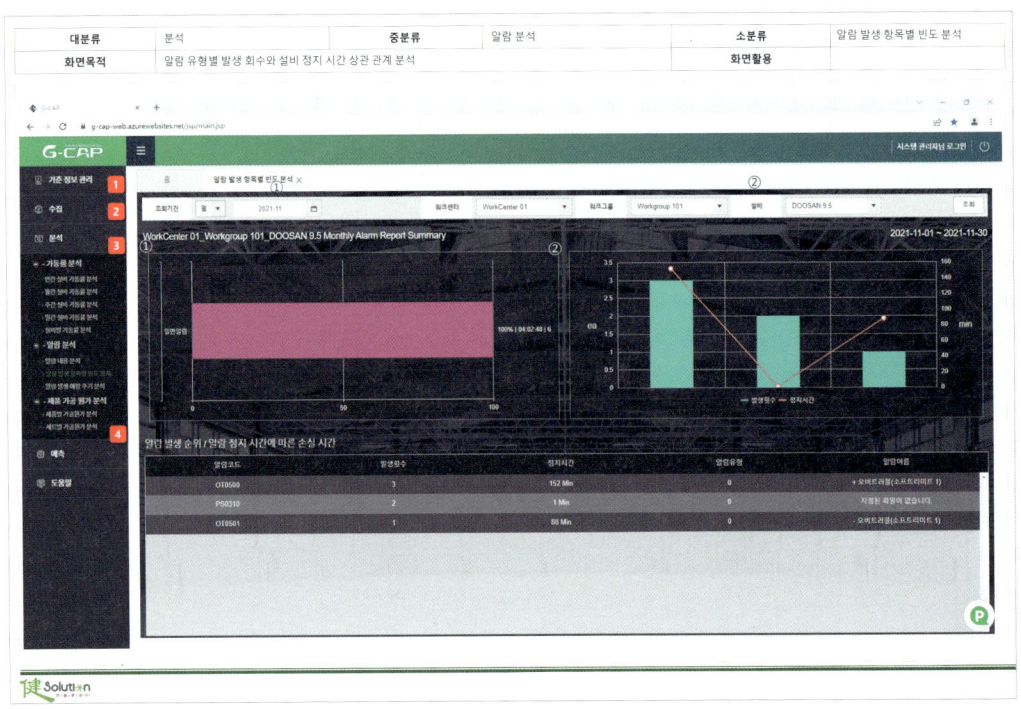

기능 설명

1 리포트 조회 설정
　　WORK-CENTER, WORK-GROUP, Machine
2 ① 조회 기간 설정
　　　일 : Daily, 주 : Weekly, 월 : Monthly, 연 : Yearly
　② 워크 센터 선택
　　　워크 그룹 선택
　　　설비 선택

3 조회 기간 내

　① 알람 유형(% - 시간 - 건수)
　　• 일반 알람 : 예 작업자 조작 미숙
　　• 유지 보수 알람 : 예 윤활유 부족
　　• 중대 알람 : 예 주축 충돌
　② 알람 유형별 - 발생 횟수-정지 시간 상관 관계

4 알람 발생 순위 / 알람 정지 시간에 따른 손실 시간 표시

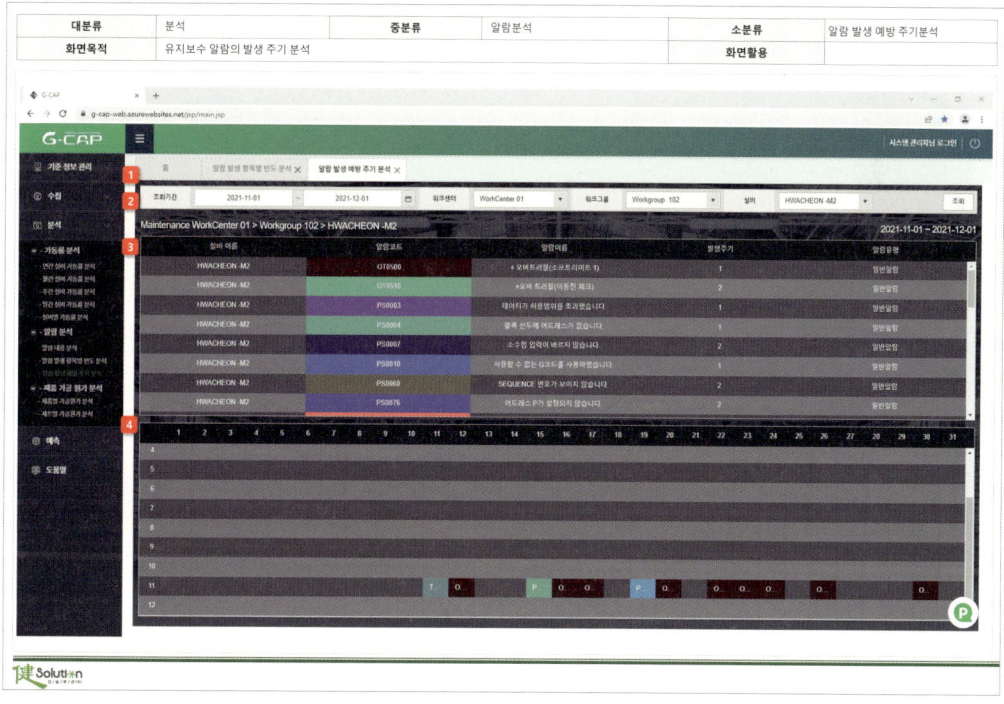

기능 설명

1 리포트 조회 기간 설정
　　워크 센터 선택
　　워크 그룹 선택
　　설비 선택

2 리포트 조회 대상 정보가 디스플레이 된다.
　[예시] • 조회 기간 일자 : 2021.11.01. ~ 2021.12.01
　　　　• 워크 센터 1 > 워크 그룹 102 > 테크 센터-M2

3 대상 설비의 알람 번호 - 알람명 - 발생 주기 표시

4 연간 발생한 유지 보수 알람 이력
- 월별 – 일별 – 알람 번호

[예시] 11월 발생한 유지 보수 알람 이력

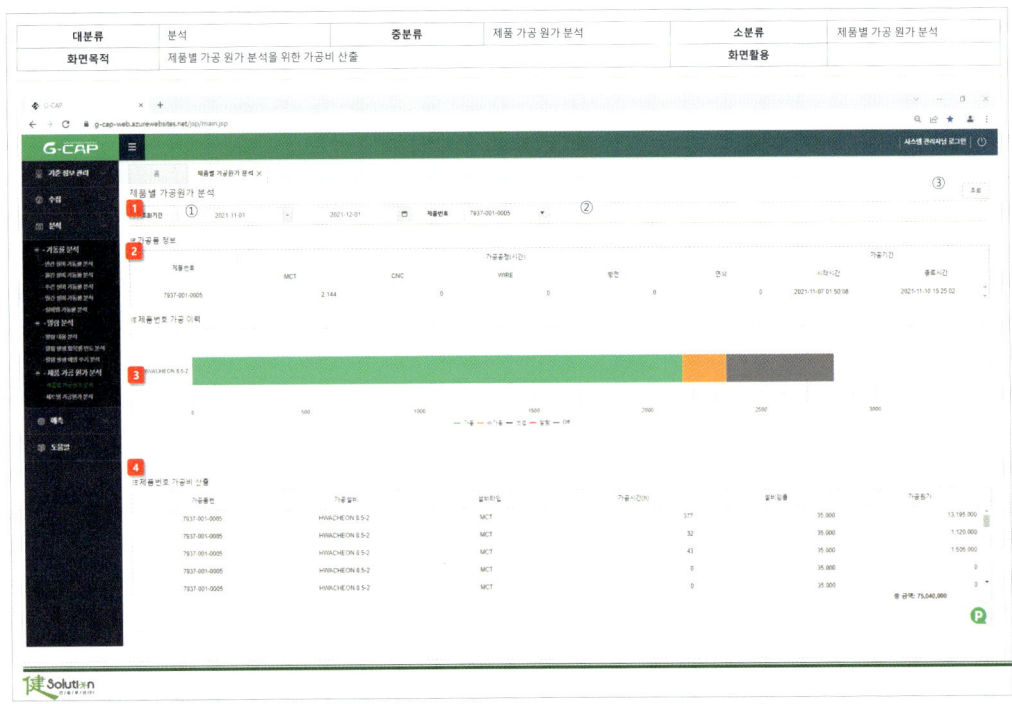

기능 설명

1 ① 조회 기간 선택
  ② 조회 제품번호 선택
2 ① 조회 결과 디스플레이
  ② 가공 공정 : 사용 설비의 종류와 가공 기간 표시

> 참고 사용 설비 : 기준 정보 > 설비 정보 > 가공 구분에서 등록

3 사용 설비별 해당 제품의 가공 이력 그래프
  ① 사용 설비
  ② 가공 이력 그래프
    • 가동, 비가동, 셋업, 알람, OFF

4 제품번호의 가공비 산출

① 가공 품번, ② 가공 설비명, ③ 설비 타입,

④ 가공 시간, ⑤ 설비 임률 : [설비 기준 정보] 임률 적용

⑥ 가공 원가 계산 : 절삭 시간 × 설비 임률

대분류	분석	중분류	제품 가공 원가 분석	소분류	세트별 가공 원가 분석
화면목적	세트별 가공 원가 분석을 위한 가공비 산출			화면활용	

기능 설명

1 ① 조회 기간 설정

② 세트 대표 번호 선택

③ 상위 세트 번호 선택

④ 하위 세트 번호 선택

2 ① 구분 1 : 세트 대표 번호 또는 상위 세트 번호 선택

② 구분 2 : 구분 1의 하위 세트 번호 선택

③ 가공 원가 산출

④ 가공 기간 : 가공 시작 및 종료 날짜 표시

3 **2**번에서 선택한 세트의 상세 가공비 산출

하위 세트의 설비별 상세한 가공 원가 산출

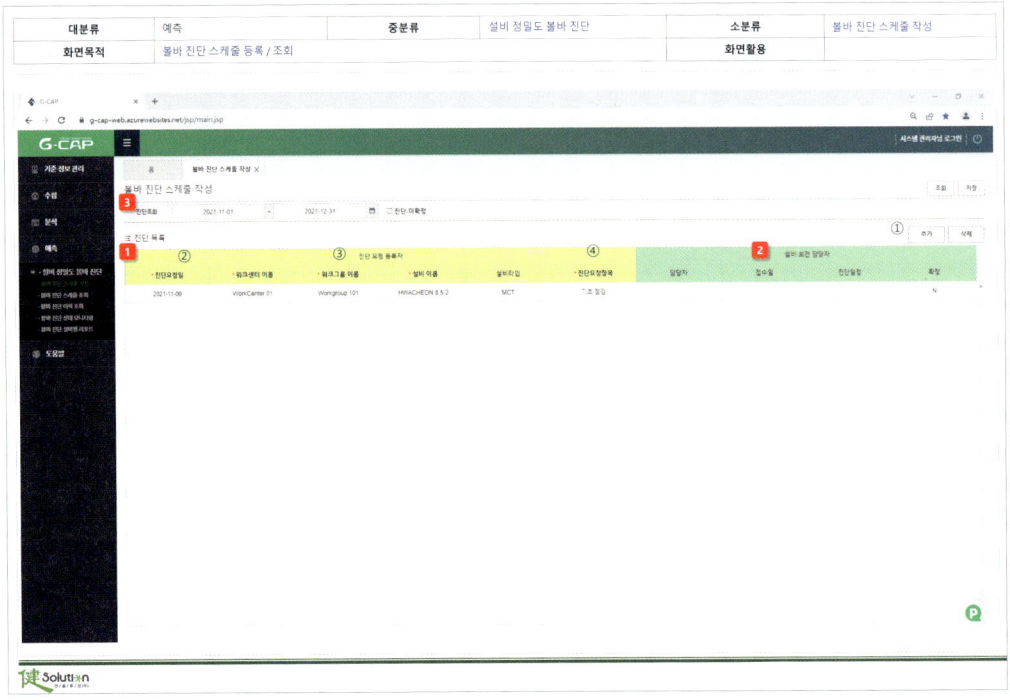

기능 설명

볼바 진단 스케줄 등록/조회 화면
- 설비 정밀도 점검 스케줄 작성 화면
- 설비 정밀도 진단 요청 기능
- 정기 진단 대상 설비 스케줄 제외

1 진단 요청 등록자(색상 : 노란색 부분 작성)
① 추가 버튼 클릭

> 참고 누구나 등록 가능하도록 권한 부여

② 진단 요청일 : 날짜 자동 생성
③ 진단 요청 설비 선택 : 데이터 자동 업로드
  설비 기준 정보 > 워크 센터 > 워크 그룹 > 설비명 > 설비 타입
④ 진단 요청 항목 선택
  • 기초 점검 : 볼바 진단을 통한 보정 주기 산출
  • 중대 알람 : 충돌

- 기타 내용 : 보정 요청 사유 기입

※ 마스터 코드에 진단 요청 사유 항목 추가할 것

2 설비 보전 담당자(색상 : 연두색 부분 작성)
- 담당자 : 자동 업로드 [권한 관리>사용자 관리] 설비 보전 담당자
- 접수일 : 확정 체크 날짜 자동 생성
- 진단 일정 : 담당자 일정 지정
- 확정 : 체크 박스 체크

3 설비 점검 의뢰 조회
- 입력 내용 확인 기능
- 진단 일정 확인 기능

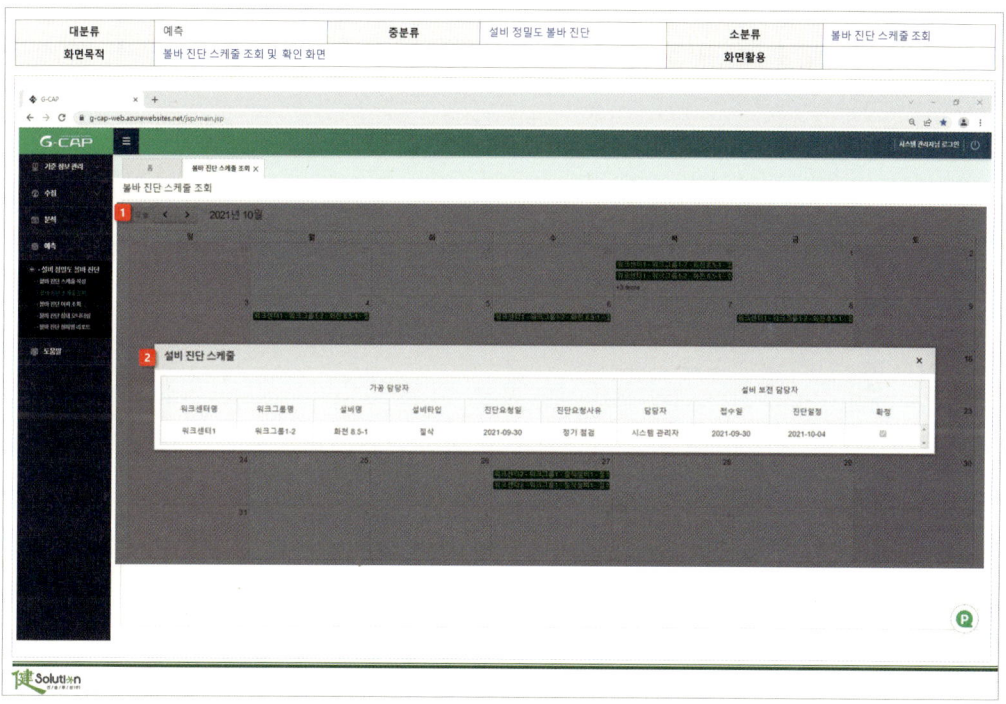

기능 설명

1 볼바 진단 스케줄 조회 및 확인
- 볼바 진단 스케줄 자동 생성 (캘린더 형식)

2 해당 항목 선택 : 더블 클릭
- 팝업창 자동 생성
- 상세 내용 확인 가능

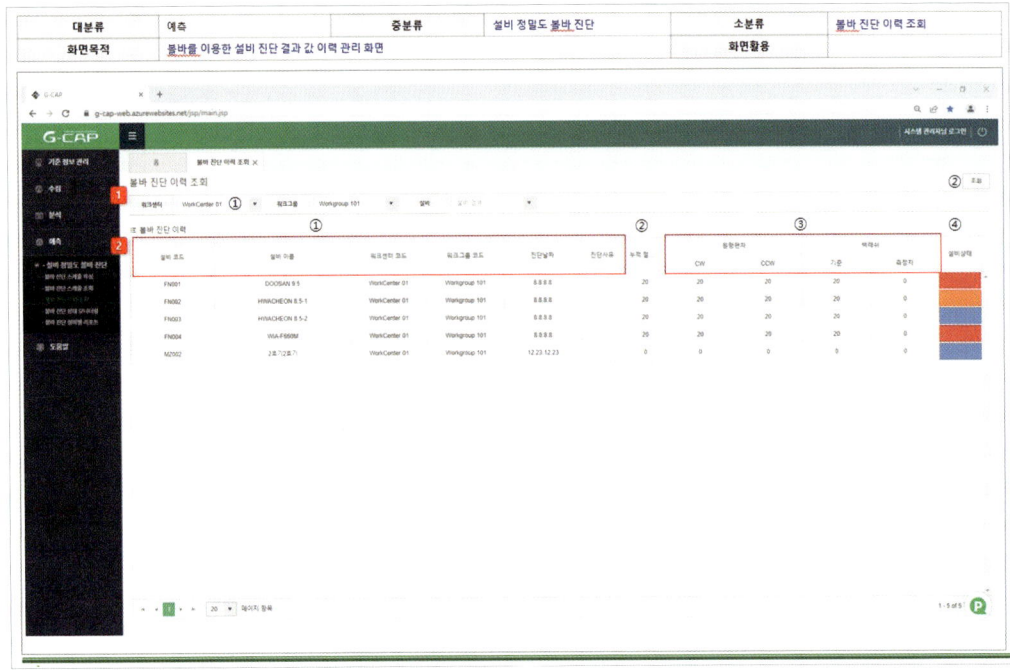

기능 설명

1 ① 설비 선택 : 자동 업로드
　　• 워크 센터 > 워크 그룹 > 해당 설비 선택
　② 조회 선택

2 ① 볼바 진단 이력 정보 자동 생성
　② 누적 절삭 시간 : 볼바 진단 후 절삭 가동 시간
　③ 볼바 측정값
　④ 설비 상태 구분 : 정밀도 상태를 색상으로 구분
　　• 파란색(정상)
　　• 주황색(경고) : 정비 요청 필요
　　• 빨간색(위험) : 긴급 정비 조치 필요

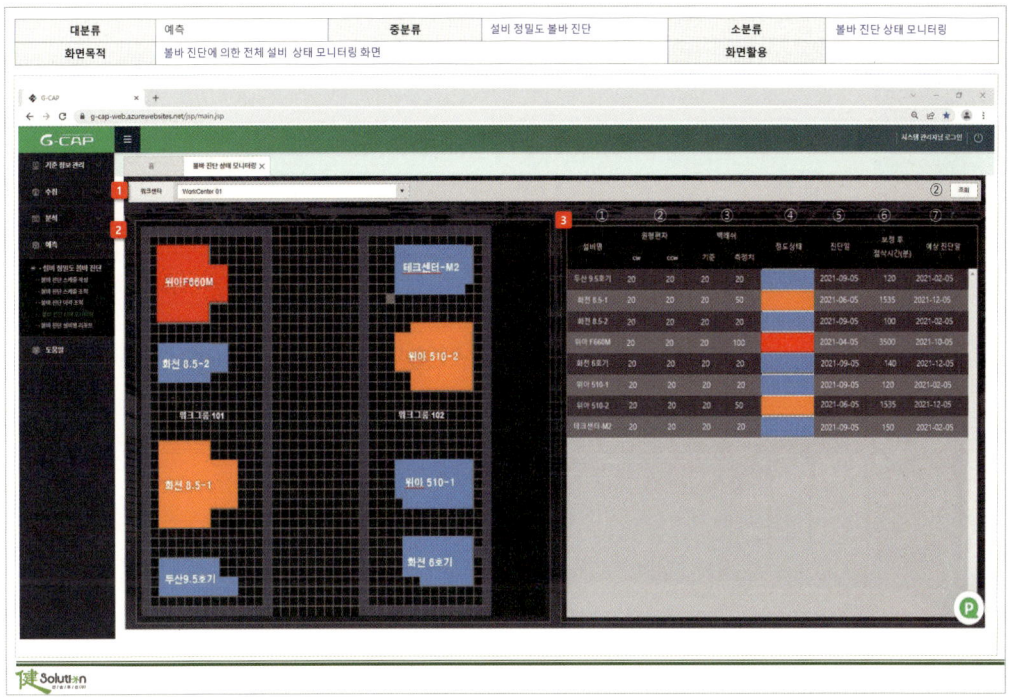

기능 설명

1 워크 센터 선택

　① 워크 센터 단위로 선택

　② 조회 선택

2 워크 센터의 설비 상태 필드 자동 생성 : 선택된 워크 센터 공장 레이아웃 형태로 생성

　정밀도 상태를 색상으로 구분

　　• 파란색(정상)

　　• 노란색(경고) : 정비 요청 필요

　　• 빨간색(위험) : 긴급 정비 조치 필요

3 볼바 측정값 이력 정보 필드 자동 생성 : 볼바 측정값 이력 자동 생성

　① 설비명

　②, ③ 볼바 측정값

　④ 정밀도 상태를 색상으로 구분

　⑤ 진단일 : 마지막 볼바 진단 일자

　⑥ 보정 후 절삭 시간

　⑦ 예상 진단일 : 자동 생성

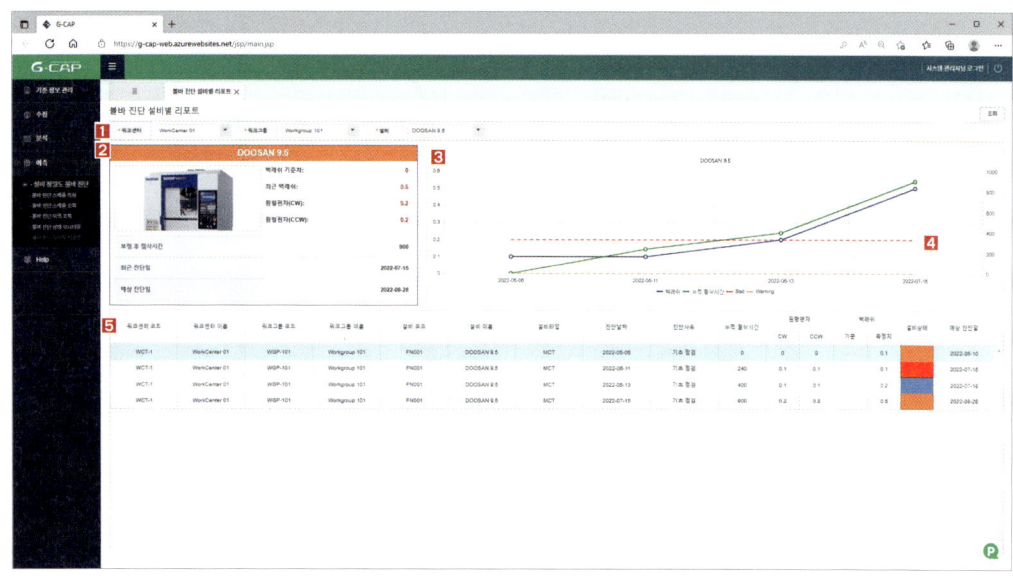

기능 설명

1 조회

　① 설비 선택 : 워크 센터 선택 > 워크 그룹 선택 > 설비

　② 조회 선택

2 볼바 진단 창 자동 생성 : 선택 설비의 정밀도 진단값 상세 표시

　정밀도 상태 색상 표시

　　• 파란색(정상)

　　• 주황색(경고) : 정비 요청 필요

　　• 빨간색(위험) : 긴급 정비 조치 필요

3 절삭 시간과 백래시 상관 그래프 : 백래시 진단값 변화 추이 그래프

　백래시 진단 결과값을 색상으로 표시

　　• 파란색(정상)

　　• 주황색(경고) : 정비 요청 필요

　　• 빨간색(위험) : 긴급 정비 조치 필요

4 백래시 기준 라인 표시

　　• 경고 라인(노란색)

　　• Bad 라인(빨간색)

5 볼바 측정값 이력 정보 필드 자동 생성
　※ 볼바 측정값 상세 정보 표시
　　• 설비명
　　• 볼바 측정값
　　• 정밀도 상태를 색상으로 구분
　　• 진단일 : 마지막 볼바 진단 일자
　　• 보정 후 절삭 시간
　　• 예상 진단일 : 자동 생성
　※ 진단 사유 명칭이 타당하다고 판단 – 볼바 진단 사유 이력 관리 목적
　　→ 그대로 진행

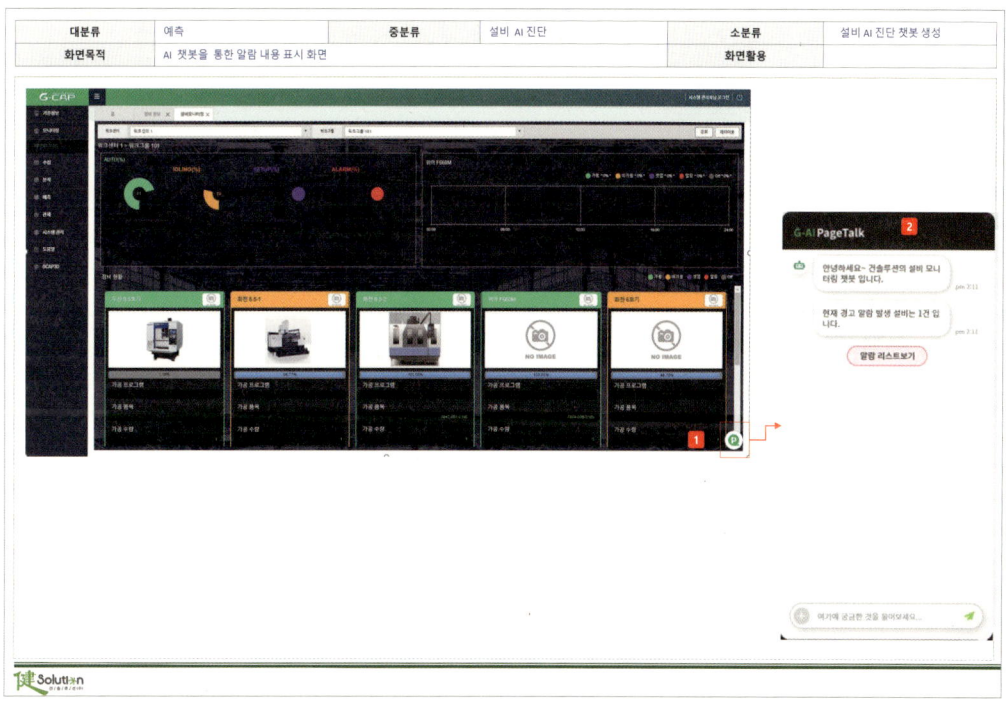

기능 설명

1 설비 모니터링 화면에서 챗봇 아이콘 선택
　챗봇 창 자동 생성
2 챗봇 창 생성 : 알람 내용 표시

대분류	예측	중분류	설비 AI 진단	소분류	설비 AI 진단 챗봇의 알람 리스트
화면목적	챗봇에 의한 알람 내용 확인 화면			화면활용	

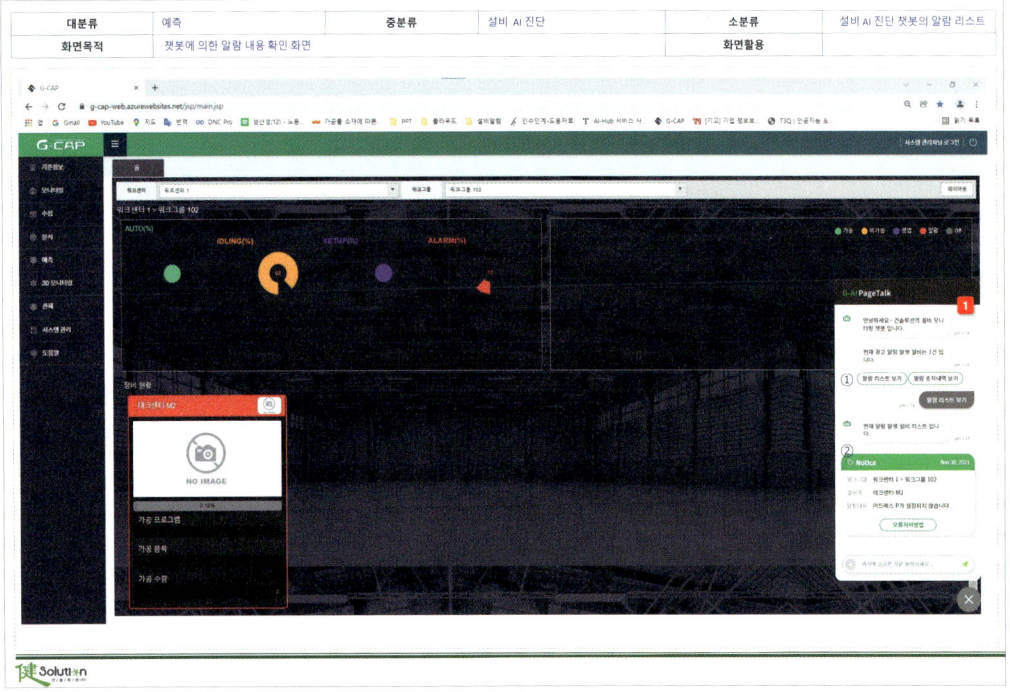

기능 설명

1 챗봇 창의 알람 리스트 사용

　① 알람 리스트 보기 선택

　② 알람 발생 설비 리스트 표시

　　• 설비명 표시

　　• 알람 내용 표시

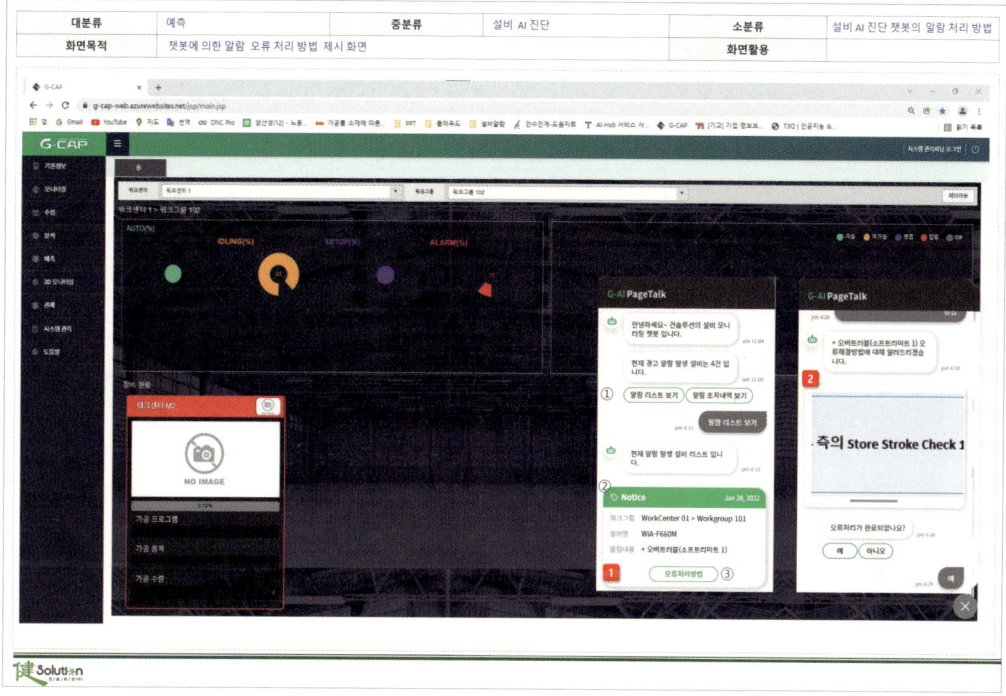

기능 설명

1 오류 처리 방법 확인

　① 알람 리스트 보기 클릭

　② 알람 리스트 디스플레이

　③ 오류 처리 방법 버튼 클릭

2 챗봇에 의한 알람 오류 처리 방법 제공

　알람 처리 방법 디스플레이

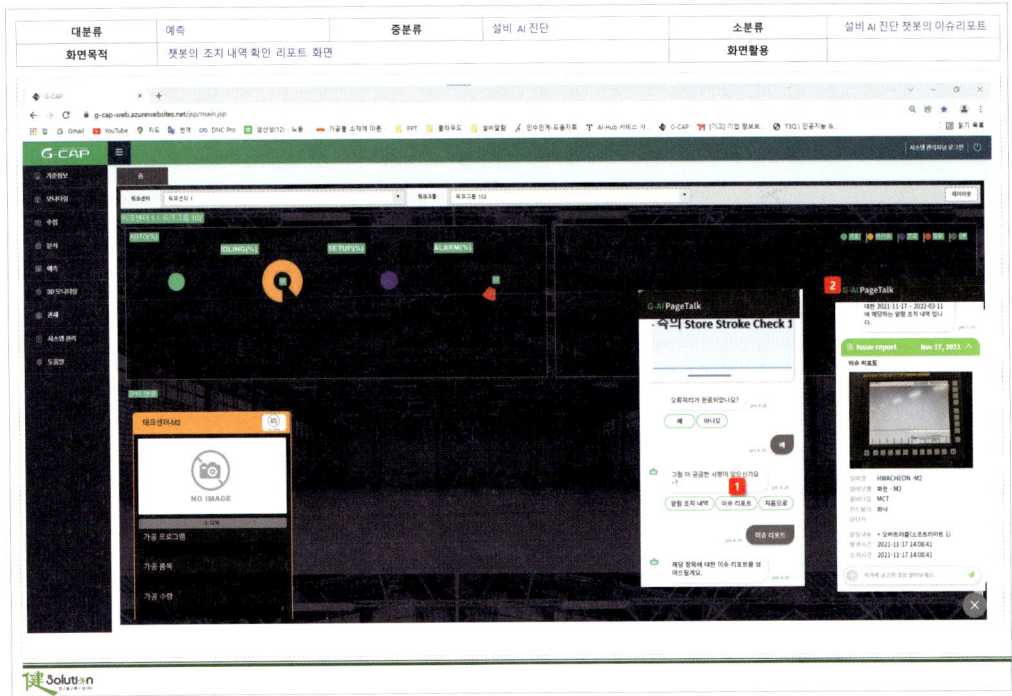

기능 설명

1 챗봇 생성 창에서 이슈 리포트 내역 보기 클릭
2 알람 처리 내역 정보 제공
- 알람 처리 내역이 자동 디스플레이 된다.
- 설비 컨트롤러 화면 창 생성 : 알람 번호 확인
- 설비명 확인
- 알람 내용 확인
- 발생 시간 확인
- 조치 시간 확인

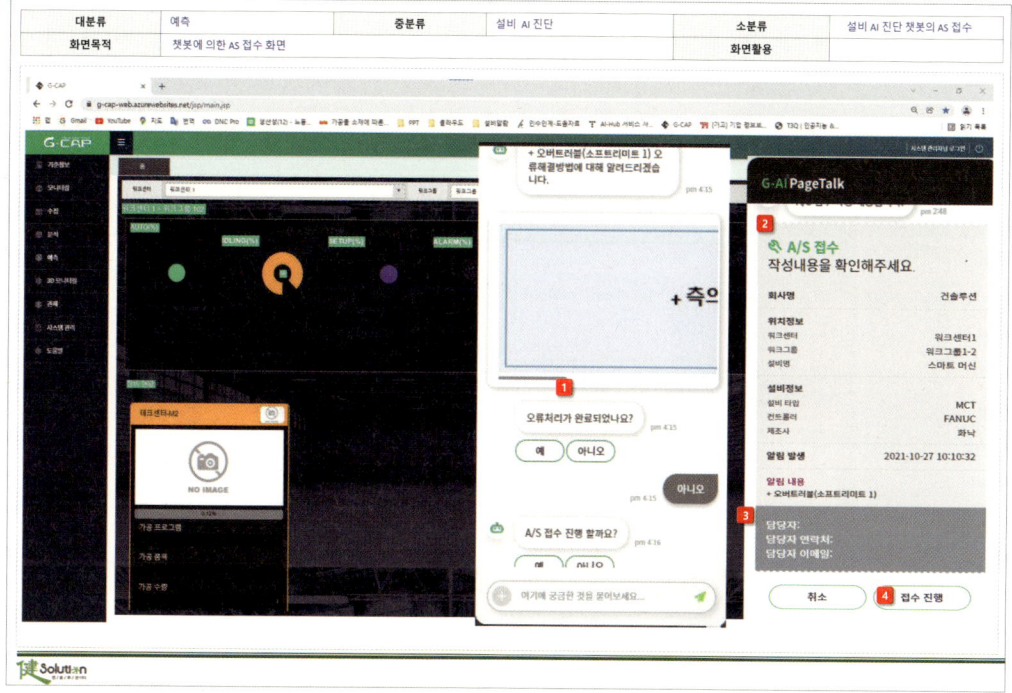

기능 설명

1 A/S 접수 창 생성

챗봇 생성 창 > 알람 리스트 보기 > 오류 처리 방법 > 오류 처리 완료 물음 > 아니오 선택한 경우 A/S 접수 창 생성

2 A/S 접수 정보 자동 생성
- 회사명
- 위치 정보 : 워크 센터, 워크 그룹, 설비명
- 설비 정보 : 설비 타입, 컨트롤러, 제조사
- 알람 발생일, 알람 내용

3 담당자 : 설비 담당자 자동 입력

담당자 연락처 : 설비 담당자 연락처 자동 입력

담당자 이메일 : 설비 담당자 이메일 자동 입력

4 접수 진행 선택

대분류	예측	중분류	설비 AI 진단	소분류	설비 AI 진단 챗봇의 알람 이력
화면목적	챗봇에 의한 알람 이력 조회 화면			화면활용	

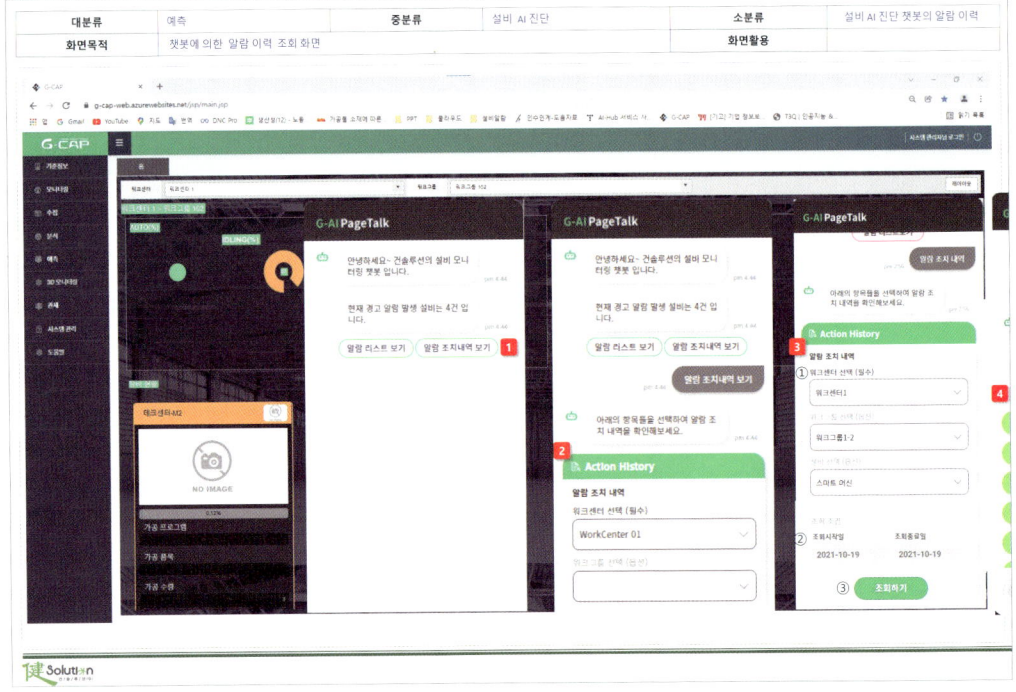

기능 설명

1 챗봇 생성 창에서 알람 조치 내역 선택

2 알람 조치 내역 보기 선택 화면 자동 디스플레이

3 선택 화면 설정

① 설비 선택

- 워크 센터 선택
- 워크 그룹 선택
- 설비 선택

② 조회 시작일 / 종료일 설정

③ 조회하기 버튼 클릭

4 알람 이력 조치 내역 자동 생성 화면

- 이슈 리포트 형태로 표시

제 6 장

생산 관리 시스템의 데이터 수집 IIoT

1. 데이터 수집 IIoT 센서
2. 센서 구조와 동작 원리
3. 센서 연결 방법
4. 센서 응용 실습
5. CAP의 데이터 컬렉션의 IIoT

생산 관리 시스템의 데이터 수집 IIoT

1. 데이터 수집 IIoT 센서

1-1 센서의 개요

최첨단 공정 제어 시스템인 MES의 경우, 제조 현장에서 발생되는 모든 데이터는 센서로부터 취득되어 네트워크를 통해 제어 장치로 전송되며, 이 전송된 데이터는 제어 프로그램에 따라 실시간으로 데이터베이스에 저장되고, 또한 각 상황에 맞는 제어 신호가 액추에이터를 통하여 구현된다.

1 센서의 정의

센서란 라틴어로 지각, 느낌 등의 의미가 있으며, 인간의 오감 기능을 대체할 수 있는 소자를 의미한다. 공학적 의미로는 외부로부터의 입력 신호를 전기 신호로 변환하는 소자를 말하며, 외부 환경 변화를 고려하는 Reed Switch에서 물체의 패턴 인식을 하는 시스템 레벨의 센서까지 다양한 종류의 센서가 개발되어 사용되고 있다. 최근에는 CPU 기능을 내장한 Intelligent 센서가 많이 사용되고 있으며, 복잡하고 다양한 기능이 통합된 센서가 개발되는 추세이다.

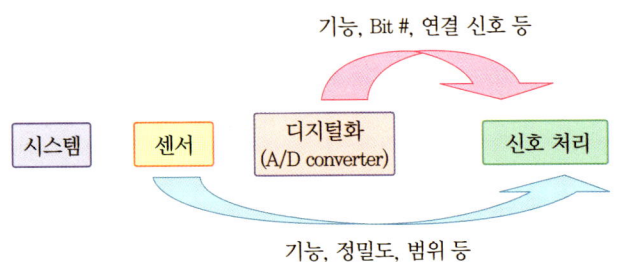

그림 6-1 외부로부터의 입력 신호를 전기 신호로 변환하는 소자

2 인간의 오감과 센서

센서는 인간의 오감, 즉 시각, 청각, 촉각, 미각 및 후각을 대체하는 소자이다.

① **눈-시각** : 광센서 (광도전 소자, CCD, 영상(이미지) 센서, 포토다이오드)
② **귀-청각** : 음향 센서(마이크로폰, 압력 소자)
③ **피부-촉각** : 촉각 센서
　㈎ 진동 센서(스트레인게이지, 반도체 압력 소자)
　㈏ 온도 센서(서미스터, 백금, 초전 센서)
　㈐ 압력 센서(다이어프램, 감압 필름)
④ **혀-미각** : 미각 센서(백금, 산화물, 반도체 가스 센서, 입자 센서, 산화계열 선형 소결 반도체)
⑤ **코-후각** : 후각 센서(바이오 케미컬 센서, 실리콘산 티탄산염)

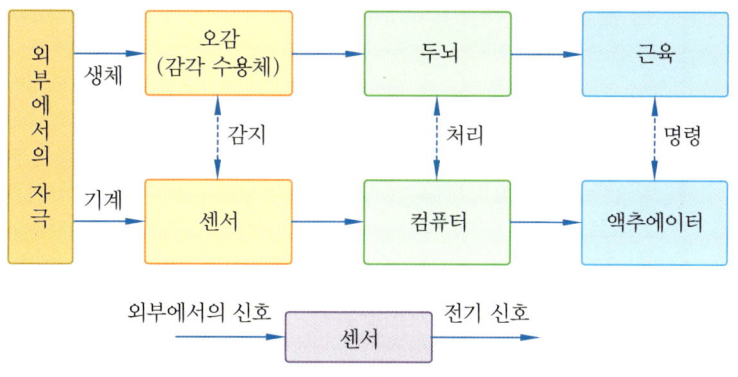

그림 6-2　인간의 오감과 센서의 상관 관계

인간의 시각을 가장 잘 대신할 수 있는 센서는 광센서이며 빛이 가지는 물리적 현상을 이용한 것이다. 청각을 대신하는 센서는 크게 압력 센서와 자기 센서가 있고, 음파를 측정하는 것은 압력 변화 또는 자기장의 변화를 이용하여 측정하는 방법을 사용한다.

촉각의 기본이 되는 센서는 압력 센서와 온도 센서가 있으며, 후각은 화학적 효과를 이용한 가스 센서와 바이오센서가 있다. 미각을 측정하는 가장 기본적인 센서는 화학적 변화를 측정하는 것과 미생물과의 반응 등을 이용하는 바이오센서가 있다.

3 자동화 장치의 센서

자동화 장치의 5대 구성 요소는 **그림 6-3**에 나타낸 바와 같이 외부 신호를 감지하는 센서와 제어 장치, 제어 프로그램, 네트워크 및 실제 제어에 따라 구동되는 액추에이터로 구성된다.

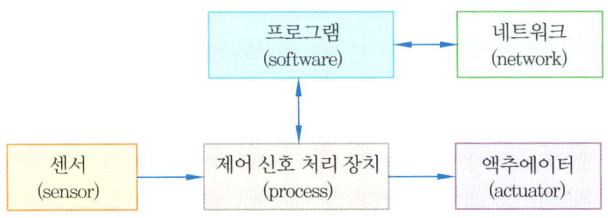

그림 6-3 자동화 장치의 5대 구성 요소

1-2 센서의 특성

센서의 특성을 나타내는 가장 기본적인 지표는 크게 정적 특성과 동적 특성이 있다.

① **정적 특성** : 입력이 시간적으로 변하지 않을 때의 특성
  정밀도 (Accuracy), 분해능(Resolution), 반복성 (Repeatability), 히스테리시스(Hysteresis), 선형성(Linearity)

② **동적 특성** : 입력이 시간에 따라 변할 때의 특성
  상승 시간(Rising Time), 시정수(Time Constant), 무응답 시간(Dead Time), 세틀링 시간

1 센서의 정적 특성

(1) 교정(Calibration)

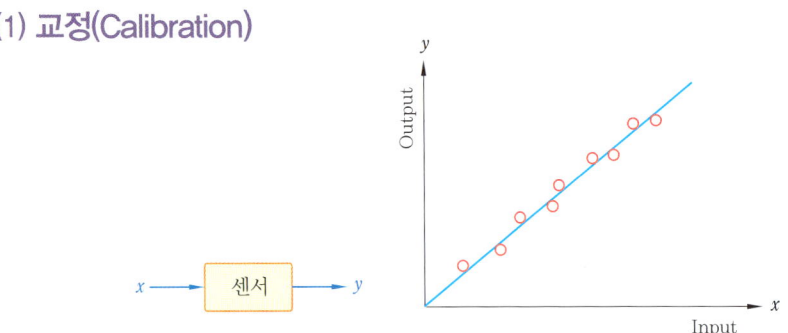

그림 6-4 교정 곡선(Calibration Curve)

교정이란 센서를 출고하기 전이나 사용하기 전 센서에 알고 있는 입력값을 인가하여 출력을 측정한 후, 입력값과 측정값을 비교하여 센서를 수정할 수 있도록 하는 과정을 말한다.

(2) 감도(Sensitivity)

감도는 센서의 가장 중요한 성과지표 중 하나로 입력 변화에 대한 출력 변화의 비율이다. 센서의 감도는 크면 클수록 오차가 좋으며, 비트 수가 증가할수록 더욱 미세하게 데이터를 측정할 수 있게 된다.

$$\text{입력 변화에 대한 출력 변화의 비율 } s = \frac{\Delta y}{\Delta x}$$

(3) 분해능(Resolution)

분해능이란 센서의 정밀도를 말하며, 센서의 최소 출력과 최대 출력을 얼마만큼의 비율로 세분하여 표현할 수 있는지를 나타내는 값이다. 예를 들어 5비트 분해능이란 2의 5승, 즉 32단계로 표현할 수 있음을 의미하며, 이는 센서의 출력 전압이 1~5V 범위라면 이 범위를 32등분하여 표현할 수 있음을 나타낸다.

$$\text{광학식 로터리 엔코더 분해능 : A/D Converter } N \text{ bit : } 2^N$$

예를 들면 $\frac{1}{2^{12}} = \frac{1}{4095} = 0.024\%\text{FS}$이다.

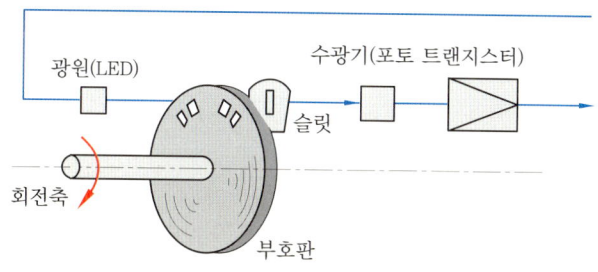

그림 6-5 광학식 로터리 엔코더 분해능

(4) 동작 범위(스팬)와 Full-Scale Output

입력 동작 범위는 의미 있는 센서 출력을 발생시키는 최대 입력과 최소 입력 차를 말하며, FS로 표시한다. 출력 동작 범위는 최대 입력 시 출력과 최소 입력 시 출력 사이의 대수적 차를 의미한다.

① **입력 동작 범위(FS)** : $x_{max} - x_{min}$

입력 풀 스케일(Input Full Scale ; FS) 또는 풀-스케일 레인지(Full-Scale Range)로 표시

② **출력 동작 범위(FSO)** : $y_{max} - y_{min}$

Full-Scale Output(FSO)를 사용한다.

③ 입력 동작의 최솟값 x_{min} 이 0이면, 스팬은 0 ~ x_{max}

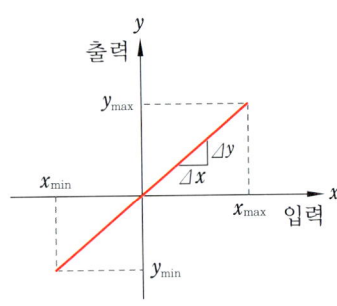

그림 6-6   Full-Scale Output

(5) 감도 오차와 오프셋 오차

감도 오차 또는 감도 변동이란 그림 6-7 (a)에서 보여주는 것과 같이 센서의 입출력 특성의 기울기가 정상적인 직선의 기울기로 부터 벗어나는 것을 의미한다. 오프셋 또는 영점 변동은 그림 (b)와 같이 입력이 0일 때 센서 출력이 0으로 되지 않는 것이다. 그림 (c)와 같이 감도 변동과 영점 변동이 동시에 발생하면 오차는 더 크게 발생하게 된다.

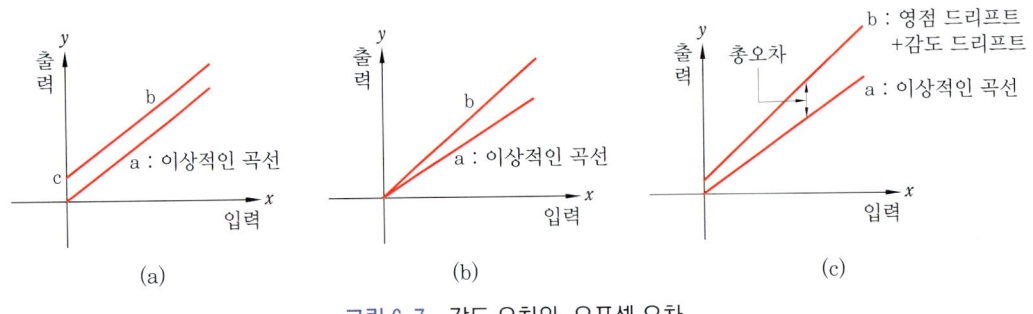

그림 6-7   감도 오차와 오프셋 오차

(6) 선형성(Linearity)

센서의 특성 중에서 선형성이란 센서의 출력이 얼마만큼 직선의 형태로 나타나는지를 나타내는 지표이며, 센서의 출력이 직선 형태의 일차 함수 형태이어야 신호를 처리하기가 편하다.

① **선형성** : 센서 특성 곡선이 직선 관계($y=sx+c$) 형태에서 벗어나는 정도

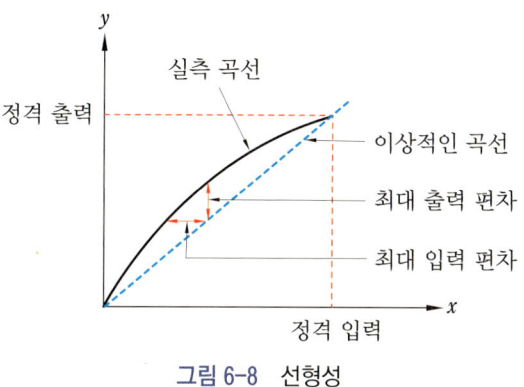

그림 6-8 선형성

② **센서의 직선성** : 비직선성(Nonlinearity)의 백분율로 표시

$$직선성(\%) = \frac{최대\ 출력\ 편차}{정격\ 출력} \times 100\%FS = \frac{최대\ 입력\ 편차}{정격\ 입력} \times 100\%FS$$

③ 센서 입력이 허용 한계를 초과하는 경우, 센서의 동작 범위 상한 또는 정격으로 설정

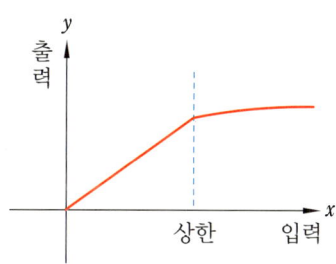

그림 6-9 센서의 동작 범위 상한 설정

④ **센서의 직선성 측정** : 최소 자승법(Least Squares Method)으로 직선(Best Fit Straight Line)을 구한다.

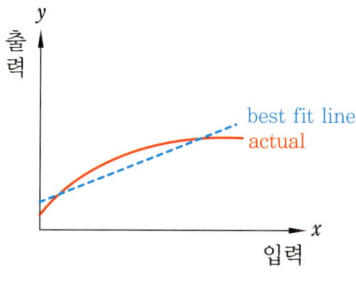

그림 6-10 최소 자승법을 사용한 Best Fit Straight Line

(7) 히스테리시스(Hysteresis)

히스테리시스란 입력 x를 증가시키면서 출력을 측정할 때와 감소시키면서 출력을 측정하였을 때 동일한 입력에서 출력이 다르게 나타나는 현상을 말한다.

히스테리시스 차 (y_2-y_1)는 입력 변화의 진폭과 입력 크기에 의존한다. 이런 히스테리시스가 발생하는 원인은 센서에 사용되는 각종 재료가 갖는 물리적 성질 때문에 발생한다.

탄성 재료, 강자성체, 강 유전체를 이용하여 만든 센서에서는 히스테리시스가 매우 중요하며, 일반적인 센서에서 히스테리시스 값은 5%를 넘지 말아야 한다. 센서의 히스테리시스 특성은 FSO에 대한 비율로 표시한다.

$$히스테리시스 = \frac{y_2 - y_1}{\text{FSO}} \times 100\%\text{FSO}$$

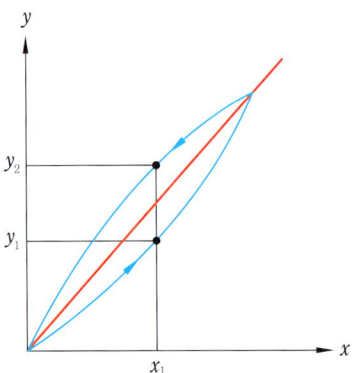

그림 6-11 히스테리시스 특성 곡선

(8) 정확도(Accuracy)

정확도는 센서 출력이 참값(True Value)에 얼마나 가까운가를 나타내는 척도이다.

$$백분율\ 오차 = \frac{x_m - x_t}{x_t} \times 100\%$$

실제로, 오차는 정격 출력(FSO)의 백분율로 표현한다.

$$백분율\ 오차 = \frac{x_m - x_t}{\text{FSO}} \times 100\%\text{FSO}$$

(9) 정밀도(Precision)

정밀도는 동일한 값을 연속 측정하였을 때 측정의 반복성이나 재현성의 척도로 표현되는 것이다. 그림 6-12와 같이 연속 측정값들 사이의 일치성이 얼마나 좋은지를 나타내는 것이다.

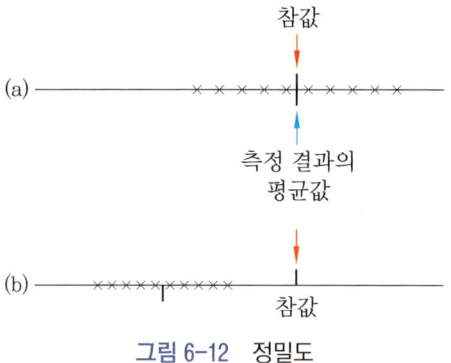

그림 6-12 정밀도

(10) 반복성(Repeatability)

반복성이란 동일한 양을 동일 조건에서 동일 방법으로 단기간에 연속 측정할 때, 그림 6-13과 같이 측정값들이 서로 얼마나 일치하는가를 나타내는 것이다. 반복성이 좋을수록 우수한 센서라고 할 수 있다.

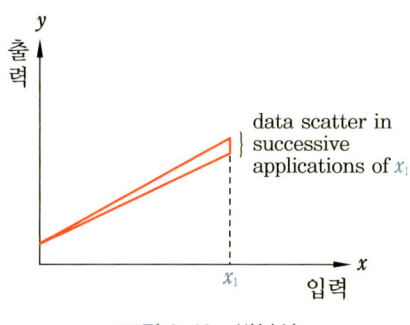

그림 6-13 반복성

(11) 선택성(Selectivity)

선택성이란 센서에 입력되는 여러 변수 중에서 원하는 변수만을 선택적으로 검출하는 성질을 의미한다. 센서는 원하는 물리(화학) 현상만을 검출하고, 다른 현상의 영향을 받지 않는 것이 가장 이상적이다. 센서들은 일반적으로 온도나 습도의 영향을 받기 때문에 센서 구조를 변경하거나 전자 회로로 보상하여 센서의 선택성을 높이고 있으며, 습도 센서와 가스 센서 등과 같이 특정한 화학물질에 의해 선택성을 높게 실현하기도 한다.

2 센서의 동적 특성

측정 변수 중 상승 시간이란 그림 6-14와 같이 계단 입력 인가 시 최종 응답의 10%에서 90%까지 도달 시간을 나타내며, 짧을수록 동적 응답성이 우수하다고 할 수 있다.

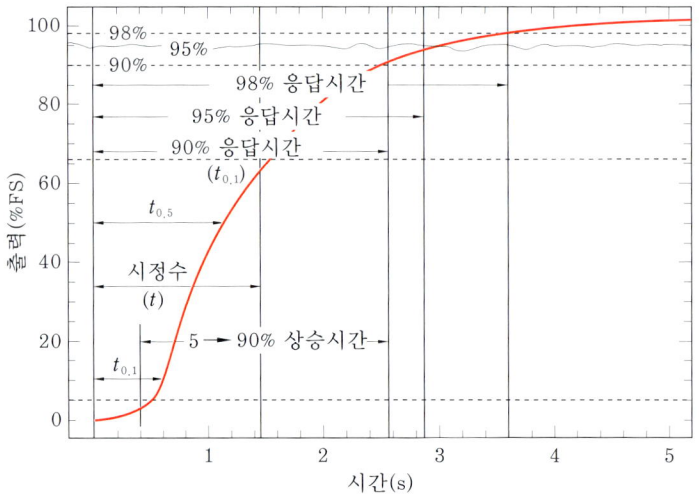

그림 6-14 계단 입력 시간과 최종 응답 시간 관계

(1) 시간 응답 특성 (과도 특성)

센서의 시간 응답 특성이란 입력의 크기를 갑자기 변화시킬 때 센서가 얼마나 빠르게 입력의 변화에 대응하는지를 측정하여 나타내는 특성이며, 입력에 계단 함수 (Step Function)를 인가하여 측정한다.

- **상승 시간**
  - 정의 : 계단 입력 인가 시 최종 응답의 10%에서 90%까지 도달 시간
  - 짧을수록 동적 응답성이 우수

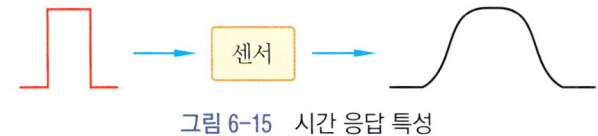

그림 6-15 시간 응답 특성

(2) 시정수 (Time Constant)

시정수는 계단 입력 인가 시 최종 응답의 63.2%에 도달하는 시간이다.

(3) 무응답 시간

무응답 시간이란 계단 입력 인가 시 출력이 나타나기까지의 시간을 의미하며, 이 시간은 짧을수록 좋은 센서라고 할 수 있다

(4) 세틀링 시간

세틀링 시간은 계단 입력 인가 뒤 최종 응답의 2% 범위에 도달하는 시간을 말한다.

(5) 주파수 응답

주파수 응답은 저항 변화형 센서나 용량형 또는 코일형 센서의 출력이 입력 주파수에 따라 달라지는 특성을 주파수 응답 특성이라고 한다. 이는 정현파 입력 주파수 변화에 대한 센서의 출력 특성을 의미한다.

응답 주파수란 입력 주파수에 대해서 출력의 이득이 3dB 떨어지는 지점의 주파수이다.

그림 6-16에서는 3dB 하락하는 0에서 1킬로 Hz까지를 응답 주파수 대역이라고 할 수 있다.

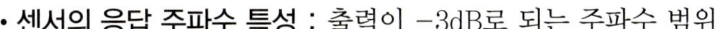
- **센서의 응답 주파수 특성** : 출력이 −3dB로 되는 주파수 범위

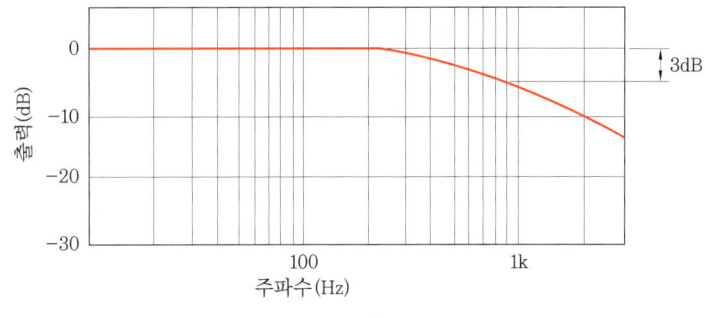

그림 6-16 응답 주파수

(6) 잡음(Noise)

잡음이란 원하지 않는 불규칙한 신호로 센서 소자나 변환 회로로부터 불규칙적으로 변동하는 잡음이 발생하는 것을 말한다. 잡음은 원리적으로 제거할 수 없는 것이 있으며, 또한 전원의 리플(ripple)이나 진동 등 환경의 변동에 의한 것도 포함한다. 센서의 입력 변화에 대한 응답이 잡음 레벨 이하로 되면 오차가 발생하게 된다.

센서의 감도가 높으면 미소 입력 신호도 검지할 수 있으나, 센서에 유입되는 잡음이 증대되면 감도가 높더라도 미소 입력 신호의 검출이 불가능해져 측정 하한 값이 증가하게 된다. 그러므로 센서의 신호 대 잡음비를 향상시켜서 검출 하한 값을 낮게 할 수 있으며, 신호 대 잡음비를 개선하기 위해서는 필터(filter) 등을 사용하기도 한다.

① 잡음의 분류

잡음은 크게 4가지로 분류할 수 있다. 신호 Line 사이에서 간섭에 의하여 원하지 않는 기생 Capacitance가 발생하게 되는데 이를 정전 유도 Noise라고 한다. 정전 유도 Noise는 정전 실드, 즉 접지 처리를 하여 줄일 수 있다.

도체에 전류가 흐르면 자계가 발생하게 되고, 이 발생된 자계에 의하여 인접 신호 라인에 원하지 않는 전류가 유도되는 현상을 전자 유도 Noise라고 한다. 이러한 Noise를 막기 위하여 자성체를 이용한 자계 격리나 인접 라인의 배선 패턴주의 및 1점 접지를 사용하면 된다. 교류를 사용하는 기기에서 나타나는 전원 Noise는 Noise 필터/전자부의 적절한 그라운드나 실드 처리를 통해 최소화할 수 있다. 그 외에 전자파에 의한 Noise가 있으며 이는 철저하게 전자파 차폐 등을 통해 영향을 제거해야 한다.

  (가) 정전 유도 Noise
   • 신호 Line 간의 간섭 → 정전 용량이 형성
   • 대비 : 정전 실드를 사용(접지 처리)
  (나) 전자 유도 Noise
   • 도체에 전류 → 자계 형성 → 인접 신호 라인에 발생하는 Noise
   • 대비 : 자성체를 사용한 자계 격리나 인접 Line의 배선 패턴 주의 및 1점 접지
  (다) 전원 Noise
   • 교류(50Hz or 60Hz)를 사용하는 기기에서 관찰
   • 대비책 : Noise 필터 / 전자부의 적절한 그라운드 / 실드 처리
  (라) 전자파 장해

② 잡음 대책

센서를 이루는 재료나 부품의 고유 특성에 의한 잡음을 내부 Noise라고 한다. 예를 들어 신호 처리를 위한 회로 내의 반도체 열잡음, 브러시를 가진 센서의 브러시 Noise, 전자 부품의 납땜 불량, 단락 그라운드 처리 불량 등이 이에 해당한다. 이러한 Noise는 예측 불허의 성분이 강하므로 경험에 의한 해결책을 강구하여야 하며, S/W적 측면의 대책과 H/W적 측면을 고려하여 외부 Noise에 의한 요인 제거 전에

우선적으로 처리해야 한다. 센서 외부에 의한 잡음으로는 정전 유도, 전자 유도, 전원 Noise, 전자파 장해 등이 있으며, 각 원인에 대한 해결 방안은 앞에서 설명한 것과 같이 각 요인별 원인에 맞게 대처하여 최소화하여야 한다.

이를 위해서는 설치 전 환경 측면의 철저한 고려가 필요하며, 예전의 설치 환경에 관한 DB를 구축하여 활용하는 것이 좋다.

(가) 내부 Noise

    [원인] 센서를 이루는 재료/부품
    [대책] 예측 불허의 성분이 강하므로 경험에 의한 해결책을 강구
           S/W적 측면의 대책 + H/W적 측면의 고려
           외부 Noise에 의한 요인 제거 이전에 미리 처리 요망
           저잡음 소자 / 부품 선정

(나) 외부 Noise

    [원인] 정전 유도, 전자 유도, 전원 Noise, 전자파 장해(EMI/EMC)
    [대책] 설치 전 환경 측면의 철저한 고려 필요
           설치 시 미리 전원이나 다른 기기에 의한 유도를 고려
           예전의 설치 환경에 관한 DB 구축 / 소비자 기술 지원
           경험에 근거한 대비책 마련

(7) 출력 임피던스

센서와 외부 응용 회로의 연결을 위해서는 출력의 측면에서 바라보는 센서의 임피던스 특성이 매우 중요하다. 그림 6-17과 같이 출력 신호의 일그러짐을 최소화하기 위해서는 전압 출력 센서의 경우 센서의 출력 임피던스가 작아야 하고 회로의 입력 임피던스는 가능한 한 커야 한다[그림 (a)]. 또한 전류 출력 센서의 경우 센서의 출력 임피던스의 크기는 가능한 한 커야 하고, 회로의 입력 임피던스는 작아야 한다[그림 (b)].

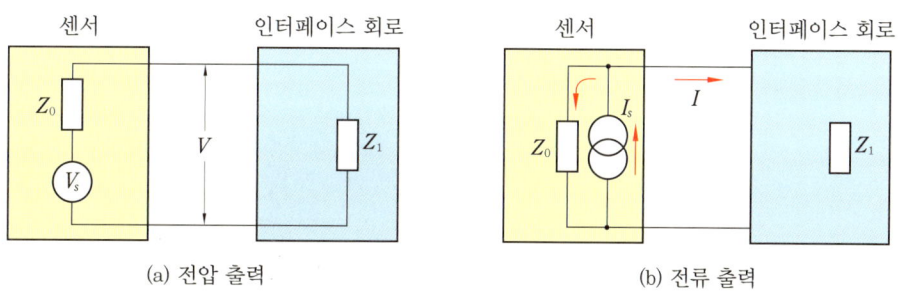

(a) 전압 출력   (b) 전류 출력

그림 6-17   출력 임피던스

(8) 환경 영향

센서는 외부 환경 변화에 매우 민감하다. 환경 파라미터란 센서의 정적 및 동적 특성에 매우 큰 영향을 미치는 환경 조건, 특히 온도, 습도 등의 외부 환경 요인을 말한다. 온도 영점 오차란 센서 입력을 0으로 했을 때 온도 변화에 기인한 센서의 출력 레벨 변화를 말하며, 온도 스팬 오차란 입력을 정격 입력으로 설정했을 때 온도 변화에 기인한 센서의 출력 레벨 변화를 의미한다.

그림 6-18은 온도 스팬 오차 입력을 정격 입력(100%FS)으로 설정했을 때 온도 변화에 기인한 센서의 출력 레벨 변화를 나타낸 것이다.

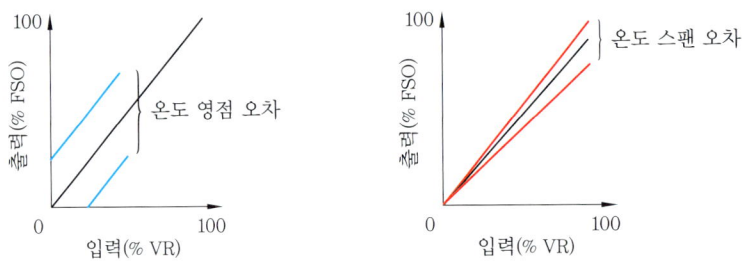

그림 6-18 정격 입력(100%FS) 설정에서 출력 레벨 변화

1-3 센서의 종류

1 동작 에너지에 따른 분류

센서의 분류는 동작 에너지에 따라 능동형과 수동형 센서로 분류할 수 있다.

(1) 능동형 센서(Active Sensor)

능동형 센서란 변환 동작을 위해서 외부로부터 전원을 공급해야 하는 것으로 출력 신호 전력의 대부분은 외부에서 가한 전원으로부터 얻으며, 입력은 단지 출력만을 제어하는 데 사용된다.

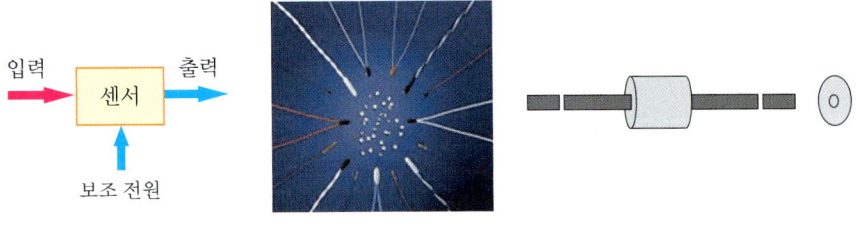

그림 6-19 능동형 센서

(2) 수동형 센서(Passive Sensor)

수동형 센서란 외부에서 전원을 공급할 필요가 없으며, 출력 전력은 입력으로부터 발생되는 센서이다. 변환에 필요한 전력을 측정 대상(입력)으로부터 얻으므로, 일명 자기 발전형 센서라고도 한다. 대표적인 예로는 태양 전지나 열기전력을 이용한 열전대 등이 있다.

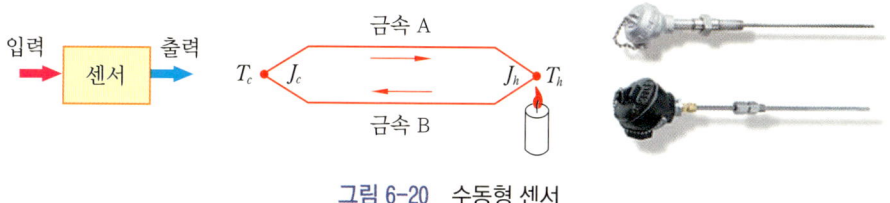

그림 6-20 수동형 센서

2 출력 신호에 따른 분류

센서는 출력 신호의 형태에 따라 아날로그 센서와 디지털 센서로 분류할 수 있다.

(1) 아날로그 센서(Analog type Sensor)

일반적으로 아날로그 센서의 출력은 연속적으로 변하는 아날로그 신호이며, 그림 6-21과 같이 수집되는 정보는 출력 신호의 진폭 변화를 검출하는 방식이다.

- 아날로그 센서의 특성
  - 성질 : 고응답성, 고감도 특성
  - 분해능 : 제한적, 보통 약 0.1%가 한계

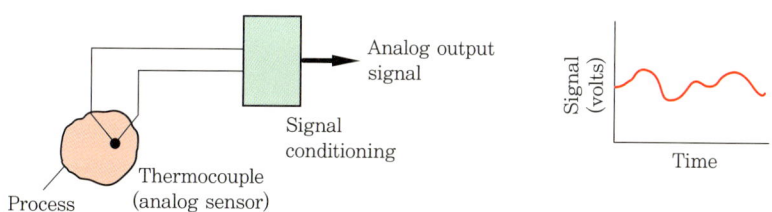

그림 6-21 아날로그 센서

(2) 디지털 센서(Digital type Sensor)

디지털 센서는 센서 출력이 디지털 신호인 것을 말하며, 아날로그 신호보다 전송이 더 쉽고 재현성이 우수하며, 신뢰성이 높고 더 정확하다.

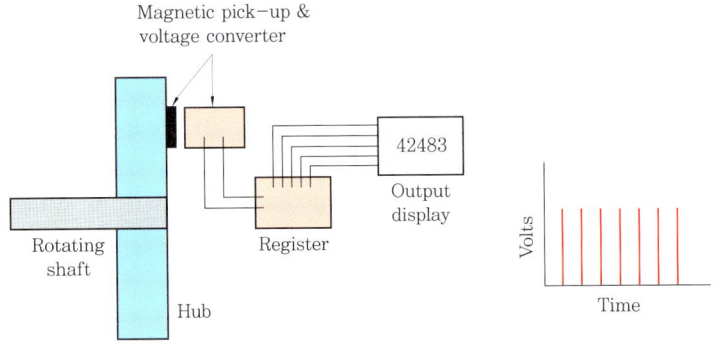

그림 6-22 디지털 센서

3 감지 대상에 따른 분류

감지 대상에 따른 센서의 분류는 감지하고자 하는 대상이 빛, 이미지, 위치의 변화량을 나타내는 변위, 특정 물체가 일정 거리 이내에 있는지를 감지하는 위치 또는 근접, 물체의 힘이나 압력, 자기장의 변화, 온도 변화, 상대 습도 및 절대 습도량의 변화, 화학적인 변화 등으로 분류하며, 표 6-1과 같이 대상의 종류에 따라 알맞은 센서를 선택하여 사용해야 한다.

표 6-1 감지 대상에 따른 센서의 분류

감지 대상	센서 종류
광	광전자 방출형, 광도전형, 접합형(PD등)
이미지	촬상관, 고체 이미지형(CCD형, MOS형)
변위	포토쇼미터, 차동 변압기, 인코더 등
위치/근접	광전형, 근접형 등
압력/하중	스트레인게이지형, 압전형
자기	홀소자, 반도체 자기 저항, 강자성체 자기 저항
온도	금속 저항형, 서미스터, 열전대, IC 온도, 방사 온도
습도	전해질 습도, 고분자형, 세라믹형
화학	가스 센서, 이온 센서, 바이오 센서

1-4 산업 분야에서 사용되는 센서

1 산업 분야의 센서

산업 분야에 맞는 센서는 그림 6-23과 같이 각 산업 분야별 필요 요소와 그에 관련된 센서를 정리할 수 있다.

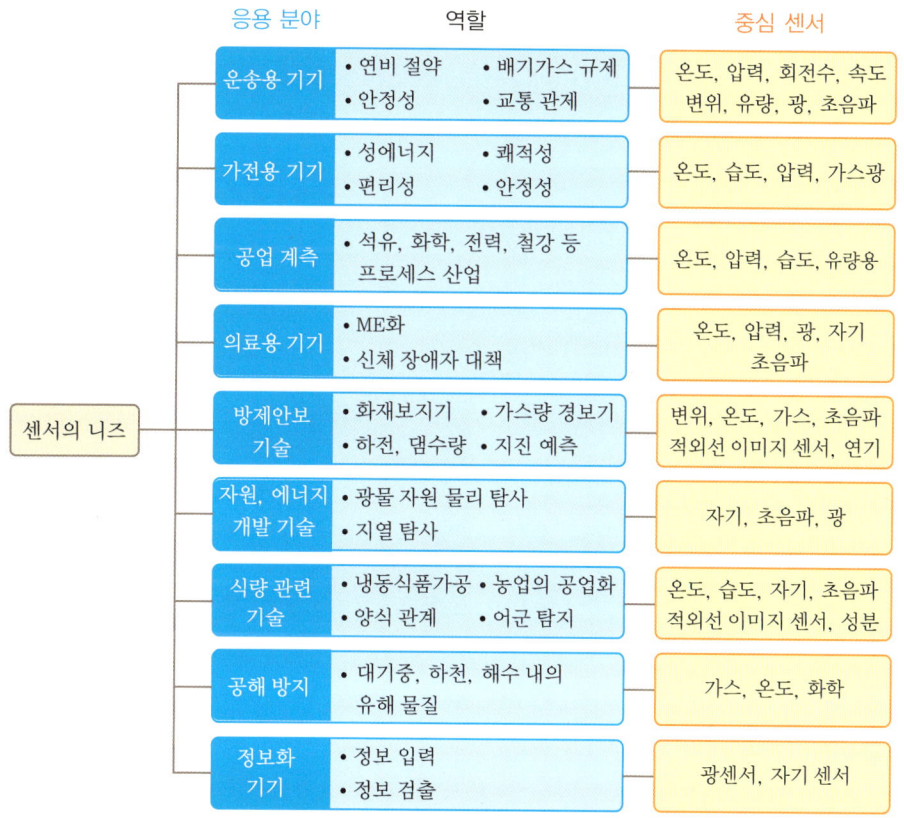

그림 6-23 산업 분야별 필요 요소와 관련 센서

2 마이크로 센서(Micro-Sensor)

요즘 개발되는 센서는 점차 소형화, 지능화, 고집적화 및 다기능화되는 추세이다. 반도체 식각 기술을 이용한 마이크로 제작 기술과 첨단 소형 센서의 개발이 보다 활성화되고 있으며, 이를 이용하여 사람이 단순히 알약을 삼키기만 하여도 이 알약이 사람 몸을 통과하여 배출되기까지 장기 내부의 사진을 수천 장 찍어 몸의 이상 유무를 알게 해주는 기술이 상용화되었다.

또한 하나의 칩에 여러 종류의 센서와 이를 처리하기 위한 인터페이스 회로 등을 집적시킨 다기능 집적화 센서의 개발 및 응용이 활발히 이루어지고 있는 추세이다. 그림 6-24는 Micro-fabrication 기술을 사용해서 만든 압력 센서를 나타낸다.

그림 6-24 마이크로 센서

3 집적화 센서(Integrated Sensor)

집적화 센서는 그림 6-25와 같이 Single Monolithic Chip에 하나 이상의 센서와 적당한 인터페이스 회로를 결합한 센서이다.

그림 6-25 집적화 센서

2. 센서 구조와 동작 원리

2-1 광센서

다음은 각종 센서의 동작 원리 및 응용 분야에 대하여 알아보기로 한다. 그중에서 가장 광범위하게 응용되고 있는 광센서에 대하여 설명하기로 한다.

1 광전자 방출형 센서

광전자 방출형 센서는 빛의 진동수가 어떤 한계 진동수보다 커지면 금속으로부터 전자가 방출되는 광전자 방출 효과를 이용한 센서이다.

(1) 원리

빛의 진동수가 어떤 한계 진동수보다 커지면 금속으로 전자가 방출되는 광전자 방출 효과(photo-emissive effect)를 이용한 센서이다.

(2) 구조

광전관 : • 광전자를 방출하는 음극 + 광전자를 흡수하는 양극 구조
　　　　• 저감도, 양호한 선형성(입사광-전류), 고속 응답성

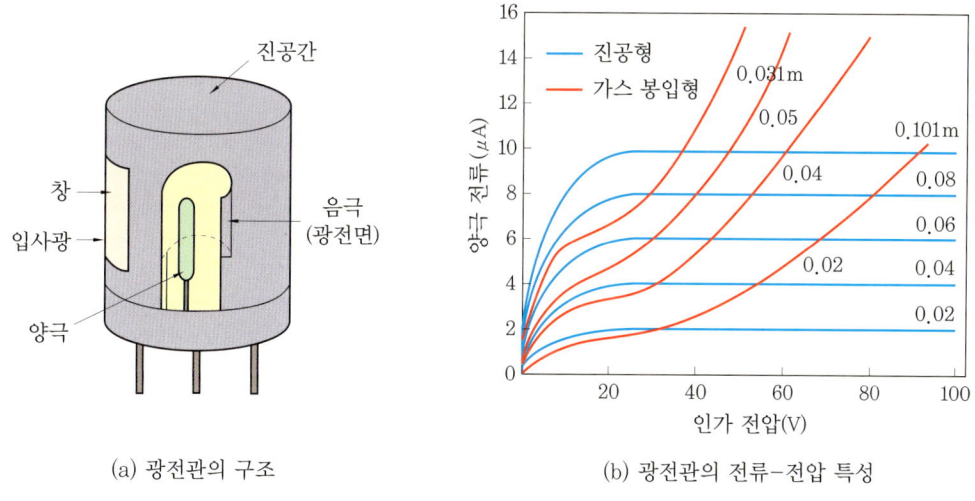

(a) 광전관의 구조　　　(b) 광전관의 전류-전압 특성

그림 6-26 광전관의 구조와 전류 전압 특성

(3) 광전자 증배관 응용(CT)

광전자 증배관은 병원에서 환자를 진료할 때 흔히 사용하는 컴퓨터 단층 촬영, 즉 CT에 이용되고 있다.

광전자 증배관 : • 광전관 + 2차 증배기
　　　　　　　• 감도 증가, 고감도, 고속 응답성
　　　　　　　• 분석 기기, 의료용 기기, 촬상관 등에 응용

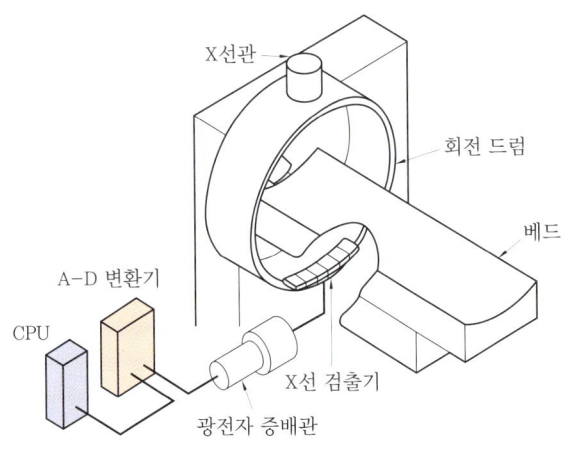

그림 6-27 광전자 증배관을 이용하는 CT 촬영관

2 광도전 센서

광도전 센서는 그림 6-28과 같이 빛이 조사되면 물질의 도전율이 증가되는 광도전 효과를 이용하는 센서이다. 이 센서는 응답 속도가 느려서 가시광선 이상의 장파장 광 검출에 이용되고 있다.

대표적인 광도전 센서는 CdS 광도전 셀이며, 광도전체로 CdS, CdSe를 사용하고 있다. 고감도, 소형, 저가격이며 가시광선에 민감하고 저속 응답성으로 카메라의 노출계, 가로등 자동점멸기에 사용되고 있다.

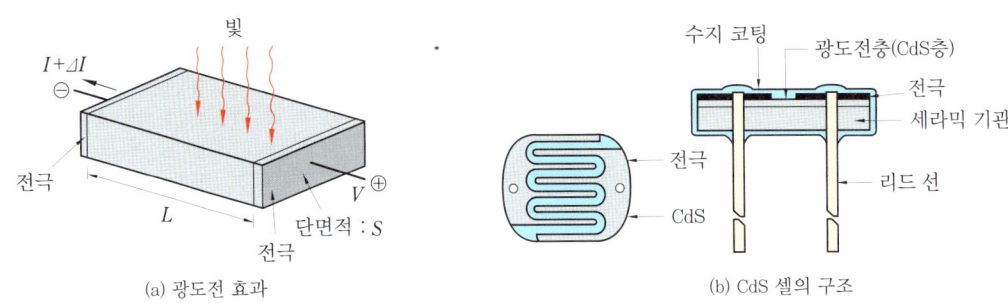

그림 6-28 광도전 센서와 셀의 구조

2-2 변위 센서

변위 센서란 센서에서 측정 물체까지의 거리 또는 측정 물체의 이동한 거리에 비례하여 전기 신호를 출력하는 센서이다.

접촉식 변위 센서로는 접촉식 전위차계(Potentiometer), 차동 변압기(LVDT), 인코더(Encoder) 등이 있으며, 비접촉식은 와전류형, 광학형, 초음파 등이 있다.

1 전위차계(Potentiometer)

전위차계란 위치에 따른 저항 변화를 이용하여 변위를 측정한다. 5~40000mm 측정 범위를 가지는 변위 센서로 정밀도는 약 0.01mm이다. 그림 6-29는 접촉식 전위차계를 나타낸다.

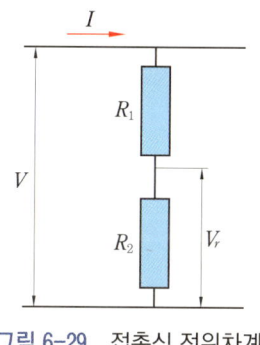

그림 6-29 접촉식 전위차계

2 차동 변압기(Differential Transformer)

차동 변압기를 이용한 변위 센서는 그림 6-30에서 나타낸 바와 같이 물체의 변위에 비례하여 2차 코일에 유도되는 전압의 차이를 이용하는 센서이다.

내진 및 내구성이 좋으며 구조가 간단하고 히스테리시스가 작으나 외부 자계에 민감하다는 단점이 있다.

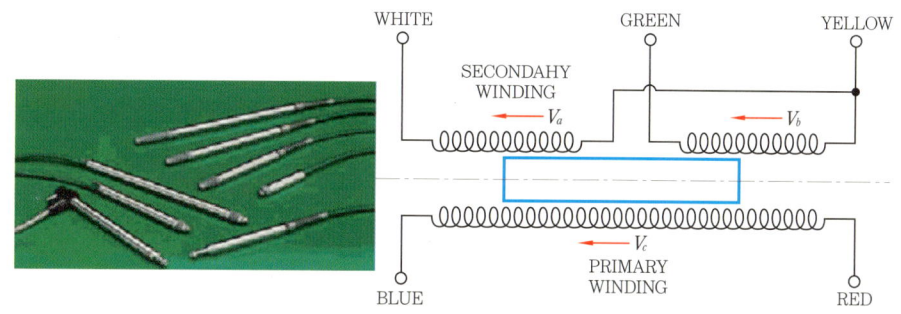

그림 6-30 차동 변압기를 이용한 변위 센서

3 광학식 엔코더(Encoder)

엔코더란 직선 운동이나 회전 운동을 하는 물체의 변위나 속도를 검출하기 위한 센서의 일종이다.

광학식 엔코더는 광 다이오드와 광 반도체를 사용하여 슬릿을 통과하는 빛의 유무를 감지하여 2진수의 형태로 위치나 각도 등을 측정하는 데 사용한다.

- 절대 위치 감지 방식 엔코더 : 2진수 코드 형상, 형태 복잡, 분해능 한계
- 상대 위치 감지 방식 엔코더 : 상대적인 증감량을 이용하여 절대 위치 감지

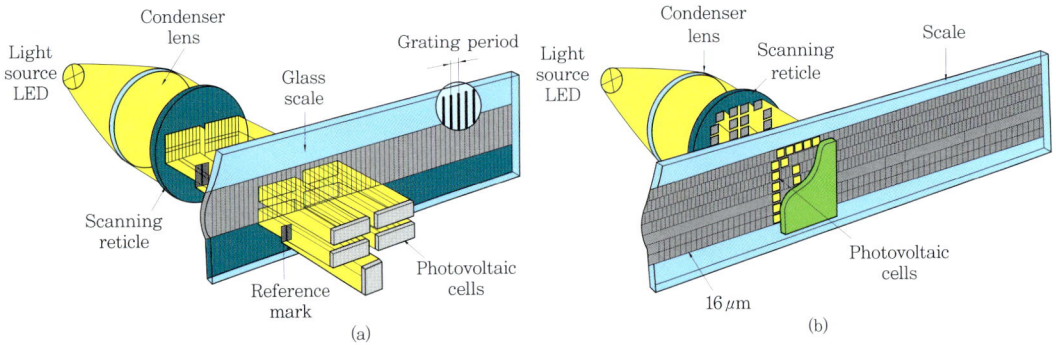

그림 6-31 리니어 스케일 : 직선 변위 감지

(1) 로터리 엔코더(Encoder)

로터리 엔코더는 서보 모터에 반드시 설치되어 있는 엔코더로서 그림 6-32와 같이 회전 변위를 검출하는 데 사용된다. 일반적으로 업솔루트 타입과 인크리먼트 타입이 있으며 혼용하여 사용할 수 없다.

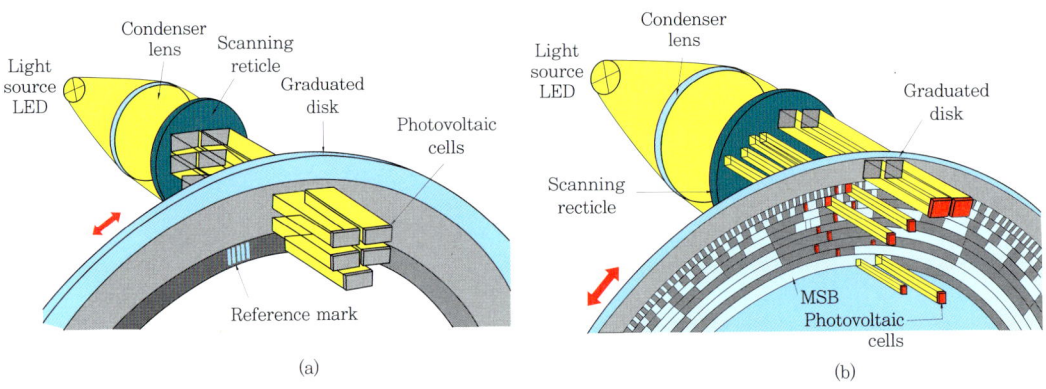

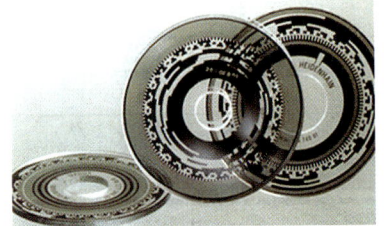

그림 6-32 로터리 엔코더

2-3 힘/압력 센서

1 압력의 세기와 센서 적용 분야

압력의 세기에 따른 적용 분야는 그림 6-33에 나타내었다.

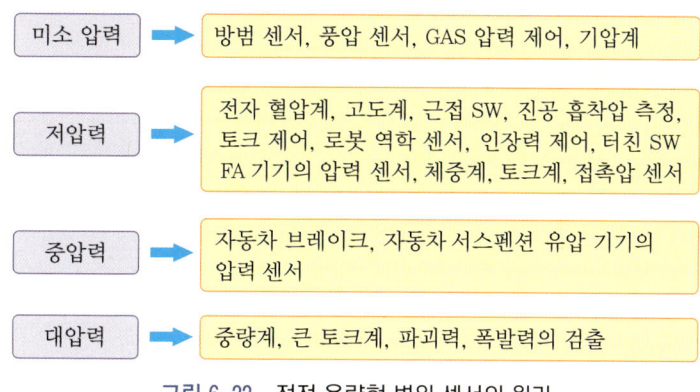

미소 압력	→	방범 센서, 풍압 센서, GAS 압력 제어, 기압계
저압력	→	전자 혈압계, 고도계, 근접 SW, 진공 흡착압 측정, 토크 제어, 로봇 역학 센서, 인장력 제어, 터치 SW FA 기기의 압력 센서, 체중계, 토크계, 접촉압 센서
중압력	→	자동차 브레이크, 자동차 서스펜션 유압 기기의 압력 센서
대압력	→	중량계, 큰 토크계, 파괴력, 폭발력의 검출

그림 6-33 정전 용량형 변위 센서의 원리

2 기계식 압력 센서

기계식 압력 센서는 크게 부르동관, 다이어프램 및 벨로즈 타입으로 분류할 수 있다. 부르동관은 가장 널리 사용되는 방식으로 가격이 저렴한 것이 특징이다.

표 6-2 기계식 압력 센서

구분	부르동관	다이어프램	벨로즈
입력 범위	0.5~2000 kg/cm	5 mmH₂O~20 kg/cm	10 mmHg~10 kg/cm
정밀도	±1~±2%FS (풀 스케일)	±1~±2%FS (풀 스케일)	±1~±2%FS (풀 스케일)
특징	가장 널리 사용되는 것으로 저렴하다.	미소압 저압 영역이 가능하다. 고무 등의 비금속 다이어프램도 가능하다.	압력 제어용 엘리먼트로서 많이 사용된다. 변위가 비교적 크게 잡힌다.
구조			
원리	타원상의 단면이고, 선단의 자유관이 닫혀 있는 반원형 관에 압력을 가하면, 관의 단면은 원에 가까워지고, 자유단은 그림 방향으로 변한다.	금속 또는 비금속의 원형 박판에 압력을 가하면 박판이 변한다. 변위를 크게 하기 위해 박판을 동심 파상판 등으로 한다.	많은 주름이 있고, 주름 모양의 것을 미리 스프링으로 늘여 놓고, 이것에 외측에서 압력을 가해 수축시킨다.

3 스트레인 게이지를 이용한 압력 센서

일반적으로 물체의 저항은 단면적에 반비례하고 길이에 비례한다. 어떤 하중에 의해 물체의 길이가 증가하면 저항도 비례하여 증가하게 되며, 이때 저항이 변화한 정도는 물체의 변형 정도에 비례하고, 가해지는 힘에 비례하게 된다. 따라서 저항 변화를 측정하면 가해진 힘의 크기를 알 수 있게 되는 것이다. 여기에서 발생하는 저항의 변화는 평형 브리지(Bridge) 회로를 사용하여 측정할 수 있다.

(1) 스트레인 게이지의 구조

그림 6-34를 보고 다양한 형태의 스트레인 게이지에 대해 알아보도록 한다. 그림 (a)는 변형이 일어나는 부분이 금속선으로 구성된 형태이며, 그림 (b)는 금속 박막으로 구성된 형태를 나타낸다.

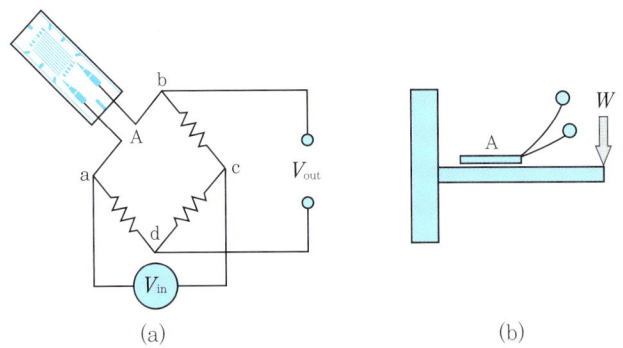

그림 6-34 스트레인 게이지를 이용한 압력 측정

4 로드 셀(Load Cell)

로드 셀은 그림 6-35와 같이 스트레인 게이지를 장착한 다양한 형상의 구조물이다.

(a) 인장형 로드 셀(20t)　(b) 압축형 로드 셀(20t)　(c) 질량 측정 모듈(15t)

(d) 인장-압축형 로드 셀(10t)　(e) 굽힘형 로드 셀(100kg)　(f) 디지털 인디케이터

그림 6-35 스트레인 게이지를 이용한 로드 셀

2-4 속도/가속도 센서

1 Tacho-generator

Tacho-generator는 영구 자석과 이를 감싼 코일로 구성되어 있다. 그림 6-36의 (a)와 같이 영구 자석 내에서 자계와 직각 방향으로 코일에 전류가 흐르면, 각각의 직각 방향으로 힘을 받아 코일이 회전하는 현상을 이용한 것이다. 그림 (b)는 우리가 흔히 전류나 전압 등을 측정할 때 사용하는 아날로그 tester의 Tacho-generator를 나타낸 것이다.

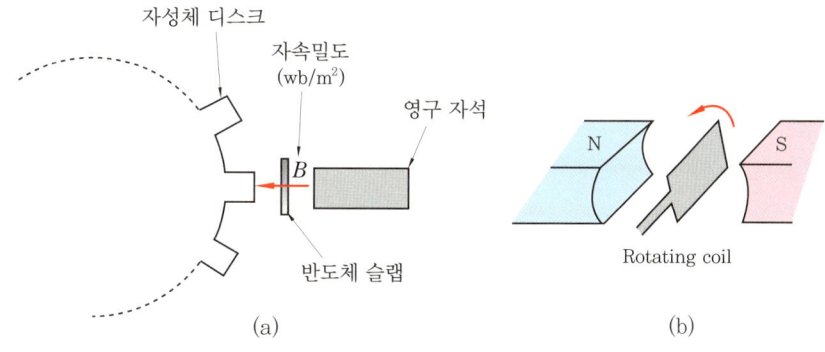

그림 6-36 Tacho-generator의 원리

2 홀 센서

① Hall Effect의 원리

자기장 내에서 전하가 움직이면 Lorentz 힘의 원리에 따라서 이동 방향에 수직 방향으로 힘을 받게 된다.

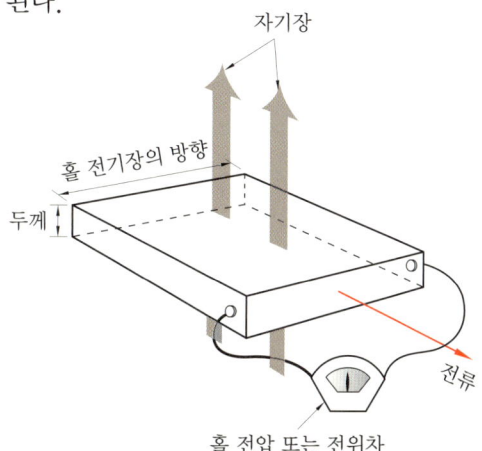

그림 6-37 Hall Effect 원리

그림 6-37과 같이 전류가 흐르는 도체에 자기장이 가해지면, 도체 내부를 흐르는 전하가 진행 방향에 수직으로 힘을 받아서 도체의 한쪽으로 치우쳐 흐르게 되는 것이다. 전하가 한쪽으로 치우침으로 인해 전하가 몰려있는 곳과 그렇지 않은 곳 사이에 전위차가 발생하는 현상을 홀 효과라고 하고, 이때 발생된 전압을 홀 전압이라고 한다.

3 가속도 센서

가속도 센서란 가속도, 진동, 충격 등의 동적 힘을 감지하는 센서로 관성력, 전기 변형 및 자이로의 응용 원리를 이용하여 측정하는 센서이다.
① 관성식 가속도 센서
② 반도체식 가속도 센서
③ 저항형 반도체식 가속도 센서
④ 용량형 반도체식 가속도 센서

2-5 온도 센서

온도를 측정하는 센서는 그 기본 원리에 따라 표 6-3과 같이 분류할 수 있다.

표 6-3 온도 센서

기본 원리	분류
열팽창	금속 온도계, 유리 온도계
전기 저항	금속 저항 온도 센서(백금, 동, 니켈, 텅스텐, 백금, 코발트), 서미스터 (NTC, CTR, PTC형)
자기 특성	감온 페라이트, 금속(정자 합금, 아몰퍼스 자성체)
열기전력	금속(열전쌍 : R, K, E, J형), 반도체형
정전 용량형	$BATiO_3$, 폴리아미드, KCL
반도체	P-n 접합형(다이오드, Tr, Ic, SCR)
탄성	초음파(수정 진동자, 주파수 변화, 공진법, 위상차법)

2-6 근접 센서

(1) 마이크로 스위치

마이크로 스위치는 기계 제어에서 가장 많이 사용되어온 ON/OFF형 센서로 물체의 유무를 검출하는 데 사용한다. 그림 6-38은 현재 상용화되어 사용되고 있는 산업용 마이크로 스위치의 실물을 나타내고 있다.

그림 6-38 마이크로 스위치의 종류

(2) 리드 스위치

리드 스위치란 자성 철판을 유리로 밀봉한 것으로 그림 6-39에서 보는 바와 같이 외부 자계에 의해 동작하는 센서이다.

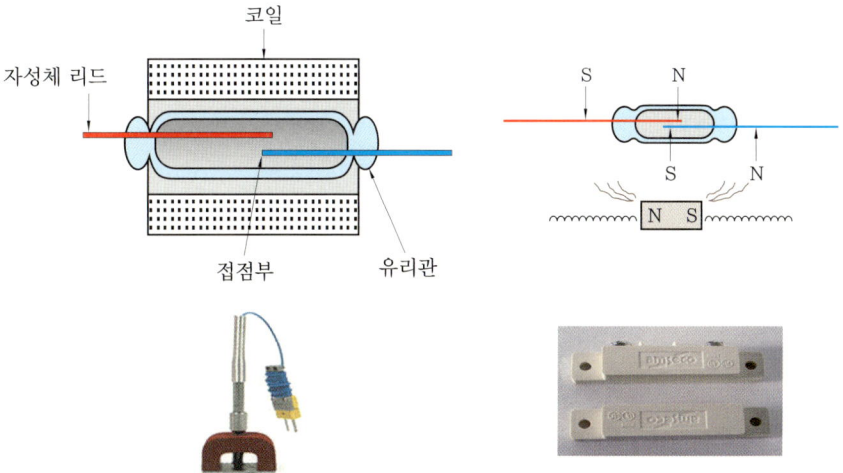

그림 6-39 리드 스위치의 구조

(3) 공압 근접 센서(Pneumatic proximity sensor)

공압 근접 센서는 그림 6-40에서 보는 바와 같이 물체의 근접 유무를 측정하는 센서이다.

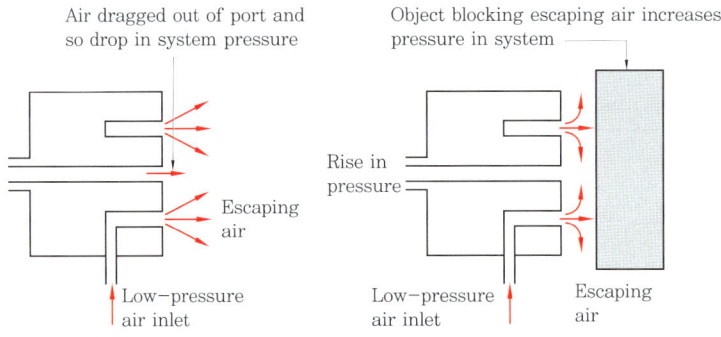

그림 6-40 공압 근접 센서의 원리

(4) 자계(Magneticfield)에 의한 근접 센서

① 고주파 발진형
② 차동 코일형
③ 자기형

(5) 광전 근접 센서

① 투과형 광전 센서
② 확산 반사형 광전 센서
③ 회귀 반사형 광전 센서
④ 한정 반사형 광전 센서

(6) 광섬유 근접 센서

종래 광센서의 절대 조건인 렌즈를 없애고 그림 6-41과 같이 광섬유 케이블을 이용한 센서를 광섬유 센서라고 한다.

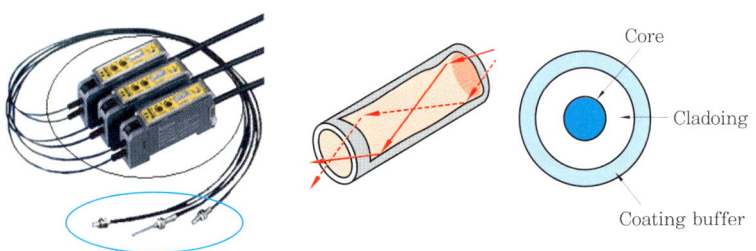

그림 6-41 광섬유 센서

2-7 기타 센서

(1) 시각 센서

시각 센서란 일반 센서로 검출이 불가하여 사람의 육안으로만 검사하던 기능을 대치하는 장비이다. 그림 6-42와 같이 카메라를 통해 들어온 화상 이미지를 컨트롤러의 연산 기능을 사용하여 특정 부분의 이상 유무를 검사하는 장비이다.

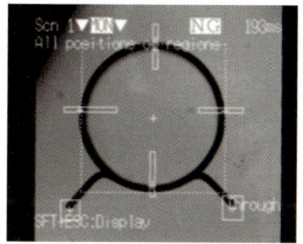
(a) 자동차 배관 홀더의 치수 검사

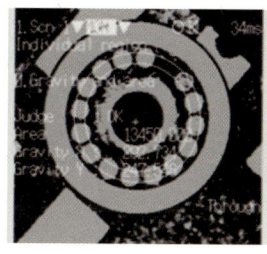
(b) 베어링 볼 수 검사

(c) 뚜껑 인쇄 상태 검사

그림 6-42 시각 센서

(2) 가스 센서

가스 센서는 인간의 오감 중에서 후각에 해당하는 기능을 갖는 센서로 공기 중의 각종 가스를 검출하는 화학 센서의 일종으로 여러 종류의 센서 중에서 가장 먼저 개발된 센서이다.

(3) PH 센서

PH 센서는 용액의 산성도를 측정하는 센서이다. 그림 6-43과 같이 기준 전극과 샘플 전극으로 이원화된 구조로 되어 있다.

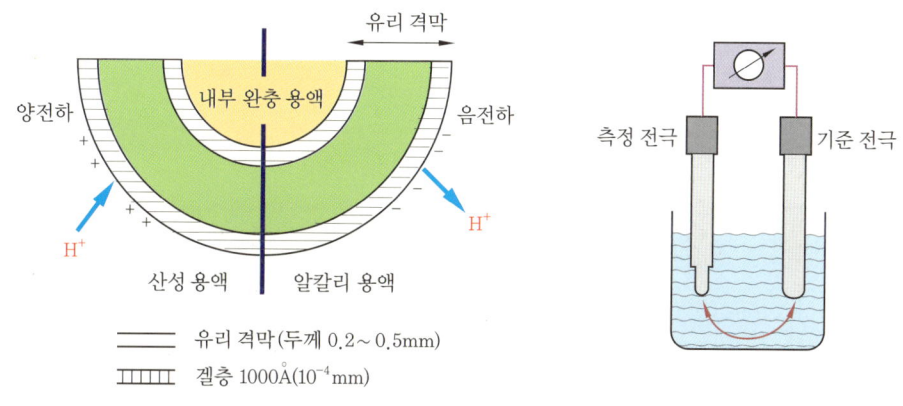

그림 6-43 PH 센서의 구조와 원리

(4) DO 센서

DO 센서는 물속의 오염도를 측정하는 가장 일반적인 방법으로 생물학적 산소요구량을 측정하는 방법이다.

3. 센서 연결 방법

3-1 출력부 회로 및 부하 연결

1 직류 3선식

(1) 직류 3선식 NPN형 유니버설 출력형

그림 6-44는 직류 3선식 NPN형 센서의 전원과 부하 연결 방법이다. 일반적으로 산업용 센서 각 단자에 연결된 Reed 선은 색상을 가지고 있으나, 모든 센서가 같은 색을 보이는 것은 아니므로 사용 전에 반드시 확인해야 한다.

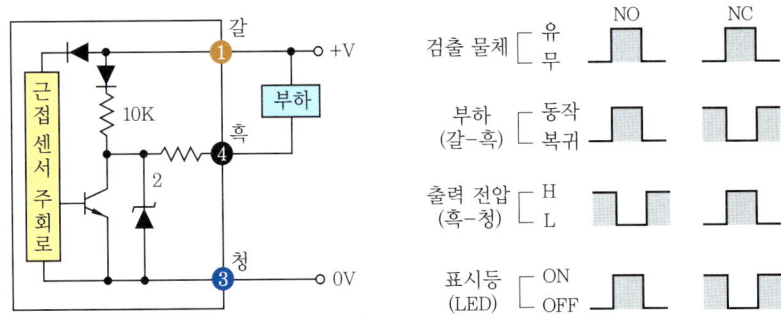

그림 6-44 직류 3선식 NPN형 센서의 전원과 부하 연결 방법

(2) 직류 3선식 PNP형 유니버설 출력형

그림 6-45는 직류 3선식 PNP형 센서의 전원과 부하 연결 방법이다. 반드시 전원 연결 방법과 부하 연결 방법을 숙지하여 연결해야 한다. 만약 전원의 방향을 반대로 연결할 경우 트랜지스터의 특성으로 인해 센서가 파괴될 수 있다.

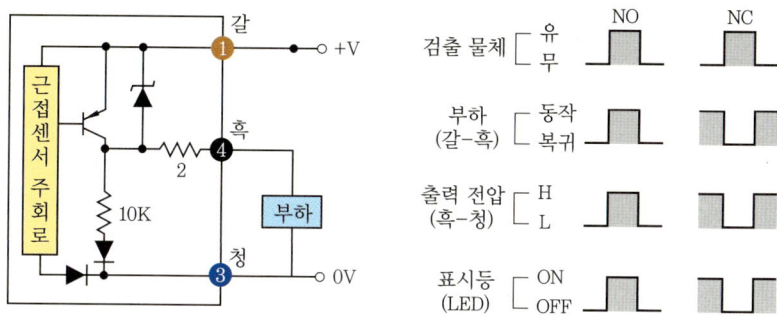

그림 6-45 직류 3선식 PNP형 센서의 전원과 부하 연결 방법

2 교류 2선식

그림 6-46은 교류 2선식 센서의 전원과 부하 연결 방법이다. 교류 2선식은 전원의 방향성이 없으므로 부하와 PLC 등 주변 기기에 연결이 간편하다.

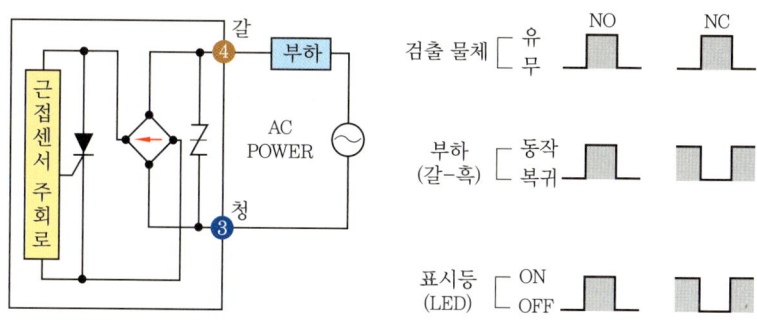

그림 6-46 교류 2선식 센서의 전원과 부하 연결 방법

그림 6-47은 직류 2선식 센서의 부하 연결 방법과 동작 상태를 나타낸 것이다.

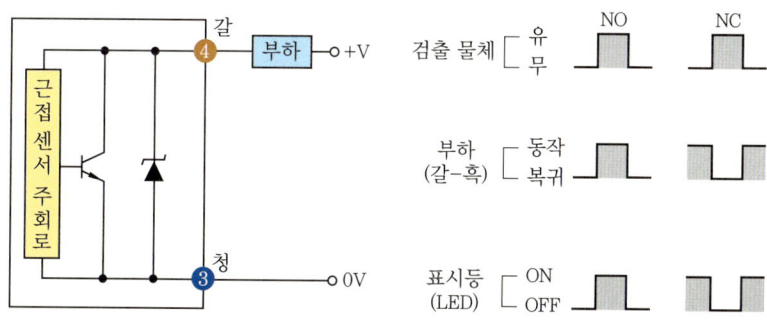

그림 6-47 교류 2선식 센서의 부하 연결 방법과 동작 상태

3-2 센서의 직·병렬접속

센서는 그림 6-48에서 나타낸 것과 같이 여러 개의 센서를 직렬 또는 병렬로 연결하여 디지털 회로의 AND 연산과 OR 연산 기능을 수행할 수 있다. 그러나 센서의 종류가 NPN인지 또는 PNP인지에 따라 전원의 연결과 부하를 연결하는 방식이 달라지므로 사용에 주의해야 한다. 일반적으로 전원을 반대로 연결할 경우 센서가 파괴된다.

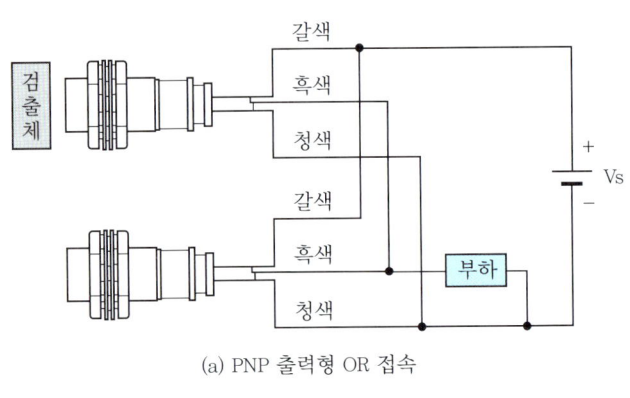

(a) PNP 출력형 OR 접속

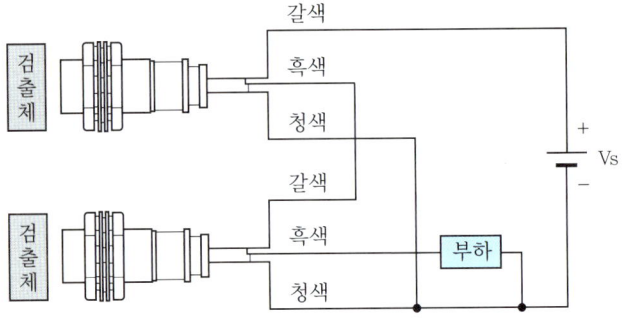

(b) PNP 출력형 AND 접속

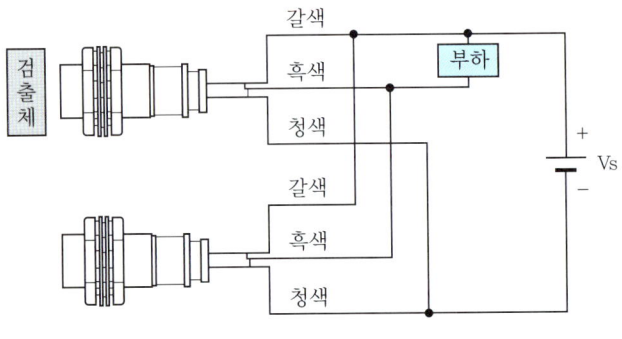

(c) NPN 출력형 OR 접속

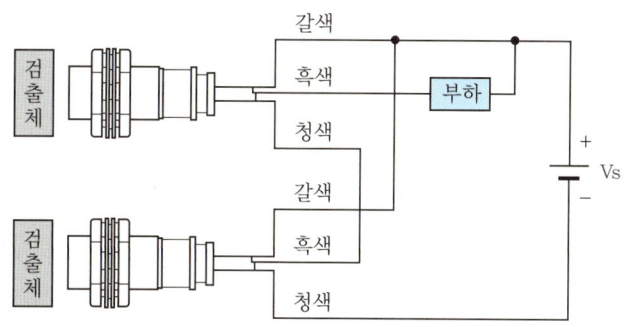

(d) NPN 출력형 AND 접속

그림 6-48 센서의 직렬·병렬연결 방법

4. 센서 응용 실습

4-1 기본 동작 회로 구성하기

1 Reed 센서 기본 동작 회로 구성하기

(1) 개요

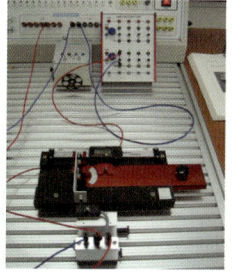

그림 6-49 Reed 센서 회로 구성

① 자석의 방향에 따라서 감지 거리가 달라지는 회로를 구성하는 실습이다.
② 우선 PNP형 센서의 특성을 알아보기 위하여 PNP형 리드 센서와 센서의 동작 특성을 검출하기 위한 LED를 사용하여 실습한다.

(2) 회로 구성하기

① 센서의 전원을 공급하기 위하여 24볼트 전원을 연결한다.
② PNP형 센서는 물체를 감지할 경우 24볼트 출력을 발생시키므로 센서의 출력을 LED의 양극에 연결하고 LED 음극은 접지시킨다.
③ 자석 시편을 리드 센서 주변으로 이동시키면 LED에 불이 들어오는 것을 확인할 수 있다.

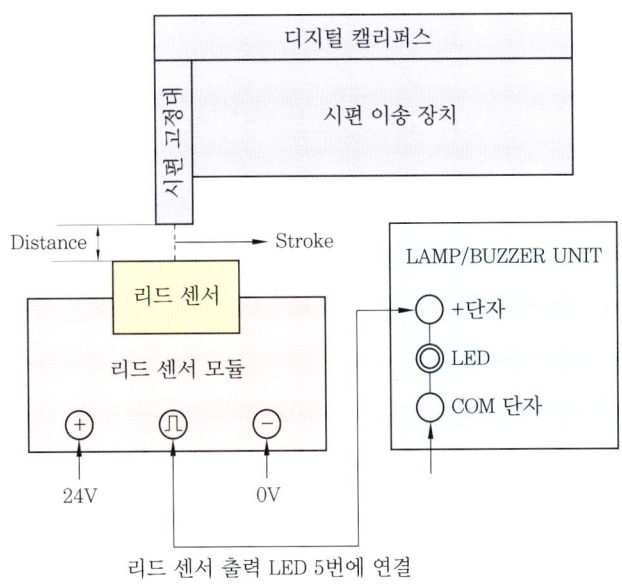

그림 6-50 Reed 센서 회로

2 정전 용량 센서 기본 동작 회로 구성하기

(1) 개요

① 물체의 종류에 따라서 감지 거리가 달라지는 회로를 구성하는 실습이다.

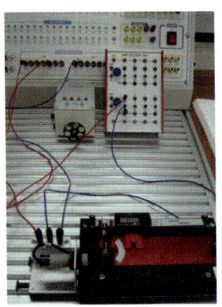

그림 6-51 정전 용량 센서 회로 구성

② 일반적으로 산업용 센서의 구동 전압은 24볼트이며, 센서로부터 출력 전압은 물체 감지 시 약 23볼트 이상의 출력이 발생한다.
③ NPN형 정전 용량형 센서와 센서의 동작 특성을 검출하기 위한 LED를 사용하여 구성하는 회로이다.

(2) 회로 구성하기

① 센서의 전원을 공급하기 위하여 24볼트 전원을 연결한다.
② NPN형 센서는 물체를 감지할 경우 0볼트 출력을 발생시키므로, 센서의 출력을 LED의 음극에 연결하고 LED 양극에는 24볼트의 전원을 공급한다.
③ 물체가 센서 주변으로 접근하면 LED에 불이 들어오는 것을 확인할 수 있다.
④ 접근하는 물체의 종류에 따라 감지거리가 달라지게 된다.

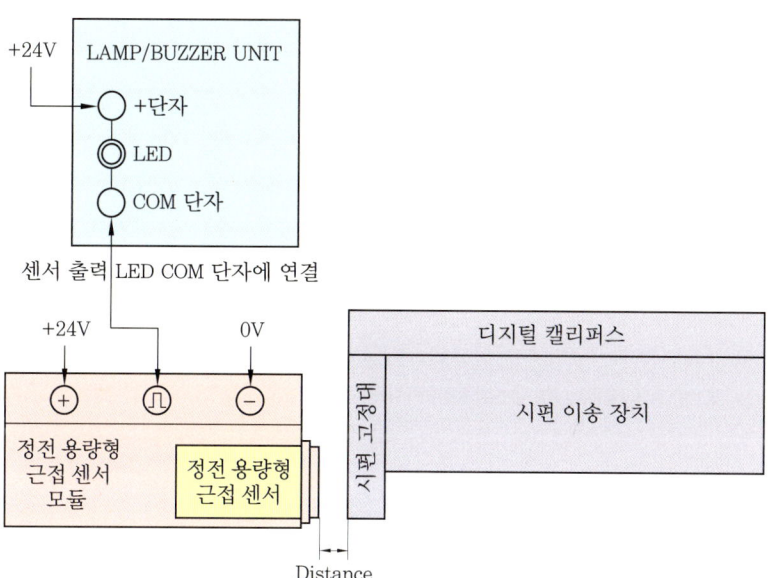

그림 6-52 정전 용량 센서 회로

3 유도형 센서 기본 동작 회로 구성하기

(1) 개요

NPN형 유도형 센서와 센서의 동작 특성을 검출하기 위하여 LED를 사용하는 실습이다.

(2) 회로 구성하기

① 센서의 전원을 공급하기 위하여 24볼트 전원을 연결한다.
② NPN형 센서는 물체를 감지할 경우 0볼트 출력을 발생시키므로 센서의 출력을 LED의 음극에 연결한다.
③ LED 양극에는 24볼트의 전원을 공급한다.
④ 물체가 센서 주변으로 접근하면 LED에 불이 들어오는 것을 확인할 수 있다.
⑤ 접근하는 물체의 종류에 따라서 감지가 가능한 것과 감지 불가능한 물체가 있다.
⑥ 유도형은 오로지 금속만 감지할 수 있다.

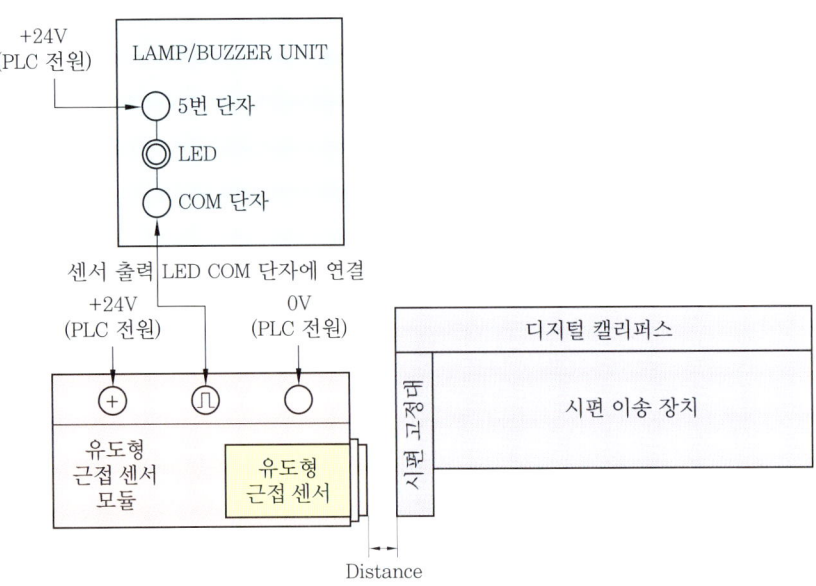

그림 6-53 유도형 센서 회로

4 미러 반사형 센서 기본 동작 회로 구성하기

(1) 개요

NPN형 미러 반사형 센서와 센서의 동작 특성을 검출하기 위하여 LED를 사용하는 실습이다.

(2) 회로 구성하기

① 센서의 전원을 공급하기 위하여 24볼트 전원을 연결한다.
② NPN형 센서는 물체를 감지할 경우 0볼트 출력을 발생시킨다.
③ 따라서 센서의 출력을 LED의 음극에 연결한다.

④ 양극에는 24볼트의 전원을 공급한다.
⑤ 물체가 센서 주변으로 접근하면 LED에 불이 들어오는 것을 확인할 수 있다.
⑥ 접근하는 물체의 종류에 따라서 감지가 가능한 것과 감지가 불가능한 물체가 있다.
⑦ 미러 반사형 센서의 경우 투명한 물체의 검출이 가능하다.

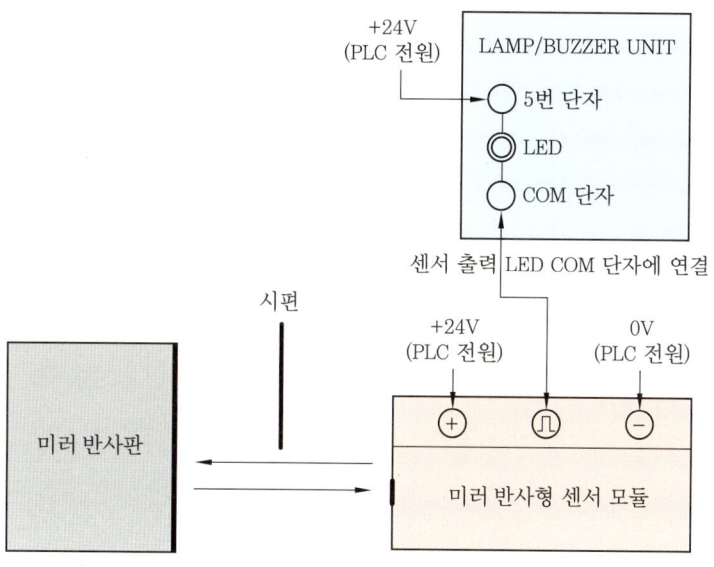

그림 6-54 미러 반사형 센서 회로

5 투과 형광 센서 기본 동작 회로 구성하기

(1) 개요

① 투과 형광 센서를 이용하여 간단하게 센서의 동작 특성을 알아보는 실습이다.
② 광센서는 일반적으로 Dark ON 모드와 White ON Mode 가 있으며, 이것은 Normal Open과 Normal Close와 같은 형태의 동작 Mode가 있다.
③ Normal Open과 Normal Close와 같은 형태의 동작 Mode이며, 두 개의 Mode 중 1개의 Mode를 선택하여 사용해야 한다.

(2) 회로 구성하기

① 먼저 투광부를 가동시키기 위하여 전원을 공급한다.
② 투광부와 광축을 일치시킨 수광부에 전원을 공급한다.
③ 현재 실습에 사용하는 센서는 NPN형 센서를 사용한다.
④ NPN형 센서는 물체를 감지할 경우 0볼트 출력을 발생시킨다.

⑤ 센서의 출력을 LED의 음극에 연결한다.
⑥ LED 양극에는 24볼트의 전원을 공급한다.
⑦ 물체가 빛을 차단하면 LED에 불이 들어오는 것을 확인할 수 있다.

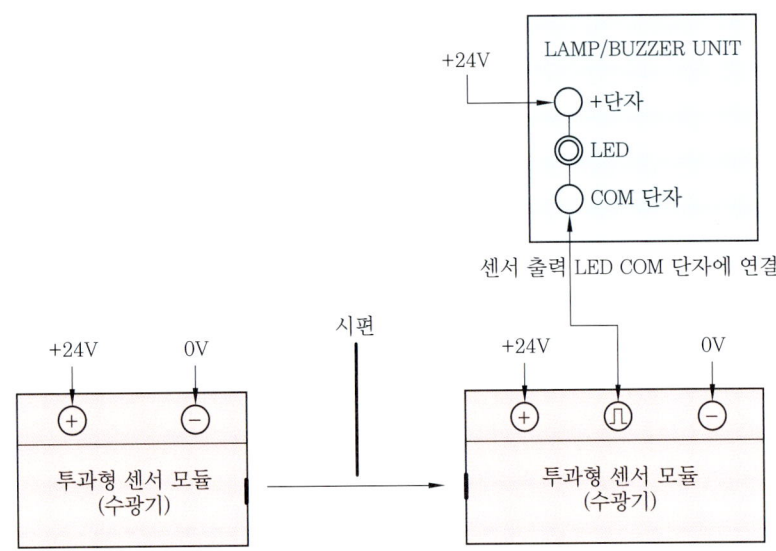

그림 6-55 투과 형광 센서 회로

6 직접 반사형 광센서 기본 동작 회로 구성하기

(1) 개요

NPN형 직접 반사형 센서와 센서의 동작 특성을 검출하기 위하여 LED를 사용한 실습이다.

(2) 회로 구성하기

① 센서의 전원을 공급하기 위하여 24볼트 전원을 연결한다.
② NPN형 센서는 물체를 감지할 경우 0볼트 출력을 발생시키므로 센서의 출력을 LED의 음극에 연결한다.
③ LED 양극에는 24볼트의 전원을 공급한다.
④ 물체가 센서 주변으로 접근하면 LED에 불이 들어오는 것을 확인할 수 있다.
⑤ 접근하는 물체의 종류에 따라서 감지가 가능한 것과 감지가 불가능한 물체가 있다.
⑥ 직접 반사형 센서의 경우 감지 대상 물체의 표면 상태나 색에 의해 감지 거리가 달라진다.

4. 센서 응용 실습   **235**

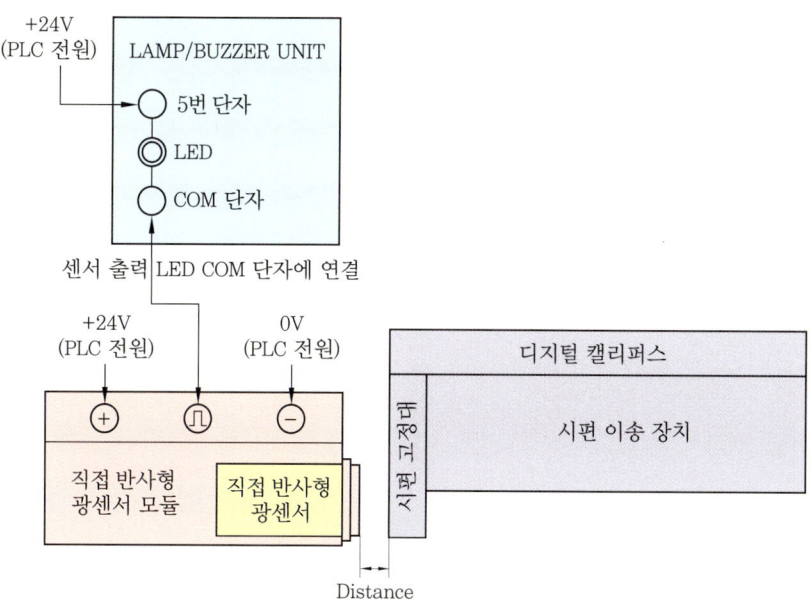

그림 6-56 직접 반사형 광센서 회로

4-2 센서 응용 고급 실습하기

1 적외선 센서를 이용한 물체 감지 회로 구성하기-1

(1) 개요

① 센서와 마이크로프로세서를 연동하여 사용하는 방법을 이해하기 위한 실습이다.
② 그림 6-57에 보이는 회로는 적외선 센서를 이용한 물체 감지 회로를 나타낸 부분이다.

(2) 회로 구성하기

① 그림 6-57에서 회로는 크게 두 부분으로 나눌 수 있다.
② 그림 상단은 반사체에 의해 반사된 적외선의 양에 해당되는 전압과 설정 전압을 비교하는 비교기를 이용하여 물체를 감지하는 물체 감지용 적외선 수광부이다.
③ 하단은 발광 센서에 큰 전류가 흐르도록 하여 포토 LED, 즉 발광부를 구동시키는 펄스 구동형 발광부를 나타낸 것이다.

236 제6장 생산 관리 시스템의 데이터 수집 IIoT

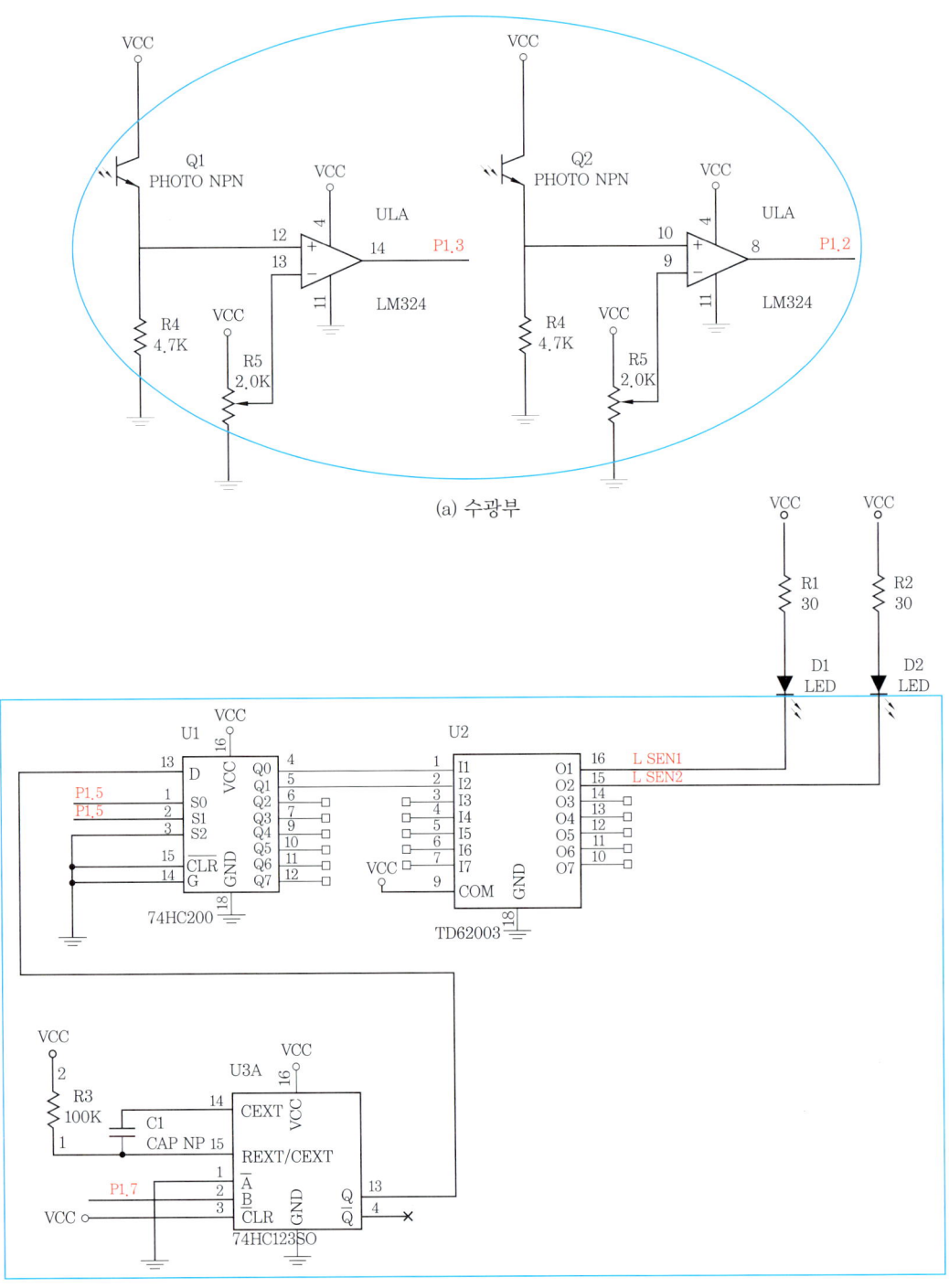

(a) 수광부

(b) 발광부

그림 6-57 적외선 물체 감지 회로-1

2 적외선 센서를 이용한 물체 감지 회로 구성하기-2

(1) 개요

① 센서에 빛이 감지되면 트랜지스터가 ON 상태가 되어 회로에 흐르는 전류를 쉽게 계산할 수 있다.
② 이때 흐르는 전류에 의해 저항에 전압이 걸리게 되며, 이 전압이 비교기에 입력된다.
③ 입력된 전압은 가변 저항에 의해 설정된 기준 전압과 비교되어 연산 증폭기의 출력이 결정된다.
④ 만약 센서 동작으로 인한 전압 V가 기준 전압보다 크면 비교기의 출력은 5V가 되며, 적다면 출력 전압은 0볼트로 된다.
⑤ 이와 같은 방법으로 물체를 감지했다는 신호를 마이크로프로세서에 전달하게 된다.

(2) 회로 구성하기

① 센서가 빛을 감지하면 전류가 흐르게 되고, 이때 흐르는 전류 $I=\dfrac{V_{cc}}{R+R_s}$이다.
② 따라서 저항 R에 걸리는 전압의 크기 $V=IR$로 계산할 수 있다.
③ 만약 이 전압 V가 기준 전압 V_r보다 크면 출력은 5V, 작으면 0이 된다.

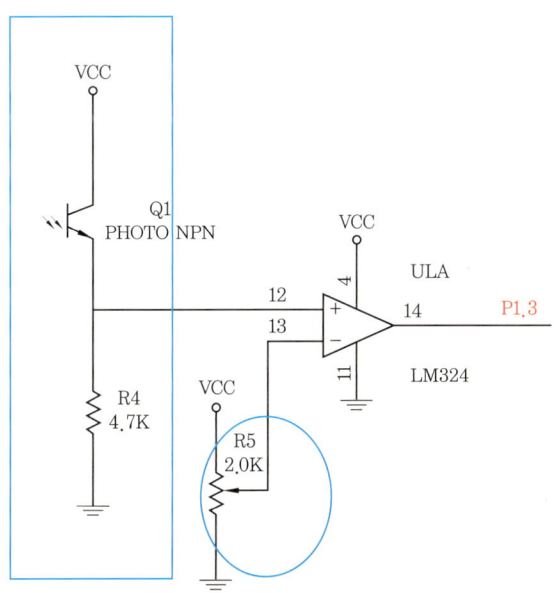

그림 6-58 적외선 물체 감지 회로-2

3 적외선 센서를 이용한 물체 감지 회로 구성하기-3

(1) 개요
발광부 회로의 구성 및 동작 특성에 대한 실습이다.

(2) 회로 구성하기
① 일반적으로 발광 다이오드의 순방향 전류는 100mA 정도이다.
② 방사 강도를 증가시키기 위해서 펄스 방식을 선택한다. 최대 1A의 전류를 흐르게 할 수 있다.
③ 특정 주기를 갖는 펄스를 생성시키기 위해 듀얼 단안정 멀티 바이브레이터를 사용한다.
④ 바이브레이터의 주기는 저항과 커패시터 용량에 의해 결정된다.

그림 6-59는 단안정 멀티 바이브레이터를 0.001초 주기의 펄스가 발생하도록 한 것을 나타낸 그림이다.

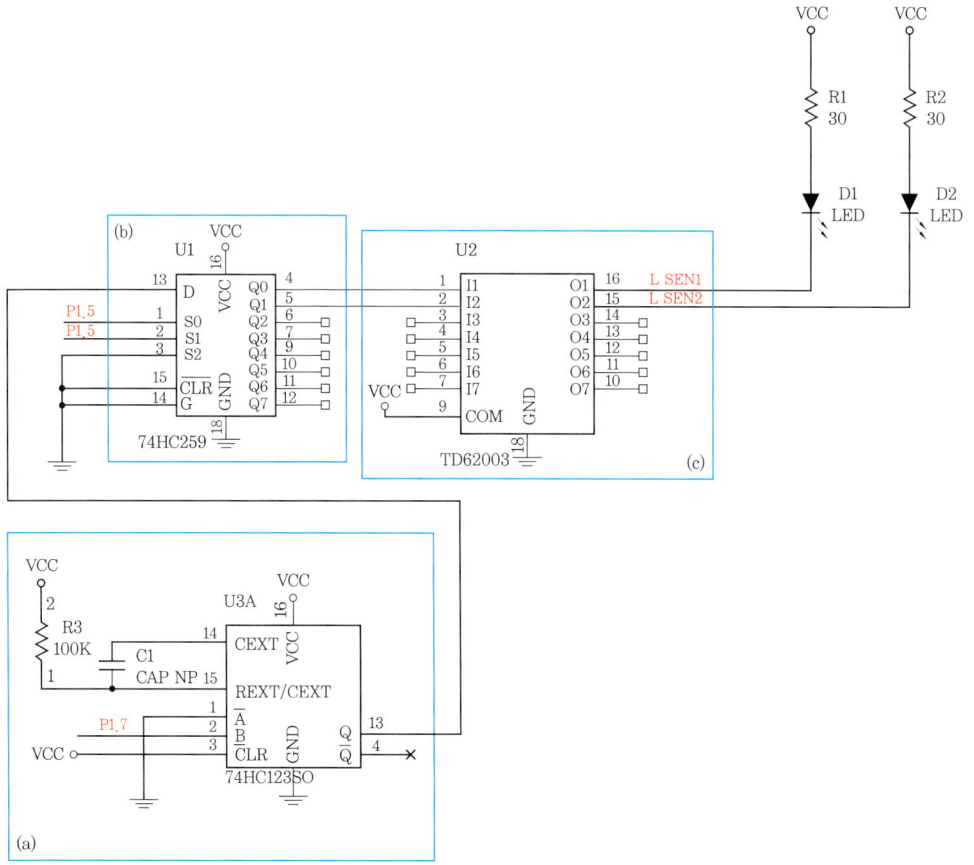

그림 6-59 적외선 물체 감지 회로-3

- 듀얼 단안정 멀티 바이브레이터 : 일정 주기의 펄스 신호 발생
- 8bit 래치 회로 : 마이크로프로세서 출력 핀 값에 따라서 그림의 (a)단에서 설정된 주기의 펄스 신호에 따른 펄스 출력 발생
- 달링턴 트랜지스터 : 큰 전류가 싱크된 일정 주기의 펄스 신호 발생

⑤ 발생하는 펄스 신호는 8Bit 래치와 연결한다.
⑥ 래치 회로(Latch Circuit)의 출력은 그림과 같이 마이크로프로세서의 출력 핀 5번과 6번에 의해 제어할 수 있다.
⑦ 5, 6번 핀 출력이 00이면 래치 회로에서 0.001초 주기의 펄스 출력이 나오게 된다.
⑧ 출력 신호에 큰 전류를 싱크하여 수광부 감도를 증가하기 위하여 달링턴 트랜지스터를 연결한다.
⑨ 발광 다이오드는 0.001초 주기로 적외선을 발광하도록 작동한다.

감도에 가장 큰 영향을 주는 부분은 발광 다이오드에 연결된 저항이다. 저항이 작을수록 흐르는 전류가 증가하여 방사 강도가 증가하기 때문이다. 가변 저항을 연결하여 방사 강도를 조절할 수 있도록 하는 것이 좋다.

4 적외선 센서를 이용한 광량 측정 회로 구성하기-1

(1) 개요

지금까지는 주로 적외선을 이용한 물체의 감지 유무를 측정하는 근접 센서 개념의 회로 위주였으나, 이번에는 아날로그 입력값을 받아 빛의 양을 측정하는 회로에 대해 학습하는 실습이다.

(2) 회로 구성하기

① 회로는 이전과 동일한 형태의 펄스 구동형 발광부이다.
② 빛의 양을 측정하기 위한 광량 측정용 적외선 수광부로 구성되어 있다.

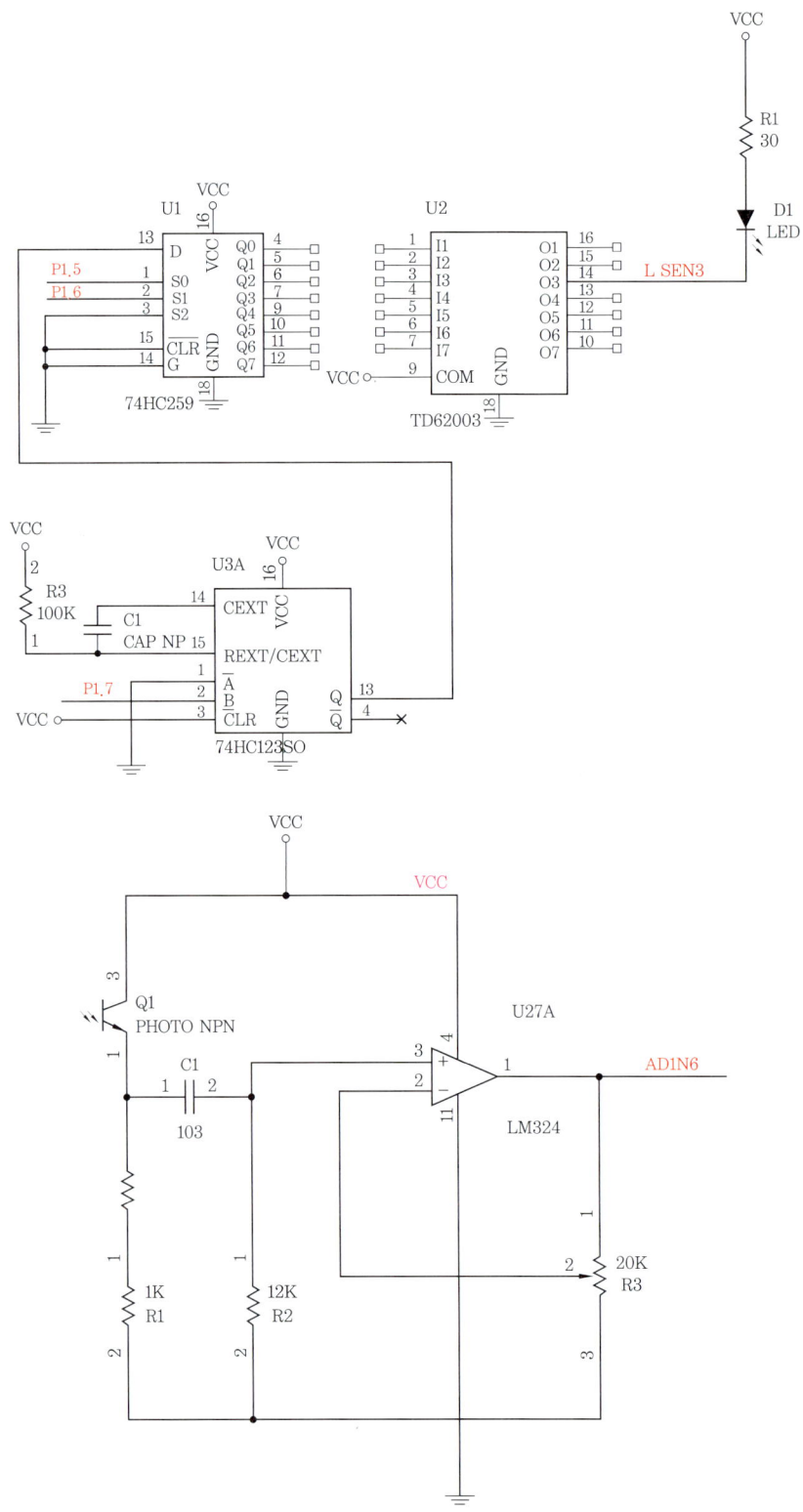

그림 6-60 적외선 광량 측정 회로-1

5 적외선 센서를 이용한 광량 측정 회로 구성하기-2

(1) 개요

① 수광 센서는 빛의 양에 따라 저항값이 변화한다.
② 빛을 많이 받으면 저항이 작아지며, 빛의 양이 적으면 저항이 증가하게 된다.
③ 저항 양단에 발생되는 전압 V의 크기는 수신되는 빛의 양에 따라 달라진다.
④ 이 신호는 Noise 제거를 위한 하이패스 필터를 통해 비반전 증폭기에 입력된다.
⑤ 비반전 증폭기에 입력된 센서 출력 전압은 가변 저항의 비율에 따라 증폭되어 마이크로프로세서에 입력된다.
⑥ 입력된 신호를 이용하여 빛의 양을 측정하는 회로이다.

(2) 회로 구성하기

그림 6-61은 회로 구성을 위한 각 부분을 나누어서 나타낸 것이다.

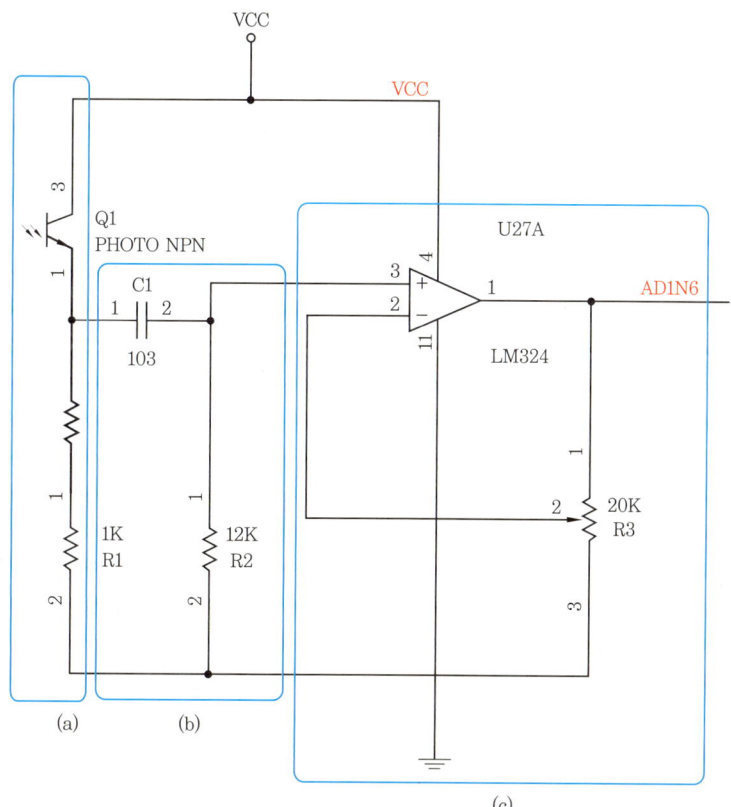

그림 6-61 적외선 광량 측정 회로-2

① 그림에서 ⓐ는 수광부이며, 센서 입력에 빛이 들어오면 트랜지스터가 ON이 된다.
② 그림에서 ⓑ는 트랜지스터 전류 때문에 저항에 일정 전압이 통과하는 하이패스 필터이다.
③ 하이패스 필터에서 R과 C에 의해 설정된 차단 주파수보다 높은 주파수만 통과하게 된다.
④ 그림에서 ⓒ는 비반전 증폭기를 나타낸다.

6 아날로그 온도 센서 회로 구성하기-1

(1) 개요

① 아날로그 온도 센서를 사용하여 섭씨온도를 측정하는 회로이다.
② 온도 센서는 LM35를 사용한다.
③ 온도 센서 사용 시 사용 온도 범위를 설정해야 한다. 온도 사용 범위 설정은 영상 2도에서 150도까지 측정하는 것과 영하 55도에서 150도까지 Full range로 사용하는 방법이 있다. 그림 6-62에서 나타낸 방법은 Full range에서 사용하는 경우이다.
④ 일반적으로 현재 사용하는 온도 센서는 100Hz에서 10kHz의 범위에서 출력 전압의 Noise 성분이 가장 적으므로 적절한 차단 주파수를 선택해야 한다.
⑤ 이를 위해 차단 주파수를 5kHz가 되도록 설계한 2차 저역 통과 필터를 연결한다.
⑥ 센서 출력 전압을 증폭시키기 위하여 비반전 증폭기를 연결한다.

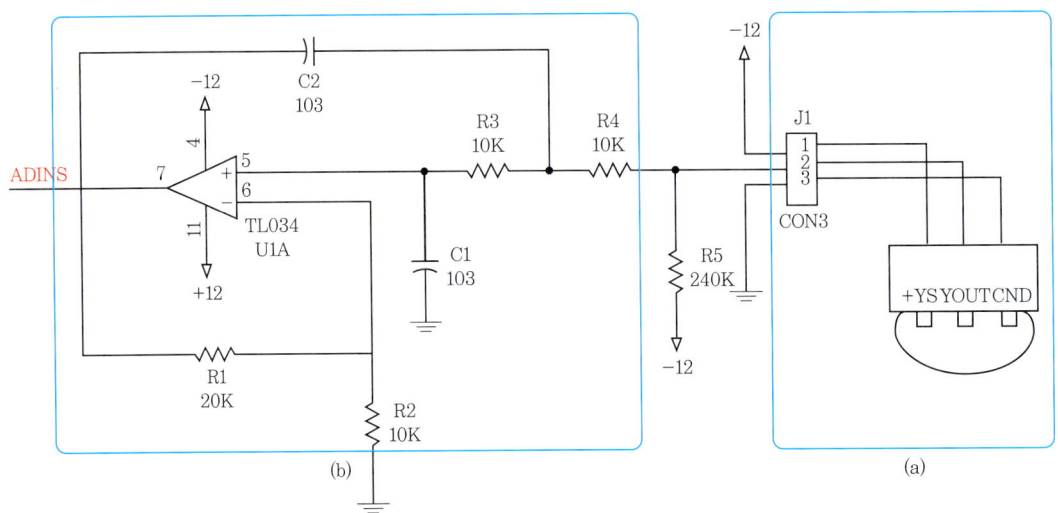

그림 6-62 아날로그 온도 센서 회로-1

(2) 회로 구성하기

① Full Range Scale 온도 센서부
② 2차 저역 통과 필터 + 비반전 증폭기

7 아날로그 온도 센서 회로 구성하기-2

(1) 개요

① 아날로그 온도 센서를 사용할 때 Full Scale range로 센서를 사용하기 위해서는 센서와 연결되는 저항값을 계산하여 설정해야 한다.
② 만약 인가하는 전압의 크기가 12V라면 저항값은 12V를 50µA로 나눈 값, 즉 240kΩ을 갖는 저항을 사용해야 한다. 이때 전압을 나누는 전류의 값은 센서의 특성마다 다르다. 그러므로 다른 센서를 사용하면 반드시 센서의 특성 표를 참조하여 저항을 설정해야 한다.

(2) 회로 구성하기

① 그림 6-63에서는 사용 범위에 따른 센서의 연결 방법을 나타낸다.
② Full Scale range에서 인가 전압이 12V라면

저항값은 $R_1 = \dfrac{V_s}{50\mu A} = \dfrac{12}{50\mu A} = 240\text{k}\Omega$ 이다.

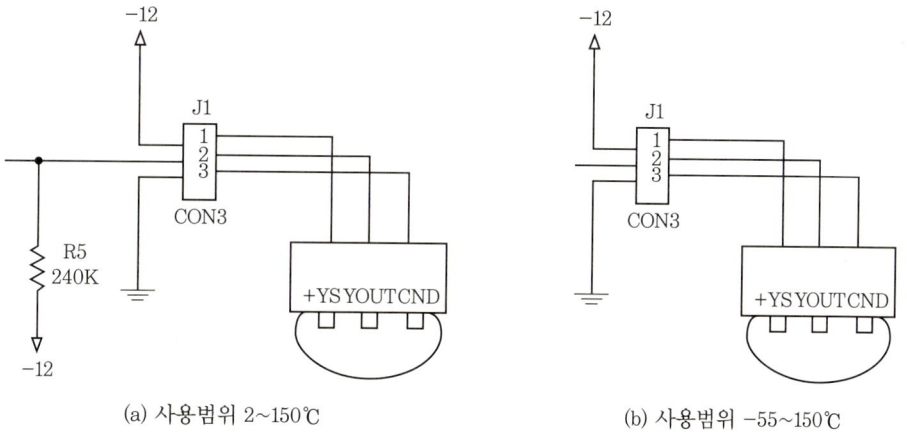

(a) 사용범위 2~150℃ (b) 사용범위 -55~150℃

그림 6-63 아날로그 온도 센서 회로-2

8 아날로그 온도 센서 회로 구성하기-3

(1) 개요

① 필터를 설계하는 경우 일반적으로 -20dB의 경사도를 갖는 1차 단일 능동 필터를 사용한다. 이보다 더 큰 경사를 갖는 필터를 설계하려면 2차 능동 필터가 필요하다. 그림 6-64에서 보는 바와 같이 현재 2차 능동 필터의 차단 주파수는 저항과 커패시터에 의해 결정된다.

② 그림 6-64에는 약 5kHz의 차단 주파수를 갖도록 설계하였다. 능동 필터에 의해 필터링된 센서의 출력 신호는 비반전 증폭기를 통하여 마이크로프로세서의 아날로그 입력으로 전송된다.

③ 일반적으로 센서에서 나오는 mV 단위의 적은 신호를 증폭하여 사용한다. 그림 6-64의 회로는 4배 증폭되도록 설계하였다.

(2) 회로 구성하기

① 2차 능동 필터 차단 주파수

$$f_c = \frac{1}{2\pi\sqrt{C_1 C_2 R_3 R_4}} = 5032.9212 \text{Hz}$$

② 비반전 증폭기 출력

$$출력 = \left(1 + \frac{R_1}{R_2}\right) \times 입력 = \left(1 + \frac{30\text{K}}{10\text{K}}\right) \times 입력$$

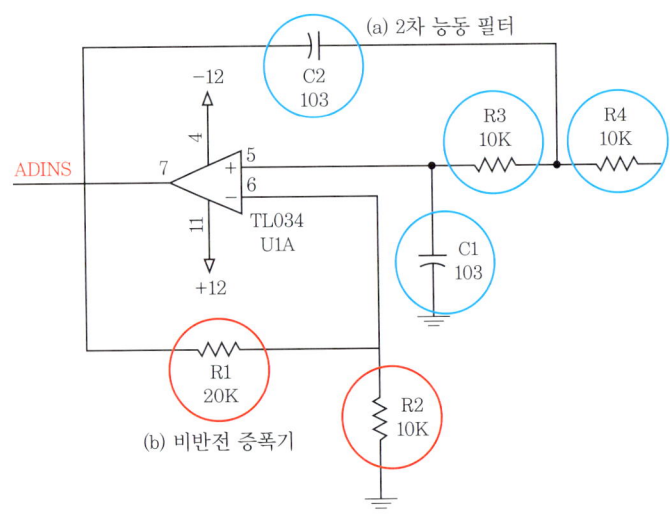

그림 6-64 아날로그 온도 센서 회로-3

9 전류 센서를 이용한 전류 측정 회로 구성하기

(1) 개요

① 그림 6-65는 CT 전류 센서로부터 측정된 출력 전압을 단위 이득 증폭기를 통해 AD 변환기의 채널 3으로 읽어서 8비트 데이터로 변환하고 이를 해석하여 전류를 측정하는 회로이다.

② AD 변환기는 0에서 5V 범위에 대하여 8비트의 분해능을 가진다.

③ 1비트 증가에 전압은 19.61mV가 증가하게 된다.

④ 따라서 3번 단자를 통해 19.61mV가 출력되었다면 정격전류 5A에 대한 최대 출력이 4V이다.

⑤ 이를 이용하여 전류 24.5125mA를 산출할 수 있게 된다.

(2) 회로 구성하기

그림 6-65는 각 부분에 대하여 다음과 같이 구분한다.

① 그림 (a)는 출력 전압을 마이크로프로세서의 AD 변환기 채널 3번에 전송한다.

② 그림 (b)는 단위 이득 증폭기를 나타낸다.

③ 그림 (c)는 CT 전류 센서(측정 가능 정격 전류 ±5A, 출력 전압 ±4V)이다.

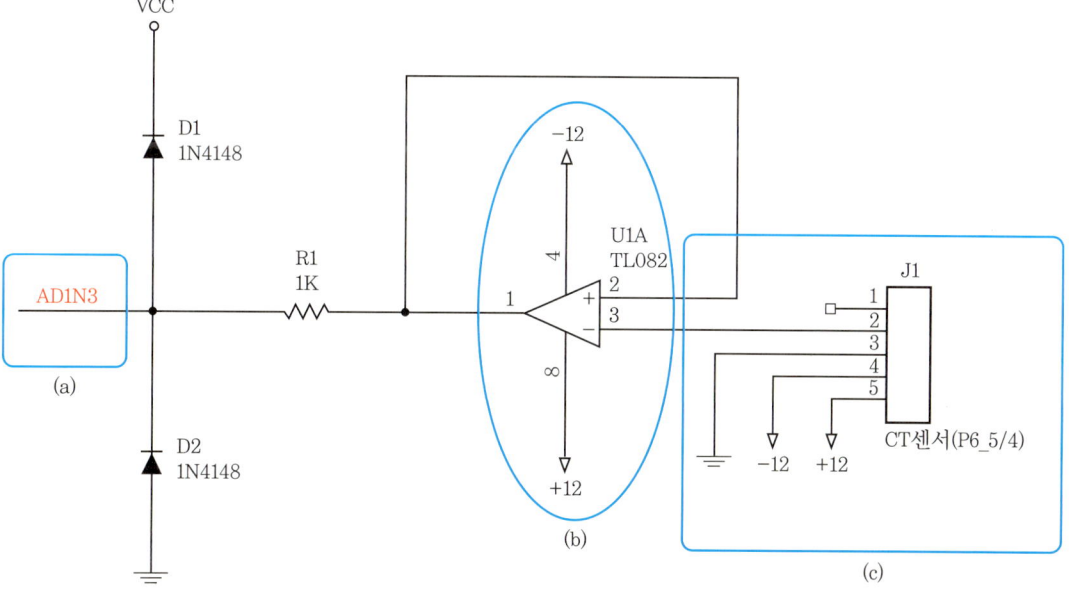

그림 6-65 전류 측정 회로

10 초음파 센서를 이용한 거리 측정 회로 구성하기

(1) 개요

그림 6-66은 초음파 센서를 이용한 거리 측정 회로이다.
① 초음파를 발생시키는 초음파 발생 송신부는 일정한 시간 간격을 가지고 조절된 공진 주파수 신호로 초음파 센서의 진동자를 진동시키는 부분이다.
② 초음파 송신부와 수신용 센서에 의해 검출된 주파수에 의해 미소 전압이 발생시키는 회로를 구성하는 실습이다.

(2) 회로 구성하기

① 초음파 발생 송신부와 수신용 센서에 의해 검출된 주파수에 의해 미소 전압이 발생한다.
② 미소 전압은 비반전 증폭기를 이용하여 2단 증폭하고, 직류 전압으로 바꾸어 마이크로프로세서로 전송하는 초음파 수신부로 구성된다.

4. 센서 응용 실습   247

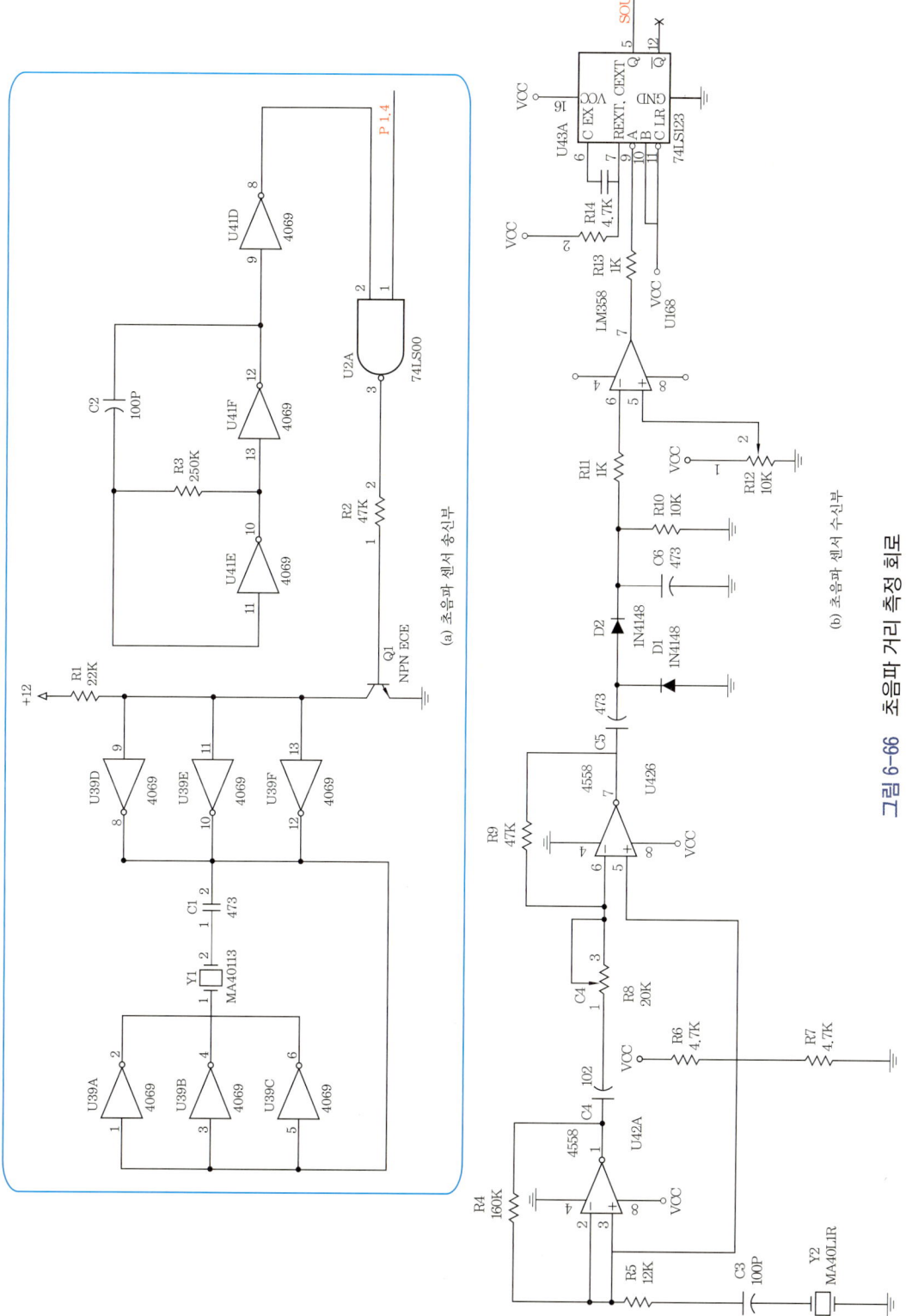

그림 6-66 초음파 거리 측정 회로

11 초음파 센서를 이용한 물체 감지 회로 구성하기-1

(1) 개요

① **초음파 거리 측정 센서 송신부의 구성 요소** : 송신부는 크게 초음파 구동을 위한 공진 주파수를 발생시키는 멀티 바이브레이터와 음파 진동을 위한 전압을 만드는 부분과, 이를 제어하기 위한 펄스 발생기 부분으로 구분할 수 있다.

② 공진형 멀티 바이브레이터의 주파수 발생 주기는 저항과 커패시티의 곱으로 계산할 수 있다. 이 주기의 역수가 공진 주파수가 된다.

③ 공진 주파수 출력과 마이크로프로세서 핀에서 나오는 출력을 NAND 게이트로 연결하여 펄스 신호를 발생시킨다.

④ 핀에서 나오는 출력 신호가 0.005초 동안 1의 신호를 발생시킨다면 처음 0.005초 동안 0 입력에 의한 NAND 게이트 출력은 1이 된다.

⑤ 두 번째 0.005초 동안 1 입력에 대해서는 0과 1의 신호가 200번 반복되는 형태가 된다.

(2) 회로 구성하기

그림 6-67은 초음파 센서를 이용한 물체 감지 회로를 파트별로 구분하여 나타낸 그림이다.

① 그림 (a)는 40kHz 공진 주파수 발생을 위한 멀티 바이브레이터이고, T=250K ×100pF=0.000025

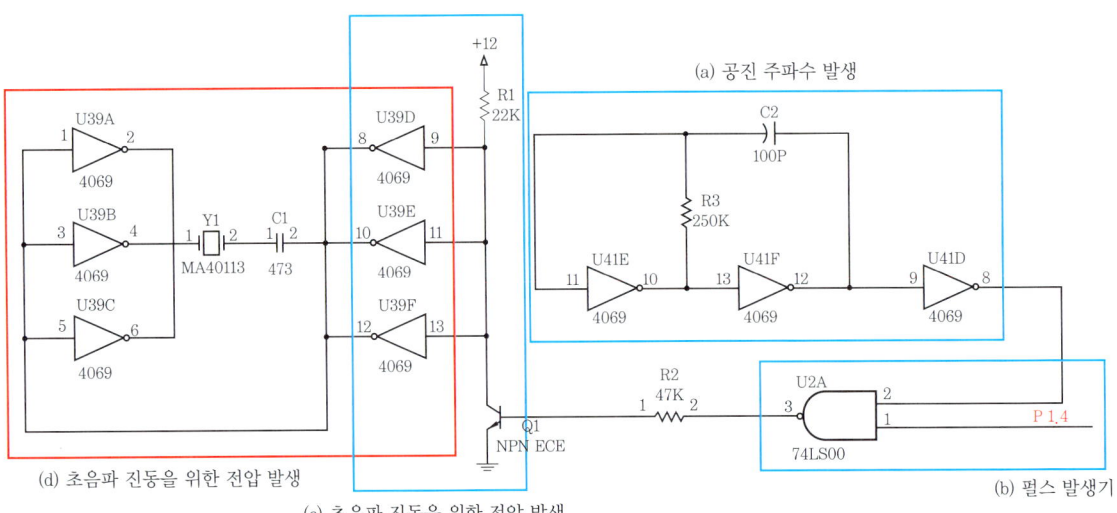

그림 6-67 초음파 물체 감지 회로-1

② 그림 (b)는 마이크로프로세서와 연동하여 0.005초 동안 1의 신호를 발생시켜 연산한다.

즉, 처음 0.005초 동안 0 입력에 의한 NAND 게이트 출력은 1이 되고,

두 번째 0.005초 동안 1 입력에 대해서는 0과 1의 신호가 200번 반복한다.

12 초음파 센서를 이용한 물체 감지 회로 구성하기-2

(1) 개요

① NAND 게이트 출력이 0인 경우에는 TR이 동작하지 않는다.
② NAND 게이트 출력이 1과 0을 반복, 즉 0.005초 동안 0.000025초 주기로 0과 1을 반복한다. 즉 TR이 0.000025초 주기로 On/Off를 반복하게 된다.
③ 따라서 초음파를 진동시키는 역할을 하는 인버터에 0.000025초 주기로 0과 12V 전압이 인가된다.

(2) 회로 구성하기

처음 0.005초 동안에는 인버터에 의해 그림 (a)에는 12V, 그림 (b)에는 0V의 전압이 인가되고, 0.005초 동안에는 40kHz의 주기로 0과 12V의 전압이 교대로 인가되어, 그림 (b) 지점에는 그림 (a)와 정반대의 전압이 인가되어 초음파 센서 진동자가 40kHz 주기로 진동한다.

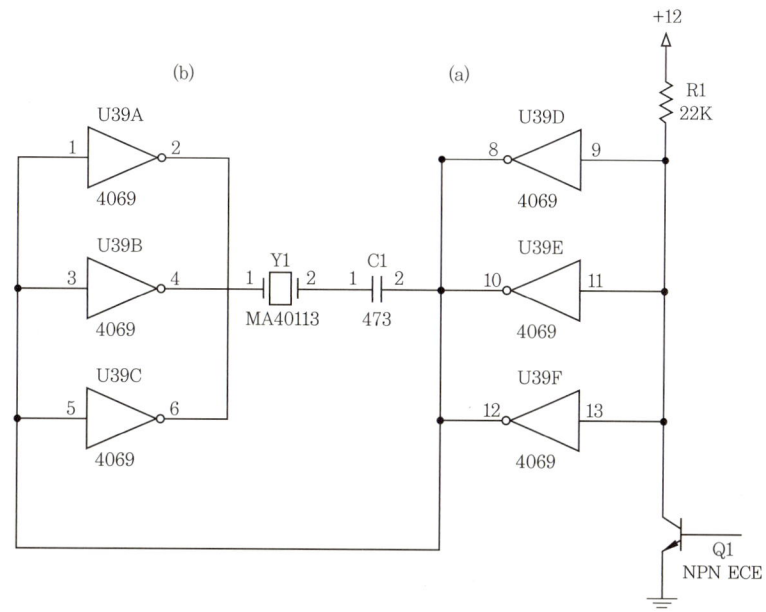

그림 6-68 초음파 물체 감지 회로-2

13 초음파 센서를 이용한 물체 감지 회로 구성하기-3

(1) 개요

① 초음파 센서를 이용한 거리 측정 회로의 수신부는 압전 효과를 이용한 센서와 여기서 발생되는 미소 전압을 증폭시키기 위한 2단 비반전 증폭 회로, 증폭된 신호를 직류로 전환시키기 위한 정류 회로, 기준 전압과 비교하여 출력을 발생시키는 비교기 및 단안정 멀티 바이브레이터로 구성한다.

② 2단 증폭 회로는 센서에 수신된 초음파로 인해 압전형 센서로부터 발생된 미소 전압을 증폭시키는 회로이다.

③ 그림 6-69는 반사형 초음파 센서의 사용 방법이다. 일단 증폭 회로는 16배 신호를 증폭시키도록 설계하였으며, 이 전압을 다시 2단에서 3.35배 증폭한다. 따라서 증폭기 최종 출력은 센서 입력의 최대 53.6배 증폭된다.

④ 2단 증폭기에 의해 증폭된 출력 전압이 정류 회로를 통하여 DC 전압 V_{DC}로 변환된다.

⑤ 이 전압 V_{DC}가 가변 저항에 의해 결정되는 기준 전압 V_r과 비교되어 V_o로 되어 단안정 멀티 바이브레이터에 입력되며, V_o에 의해 멀티 바이브레이터는 출력 신호를 1로 만들어 마이크로프로세서에 전송하고 이를 통해 물체를 감지하게 되는 회로이다.

(2) 회로 구성하기

① 그림 (a)는 2단 비반전 증폭 회로이다.
- 센서에 수신된 초음파로 인해 압전형 센서로부터 미소 전압이 발생
- 1차에서 16배 증폭한 전압을 2차에서 다시 증폭
- 2차 출력전압 = $\left(1 + \frac{47\text{K}}{20\text{K}}\right) \times$ 출력 전압 = $3.35 \times$ 출력 전압

② 그림 (b)는 2단 증폭기에 의해 증폭된 출력 전압이 정류 회로를 통해 DC 전압 V_{DC}로 변환된다.

③ 그림 (c)는 V_{DC}가 가변 저항에 의해 결정되는 기준압 V_r과 비교되어 V_o로 되어 단안정 멀티 바이브레이터에 입력된다.

④ 그림 (d)는 V_o에 의해 멀티 바이브레이터는 출력 신호를 1로 만들어 마이크로프로세서에 전송하고, 이를 통해 물체를 감지(반사형 초음파 센서)한다.

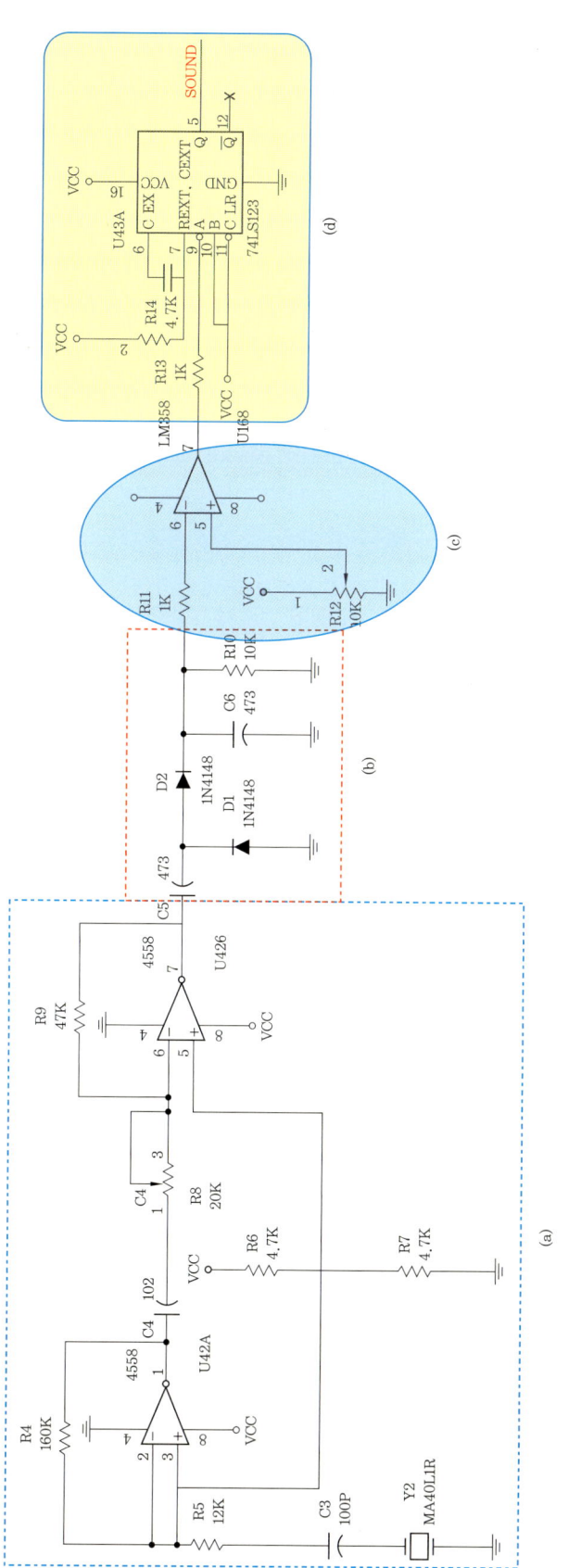

그림 6-69 초음파 물체 감지 회로-3

14 습도 센서를 이용한 상대 습도 측정 회로 구성하기

(1) 개요
① 습도 센서에 의한 주파수 형태의 상대 습도 변화를 측정하는 회로이다.
② 사용한 습도 센서는 상대 습도의 변화에 따라 정전 용량의 크기가 변화하는 형태의 센서를 사용한다.

(2) 회로 구성하기
그림 6-70에서 보는 바와 같이
① 비안정 멀티 바이브레이터인 NE555 소자의 충·방전 커패시티로 습도 센서를 이용한다.
② 상대 습도 변화에 따라 센서의 정전 용량이 달라지면 555의 발진 주파수가 변화되는 현상을 이용하여 습도를 측정한다.
③ 발생하는 출력 주파수는 4비트 2진 Counter를 통해 분주시킨다.
④ 하강에 지로 출력되도록 하여 마이크로프로세서의 INT0에 입력시키는 회로이다.

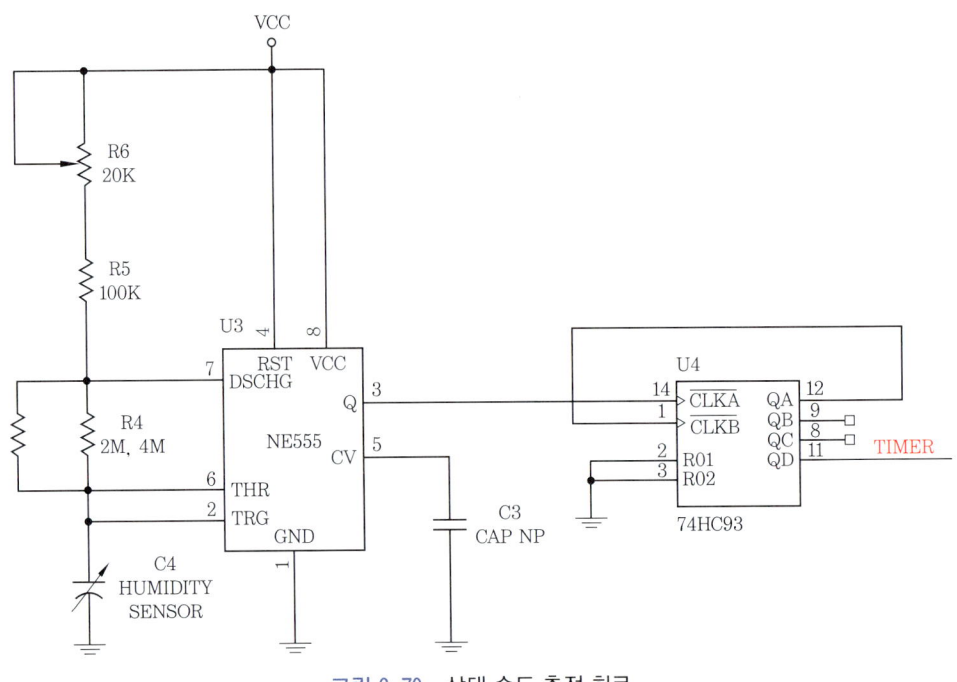

그림 6-70 상대 습도 측정 회로

5. CAP의 데이터 컬렉션의 IIoT

CAP의 데이터 컬렉션을 위한 IIoT 구성 요소는 우선적 신호를 직접 검출하고 수신하는 요소와 수집된 데이터를 서버와 인터페이스시켜 주는 구성 요소와 연결 방법, 그리고 구성 요소와 연관된 기타 요소들로 나누어 알아보기로 한다.

5-1 IIoT – 센서

1 CAP 센서

(1) 센서의 선택

CAP에서 사용하는 센서는 수집 신호의 종류에 따라 목적에 적합하고 신호의 오류와 오차 범위가 적은 우수한 센서를 사용하는 것을 원칙으로 한다. 설비·장비가 고유의 통신을 보유하고 있지 못한 경우에는 센서와 설비·장비의 I/O 접점을 사용하여 신호를 수집하고, 설비·장비의 상태를 실시간으로 파악할 수 있도록 한다.

(2) 센서의 구성

센서의 구성은 신호 수집 몸체와 신호 전달 케이블, 그리고 그밖의 고정 장치로 구성한다.

2 CAP 센서의 종류

(1) 전류 센서

전류 센서는 시설·장비에 정상적으로 전류가 흐르는지 감지하는 장치이다. 시설·장비에서 과전류가 흐르거나 전류가 단절되는 경우에도 감지할 수 있다.

(2) 진동 센서

진동 센서는 시설·장비의 진동을 감지하여 이상 신호가 검출되면 즉시 사용자가 알 수 있도록 하는 장치이다. 공구의 과부하가 발생하거나 기계의 비정상적인 가공으로 발생하는 진동을 주로 감지하는 역할을 한다.

(3) 수위 센서

수위 센서는 시설·장비에서 액체 부분의 높이를 감지하는 장치이다. 윤활유나 기타 작동유 부분이 적당한 수위를 갖지 못하는 경우에 이상 신호를 검출하고 사용자에게 전달하는 역할을 한다.

(4) 온도 센서

온도 센서는 시설·장비에서 적정한 온도를 유지하고 있는지를 검출하는 장치이다. 주로 과열이 발생하면 안 되는 부분에 설치하게 되면 기계의 이상 작동 유무를 확인하는 장치로 사용한다.

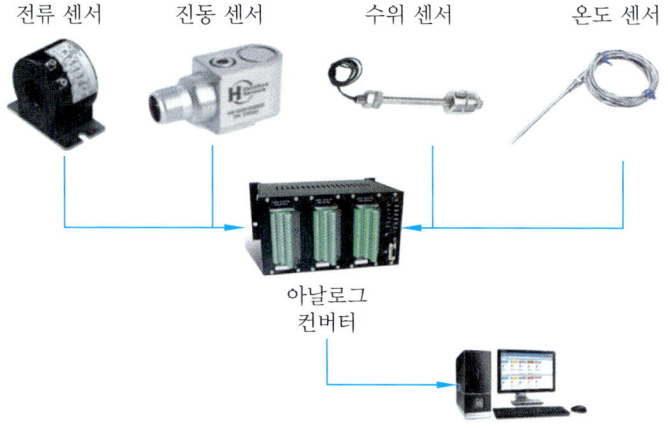

그림 6-71 센서의 연결

3 센서의 접점 구성

① 센서의 접점 구성은 신호를 검출하는 장치에서 검출된 데이터가 시각화된 모니터링 과정에 이르기까지 필요한 요소를 구성하는 것으로, 그림 6-72와 같이 데이터가 신호기, 릴레이, I/O 수집기, Server, 사용자의 컴퓨터로 구성한다.

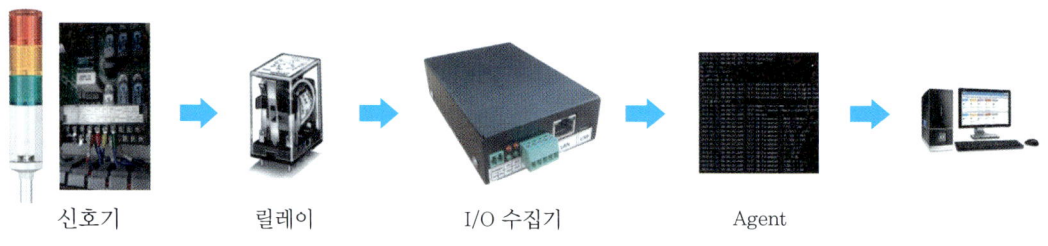

그림 6-72 센서의 접점 구성도

② 센서의 접점 구성은 신호기에서 발생한 신호가 릴레이를 작동시켜 신호를 발생하게 되지만, 신호를 직접 서버에 보낼 수 없기 때문에 중간에 수집할 개체를 사용하여 수집해야 한다. 따라서 릴레이에서 발생한 신호는 I/O 수집기나 Gateway, 컨버터 등을 통하여 수집하고, Server에 보내는 방법이 접점 회로 구성이다.

③ 그림 6-73과 같이 센서는 종류에 따라 컨버터 방식, 컨트롤러 방식, PLC 방식으로 연결할 수 있다.

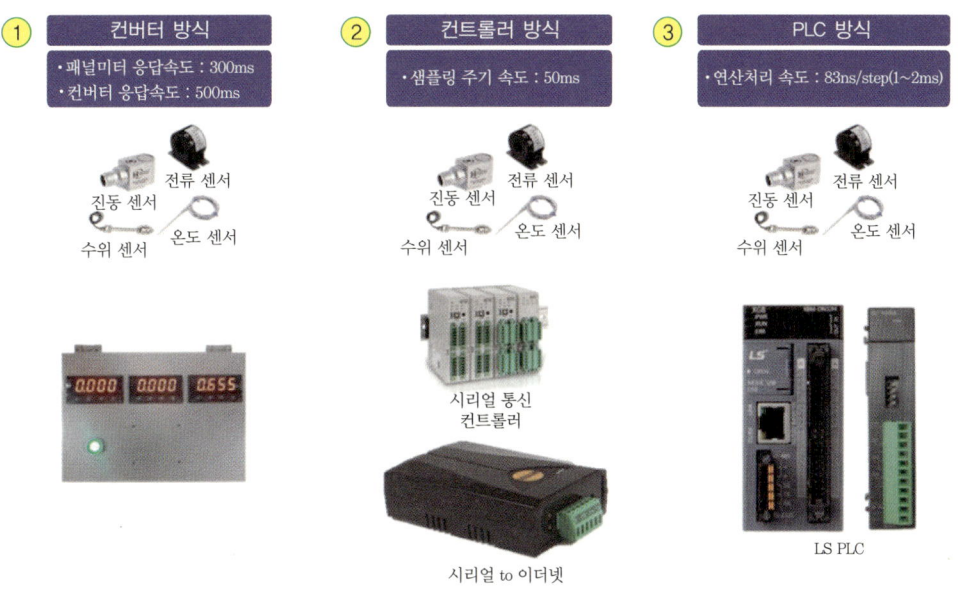

그림 6-73 센서의 종류와 연결

4 신호 확인 접점 연결하기(실습)

① 색상에 따른 기능과 연결 단자를 확인한다. 가동은 녹색, 종료는 황색, 알람은 적색 연결 단자를 확인한다.

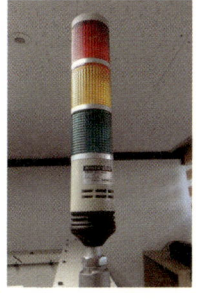 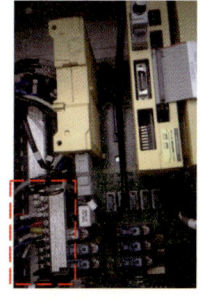

그림 6-74 센서 접점 연결 1

② 회로도를 보고 단자대와 SMPS, I/O Device의 연결 부위를 확인한다.

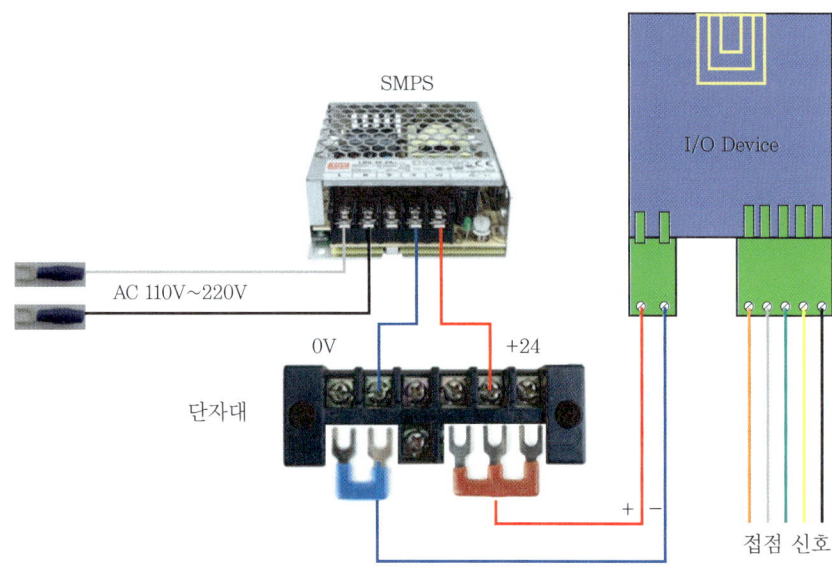

그림 6-75 센서 접점 연결 2

③ 그림 6-76을 참조하여 연결한다.

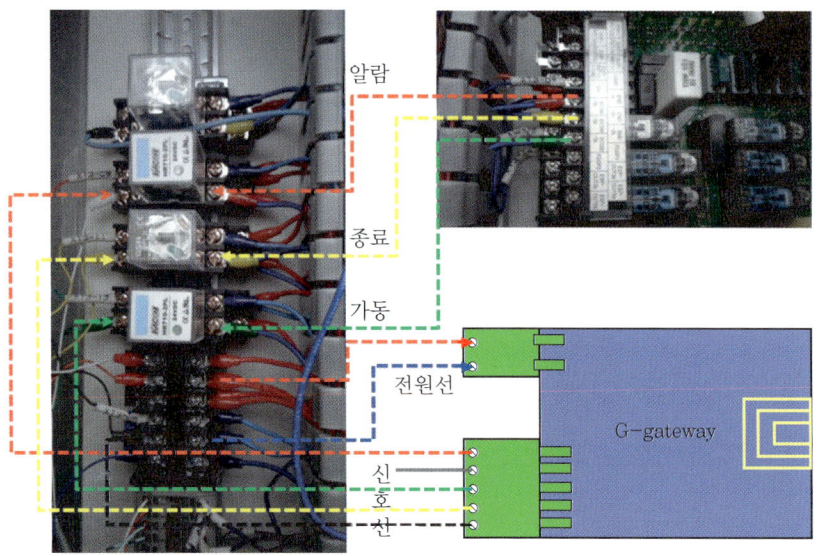

그림 6-76 센서 접점 연결 3

5-2 IIoT-Gateway와 Converter

CAP는 시설·장비에서 직접 신호와 정보를 검출하여 서버에 전송하여 분석하게 되지만, 정보의 누락이나 오류를 방지하기 위하여 직접 서버에 송신하지 않고 Gateway나 Converter를 통하여 Interface하는 방법을 사용하고 있다.

(a) LAN to LAN   (b) Serial to LAN(converter)   (c) Serial to USB(converter)

그림 6-77 Gateway

기능 및 제원

- MCT/CNC 설비 데이터 수집
- 설비별 전용 데이터 수집 Agent S/W 내장
- 3개의 디지털 입/출력 포트
- 무선 네트워크 지원
- 3개의 센서 데이터 I/O 포트 지원
- 통신 단절 시 수집된 데이터 저장 (메모리 저장)
- 콤팩트한 사이즈(8cm×10cm×3cm)
- 저전력(5V/3A, USB 충전기 사용 가능)
- KG 인증
- OS Defender 제공
- Windows 10 산업용 OS(LTSC)
- Remote Control 기능
- 원격 제어, 지원 가능

SPECIFICATION

OS	Windows 10 LTSC
CPU	Intel Cherry Trail Z8300 Quadcore 1.8GHz
Memory	4GB DDR3L
Storage	64GB
HDMI	1port
Ethernet	1×RJ45
USB3.0	1port
USB2.0	2port
I/O Interface	Digital×3 Analog×3
WiFi	○
Bluetooth	○
Dimension	8cm×10cm×3cm($W×D×H$)
KC 인증	○
OS Defender	○
Warranty	3years
Chassis	Steel
Power	5V/3A

그림 6-78 Gateway 제원

(1) Lan to Lan Gateway

Gateway는 검출된 각종 신호와 정보를 수집하고, 보관하는 기능을 가지고 있다. 따라서 24시간 신호 및 정보의 검출과 보관, 그리고 전송이 이루어지도록 하는 매우 중요한 역할을 수행한다.

만약 정전이나 네트워크의 장애로 수집된 정보가 서버에 전달되지 못한 경우에는 자동으로 임시 저장되어 현장의 상태와 관계없이 데이터가 손실되는 것을 방지한다. 임시 저장된 데이터는 네트워크가 정상적으로 복구되었을 때 데이터의 손실 없이 서버에 전달되고 분석되어 CAP가 정상적으로 작동될 수 있도록 한다. 그림 6-79는 LAN to LAN 방식으로 연결되는 Interface 방식의 Gateway이다.

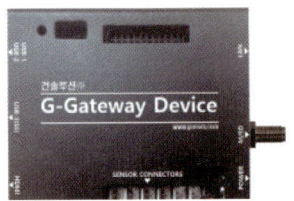

그림 6-79 LAN-LAN Gateway

(2) Serial-LAN Converter

Serial 방법으로 데이터를 수집하여 LAN 방식으로 서버에 보내는 방법의 Converter이다.

그림 6-80은 Serial to LAN 방식을 사용하는 Converter를 나타낸다.

그림 6-80 Serial-LAN Converter

(3) Serial-USB Converter

Serial 방법으로 데이터를 수집하여 USB 방식으로 서버에 보내는 방법의 Converter이다.

그림 6-81은 Serial to USB 방식을 사용하는 Converter이다

그림 6-81 Serial-USB Converter

5-3 ICT / IIOT Connectivity

ICT/IIOT는 그림 6-82와 같이 MCT/CNC와 같은 컨트롤러와 PLC, Sensor, Ballbar, Beacon 등으로 구성된다.

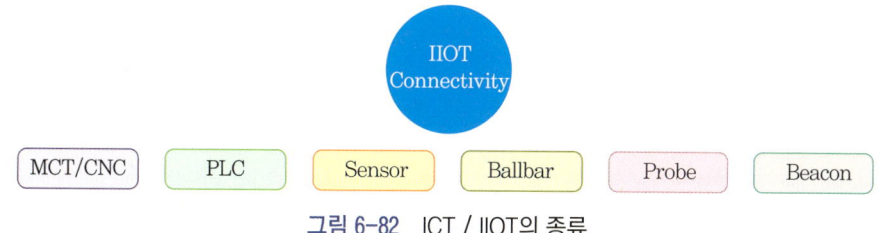

그림 6-82 ICT / IIOT의 종류

생산 설비에서 발생되는 문제점은 다양한 ICT, IIoT Interface 통신으로 설비 데이터를 수집하고, 분석을 통해 이들이 성능에 미치는 영향을 평가하여 설비의 이상 유무를 진단하는 정보로 사용한다.

ICT / IIOT의 연결 방법은 IIOT의 종류와 시설·장비의 특성에 따라 컨트롤러 방식, PLC 방식, 컨버터 방식으로 구분할 수 있다.

(1) 컨트롤러 방식

컨트롤러 방식은 MCT나 CNC 기계와 같이 전용 컨트롤러가 장착된 기계에서 정보 통신용 라이브러리가 있는 경우에 주로 사용한다. 센서 등에서 수집된 신호는 컨트롤러의 라이브러리를 통하여 서버로 보내지는 고급 연결 방법이다.

(2) PLC 방식

PLC 방식은 시설·장비가 PLC 전용기나 I/O 통신 전용기에서 주로 사용하며, 수집된 신호는 PLC 컨트롤러나 I/O의 배전반 컨트롤러를 통하여 직접 또는 Gateway를 통하여 서버에 연결하는 방법이다.

(3) 컨버터 방식

앞에서 설명한 컨트롤러가 장착되어 있지 않거나 PLC 등의 컨트롤러가 없는 일반적인 시설·장비에서는 컨버터 방식을 사용한다. 센서에서 수집된 신호는 Gateway를 사용하여 서버에 연결하는 방식이다. Beacon 통신을 사용하는 시설·장비에서는 수집된 신호를 컨버터 대신에 Beacon 수신기라는 컨버터를 사용하여 서버에 연결한다.

5-4 IIoT-Beacon

CAP에서는 위치 관련 데이터를 얻기 위해서 Beacon은 품목별로 도입하여 정보 검출과 위치 추적 기능을 적용한다.

Beacon 사용을 위한 구성은 산업용 비콘과 비콘 스캐너, Location Definder로 구성한다.

(1) Beacon

① CAP에서 사용되는 Beacon은 방진 방수 내화학성 등 열악한 산업 환경에도 적용이 가능한 산업용 Beacon을 사용한다. 이러한 산업용 Beacon은 방수, 방진, 내화학성이 우수하여 장비에 사용하기가 적합하다.

② 현장에서 여러 개의 Beacon이 있는 경우 LED Indicator를 내장하고 있어 쉽게 구분할 수 있다.

③ Beacon은 프로토콜을 사용할 수 있으므로 무선 통신이 가능하며, User Data를 Format Encoding 할 수 있어서 장비에 사용하기 적합하다.

④ IP 65 등급의 산업 규격을 만족하기 때문에 방진과 방수 기능에 대한 신뢰도가 높다.

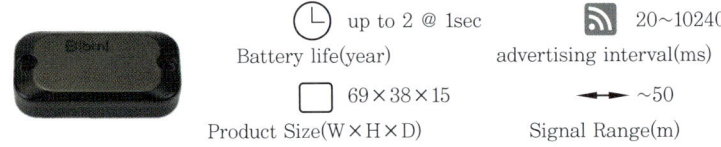

Battery life(year) up to 2 @ 1sec
advertising interval(ms) 20~10240
Product Size(W×H×D) 69×38×15
Signal Range(m) ~50

Blackbi:n Test Result

프로젝트명	산업용 비콘 및 LBS 알고리즘을 활용한 금형 이력 관리 사업	Version	1.0
프로젝트 단계	사업 관리	Issue Date	

1. Blackbi:n 시험 결과

No	ID	MAC	TX PW	AvgCurrent[uA]	MaxCurrent[mA]	LED 동작
1	Black bi:n 0101	53:4F:4C:00:00:65	6dBm	12.587	20.567	OK
2	Black bi:n 0102	53:4F:4C:00:00:66	6dBm	15.446	20.487	OK
3	Black bi:n 0103	53:4F:4C:00:00:67	6dBm	14.117	21.290	OK
4	Black bi:n 0104	53:4F:4C:00:00:68	6dBm	15.392	19.687	OK
5	Black bi:n 0105	53:4F:4C:00:00:69	6dBm	13.695	20.623	OK
6	Black bi:n 0106	53:4F:4C:00:00:6A	6dBm	15.790	20.907	OK

그림 6-83 산업용 Beacon

(2) Beacon Scanner

① CAP에서는 산업 현장에 적합한 내구성, 수신감도를 고려한 Beacon Scanner를 사용한다.

② 산업용 Beacon Scanner는 산업용 기계와 장치에 적합한 Linux OS를 사용하기 때문에 안정성이 우수하고, 자체적으로 데이터베이스를 구축할 수 있는 기능이 있다.

③ BLE 4.0, Wi-Fi, 유선 LAN 지원이 가능하므로 유무선 통신을 지원한다. Stand Alone 방식과 Netwok Mode를 지원하므로 Beacon 통신의 수신과 송신 양방향 모두 사용이 가능하다.

④ 표준 통신 방식의 LBS 알고리즘을 Engine 내장하고 있어, 다양한 인프라에 사용할 수 있으므로 적용성이 우수하다.

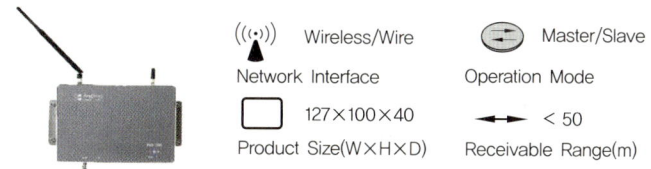

Anybi:n Test Result				
프로젝트명	산업용 비콘 및 LBS 알고리즘을 활용한 금형 이력 관리 사업		Version	1.0
프로젝트 단계	사업 관리		Issue Date	

1. Anybi:n 시험 결과

No	LAN	TX POWER	SENSITIVITY	CURRENT	LED STATUS
1	OK	+9.6dBm	-92.6dBm	463mA	OK
2	OK	+9.7dBm	-92.8dBm	470mA	OK
3	OK	+9.5dBm	-92.5dBm	461mA	OK
4	OK	+9.4dBm	-92.6dBm	480mA	OK
5	OK	+9.6dBm	-92.7dBm	476mA	OK
6	OK	+9.5dBm	-92.7dBm	468mA	OK
7	OK	+9.8dBm	-92.5dBm	466mA	OK
8	OK	+9.6dBm	-92.8dBm	473mA	OK

그림 6-84 산업용 Beacon Scanner

(3) Location Definder

① Location Definder는 생산 투입 여부, 혹은 Rack 보관 위를 확인하기 위한 근거리용으로 주로 사용한다.
② Beacon Scanner와 Beacon의 융합 기능이 좋고, 근거리 Beacon의 정보 수집 및 전송 기능을 가지고 있다.
③ BLE 4.0 protocol을 사용하고, 인식 거리는 최대 10m, 최대 20개 Beacon의 정보를 수집할 수 있다.

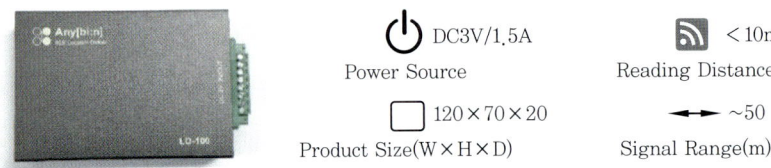

No	스캐너 기능	TX POWER	비콘 기능	전류(mA)	Location Definer ID	MAC 주소
1	OK	-5.55	OK	21.44	LD00001	53:4F:4C:FF:00:01
2	OK	-5.75	OK	21.42	LD00002	53:4F:4C:FF:00:02
3	OK	-5.79	OK	21.38	LD00003	53:4F:4C:FF:00:03
4	OK	-5.78	OK	21.13	LD00004	53:4F:4C:FF:00:04
5	OK	-5.66	OK	21.32	LD00005	53:4F:4C:FF:00:05
6	OK	-5.67	OK	21.29	LD00006	53:4F:4C:FF:00:06
7	OK	-5.93	OK	21.44	LD00007	53:4F:4C:FF:00:07
8	OK	-5.73	OK	21.37	LD00008	53:4F:4C:FF:00:08
9	OK	-5.61	OK	21.19	LD00009	53:4F:4C:FF:00:09
10	OK	-5.66	OK	21.34	LD00010	53:4F:4C:FF:00:0A

그림 6-85 산업용 Location Definder

(4) Beacon 설치하기(실습)

[과제] Definer Setting 위치에(총 2곳) Beacon을 설치하고 모니터링 화면 표시 확인하기

① Beacon의 설치 위치(노란색 부분)를 설정한다.
② 그림 6-86에서 적색으로 동선을 설정한다.
③ Definder 위치를 노란색 부분에 설치한다.
④ Beacon 수신 정보가 CAP 화면에 표시(3D와 2D 형태로)되는지 확인한다.

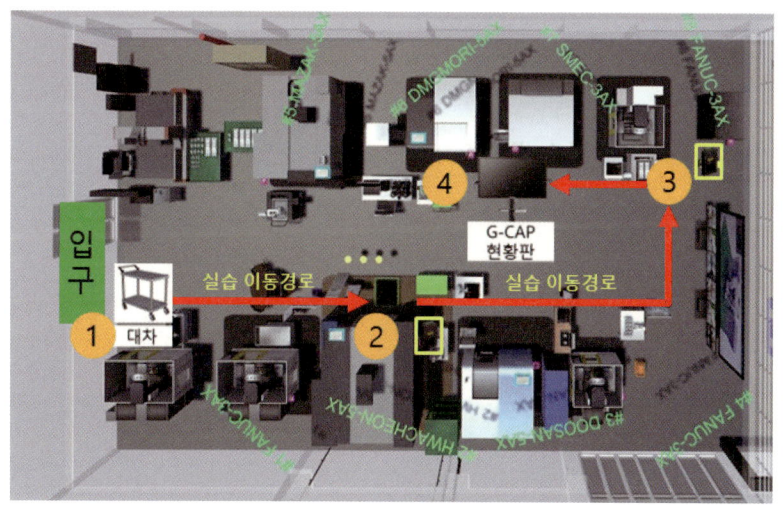

그림 6-86 Beacon Definder 위치 설정

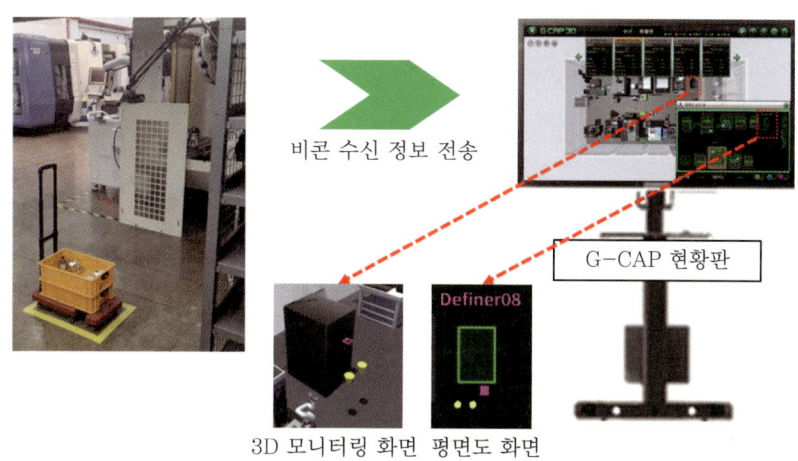

그림 6-87 Beacon 작동 모니터링(2D/3D)

5-5 IIoT-Ballbar-정밀도 유지를 위한 데이터 컬렉션

(1) 설비의 정밀도 유지를 위한 데이터 컬렉션

설비의 정밀도를 실시간으로 유지하는 방법은 레벨링, 주축 직진도, 흔들림축 이송 직각도, 스핀들, 클램프 압력 등을 설비·장비 자체의 데이터 자동 검출 시스템을 통하여 수집한 데이터를 분석하는 방법과 온도, 진동, 전류, 변위, 서보 부하, Probe 등의 센서를 통하여 수집한 데이터의 특성값을 전용 S/W를 통하여 자동 분석하는 방법이 있다.

그림 6-88 Ballbar를 사용한 설비 진단 분석

(2) Ballbar의 개요

본 장의 Ballbar는 그림 6-89와 같이 Renishaw의 직선 변위 시스템 QC20-W Ballbar로서 간편한 기계 성능 및 진단을 할 수 있음을 소개만 하고 상세한 사용법과 설명은 따로 설명하기로 한다.

그림 6-89 Ballbar

제 7 장

CAP의 IIoT 설비 통신

1. CAP 설비 통신의 개요
2. FOCAS 통신
3. MT LINK 통신
4. 설비 통신의 연결

7 CAP의 IIoT 설비 통신

1. CAP 설비 통신의 개요

1-1 공작 기계의 정보 통신망

1 정보 통신망의 개요

공작 기계의 통신은 공작 기계의 작동과 가공에 관련된 NC 데이터 통신과 공작 기계의 작동 상태 및 설비의 정보를 수집하기 위한 정보 통신으로 크게 구분할 수 있다. 그러나 설비에 사용되는 통신은 두 가지 형태의 통신망을 전부 사용하는 것이 아니라 정보 통신망을 사용한다.

공작 기계 작동 상태 및 정보를 수집하기 위한 정보 통신

FANUC

HAAS

HEIDENHAIN

OKUMA

MAZAK

SIEMENS

공작 기계 작동 상태 및 가공 NC 데이터 정보 통신

그림 7-1 공작 기계의 정보 통신망

2 공작 기계의 정보 통신망 종류와 명칭

공작 기계 회사는 표 7-1과 같이 고유의 정보 통신망을 가지고 있으며, 고유의 명칭을 사용하고 있다.

표 7-1 공작 기계의 정보 통신망 명칭

회사명	정보 통신망	비고
FANUC	FOCAS	
HAAS	MDC	
HEIDENHAIN	LSV2Tool	
OKUMA	MT Connect	
MAZAK	MT Connect	
SIEMENS	OPC	

1-2 라이브러리 통신

1 라이브러리 통신의 개요

설비에 사용되는 정보 통신은 라이브러리 통신을 사용한다. 각 공작 기계의 라이브러리 통신은 **그림 7-2**와 같이 전용 통신 라이브러리를 사용하는 방법과 공용 통신 라이브러리를 사용하는 방법으로 구분한다.

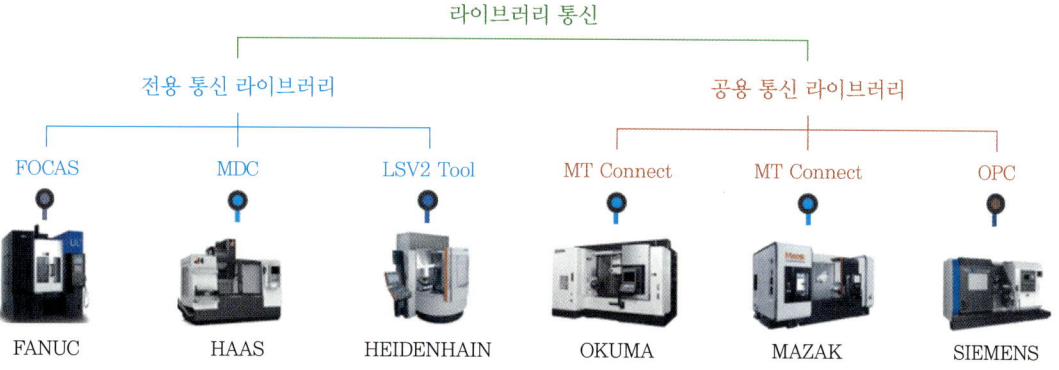

그림 7-2 공작 기계 회사별 정보 통신망과 라이브러리

2 라이브러리 통신과 NC 데이터 통신의 방법 비교

그림 7-3은 정보 통신과 NC 데이터 통신의 통신 방법을 나타낸 것으로, 다른 방식의 통신 방법을 사용한다.

그림 7-3   정보 통신과 NC-DATA 통신 방법

3 CAP의 라이브러리 데이터 수집

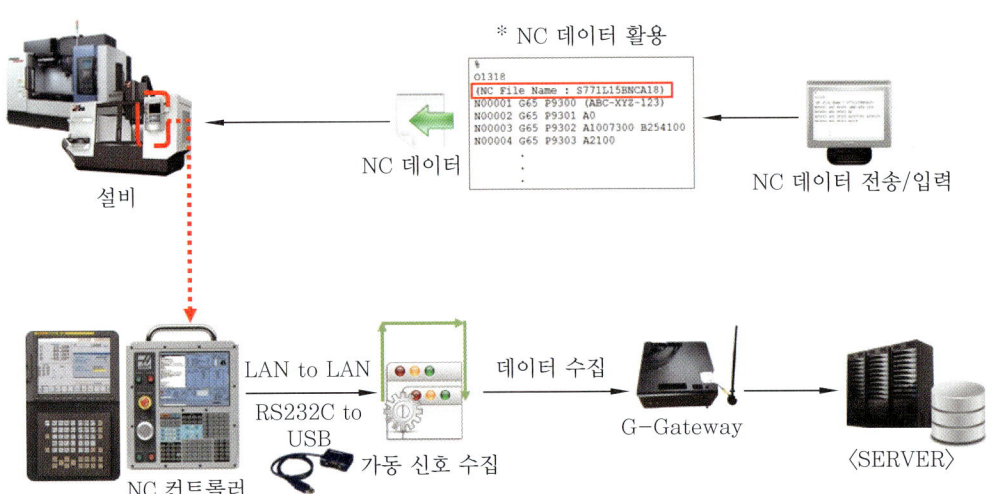

그림 7-4   CAP의 데이터 수집

그림 7-4와 같이 CAP는 공작 기계의 종류에 따라 FOCAS / OPC / LSV2TOOL / MTConnect / PLC&Bluetooth 등 기계의 정보 통신망을 통하여 수집된 정보와 NC 데이터 정보는 장비의 NC 컨트롤러를 거쳐 적절한 가동 신호를 수집한다. 수집된 가동 신호는 Gateway를 거쳐 CAP 서버에 전달하게 된다. CAP 서버는 데이터베이스에 의한 분석을 통하여 COLLECTION / ANALYSIS / PREDITION 모듈로 작업자와 관리자에게 시각화된 모니터링을 제공하게 한다.

2. FOCAS 통신

2-1 FOCAS Library의 개요

1 FANUC 장비의 FOCAS 개요

FOCAS는 현재 우리나라에서 가장 많이 보급된 FANUC 공작 기계의 컨트롤러 시스템에서 사용하는 공작 기계 정보 통신망을 말한다. 그림 7-5의 공작 기계들은 제작 회사가 다름에도 불구하고 컨트롤러는 FANUC 시스템을 사용하고 있다는 공통점을 가지고 있다. FOCAS는 FANUC에서 자체 개발한 고유의 통신 시스템으로 FANUC 컨트롤러를 사용하는 공작 기계에 공통으로 적용된다.

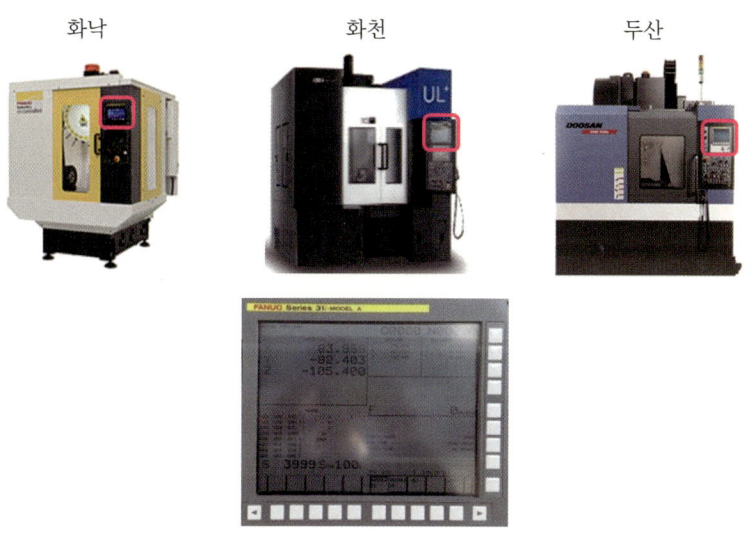

그림 7-5 FANUC 컨트롤러를 사용하는 공작 기계

2 FOCAS 내장 유무에 따른 통신 방법

FANUC 컨트롤러를 사용하는 공작 기계는 기계의 종류에 따라 FOCAS라는 통신 버전이 있는 기종과 없는 기종이 있으며, 통신 버전의 유무에 따라 통신 방법이 다르므로 반드시 확인해야 한다.

(1) FOCAS가 설비에 내장되어 있는 경우

FOCAS 시스템이 내장되어 있는 경우에는 설비에 내장된 FOCAS 시스템이 Ethernet으로 네트워크에 결합하여 FOCAS 라이브러리 함수를 사용해서 Open CNC의 애플리케이션이 가능한 환경을 구성한다. 이 경우에는 TCP IP 8193 포트를 사용하여 Ethernet 통신 방법으로 네트워크에 연결한다.

그림 7-6은 네트워크 이더넷 RJ45 PCMCIA CardBus 노트북 / 노트북 확장 카드를 나타낸다. 확장 카드는 설치 방법과 구성이 간편하고, PCMCIA 54mm 슬롯이 있는 노트북에 적합한 사양이라고 볼 수 있다. 연결 방법은 RJ45 소켓으로 할 수 있으며 안정적인 성능과 자동 협상 기능이 있고, Wake-on-LAN 기능을 보유하고 있다. 전 이중(IEEE 802.3 x)을 지원하며 반이중 지원 데이터 전송 속도는 10/100Mbps이고 어댑터는 100Mbps 54mm이다.

그림 7-6 네트워크 이더넷 RJ45 LAN-54mm PCMCIA CardBusPC 카드

(2) FOCAS가 내장되어 있지 않은 경우

FOCAS가 내장되어 있지 않은 경우에는 별도의 장치를 사용하여 FOCAS와 연결을 시도할 수 있다. 연결하는 방법은 다음과 같이 CF Memory Card를 사용하여 LAN으로 PC에 연결하는 방법과 CF Memory Card를 사용하여 Gateway를 거쳐서 LAN으로 PC에 연결하는 방법이 있다.

3 FOCAS Library의 통신 연결 구성도

FANUC 공작 기계의 컨트롤러에 내장된 FOCAS Library는 FOCAS Agent나 통신 프로토콜을 서버로 통신을 구성한다. 그림 7-7은 컨트롤러에서 서버로 연결되는 통신을 나타내는 개념도이다.

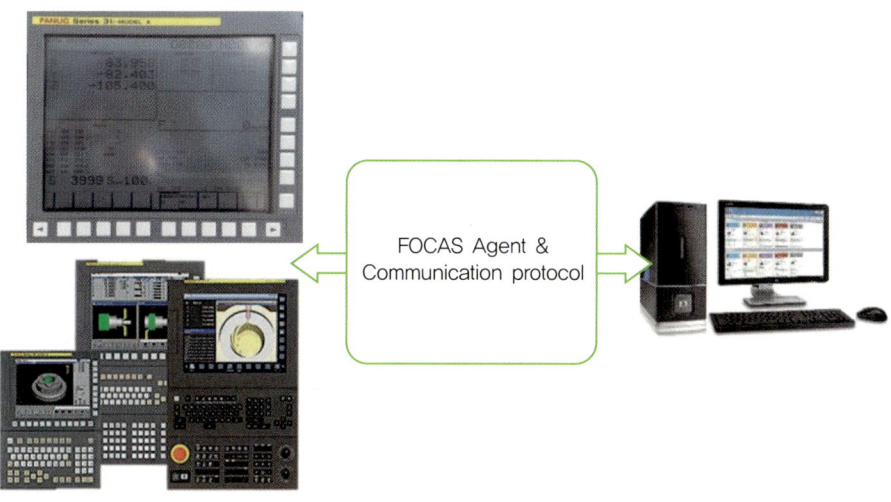

FANUC FOCAS Library

그림 7-7   FANUC의 FOCAS Library와 서버의 통신 구성

4 FOCAS의 데이터 통신 메커니즘

FOCAS CNC 컨트롤러에서 입력되는 Ladder 프로그램이나 NC 프로그램이 FOCAS를 통하여 서버와 이루어지는 상세한 통신 과정은 **그림 7-8**과 같다.

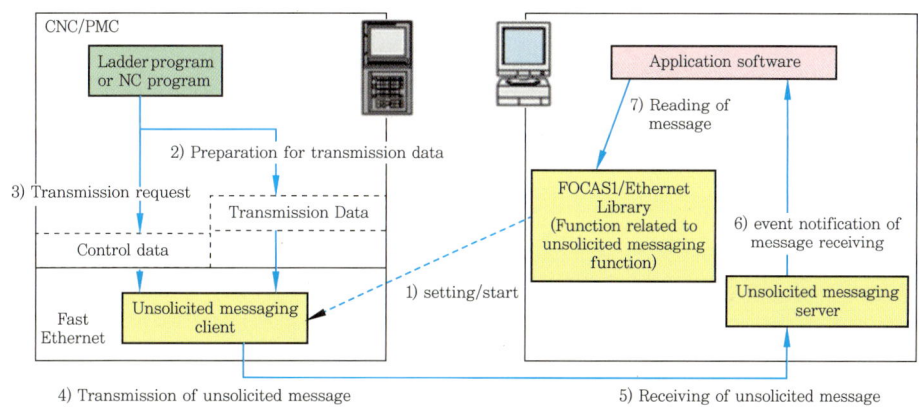

그림 7-8   요청하지 않은 메시징 기능의 메커니즘

컨트롤러 파트에서 기계가 작동되면 Ladder 프로그램이나 NC 프로그램의 데이터는 요청하지 않은 메시징 클라이언트 FOCAS를 거쳐 서버로 전송하게 된다. 서버 파트에서는 컨트롤러에서 전송된 데이터를 수신하여 응용 소프트웨어로 보내서 메시지를 읽고 FOCAS Ethernet Library의 관련 기능으로 처리하게 된다. 처리된 데이터는 클라이언트를 통하여 장비의 FOCAS로 전송된다.

2-2 FOCAS Library의 구조와 수집 데이터 종류

1 장비별 지원되는 FOCAS 확인 방법

장비에서 데이터를 수집하기 위해서는 보유하고 있는 장비가 FOCAS를 내장하고 있는 모델인지 아닌지를 우선 확인하여야 한다. FANUC 장비는 장비 모델에 따라 서로 다른 컨트롤러를 가지고 있으며, 컨트롤러의 종류에 따라 FOCAS가 지원되는 장비와 그렇지 않은 장비로 구분된다. 각각의 컨트롤러는 고유의 FOCAS Library 형식을 가지고 있으므로 그림 7-9에서 보유하고 있는 장비의 모델과 약어로 된 컨트롤러 모델을 선택하여 FOCAS 1/2 Library의 지원 여부를 반드시 확인하여야 한다.

Applicable CNCs		
Product name		Abbreviation
FANUC Series 0i-MODEL A	0i-A	Series 0i-A
FANUC Series 0i-MODEL B FANUC Series 0i-MODEL C Note1)	0i-B/C Note1)	Series 0i-B Series 0i-C Note1)
FANUC Series 0i-MODEL D FANUC Series 0i Mate-MODEL D	0i-D	Series 0i-D
FANUC Series 0i-MODEL F FANUC Series 0i Mate-MODEL F	0i-F	Series 0i-F
FANUC Series 0i-PD	0i-PD	Series 0i-PD
FANUC Series 0i-PF	0i-PF	Series 0i-PF
FANUC Series 15/150-MODEL B	15	Series 15
FANUC Series 15i/150i-MODEL A FANUC Series 15i/150i-MODEL B	15i	Series 15i
FANUC Series 16/160-MODEL B FANUC Series 16/160-MODEL C FANUC Series 18/180-MODEL B FANUC Series 18/180-MODEL C FANUC Series 21/210-MODEL B	16 18 21	Series 16/(18/21)
FANUC Series 16i/160i-MODEL A FANUC Series 18i/180i-MODEL A FANUC Series 21i/210i-MODEL A	16i-A 18i-A 21i-A	Series 16i/(18i/21i)-A
FANUC Series 16i/160i-MODEL B FANUC Series 18i/180i-MODEL B FANUC Series 21i/210i-MODEL B	16i-B 18i-B 21i-B	Series 16i/(18i/21i)-B
FANUC Series 16i/160i-P FANUC Series 18i/180i-P	16i-P 18i-P	Series 16i/(18i)-P

Applicable CNCs		
Product name		Abbreviation
FANUC Series 30i-MODEL A FANUC Series 31i-MODEL A FANUC Series 32i-MODEL A	30i-A 31i-A 32i-A	Series 30i/(31i/32i)-A
FANUC Series 30i-MODEL B FANUC Series 31i-MODEL B FANUC Series 32i-MODEL B FANUC Series 35i-MODEL B	30i-B 31i-B 32i-B 35i-B	Series 30i/(31i/32i/35i)-B
FANUC Series 30i-P MODEL B FANUC Series 31i-P MODEL B	30i-P 31i-P	Series 30i/(31i)-P
FANUC Series 30i-L MODEL B FANUC Series 31i-L MODEL B	30i-L 31i-L	Series 30i/(31i)-L
FANUC Series 31i-W MODEL A	31i-WA	Series 31i-WA
FANUC Series 31i-W MODEL B	31i-WB	Series 31i-WB
FANUC Power Mate i-MODEL H	PMi-H	Power Mate i-H
FANUC Power Mate i-MODEL D	PMi-D	Power Mate i-D
FANUC Power Motion i-MODEL A	PMi-A	Power Motion i-A

그림 7-9 FOCAS 1/2 Library의 지원 여부를 판단하기 위한 FANUC 장비명과 컨트롤러 종류

2 FOCAS Library 구조

FOCAS는 데이터 수집을 위하여 자체적으로 상당히 발전된 시스템을 사용하여 여러 가지 장비 운용에 필요한 데이터를 수집한다. 그림 7-10은 FANUC 장비의 FOCAS Library 구조를 나타내는 그림으로, FOCAS Library의 항목들은 기계의 작동 부분과 직접적으로 연결되어 해당 항목의 데이터를 수집하게 된다.

그림 7-10 FOCAS Library의 구성

3 FOCAS Library를 이용한 수집 데이터의 종류

이러한 FOCAS Library를 사용하여 시설·장비에서 검출하는 데이터의 종류는 표 7-2에 나타내었다. 표에서 알 수 있듯이 CAP에서 사용되는 데이터 중에서 장비의 운전 상태와 회전수 이송 속도 등 상당 부분의 정보가 FOCAS Library를 통하여 수집할 수 있음을 알 수 있다.

표 7-2 FOCAS Library 수집 데이터 종류

seq	equip	mode	mode_status	spindle	feed	alarm	seq_no	alm_no	alm_msg	pl_alarm	m_code	t_code	drawing
28273839	NC016	MDI	HOLD	0	0	FANAlarm	0	0			M4	T0	
28274502	NC016	HaNDle	HOLD	0	0	FANAlarm	0	0			M4	T0	
28274710	NC016	MDI	START	0	720	FANAlarm	0	0			M4	T0	
28274732	NC016	JOG	HOLD	0	0	FANAlarm	0	0			M4	T0	
28274755	NC016	MDI	HOLD	0	0	FANAlarm	0	0			M4	T0	

sysdatetime	power_t	operation_t	cutting_t	cycle_t	x	y	z	key_date	key_time	load_x	load_y	load_z
2017-08-22 11:00:00	3541383	1753166	819398	0	198721	659161	55	20170822	11:00:00	2	3	23
2017-08-22 11:02:43	3541385	1753166	819398	0	198721	-504039	-413278	20170822	11:02:43	1	6	17
2017-08-22 11:03:27	3541386	1753167	819398	1	332449	-458639	-417878	20170822	11:03:26	13	6	23
2017-08-22 11:03:33	3541386	1753167	819398	1	344065	-458639	-417878	20170822	11:03:33	15	5	23
2017-08-22 11:03:39	3541386	1753167	819398	1	347041	-458639	-417878	20170822	11:03:39	1	5	24

seq	equip	mode	mode_status	spindle	feed	alarm	seq_no	alm_no	alm_msg	pl_alarm	m_code	t_code	drawing
MSSQL 구분	설비명	운전 상태	운전 상태의 진행 상태	회전수	이송 속도	알람	P/G 행번호	알람 번호	알람 메시지	시스템 알람	M코드	공구 번호	제품 정보

sysdatetime	power_t	operation_t	cutting_t	cycle_t	x	y	z	key_date	key_time	load_x	load_y	load_z
수집 일시 (년월일 시분초)	전원 시간 (분)	가동 시간 (분)	가공 시간 (분)	사이클 시간 (분)	X축 위치값	Y축 위치값	Z축 위치값	수집 일자 (연월일)	수집 시간 (시분초)	X축 부하량	Y축 부하량	Z축 부하량

위의 표에서 예를 들어 각 축의 위치 값을 어떻게 FOCAS에서 알게 되는 것인지 살펴보자. 그림 7-11에서 보여주는 것과 같이 CNC 컨트롤러 모니터에 표현되는 X, Y, Z의 좌푯값이 표시되고, FOCAS Library는 모니터에 나타나는 위치 신호를 가져온다는 것을 알 수 있다.

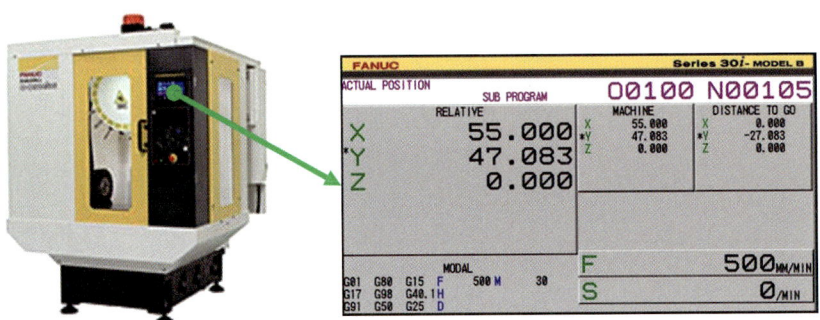

그림 7-11 FOCAS Library와 좌푯값

2-3 따라하기 실습 – FOCAS Library를 활용하기

[과제] 앞의 설명에서 Feed의 변화량을 수집하여 데이터 변화 추이를 기록하기
[실습]
① 가동 중인 CNC 기계에서 화면을 확인한다.
② 화면 우측 하단에 이송 속도 F500을 확인한다.

 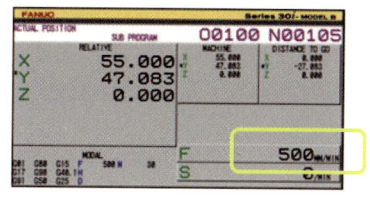

그림 7-12 모니터 화면에서 이송 속도 확인하기

③ FOCAS Library의 구조에서 Position 항목과 General 항목 그리고 하단의 Position 항목이 활성화되는 것을 확인한다.

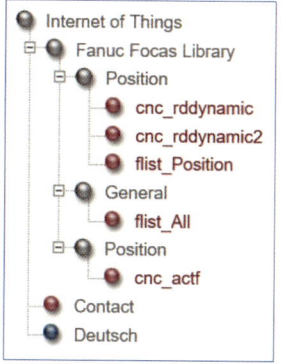

그림 7-13 FOCAS Library에서 해당 항목 활성화 확인

④ Server에서 수집한 데이터는 CAP의 데이터베이스로 수집되고, 데이터베이스는 디지털 전환하여 내용을 분석한다.

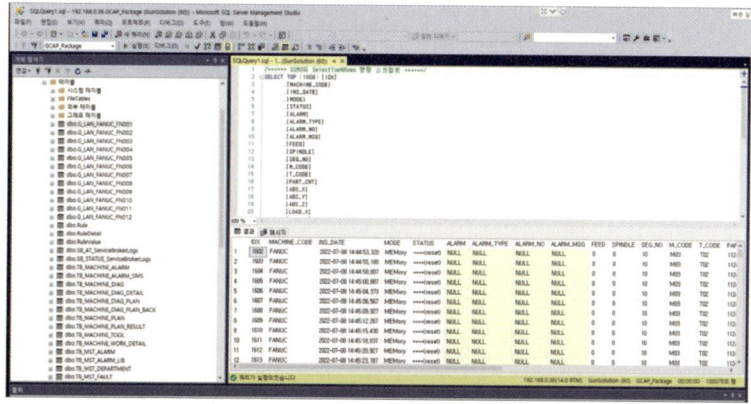

(a) 디지털 분석 1

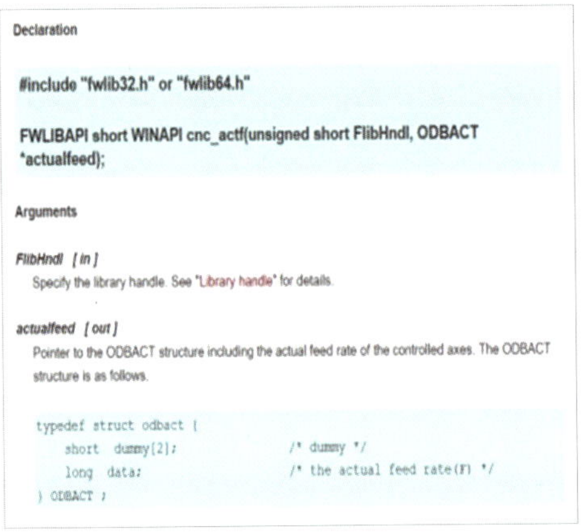

(b) 디지털 분석 2 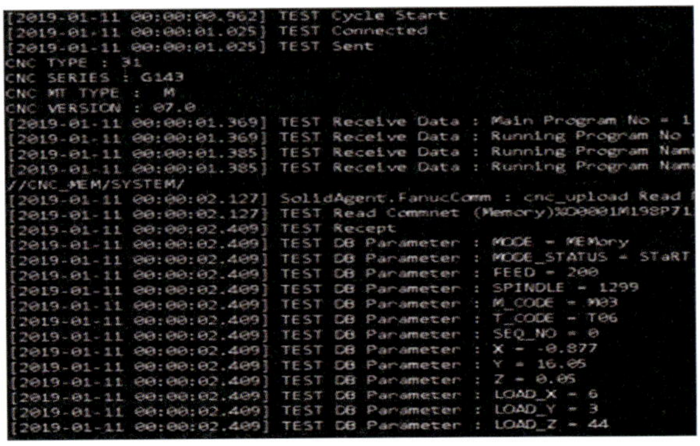   (c) 데이터 변환

그림 7-14 Server의 디지털 분석과 데이터 변환

⑤ 사용자의 컴퓨터로 변환된 데이터를 활용한 각종 분석 자료를 확인할 수 있다.

그림 7-15

2-4 FOCAS Library 데이터의 활용

1 FOCAS Library를 활용한 수집 항목의 종류

FOCAS Library의 데이터는 여러 가지 정보를 제공하는 것은 사실이지만, 모든 정보를 제공하는 것은 아니다. 표 7-3은 FOCAS Library의 데이터를 수집하여 나타낼 수 있는 항목을 컬러화된 부분으로 표시하였다.

표 7-3 FOCAS Library에서 수집되는 정보 종류

코드명	치공구	TOOL	설계	휴게	검사	공정 대기	수정 작업	타 장비 운영
구분	Block Setting	공구 교체	소재 변경	점심 식사	초품 검사	이동 지연	절삭 과부하 변경	팀원 부재
	Clamping Setting	공구장 Check	설계 변경	저녁 식사	자주 검사	소재 미입고	조도 문제에 따른 변경	타 장비 가동
	Vise Setting	드레싱	설계 확인	오전 휴게	지연-조도 측정	외주품 미입고	그 외 기타	그 외 기타
	Fig Setting	휠 교환	설계 불량	오후 휴게	지연-습합부 측정	검사 입고 지연	불량건 수정	타 장비 Set Up
	평탄 Check	공구 연마	그 외 기타		지연-비전 측정	그 외 기타	조도 Burr 제거	
	Chuck 교환	공구 없음			지연-형상 측정	E/P 입고 대기		
	심압대 교환	그 외 기타			지연-CMM 측정	공정 지연		
	드레서 교환	재 드레싱			그 외 기타	소재 준비		
	팔레트 보링	공구 파손			정삭 기타			
	Jaw 보링	파손부 제거			QA 측정			
	조립 대기	MMS 점검 (배터리 교환)			검사 지연			
	Jig 미준비	MMS 점검 (켈리브레이션)			기준면 클램프 검사			
	청소	공구 준비			습합부 검사			
	그 외 기타				정도 검사			
	조립 지연				조도 검사			
	Jaw 교체				평탄도 검사			
	Jig Setting							
	치구 준비							
	콜렛 교체							
	팔레트 보정							
	페이스 세팅							
	CAM	스케줄	퇴근	장비 점검	Setup	기타		자동화
	Sheet 미전달	계획 정지	정상 퇴근	장비 정기 점검	Setup	기타		AGV 알람
	Program 미전달	식사		알람 발생	Setting			AGV 이동
	공정도 미준비	스케줄 변경		그 외 기타	Warming-up			LGV 알람
	Sheet 이상	소재 불량		충돌 인한 점검				LGV 이동
	Program 이상	장비 변경		장비 수리				반전 작업
	공정도 이상	그 외 기타		장비 내 Chip 청소				자동문 알람
	조건 이상 확인	교육						MMS 알람
	그 외 기타	물량 없음						센서 알람
	Program 다운로드	배송						
	Program 대기	스케줄 대기						
		회의						
		후처리						

표 7-3에서 보면, 치공구부터 TOOL, 설계, 휴게, 검사, 공정 대기 등 많은 부분의 정보를 얻을 수 있는 것을 알 수 있다. 실제로 FOCAS Library 데이터를 수집하면 CAP에 관련된 상당 부분의 내용을 분석할 수 있는 자료가 된다.

2 FOCAS Library를 활용한 비가동 사유와 조건 분석 데이터 작성

FOCAS Library의 데이터를 활용하여 비가동 사유를 분석하는 것을 알아보기로 한다. 표 7-3에서 FOCAS Library는 항목별로 정보를 나타내고 있으나, 어떤 항목들이 비가동 상태인지를 알려주지는 않는다. 따라서 어떤 조건일 때 표현되는 비가동 내용이 무엇인지 알 수 있도록 상세한 조건을 파악하기 위해서 표 7-4에 필요한 별도의 데이터 가공을 나타내었다. 즉, FOCAS Library 표현 항목을 필요한 상세 내용으로 변환하여 재분류하여 정확한 원인 분석을 할 수 있도록 하였다.

표 7-4 CAP의 비가동 사유 분석

		비가동 사유		조건
		구분	내용	
2	패턴 활용	기본 휴식	오후 휴식	해당 휴식 시간에 포함될 경우
3			중식	
4			석식	
5		설비 환경 및 가공 공정 대기	공작물 세팅(수동)	아큐센터 T 번호 공구(환경 설정), 스핀들 회전값(환경 설정), 모드가 JOG 또는 Handle
6			공작물 세팅(프로브 세팅)	프로브 T 번호 공구(환경 설정) 측정 품목 정보(환경 설정) – NC Data No 옆에 주석 내용
7			공구 교체(마모, 파손) → 공구 교체 모든 시간(실시간)	MDI 모드, 공구 교체 M코드(환경 설정) – (LTS(공구 길이 자동 측정기)를 사용할 경우만 가능)
8			가공 완료 후 대기	
6			워밍업	프로브 T 번호 공구(환경 설정), 측정 품목 정보(환경 설정) – NC Data No 옆에 주석 내용
9			공작물 측정	프로브 T 번호 공구(환경 설정), 주석 품목 정보(환경 설정) – NC Data No 옆에 주석 내용
			볼바 진단	
			기타 비가동(청소 세팅)	
15	수동 처리 필요	대기	설비 청소	사람이 Action
16			공작물 대기	
17			CAM P/G 작성(대기)	
18	계획 정지 활용	교체	절삭유 교체	
19			프로젝트별 설비 세팅(공구, 지그)	
20		설비 이상	설비 점검	
21			설비 고장	
22			설비 이동 및 설비 반입	

3 FOCAS Library를 활용한 비가동 사유와 장비 상태 분석 데이터 작성

표 7-5는 앞에서 설명한 비가동 사유에 대한 데이터를 상태 정보와 모드 정보, 모드 상태, 동작 정보, 코드 정보, 시간 정보로 분류하여 체크 리스트 형식으로 나타낸 것이다. 이와 같이 CAP는 분석된 데이터를 다양한 형식과 접목하여 필요한 형식으로 분석 결과를 표현할 수 있다.

표 7-5 비가동 사유 분석 체크 리스트

	비가동 사유		상태 정보					모드 정보				모드 상태			동작 정보		코드 정보			시간 정보				품목 정보
	구분	내용	가동	계획 정지	알람	전원 off	전원 on	Memory	OG	MD	Hande	EDIT	START	REET	HOD	스핀들 회전	좌표 이동	M 코드	T 코드	G 코드	현재 시간	운전시간 G00(G01)	절삭 시간 (G01)	사이클 시간 프로그램 가동 시간	
1	기본 휴식	오전 휴식					○															○			
2		오후 휴식					○															○			
3		중식					○															○			
4		석식					○															○			
5	패턴 활용	공직물 세팅 수동						○		○						○		○	○						
6		공직물 세팅 프로브 세팅																○							○
7	설비 환경 및 가공 공정 대기	공구교체 마모 파손 → 공구교체 모든 시간 실시간							○									○							
8		가공완료 후 대기						○					○					○							
6		워밍업																							○
9		공직물 측정																	○						
		볼바 진단						○																	○
		기타 비가공청소 세팅																							
15	수동 처리 필요	설비 청소	○																						
16		공직물 대기	○																						
17		CAMP/G 작성 대기	○																						
18	교체	절삭유 교체	○																						
19	계획 정지 활용	프로젝트별 설비 세팅 공구 지그	○																						
20		설비 점검	○																						
21	설비 이상	설비 고장	○																						
22		설비 이동 및 설비 반입	○																						

3. MT LINK 통신

3-1 MT Connect

1 MT Connect의 개요

MT Connect는 1902년에 미국의 생산 기계와 주변 기기 및 생산 기술을 리드, 서포트하기 위해 설립한 제조 기술 협회인 AMT(Associator Manufacturing Technology)가 2007년에 제안한 공작 기계 및 주변 기기간의 통신을 업계 표준화한 개방적인 통신 접속 규격을 말한다. MAZAK는 2007년의 발족 때부터 멤버로 이 규격에 참가하고 있으며, 당연히 현재 MAZAK 장비의 통신에 사용되고 있다. MT Connect는 일반적인 데이터 파일 형식의 XML 형식을 사용하고 있으므로 다른 시스템의 정보를 쉽게 수집할 수 있도록 하고, 생산 현장에 필요한 정보를 추출하는 데 편리한 특징이 있다.

2 MT Connect의 시스템

그림 7-16은 MT Connect의 시스템을 나타낸 것이다. MAZAK 장비에서는 어댑터 소프트웨어를 통하여 기계 데이터를 수집하고 에이전트 소프트웨어에 전송한다. MT Connect의 에이전트 소프트웨어는 기계 데이터를 정해진 Format으로 PC에 전송하게 된다. Customer는 클라이언트 소프트웨어를 사용하게 되며, 커스텀 소프트웨어에 의하여 필요한 정보를 표시하는 시스템이다.

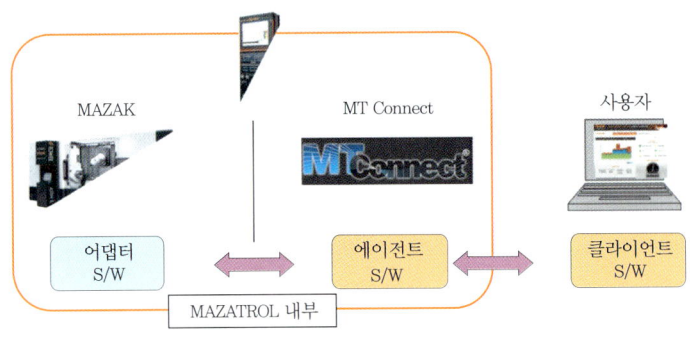

그림 7-16 MT Connect의 시스템

3 MT Connect의 수집 데이터

MT Connect는 표 7-6과 같이 전원, 주축 속도(rpm), 축 위치(x, y, z), 축 이송 속도, 이송 속도(feed), 블록 번호, 운전 상태, 운전 Mode, 프로그램 번호, 알람, 주축 부하량, 각 축 부하량, 주축 Override, 이송 Override, 공구 번호, 대기 공구, 공구 그룹 번호, 주축 온도, Part Counter, Rapid Override, Sub Program 번호, Program Comment, Sub Program Comment, 자동 운전 시간, 자동 절삭 시간, 실적 시간, Sequence 번호, Unit 번호 등의 정보를 수집할 수 있다.

표 7-6 MT Connect의 수집 데이터

No	信号各	タグ各	(2つ目のタグ各)	Matrix(XP)	M640(W2k)	M640(W95)
1	電源	power	–	○	○	○
2	主軸速度	Srpm	S2rpm	○	○	○
3	軸位置	Xabs Yabs Zabs	X2abs Y2abs Z2abs	○	○	○
4	軸送り速度	Xfrt Yfrt Zfrt	X2frt Y2frt Z2frt	○	–	–
5	送り速度	path feedratefrt	path feedratefrt2	○	○	○
6	プロシウNo.	line	line2	○	○	○
7	運転状態	execution	execution2	○	○	○
8	運転モード	controllermode	controllermode2	○	○	○
9	ワークNo.	program	program2	○	○	○
10	アラーム	alarm	alarm2	○	○	○
11	主軸ロード	Slod_percent	S2Lod_percent	○	○	○
12	各軸ロード	Xlod_percent Ylod_percent Zlod_percent	X2lod_percent Y2lod_percent Z2lod_percent	○	○	○
13	主軸オーバライド	Sovr	S2ovr	○	○	○
14	送ワオーバライド	path_feedrateovr	path_feedrateovr2	○	○	○
15	工具番号	Tool_number	Tool2_number	○	○	○
16	工具サフィックス	Tool_suffix	Tool2_suffix	○	○	○
17	工具グループ番号	Tool_group	Tool2_group	○	○	○
18	主軸温度	S_tempreture	S2_tempreture	○	–	–
19	パーツカウソト(実績)	PartCountAct	Part Count Act2	○	○	○
20	早送ワオーバライド	path_rapidover	path_rapidover2	○	○	○
21	サブプログラムワークNo	subprogram	subprogram2	○	○	○
22	プログラムコメント	program_cmt	program_cmt2	○	○	○
23	サブプログラムコメント	subprogram_cmt	subprogram_cmt2	○	○	○
24	自動運転時間	auto Operation Time	auto Operation Time2	○	○	○
25	自動切削時間	total Cutting Time	total Cutting Time2	○	○	○
26	累積時間	total Time	total Time2	○	○	○
27	ツーケソスNo.	sequenceNum	sequence Num2	○	○	○
28	コニットNo.(Mazのみ)	unitNum	unit Num2	○	○	○

4 Custom Screen-IMTS로 기계 사용 전력 표시

그림 7-17은 각 장비의 전력을 알아보기 위하여 만들어진 Custom Screen을 예시로 나타낸 것이다. 그림에서 각각의 장비에 대한 전력 사용 정보가 기록되고 있는 것을 알 수 있다. 이를 위해서는 배전반에 전류계를 추가로 설치하여야 한다.

그림 7-17 MT Connect을 활용한 장비 소요 전력 정보 수집 Custom Screen

일반적으로 각각의 장비 소요 전력도 중요하지만, 전체적으로 파악할 화면이 별도로 만들어져야 한다. 그림 7-18은 앞의 그림에서 나타난 장비들의 소요 전력을 Dash-Board 형태로 전체적인 현황을 파악하기 쉽게 재구성한 Custom Screen이다.

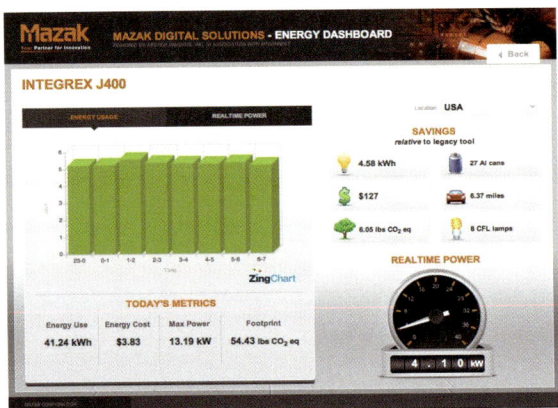

그림 7-18 MT Connect을 활용한 Dash-Board Custom Screen

3-2 MT-LINK*i* 통신

1 MT-LINK*i* 통신의 개요

(1) MT-LINK*i* 시스템 개요

MT Connect 방식을 기계에서 각종 데이터를 간단하게 수집할 수 있는 Ready-made 형태의 가시화 상태로 개발한 것을 MT-LINK*i*라고 한다. MT-LINK*i*는 그림 7-19와 같이 공장 내의 복수 기계를 접속하여 기계 정보를 수집하고, 수집한 정보를 상위 Host system으로 연계하여 User Application으로 변환시켜 수집한 정보를 간단하게 가시화할 수 있는 시스템이다.

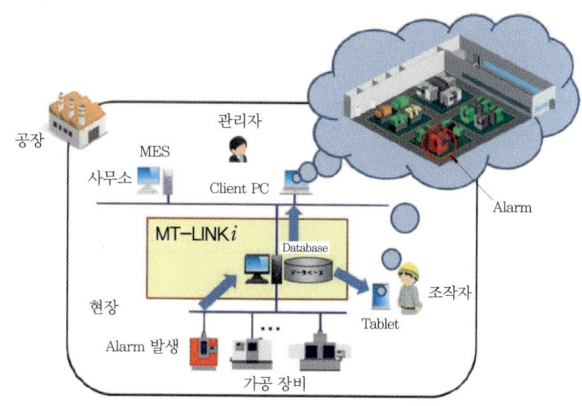

그림 7-19 MT-LINK*i* 시스템의 개요

(2) MT-LINK*i*의 통신 방식

MT-LINK*i*는 그림 7-20과 같이 FANUC CNC, ROBOT 등 다양한 공작 기계와 복수 설비에 접속할 수 있고, 타사의 CNC 적용 장비 및 PLC도 OPC UA와 MT Connect를 통하여 접속할 수 있으며, 최대 20~100대(20대, 50대, 100대)까지 접속할 수 있다.

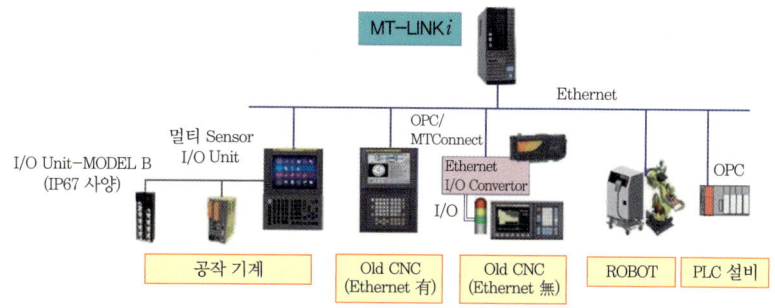

그림 7-20 MT-LINK*i*의 통신 방식

2 MT-LINK*i* 데이터 수집 기능

(1) 장비 예방 보전을 위한 데이터 수집 기능

그림 7-21 MT-LINK*i* 장비 예방 보전을 위한 데이터 수집 기능

MT-LINK*i*는 그림 7-21과 같이 장비의 예방 보전을 위한 CNC의 배터리, Fan의 성능 상태 정보와 Servo 및 Spindle의 온도, 부하량, Rpm에 관한 정보를 수집할 수 있다. 그리고 AMP의 FAN과 절연 상태에 대한 정보 수집이 가능하다. 그 외에도 Alarm, Work 좌표계, 가공 프로그램 등의 기타 정보를 수집할 수 있다.

(2) 기계 데이터 이력 관리 기능

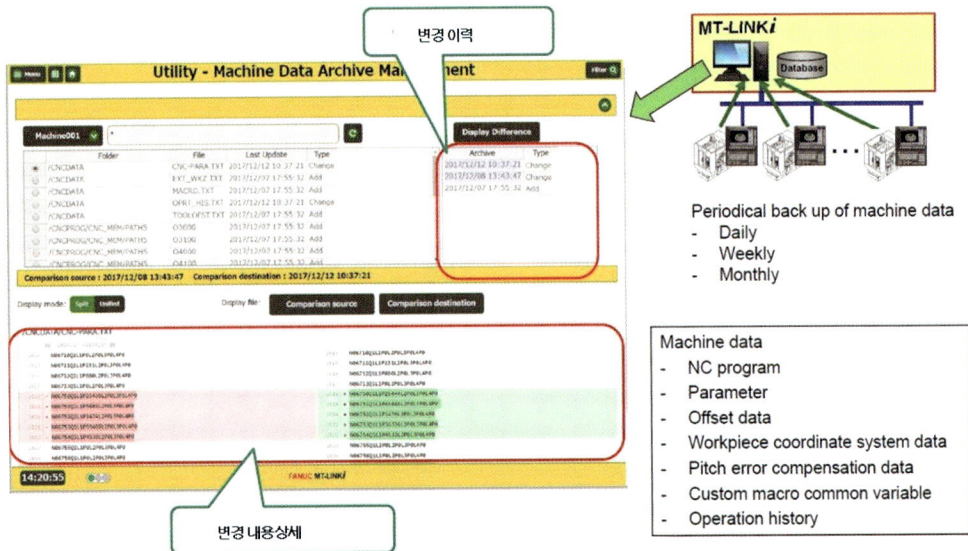

그림 7-22 MT-LINK*i*의 기계 데이터 이력 관리 기능

MT-LINK*i*는 그림 7-22에서 나타난 바와 같이 기계 Data를 정기적으로 백업하고, 기계 Data의 변경 이력이나 변경 내용을 화면에서 쉽게 확인할 수 있는 특징이 있다.

(3) Servo Viewer 연계 데이터 취득 기능

MT-LINK*i*는 그림 7-23과 같이 고속(1ms) Sampling의 Servo 데이터 수집이 가능하다. 또한 Analog I/F Module을 사용하여 외부 센서의 데이터도 동시 수집이 가능하며, 복수 기계의 Servo 데이터도 수집하여 일괄 관리할 수 있는 기능이 있다. 측정 조건으로 Date/Time을 지정할 수 있으며, 주기적인 측정(매주/매일)도 지정이 가능하다. 그 외에도 측정 조건으로 프로그램명, PMC 신호, Macro 변수 등을 추가하여 지정할 수 있다. 그리고 측정 조건마다 프로파일 설정이 가능하다.

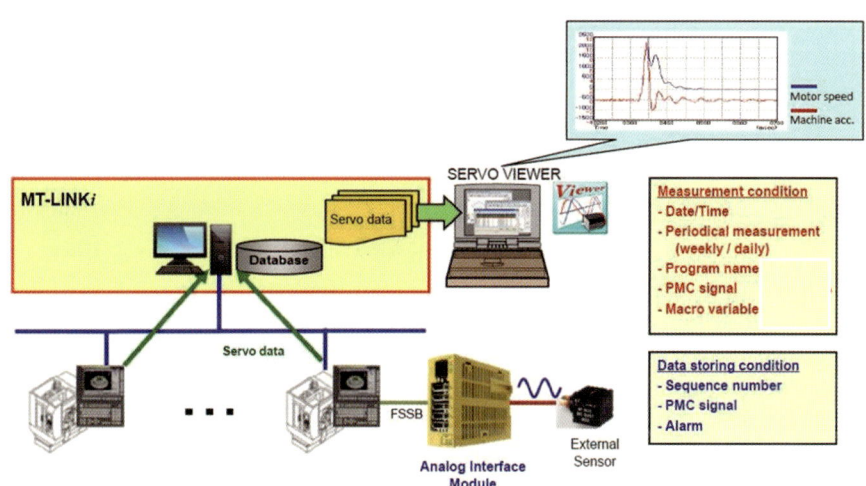

그림 7-23　MT-LINK*i*의 Servo Viewer 연계 데이터 취득

(4) Work 추적 기능 (Trace)

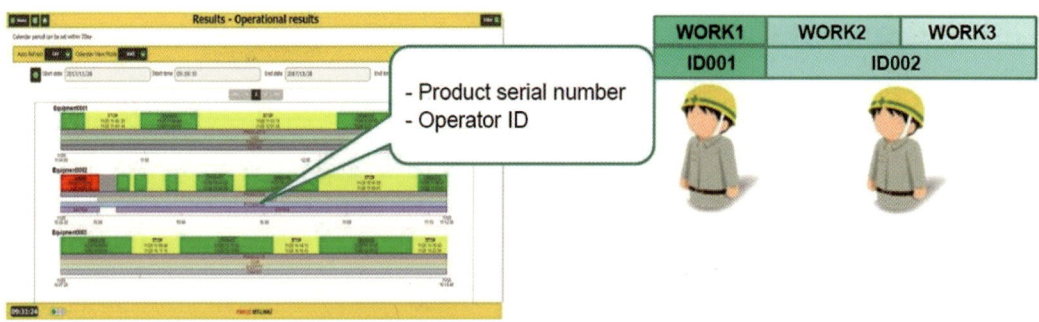

그림 7-24　MT-LINK*i*의 Work 추적 기능

MT-LINK*i*는 그림 7-24와 같이 Product Name, Work Comment, Product serial number, Operator ID를 수집하고, 가동실적 화면에서 가공한 Work가 어느 작업자에 의해 가공한 것인가를 쉽게 확인할 수 있으므로, Work에 대한 추적이 가능하다. 또한 제조 번호와 작업자 ID에 임의의 신호를 설정하여 Work 추적을 할 수도 있는 기능을 가지고 있다.

(5) 편의 기능

MT-LINK*i*는 그림 7-25와 같이 NC Program의 일괄 관리 기능과 NC Parameter 등의 백업 기능으로 고장 발생 시 빠른 복구를 지원할 수 있는 기능을 가지고 있으므로 NC 데이터 전송에 대응할 수 있다.

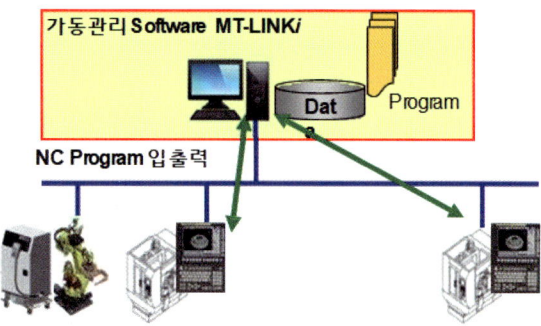

그림 7-25 MT-LINK*i*의 NC 데이터 전송 대응 기능

MT-LINK*i*는 그림 7-26과 같이 수집 데이터의 CSV file 출력 기능을 가지고 있다. 따라서 데이터베이스에 저장되어 있는 신호 데이터를 시간 순으로 CSV file로 출력을 할 수 있다. 또한 데이터베이스에서 직접 API를 이용하여 데이터를 읽기가 가능하다. 그러나 수집 데이터의 2차 이용이 다소 어려운 아쉬운 점이 있다.

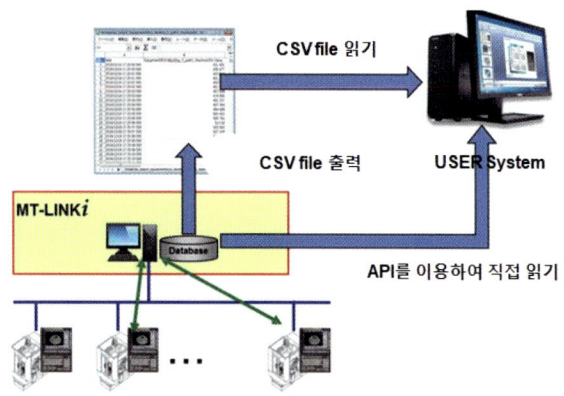

그림 7-26 MT-LINK*i*의 수집 데이터 CSV file 출력 기능

(6) 메일 송신 기능

MT-LINK*i*는 그림 7-27과 같이 설정 신호나 한도값을 초월할 경우, 메일을 송신하는 기능을 보유하고 있다. 지정 알람이 발생하는 경우에는 별도의 조치를 할 필요 없이 자동적으로 설정된 주소로 메일을 송신하게 되는 기능으로 비가동 시간을 줄일 수 있게 된다.

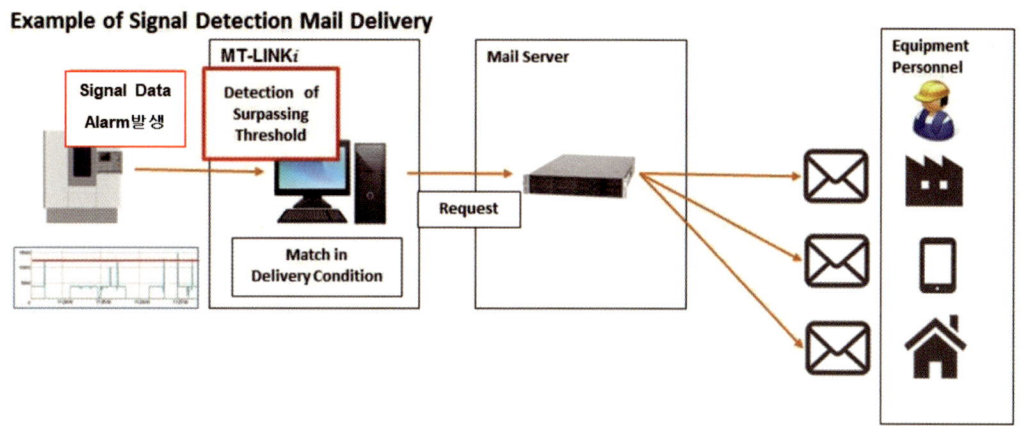

그림 7-27 MT-LINK*i*의 메일 송신 기능

(7) MT-LINK*i*의 OPC UA 접속 기능

MT-LINK*i*의 OPC UA 접속 기능은 그림 7-28과 같이 OPC UA를 통한 PLC 및 타사 CNC 제품군을 연결할 수 있는 기능이 있다. 그림 7-28은 OPC UA를 사용하는 개방형 플랫폼 커뮤니케이션 통합 Architecture를 설명한 그림이다.

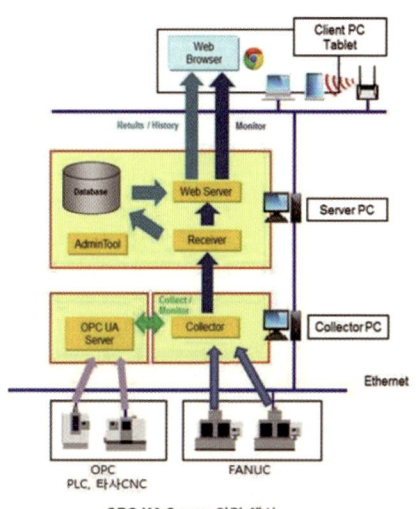

그림 7-28 MT-LINK*i*의 OPC UA Server 연결

소프트웨어는 KEP Server EX(Kepware Tech.)와 Device XPlorer OPC Server(TAKEBISHI)를 사용하고, 하드웨어는 ㈜CONTEC, TAKEBISHI 주식회사, Digital Electronics 주식회사(Pro-face)로 구성하였다.

3-3 MT-LINK*i* 화면

1 MT-LINK*i* Home 화면

MT-LINK*i*의 Home 화면은 Monitoring, Results, Diagnosis, Utility의 4개 필드로 구성되어 있다. 각각의 필드는 하부 메뉴를 포함하고 있으며, 필드의 영역에 따라 상세한 내용을 화면으로 가시성을 가지고 확인할 수 있도록 해준다.

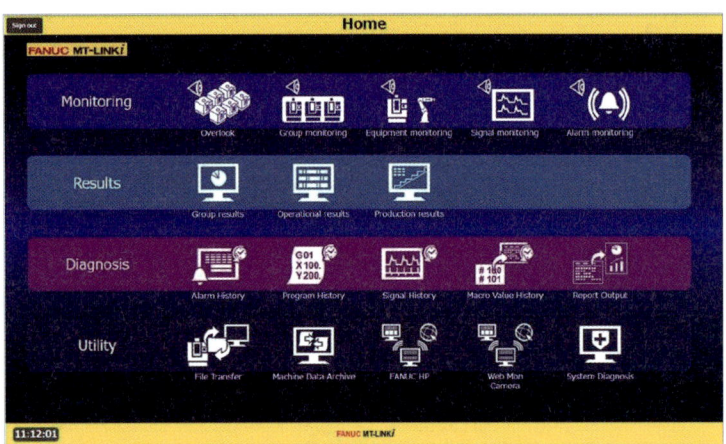

그림 7-29 MT-LINK*i*의 Home 화면

2 MT-LINK*i*의 Monitoring 화면

(1) Monitoring-Overlook 화면

MT-LINK*i*의 Monitoring-Overlook 화면은 Layout 이미지, 장비 이미지 및 위치를 Customize 할 수 있다. 장비의 상태를 그림 7-30과 같이 각기 다른 색으로 표시할 수 있어서 가시성을 높일 수 있는 장점이 있다.

그림 7-30   Monitoring-Overlook 화면

(2) Monitoring-Group monitoring 화면

MT-LINK*i*의 Monitoring-Group monitoring 화면은 그림 7-31과 같이 장비를 그룹화하여 관리하는 화면이다. 그룹별 가동 상태를 확인할 수 있다.

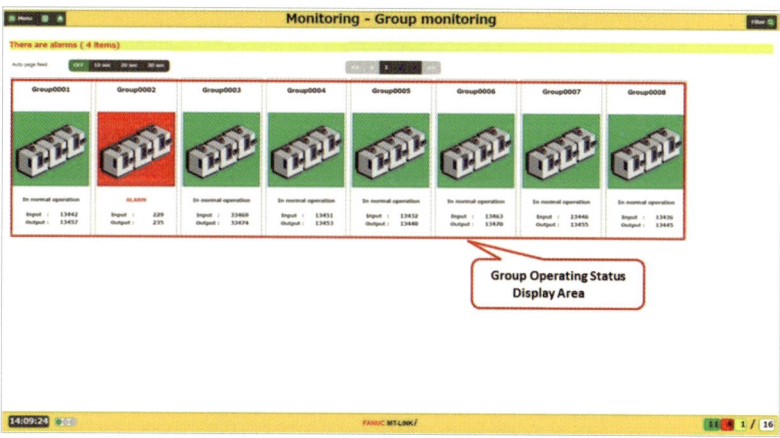

그림 7-31   Monitoring-Group monitoring 화면

(3) Monitoring-Equipment monitoring 화면

MT-LINKi의 Monitoring-Equipment monitoring 화면은 **그림 7-32**와 같이 그룹 내에 있는 장비의 기본 데이터를 열람하는 화면이다.

그림 7-32 Equipment monitoring 화면

(4) Monitoring-Equipment monitoring-Detail 화면

MT-LINKi의 Monitoring-Equipment monitoring-Detail 화면은 **그림 7-33**과 같이 그룹 내 장비의 상세한 데이터를 열람하는 화면이다.

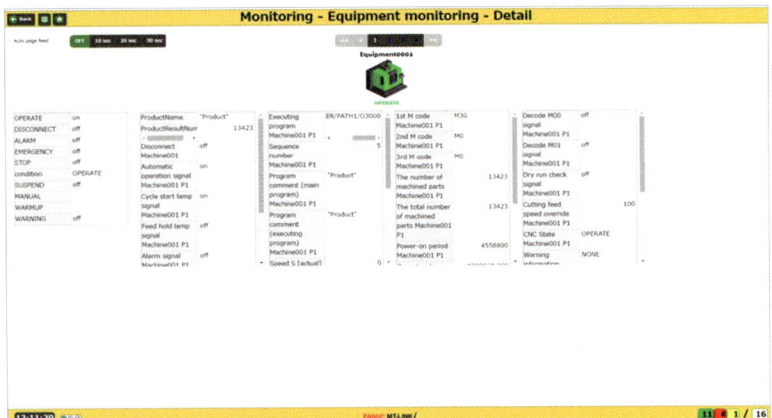

그림 7-33 Monitoring-Equipment monitoring-Detail 화면

(5) Monitoring – Signal monitoring 화면

MT-LINK*i*의 Monitoring - Signal Monitoring 화면은 **그림 7-34**와 같이 장비의 특정 데이터를 선택하고, 값의 변화를 그래프로 가시화하여 실시간으로 확인하는 화면이다.

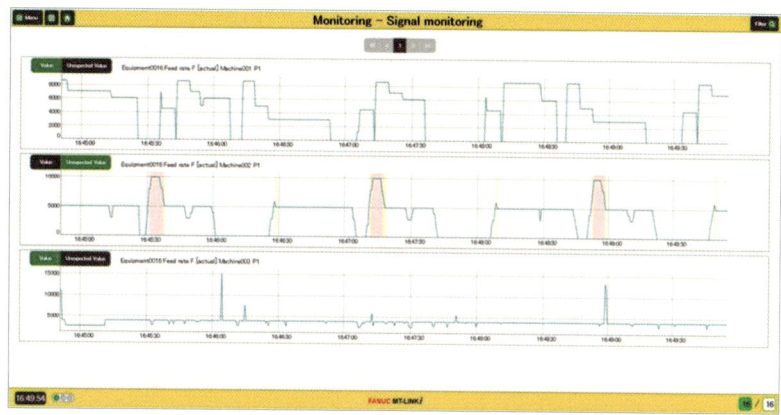

그림 7-34　Monitoring – Signal Monitoring 화면

(6) Monitoring – Alarm monitoring 화면

MT-LINK*i*의 Monitoring - Alarm monitoring 화면은 **그림 7-35**와 같이 알람에 관한 사항을 디스플레이하는 모니터링 화면이다.

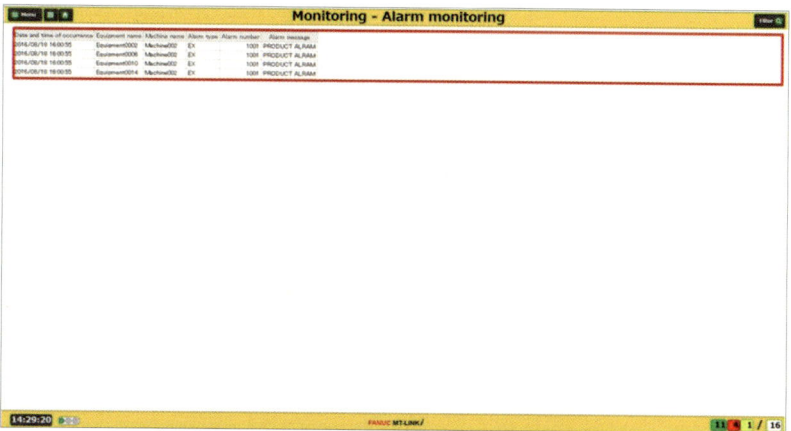

그림 7-35　Monitoring – Alarm monitoring 화면

3 MT-LINK*i*의 Results 화면

(1) Results – Group results 화면

MT-LINK*i*의 Results – Group results 화면은 그림 7-36과 같이 설정 가능 기간은 7day이며, 설정 작업 결과를 그래프와 수치로 나타내는 화면이다.

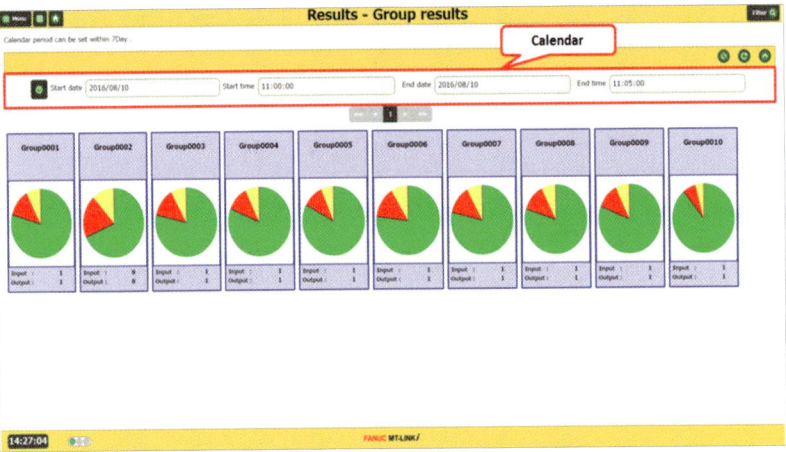

그림 7-36　Results – Group results 화면

(2) Results – Operating results 화면

MT-LINK*i*의 Results – Operating results 화면은 그림 7-37과 같이 설정 가능 기간은 7day이며, 설정 기간의 작동 시간 결과를 분석하여 나타내는 화면이다. 디스플레이에는 Product Name, Work Comments, Product Serial Number, Operator ID 등이 포함된다.

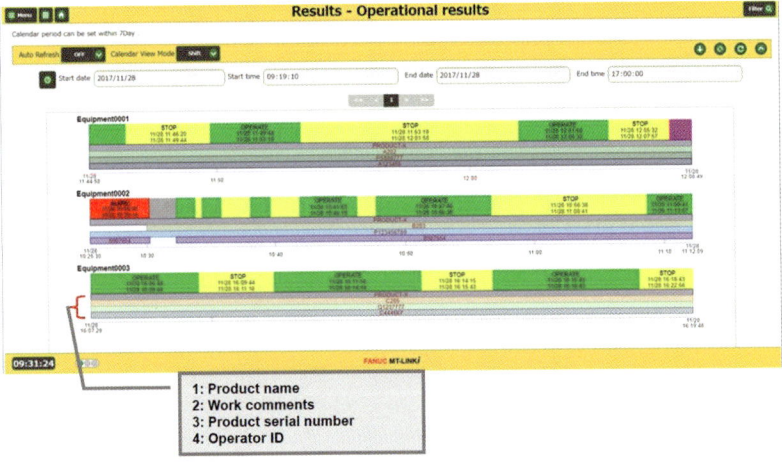

그림 7-37　Results – Operating results 화면

(3) Results – Production results 화면

MT-LINK*i*의 Results – Production results 화면은 그림 7-38과 같이 설정 가능 기간은 7day이며, 기간 내에 작동 시간의 결과를 분석하여 표시하는 화면이다.

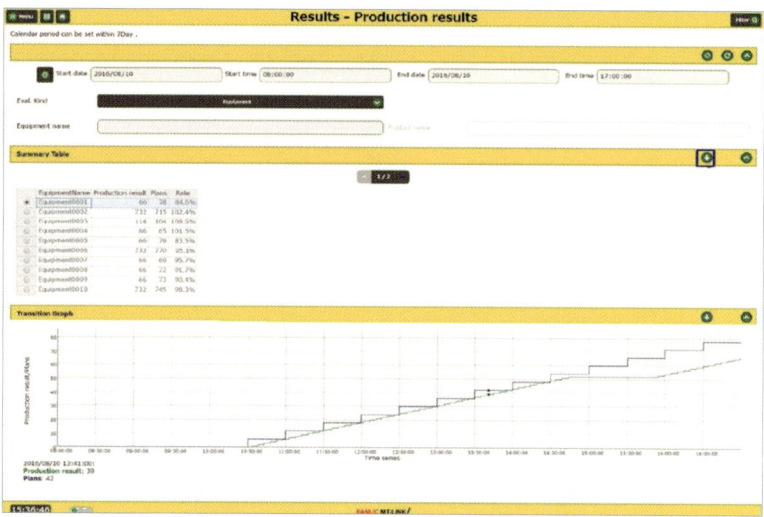

그림 7-38 Results – Production results 화면

4 MT-LINK*i*의 Diagnosis 화면

(1) Diagnosis – Alarm History 화면

MT-LINK*i*의 Diagnosis – Alarm History 화면은 그림 7-39와 같이 설정 가능 기간은 7day이며, 설정 기간 내에 발생한 Alarm의 이력을 나타내주는 화면이다.

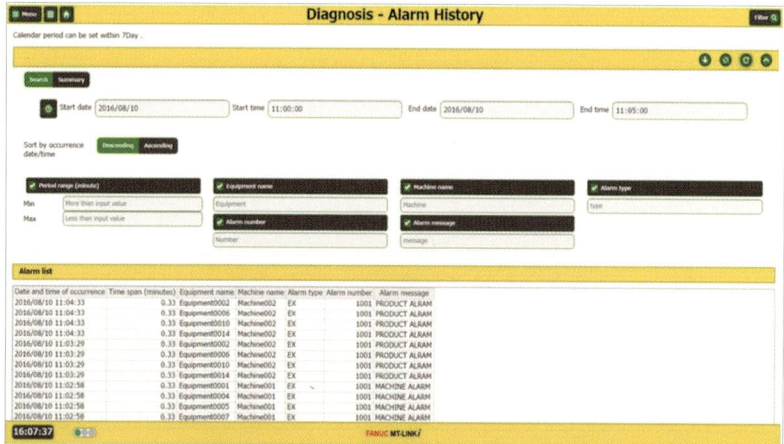

그림 7-39 Diagnosis – Alarm History 화면

(2) Diagnosis – Program History 화면

MT–LINKi의 Diagnosis – Program History 화면은 **그림 7-40**과 같이 설정 가능 기간은 7day이며, 설정 기간 내에 사용된 Program을 나타내주는 화면이다. 가공 개시 시간과 가공 종료 시간 등이 상세하게 표시된다.

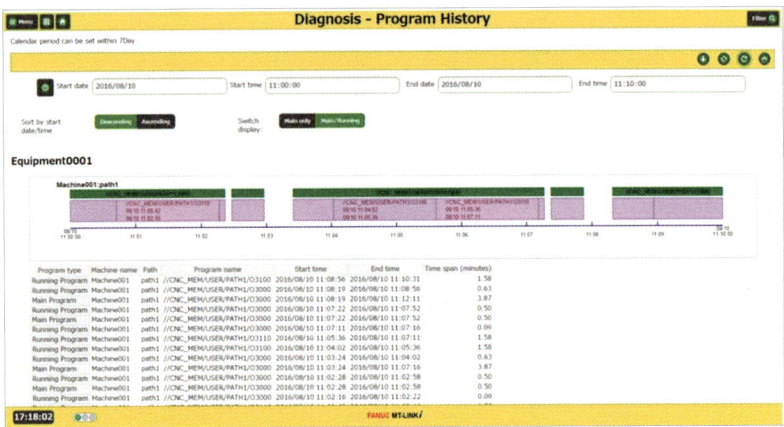

그림 7-40　Diagnosis – Program History 화면

(3) Diagnosis – Signal History 화면

MT–LINKi의 Diagnosis – Signal History 화면은 **그림 7-41**과 같이 설정 가능 기간은 7day이며, 설정 기간 내에 특정 Equipment에 관련된 가공 정보를 상세하게 나타내주는 화면이다.

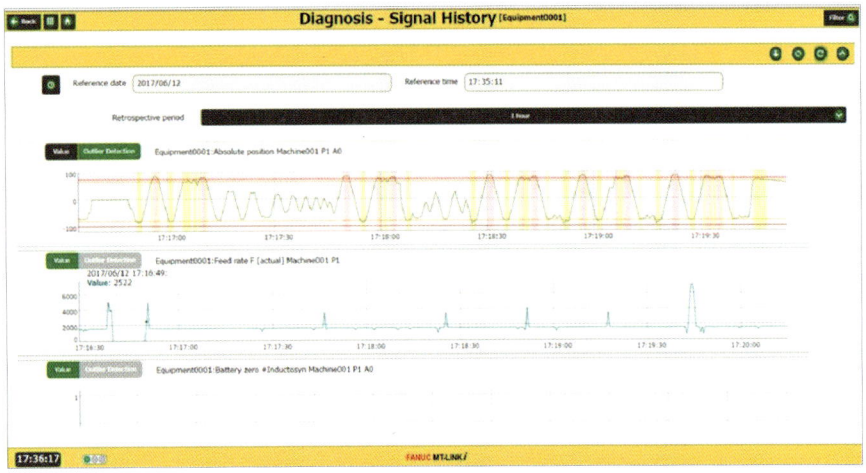

그림 7-41　Diagnosis – Signal History 화면

(4) Diagnosis – Macro Value History 화면

MT-LINK*i*의 Diagnosis – Macro Value History 화면은 그림 7-42와 같이 설정 가능 기간은 7day이며, 설정 기간 내에 사용된 Macro에 관련된 가공 정보를 상세하게 나타내주는 화면이다.

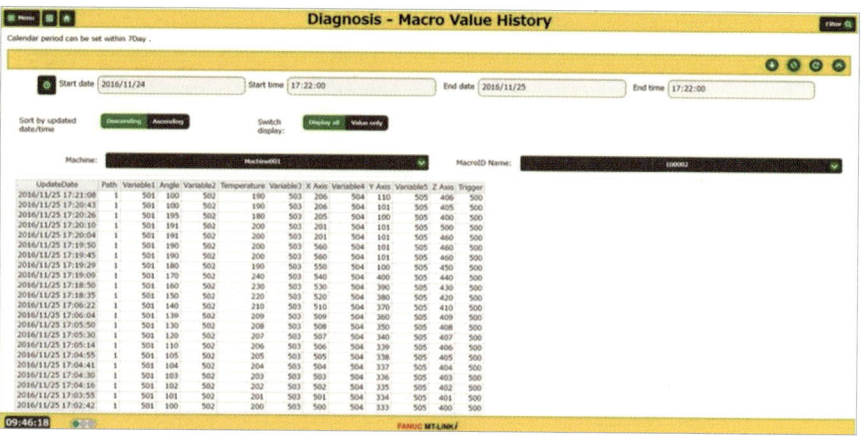

그림 7-42   Diagnosis – Macro Value History 화면

(5) Diagnosis – Report Output 화면

MT-LINK*i*의 Diagnosis – Report Output 화면은 그림 7-43과 같이 설정 가능 기간은 7day이며, 설정 기간 내에 Equipment에 관련된 정보를 Reporting 해주는 화면이다.

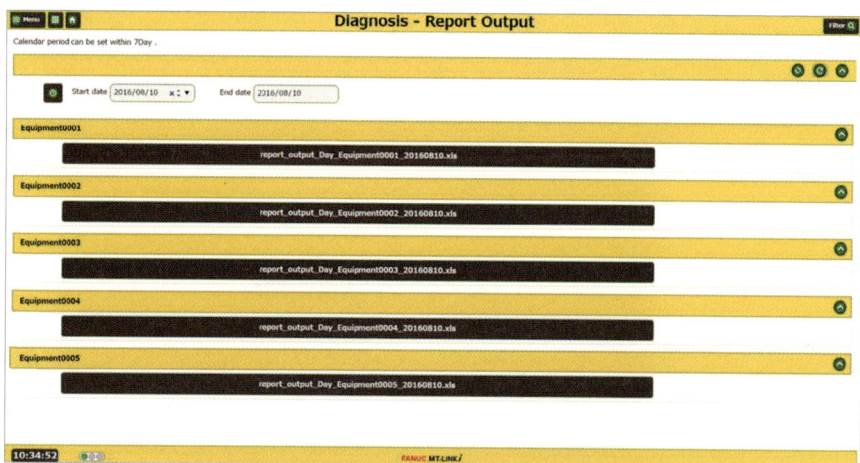

그림 7-43   Diagnosis – Report Output 화면

5 MT-LINK*i*의 Utility 화면

(1) Utility – Machine Data Archive Management 화면

MT-LINK*i*의 Utility – Machine Data Archive Management 화면은 그림 7-44와 같이 장비별로 사용된 데이터와 각종 파라미터 관련 사항 등 Archive에서 관리하는 내용을 보여주는 화면이다.

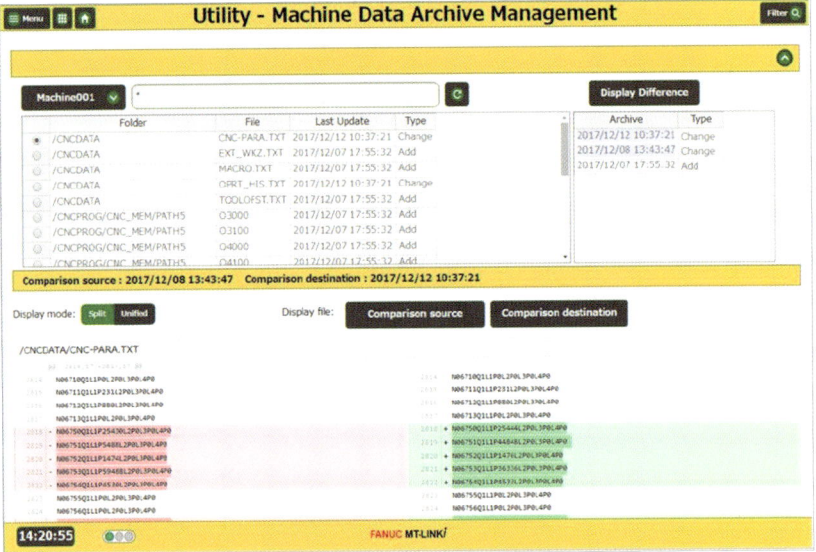

그림 7-44 Utility – Machine Data Archive Management 화면

(2) Utility – File Transfer 화면

MT-LINK*i*의 Utility – File Transfer 화면은 그림 7-45와 같이 FTP 방식으로 PC와 CNC 간 가공 프로그램을 전송하는 것을 나타내는 화면이다.

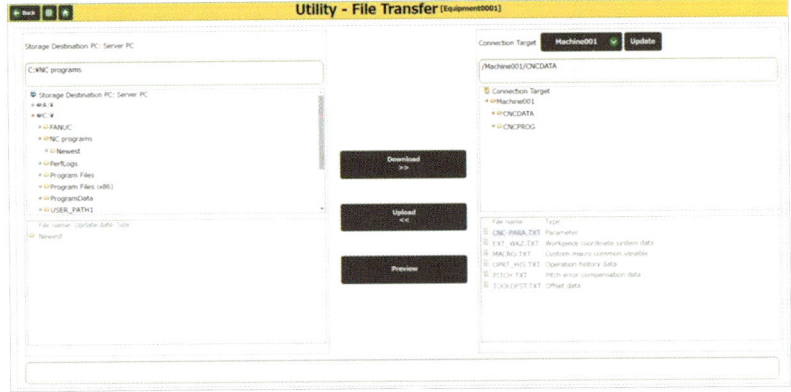

그림 7-45 Utility – File Transfer 화면

3-4 MT-LINK*i* 통합 서버

1 MT-LINK*i* 통합 서버

MT-LINK*i* 통합 서버는 그림 7-46과 같이 각각의 공장에서 동작하고 있는 MT-LINK*i* 시스템의 가동 실적을 통합하여 관리를 할 수 있도록 해주는 서버를 말한다.

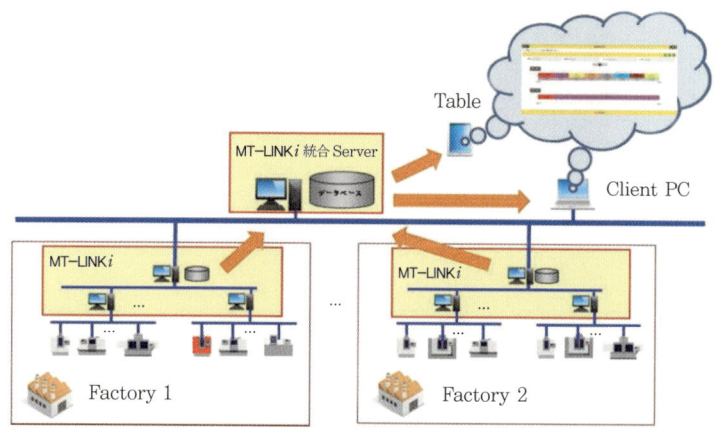

그림 7-46 MT-LINK*i* 통합 서버 시스템

MT-LINK*i* 통합 서버는 MT-LINK*i* 서버를 최대 20대 접속할 수 있다. MT-LINK*i* 서버를 접속할 수 있는 최대 장비는 100대 접속이므로 통합 서버는 최대 장비 2000대가 접속할 수 있다.

MT-LINK*i* 통합 서버가 관리할 수 있는 내용은 다음과 같다.
- 가동 실적 관리(시간, 비율)(31day)
- 생산 실적 관리(300day)
- 알람 정보의 분석(300day)

2 MT-LINK*i* 통합 서버의 Home 화면

MT-LINK*i*의 통합 서버 Home 화면은 Results, Diagnosis, Utility의 3개 필드로 구성되어 있다. 각각의 필드는 하부 메뉴를 포함하고 있으며, 필드의 영역에 따라 상세한 내용을 화면으로 가시성을 가지고 확인할 수 있도록 해준다.

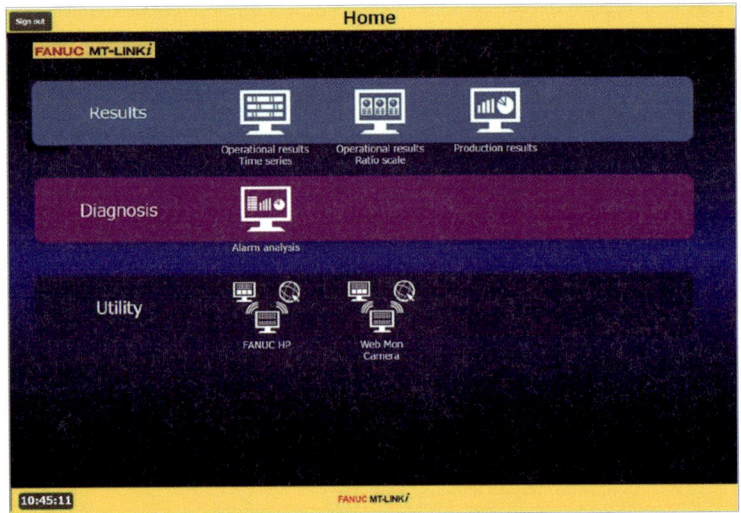

그림 7-47 통합 서버 Home 화면

3 MT-LINK*i* 통합 서버의 Operational results 화면

(1) Operational results – Time series 화면

MT-LINK*i* 통합 서버의 Operational results – Time series 화면은 **그림 7-48**과 같이 설정 가능 기간은 31day이며, 필요한 기간 설정하여 사용한다. 시간에 따른 장비의 가동 상태를 확인할 수 있으며, 장비의 상태를 각기 다른 색으로 표시할 수 있다.

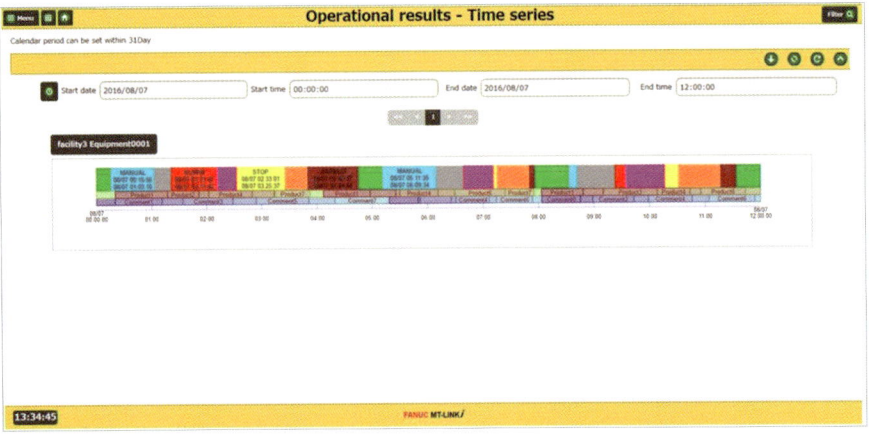

그림 7-48 Operational results – Time series 화면

(2) Operational results - Ratio scale 화면

MT-LINK*i* 통합 서버의 Operational results - Ratio scale 화면은 **그림 7-49**와 같이 설정 가능 기간은 31day이며, 필요한 기간 설정하여 사용한다. 시간에 따른 장비의 가동 상태를 확인할 수 있으며, 장비의 상태를 각기 다른 색으로 표시할 수 있다.

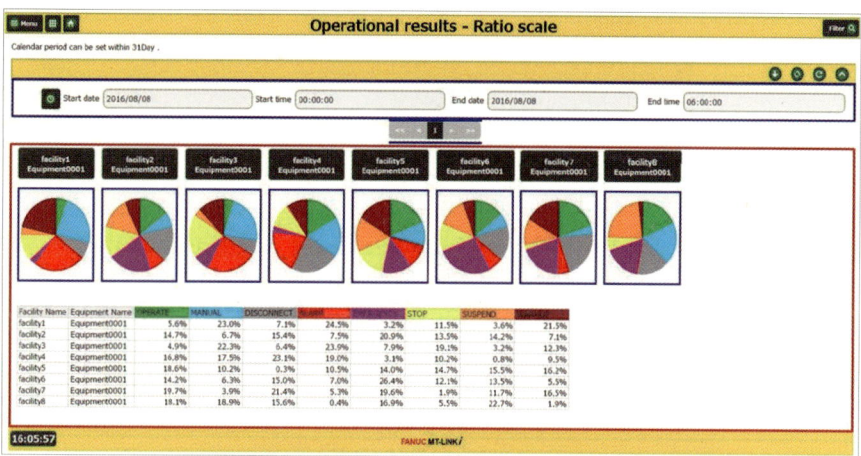

그림 7-49　Operational results - Ratio scale 화면

4 MT-LINK*i* 통합 서버의 Production results 화면

MT-LINK*i* 통합 서버의 Production results 화면은 **그림 7-50**과 같이 설정 가능 기간은 300day이며, 필요한 기간 설정하여 사용한다. 설정된 기간의 가공 프로그램별 생산 수량 및 각 장비의 생산 수량에 대한 현황을 파악할 수 있는 화면이다.

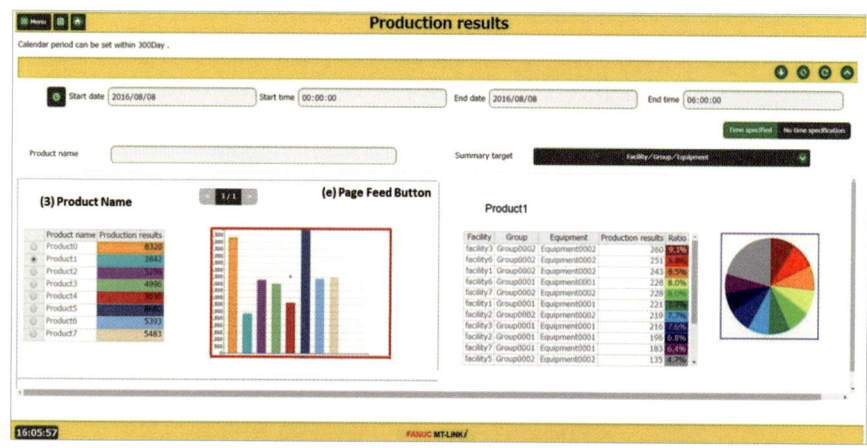

그림 7-50　Production results 화면

5 MT-LINK*i* 통합 서버의 Alarm analysis 화면

MT-LINK*i* 통합 서버의 Alarm analysis 화면은 그림 7-51과 같이 설정 가능 기간은 300day이며, 필요한 기간 설정하여 사용한다. 설정된 기간의 Alarm analysis에 대한 현황을 파악할 수 있는 화면이다.

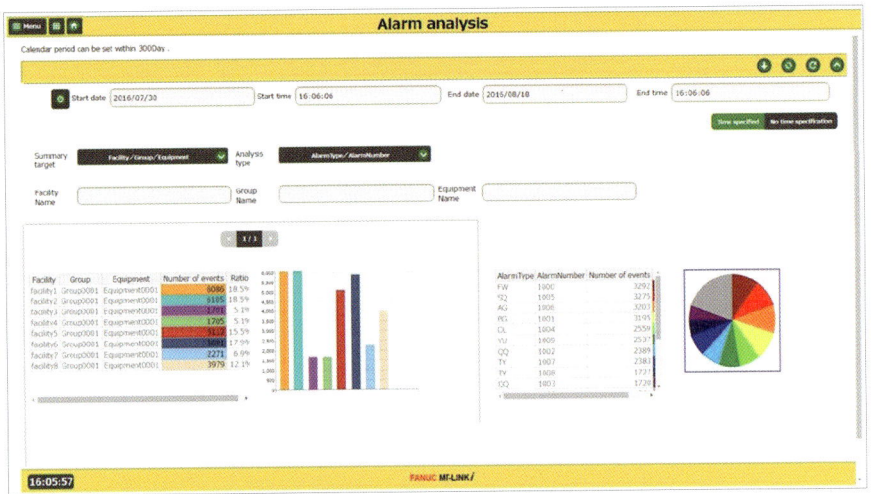

그림 7-51　Alarm analysis 화면

4. 설비 통신의 연결

4-1　FANUC 장비의 통신 연결

1 FANUC 장비의 통신 연결 방법

데이터를 수집하기 위한 연결 방법은 무선 연결 방법과 유선 연결 방법이 있다.

(1) 무선 연결 방법

무선 연결 방법은 그림 7-52와 같이 설비 · 장비에서 LAN to LAN으로 Gateway와 연결하고, Gateway와 Server는 무선으로 연결하는 방법이다.

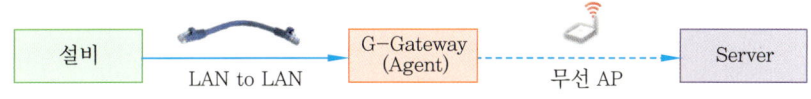

그림 7-52 무선 연결 방법

(2) 유선 연결 방법

유선 연결 방법은 그림 7-53과 같이 설비·장비와 Server를 LAN으로 직접 연결하는 방법과 설비와 Server 사이에 Gateway를 사용해서 설비와 Gateway는 USB나 LAN으로 연결하고, Gateway와 Server는 LAN으로 연결하는 방법이다. 일반적으로 데이터의 누락이나 손실을 방지하기 위하여 Gateway를 사용하는 방법을 권장한다.

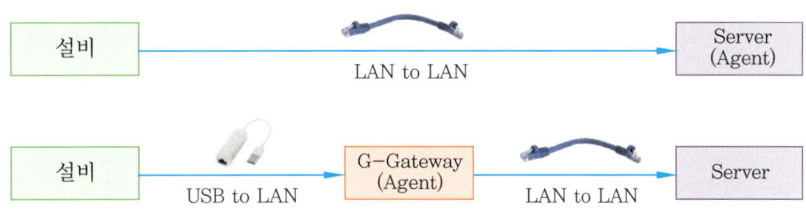

그림 7-53 유선 연결 방법

2 컨트롤러에 LAN Port 연결 방법

컨트롤러에 LAN Port 연결하는 방법은 데이터 서버 LAN Port 방법과 Embedded Port를 사용하는 연결 방법이 있다.

(1) 데이터 서버를 사용하는 연결 방법

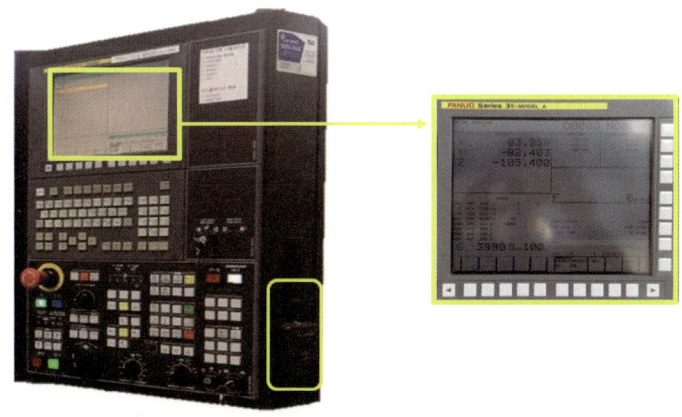

그림 7-54 데이터 서버를 사용하는 연결 방법

그림 7-54와 같이 컨트롤러에 데이터 서버 항목이 있는 경우나 그림의 아래쪽과 같이 배전반 외부에 LAN Port가 있는 경우는 기본적으로 데이터 서버를 사용하는 방식이다. 데이터 서버의 LAN Port는 데이터 전송과 통신 역할을 수행한다.

(2) Embedded Port를 사용하는 연결 방법

와 같이 화면에서 적색 부분처럼 데이터 서버 항목이 빈 칸으로 되어 있는 경우는 Embedded Port를 사용하여야 한다.

3 Port에 LAN 연결 방법

그림 7-55 컨트롤러 내부를 살펴보면 하늘색 부분이 데이터 서버용 LAN Port이고, 청색 부분이 Embedded (내장)용 LAN Port이다. CAP에서 데이터 수집은 기본적으로 Embedded Port (내장 Port)를 사용한다.

포트의 위치는 장비마다 조금씩 다를 수 있고, 포트의 모양도 동일한 모양을 가지지 않을 수가 있으므로 혼동을 가져올 것으로 예상하기 쉬우나, 포트에 이름이나 설명이 붙어 있으므로, 구분하여 연결하는 것이 어려운 작업은 아니다.

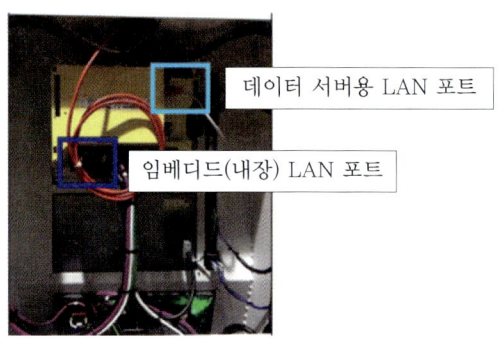

그림 7-55 컨트롤러 내부

4 통신 옵션 설정하는 방법(IP 설정)

통신 옵션 설정하는 것은 장비에 우선적으로 FOCAS 시스템이 내장되어 있는지 확인하여야 하고, 그런 다음 아래의 순서에 따라 FOCAS 시스템의 IP를 설정하면 된다.

4. 설비 통신의 연결 **303**

① 그림 7-56과 같이 조작반의 ①번 위치에서 SYSTEM 단추를 선택하여 누른다.

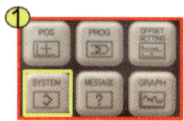

그림 7-56 SYSTEM 단추를 선택하여 누른다.

② 컨트롤러 화면에서 ②번 위치의 방향키를 선택하여 화면을 이동한다.

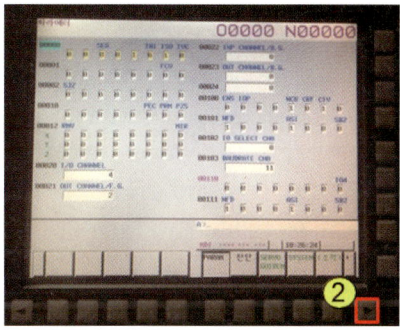

그림 7-57 ②번 위치의 방향키를 선택하여 화면을 이동

③ 방향키를 사용하여 화면을 이동시킨 후, 그림 7-58에서 ③번 내장 포트를 선택한다.

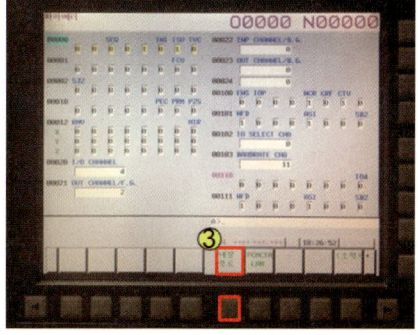

그림 7-58 내장 포트를 선택

④ 내장 포트를 선택하면 그림 7-59와 같은 화면으로 전환된다. 그림에서 ④번의 공통 메뉴를 선택하고 IP를 확인한다.

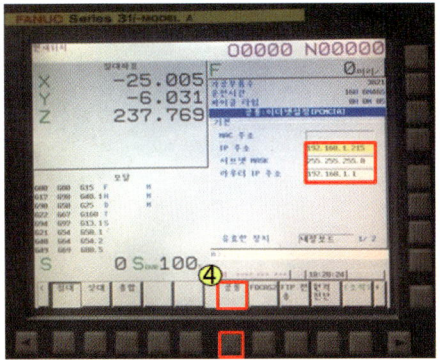

그림 7-59 공통 메뉴를 선택하고 IP를 확인

⑤ 회사 내에서 장비에 부여된 장비의 설정 IP를 입력한다.

⑥ IP를 변경하는 경우 해당 IP를 입력하고, 그림 7-60의 적색 사각형의 위치에 있는 INPUT을 선택한다. 변경된 IP를 입력하면, 덮어쓰기가 자동으로 실행된다.

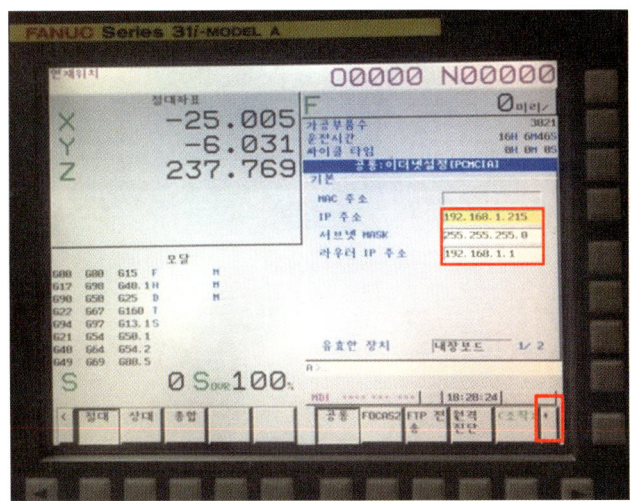

그림 7-60 IP를 입력하고 INPUT 선택

⑦ 설정된 IP를 확인한다.

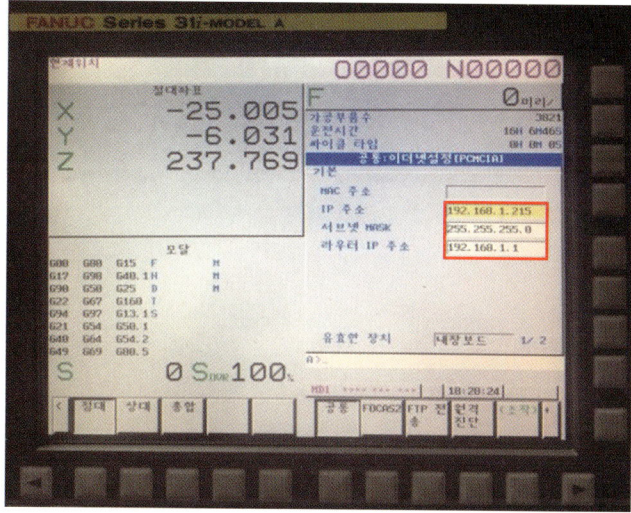

그림 7-61 설정된 IP를 확인

⑧ FOCAS 2를 설정하기 위하여 FOCAS 2 탭이 있는지 확인한다.

⑨ 그림 7-62 ❺와 같이 TCP 포트 번호를 8193으로 설정한다.

⑩ 시간 간격을 실시간으로 하는 경우는 0으로 설정하고, 일반적인 경우는 10으로 설정한다.

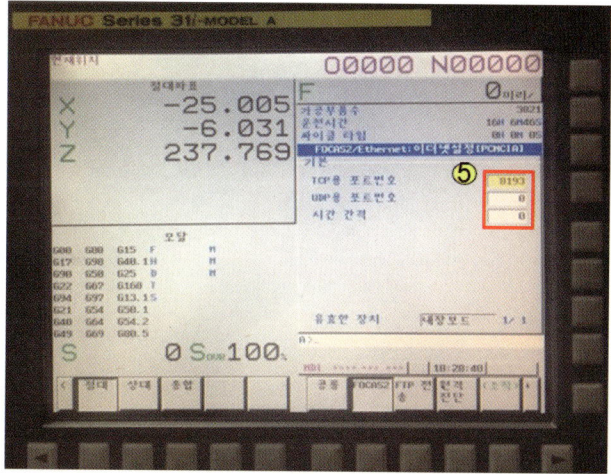

그림 7-62 FOCAS 2 설정

4-2 SIEMENS 장비의 통신 연결

1 SIEMENS 장비의 통신 연결 방법

SIEMENS 장비의 데이터를 수집하기 위한 연결 방법은 솔루션 라인 연결 방법과 파워 라인 연결 방법이 있다.

(1) 솔루션 라인 연결 방법

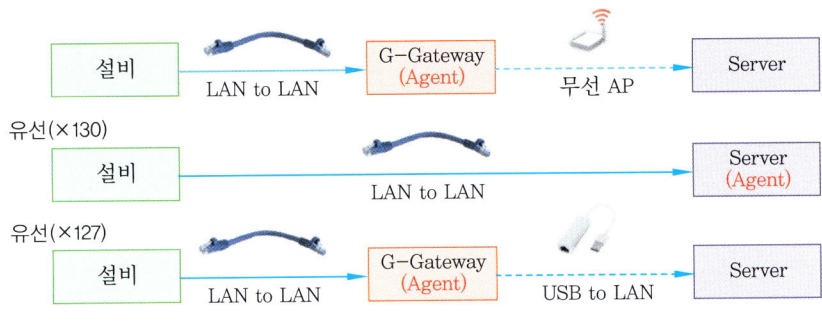

그림 7-63 솔루션 라인 연결 방법

(2) 파워 라인(X122) 연결 방법

파워 라인 세팅을 하는 경우에는 반드시 설비 전원을 OFF해야 한다.

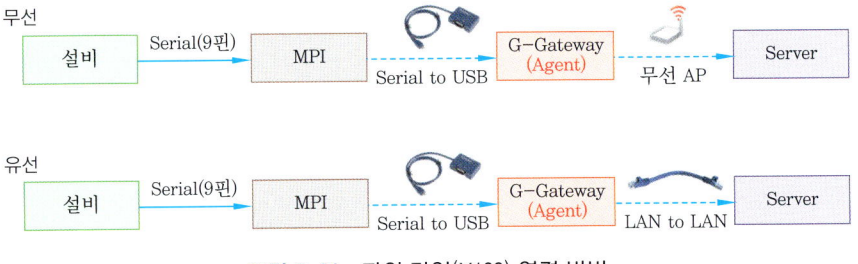

그림 7-64 파워 라인(X122) 연결 방법

2 SIEMENS 840D, 802D 파워 라인 식별 방법과 구성 조건

(1) 파워 라인을 구분하는 방법

① 파워 라인을 구분하는 방법은 전원을 OFF하고 다시 ON시키면(OFF → ON) 화면에 표시되는 것으로 알 수 있다(예 파워 라인 840D).

화면에 아이콘이 없고 텍스트로만 되어 있으면 파워 라인으로 볼 수 있다(예외 는 있음).

② 배전반의 Port를 확인하여 파워 라인을 구분할 수 있다. 배전반에 MPI 연결을 위한 X122 Port (9핀)가 있으면 파워 라인으로 볼 수 있다.

(2) Network 전제 조건

① SIEMENS 파워 라인에서는 G-Gateway 설치가 필수적으로 요구된다. G-Gateway는 MPI를 연결할 때 반드시 있어야 하기 때문이다.

② SIEMENS 파워 라인에서는 동일한 Network 망을 구축하여야 한다. 만약 같은 망에 Network가 없는 경우에는 G-Gateway를 반드시 사용하여 구성하여야 한다. 필수(파워 라인과 솔루션 라인 동일).

3 파워 라인 연결 방법

① 그림 7-65에서 보는 바와 같이 SIEMENS 배전반 내에서 X122(MPI) Port에 MPI를 연결해주고 반대에는 G-Gateway의 USB 단자에 연결한다.

② G-Gateway의 LAN Port는 그림 7-65와 같이 서버로 연결한다.

③ Agent 세팅 후에 데이터를 수집한다.

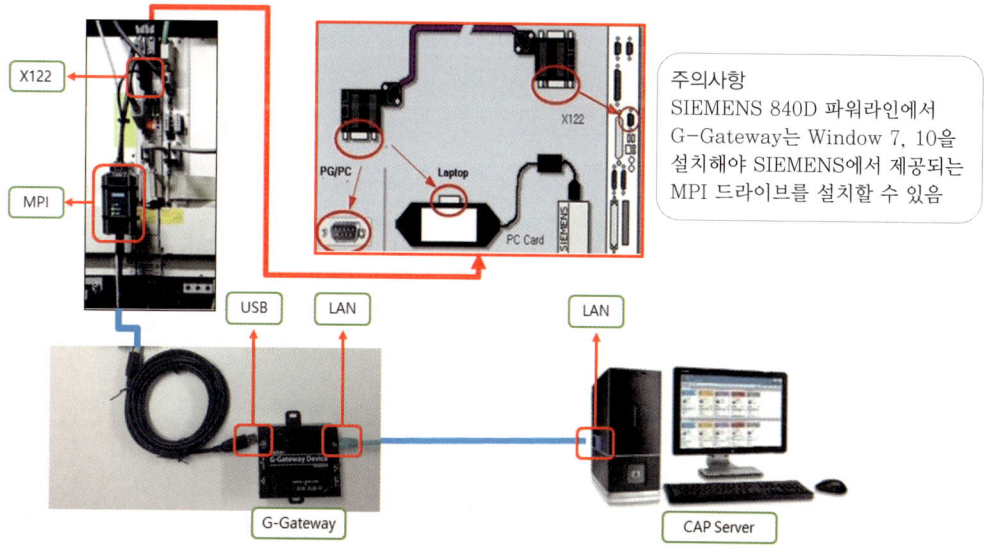

주의사항
SIEMENS 840D 파워라인에서 G-Gateway는 Window 7, 10을 설치해야 SIEMENS에서 제공되는 MPI 드라이브를 설치할 수 있음

그림 7-65 파워 라인(X122) 연결 방법

4 SIEMENS 840D, 802D 솔루션 라인 식별 방법과 Port 연결 방법

(1) 솔루션 라인 구분 방법
① 전원을 OFF하고 다시 ON시키면 화면에 표시되는 것으로 확인한다.
   (예 솔루션 라인 840D)
② 화면 메뉴 바에 아이콘이 있으면 솔루션 라인으로 볼 수 있다. 다만, 예외는 있으므로 꼼꼼하게 체크하여야 한다.
③ 배전반의 Port를 확인하여 식별하는 방법이 있다(X127, X130 Port-LAN).

(2) X127(Engineering Tools) Port를 사용하는 경우
① 사용자 측에서(고객사) 엔지니어 포트를 사용할 수도 있다.
② X127 연결이 불안정할 때가 있으며, 이로 인한 Data-Loss가 발생할 수 있다.
③ 설비에 대한 별도의 IP 설정이 필요하지 않다. NC CONNECT WIZARD로 설치하여 X127을 연결하면 자동 IP가 부여된다.

(3) X130(Factory Net) Port를 사용하는 경우
① X130 Port 연결이 되지 않을 때 X130 Port 활성화를 위하여 특정 프로그램으로 방화벽을 해제하여야 한다.
② 노트북에 특정 프로그램을 설치하고 X127 Port와 노트북을 연결한다. 특정 프로그램을 실행하고, 특정 텍스트 파일을 실행하여 방화벽을 해제할 수 있다.
③ SIEMENS 화면에서 IP가 설정된다.

(4) G-Gateway 사용
SIEMENS 솔루션 라인에서 X130 Port를 사용하는 경우에는 G-Gateway를 사용하지 않아도 된다. 그러나 SIEMENS 솔루션 라인에서 X127 Port를 사용하는 경우에는 반드시 G-Gateway를 사용하여야 한다. X127 Port의 경우에는 엔지니어 Port로 IP 할당이 고정되어 있기 때문에 변경할 수가 없고, 네트워크 설정에서 자동으로 IP 주소 받기 기능을 사용하여 설정하여야 한다.

(5) Network 전제 조건
SIEMENS 솔루션 라인에서는 동일한 Network 망을 구축하여야 한다. 만약 같은 망에 Network가 없는 경우에는 G-Gateway를 반드시 사용하여 구성하여야 한다.

5 솔루션 라인 연결 방법

① 그림 7-66에서 보는 바와 같이 SIEMENS 배전반 내에서 X127/X130Port를 확인하여 허브 또는 G-Gateway와 LAN을 연결한다.
② 그림 7-66과 같이 허브에서 서버와 연결한다.
③ Agent 세팅 후 데이터를 수집한다.

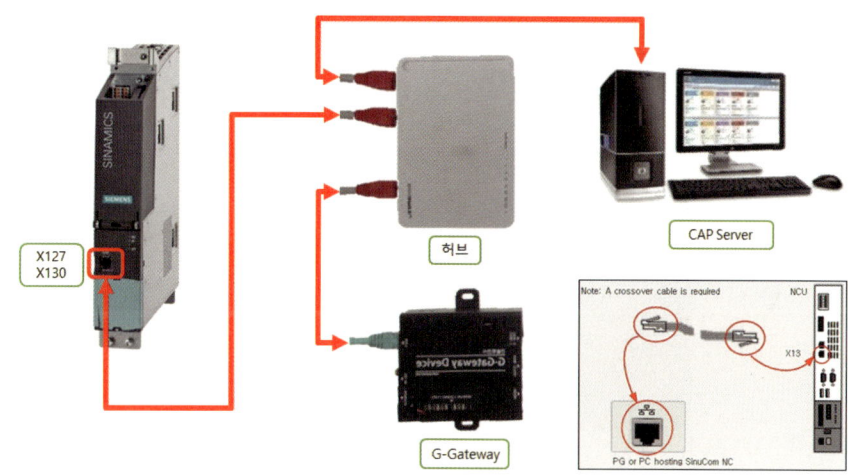

그림 7-66 솔루션 라인 연결 방법

4-3 HASS 장비의 통신 연결

1 HASS 장비의 통신 연결 방법

HASS 장비의 통신 연결 방법은 무선 방식과 유선 방식으로 구분할 수 있다.

(1) 무선 연결 방법

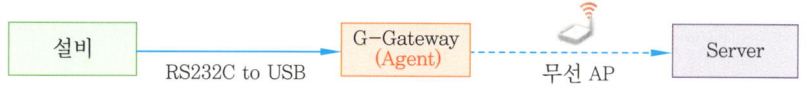

그림 7-67 HASS의 무선 연결 방법

(2) 유선 연결 방법

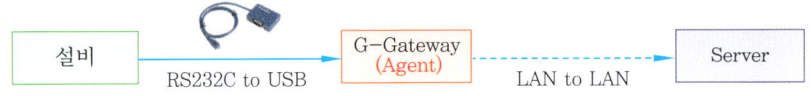

그림 7-68 HASS의 유선 연결 방법

2 HAAS 통신 옵션 확인 방법

① 그림 7-69와 같이 SETNG/GRAPH 단추를 선택하여 누른다.

그림 7-69 SETNG/GRAPH 단추를 선택

② PAGE DOWN을 선택하고 누른다.

그림 7-70 PAGE DOWN을 선택

③ RS 232 PORT 메뉴에서 데이터 통신에 대한 옵션을 설정한다.

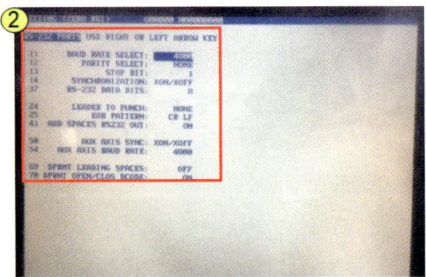

그림 7-71 통신 옵션을 설정

④ PAGE DOWN을 선택하고 누른다.

그림 7-72 PAGE DOWN을 선택

⑤ MISCELANEOUS 메뉴에서 MACHINE DATA COLLECT 기능이 ON으로 되어 있는지 확인한다. 만약 OFF로 되어 있으면 ON으로 수정해 주어야 한다.

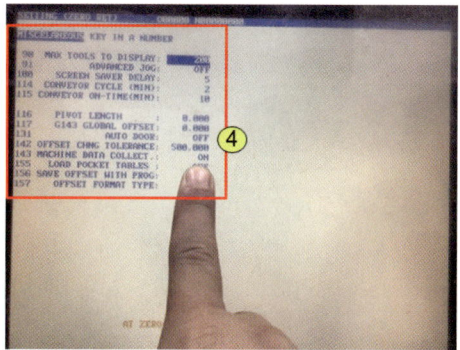

그림 7-73 MACHINE DATA COLLECT 기능이 ON인지 확인

3 HAASDPRNT 통신 옵션 확인하는 방법

① PARAM/DGNOS를 선택하여 누른다.

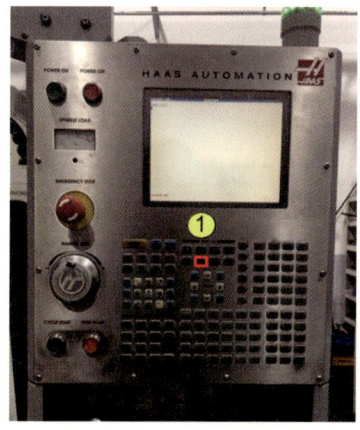
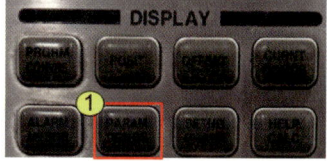

그림 7-74 PARAM/DGNOS를 선택

② 파라미터 창인지 확인하고, 그림 7-75의 ②번과 같이 57을 입력한다.

③ 그림 7-75의 ③번과 같이 아래 방향키를 사용하여 57번 파라미터로 이동한다.

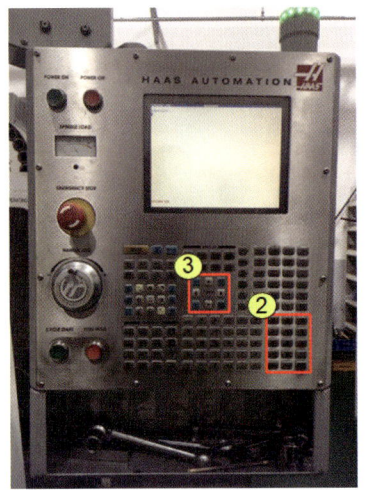

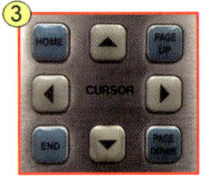

그림 7-75 57번 파라미터로 이동

④ 그림 7-76의 ④번과 같이 ENABLE MACRO 값이 1인 경우 사용이 가능하다. 그림 7-76의 아래쪽과 같이 ENABLE MACRO 값이 0인 경우 사용이 불가한 상태이다(옵션 구매 여부 확인 필요).

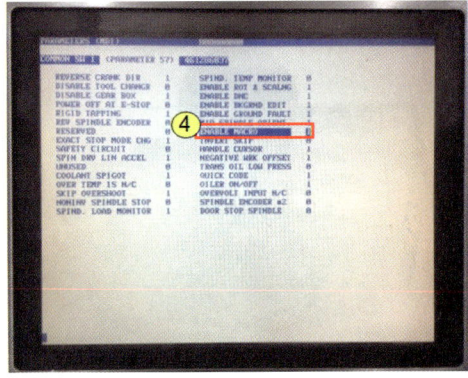
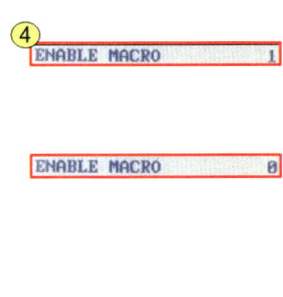

그림 7-76 ENABLE MACRO 값이 1인지 확인

4-4　MAZAK 장비의 통신 연결

MAZAK 장비의 통신 연결은 무선 방식과 유선 방식으로 구분할 수 있다.

(1) 무선 방식의 통신 연결

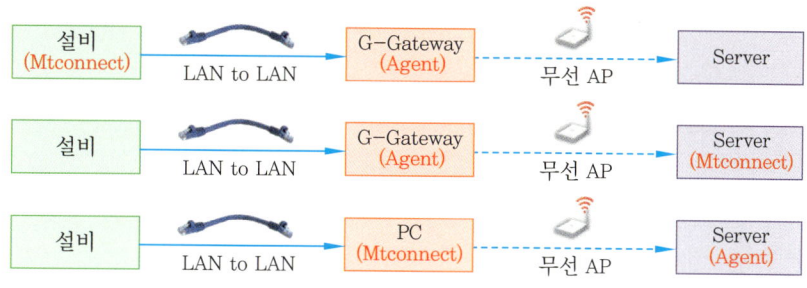

그림 7-77　무선 방식의 통신 연결

(2) 유선 방식의 통신 연결

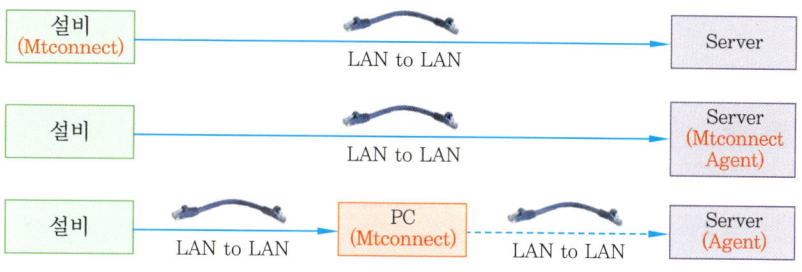

그림 7-78　유선 방식의 통신 연결

4-5　PLC 장비의 통신 연결(메모리 맵 D번지)

PLC 장비의 통신 연결은 무선 방식과 유선 방식으로 구분할 수 있다.

(1) 무선 방식의 통신 연결

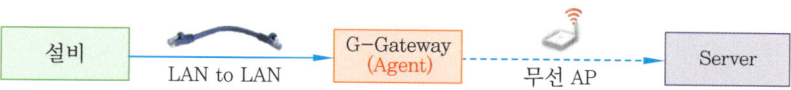

그림 7-79　무선 방식의 통신 연결

(2) 유선 방식의 통신 연결

그림 7-80 유선 방식의 통신 연결

4-6 접점 설비 장비의 통신 연결

접점 설비 장비의 통신 연결은 무선 방식과 유선 방식으로 구분할 수 있다.

(1) 무선 방식의 통신 연결

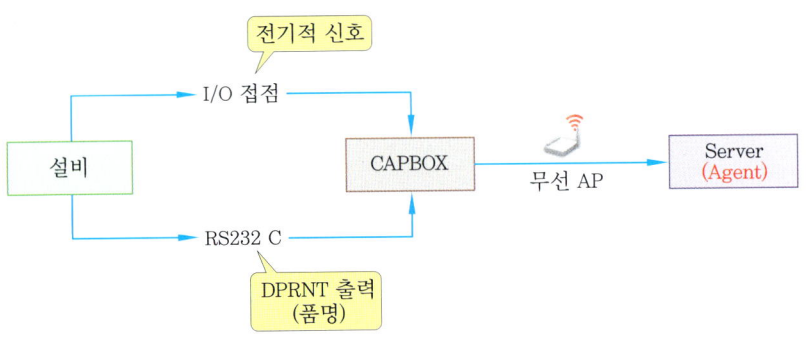

그림 7-81 무선 방식의 통신 연결

(2) 유선 방식의 통신 연결

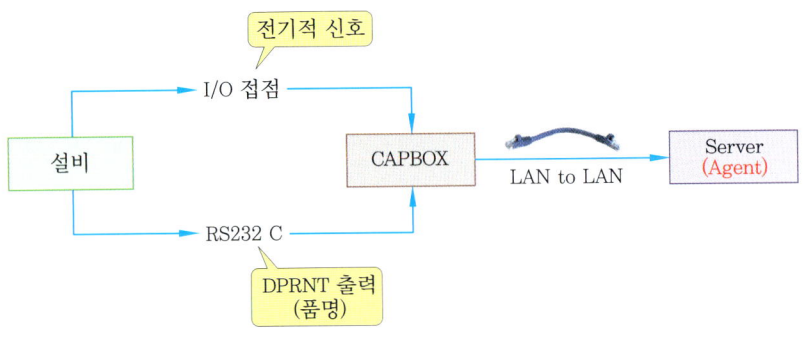

그림 7-82 유선 방식의 통신 연결

제 8 장

디지털 전환 생산 관리 시스템의 IIoT-Probe

1. CAP IIoT-Probe
2. G-SET Setting(공작물 자동 세팅)
3. OMV+(3차원 기상 측정)
4. OMV+ 사용하기

디지털 전환 생산 관리 시스템의 IIoT-Probe

1. CAP IIoT-Probe

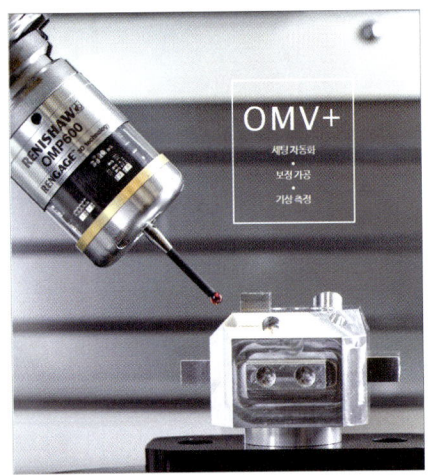

그림 8-1

1-1 Probe와 OMV+

1 OMV+ 의 필요성

   기존의 현장 작업 방식 중에서 수동 세팅과 보정, 측정 환경은 각종 위험 요소들로 이루어져 있어서 여러 가지 비효율적인 요소들을 많이 가지고 있다.

   세팅의 경우는 그림 8-2와 같이 인디케이터 등으로 직각 상태를 확인한 후 Accu-Center(스핀들 회전)로 공작물 좌표를 수동 세팅하고 있으며, 보정은 버니어 캘리퍼스 등의 게이지를 사용하여 수동 측정과 보정을 구하여 추가 가공하는 방법을 사용하고 있다.

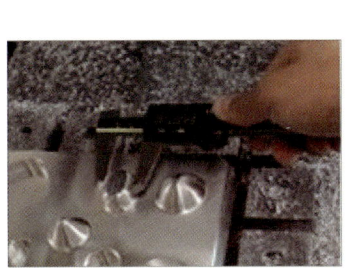

그림 8-2 수동 측정 공구를 이용한 측정

가공품의 측정은 가공이 완료된 후 측정 부서로 이동하여 측정 대기시킨 후 측정하게 되는데, 이런 경우 작업자에 따라 작업 시간이 다르게 된다. 부서 이동 및 측정 대기 시간에 따른 업무 Loss가 발생하고, 측정 위치 및 Report의 수기 입력에 따른 측정 불량 가능성이 내재하게 된다. 더욱이 최근에는 측정 전문가 부재로 인한 인력난도 어려움을 주고 있다. 작업자의 이러한 수동 측정 작업 방법은 수동 좌표 입력에서 연산 오류로 불량 발생하거나, 계측기 사용에서 작업자의 숙련도에 따라 측정 결과가 다를 수 있다. 따라서 정밀도 차이가 발생할 수 있고 측정 결과의 관리도 어렵게 된다.

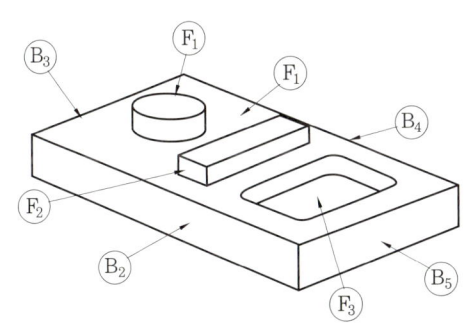

```
          Part Program : 08900-20
            Inspector : Administrator
     NAME : _PNT1
     X      -39.1023    -39.1025    -0.0002
     Y      -72.9821    -72.9821     0.0000
     Z       28.8906     28.8306     0.0000
     PS                              0.0004

     NAME : _PNT2
     X      -47.4684    -47.4984     0.0000
     Y      -64.1023    -64.1117    -0.0094
     Z       28.8307     28.6315     0.0008
     PS                              0.0189
```

그림 8-3 측정 위치 및 Report의 수기 입력

측정에서 어려운 점은 무엇보다도 설비 안에서 작업이 이루어지는 점과 스핀들이 회전하는 상태에서 작업을 하게 되므로 산재 발생의 위험 요소를 가지고 있다.

따라서 기존의 작업자에 의한 수동 세팅과 보정, 측정 방식에는 다음과 같이 많은 시간, 비용, 품질 결함을 유발하는 치명적인 요소들이 포함되어 있으므로 이에 대한 개선이 시급한 실정이다. 그러므로 본 교재는 이러한 작업 방법에 G-SET와 OMV+를 사용하여 세팅과 측정의 공정에 대한 개선 방안을 제시하고자 한다.

(1) 생산성 감소
① 불량 증가, 시간 지연, 인력 이동 등의 다양한 변수로 인한 생산성 감소
② CNC 공정과 후 공정 사이에 공정 증가로 인한 비용 증가 및 생산성 감소

(2) 산재 발생의 가능
① 스핀들 회전 시 공구의 절삭 날에 의한 부상 위험
② 해머, 망치 사용으로 인한 근 골격계 부상 위험

(3) 시간 지연
① 수동 작업의 특성상 숙련도에 따라 상당한 시간 소요
② 측정 대기 시간에 따른 업무 손실
③ 잦은 불량 발생에 따른 제작 시간 지연

(4) 불량률 증가
① 측정 위치 및 Report 수기 입력에 따른 측정 불량 가능성
② 보정 좌표 계산 및 입력 오류 (공구경 착오/오타)
③ 작업자 숙련도에 따른 품질이 불균일

(5) 공정 증가의 문제
① 작업 완료 후 다음 공정에서 문제점
② CNC 공정에서 불량 여부 확인 및 불량 조치가 불가능하다.

(6) 인력 운영의 어려움
① 부서 이동에 따른 업무가 지연된다.
② 작업자 숙련도에 대한 의존도가 높다.
③ 측정 전문가 부재로 인한 어려움이 있다.

2 OMV+를 이용한 공정 개선과 예측 정비

위의 세팅과 보정, 측정의 문제점을 개선하기 위하여 G-SET와 OMV+를 이용한 공정 개선 방법은 그림 8-4와 같다. G-SET는 공정 전 세팅 단계에서 복잡한 세팅 공정을 한 번에 수행하고, 세팅 시간을 단축하여 생산성을 향상시키고 공정 리드 타임을 획기적으로 단축시킨다.

OMV+는 쉽고 빠른 측정 포인트를 생성하여 3축과 5축 장비의 측정, 각종 설비의 열변형 측정을 할 수 있다. 또한 공정 중 검사와 능동적 제어를 가능하게 하며, 공정 후에는 검사와 정보용 제어를 가능하게 해준다.

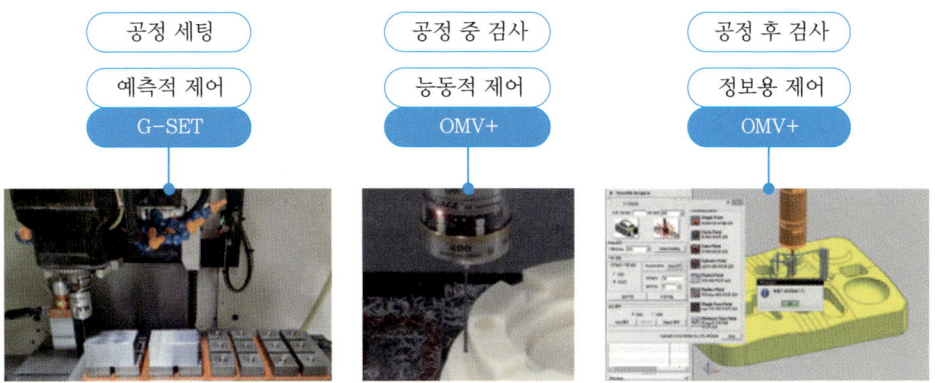

그림 8-4 G-SET와 OMV+를 이용한 공정 개선 방법

3 Probe와 G-SET, OMV+

세팅과 보정, 측정에 사용되는 OMV+는 이를 제어하는 S/W로서 그림 8-5와 같이 Probe를 구성품으로 사용한다. 따라서 이와 같은 작업이 효율적이고 생산성을 향상시키기 위해서는 Probe와 OMV+ 소프트웨어의 정확성과 편리성이 요구된다.

그림 8-5 OMV+와 G-SET Process

Probe를 사용하는 G-SET와 OMV+는 **그림 8-6**과 같은 Working Process를 가진다.

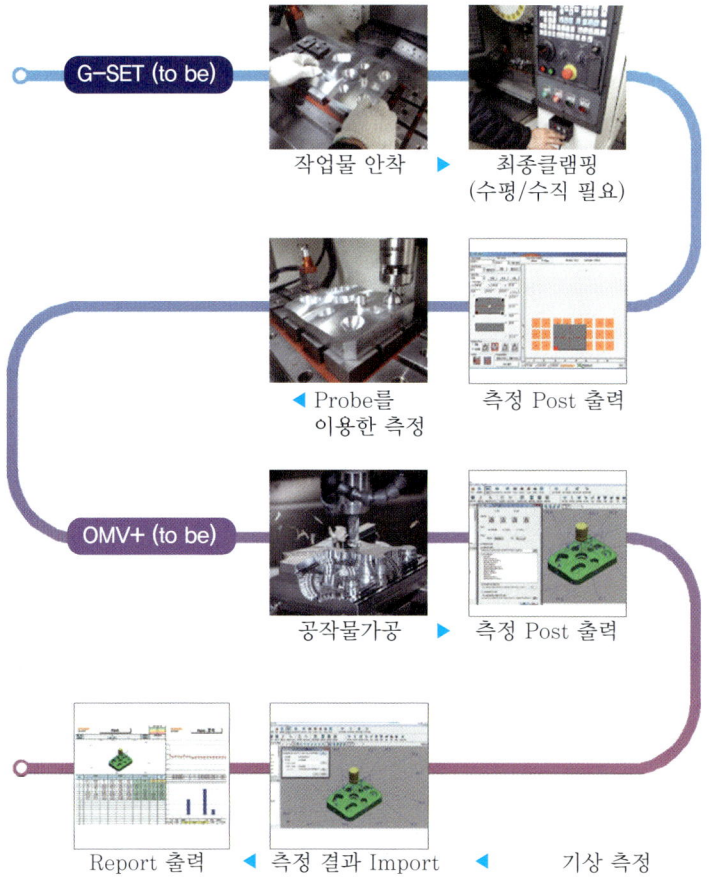

그림 8-6 OMV+의 Working Process

1-2 Probe

1 Probe의 개요

제조 산업 중에서도 특히 가공 분야에서 Probe는 공작물의 측정에서 가공품의 품질을 판단하는 기준을 제시하고, 공작물을 자동 세팅하며, 가공 중에 이상 유무를 판단할 수 있는 기상 측정 기능을 수행한다. 따라서 Probe를 이용한 측정 데이터를 기준으로 우리는 예측 정비와 예방 정비를 실시하여 제품의 불량률을 낮출 수 있으며, 나아가 생산성 향상이라는 목표에 도달할 수 있을 것이다.

(1) Probe의 발달

오늘날 다양한 산업에서 복잡한 부품의 치수 검사를 위한 측정의 중요성이 더욱 필요하게 되었고, CMM이라는 측정의 표준을 제정하여 사용하고 있다. 1950년대에 좌표 측정기가 개발되었고, 1973년 콩코드 여객기 제트 엔진의 연료 파이프에 대한 측정 문제를 해결하기 위하여 최초로 Touch-Probe가 등장하였다. CMM은 품질 관리에 사용하기 위해 미국 제조업으로 급격히 퍼지게 되면서 이후 혁신적인 특허를 통하여 체계적인 성장과 지속적인 연구 개발을 통해 오늘날 관련 분야의 특허가 1000여 개에 이르고 있다.

(2) Probe의 구분

산업 사회에서 널리 사용되는 측정기는 측정기용 Probe와 공작 기계용 Touch Probe로 구분할 수 있다. 본 교재는 측정기 분야에서 가장 널리 보급되고 인지도가 높은 Renishaw 사의 측정기를 중심으로 설명하기로 한다.

① 3차원 측정기용 Touch Probe

3차원 측정기용 Probe는 CMM Probe라고 한다. 그림 8-7은 3차원 측정에 사용되는 각종 OMM Probe를 나타내고 있다.

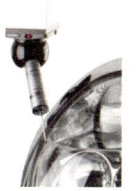  

그림 8-7 3차원 측정기용 CMM Probe

② CNC 공작 기계용 Touch Probe

CNC 공작 기계용 Probe는 Touch Probe 측정기용과 구분하며, MT Probe라고 한다. 그림 8-8은 MT Probe로 사용되는 Spindle Probe의 종류를 나타내고 있다.

MT Probe는 그림 8-8에서 Kinematic probe OMP40과 OMP60 등은 Setting 자동화에 주로 사용하고, 3D Strain gauge probe OMP400, MP700, RMP600 등은 측정 자동화에 주로 사용하고 있다. 그리고 Kinematic probe RMP40과 RMP60 등은 대형 장비에 사용한다. 측정기는 데이터 방식에 따라 무선 광학식과 무선 주파수 방식으로 구분한다.

그리고 Spindle Probe의 반복 정밀도는 모든 Probe가 같은 값을 가지는 것이 아니라, 위의 구분에 따라 각기 다른 값의 반복 정밀도 값을 가지고 있다.

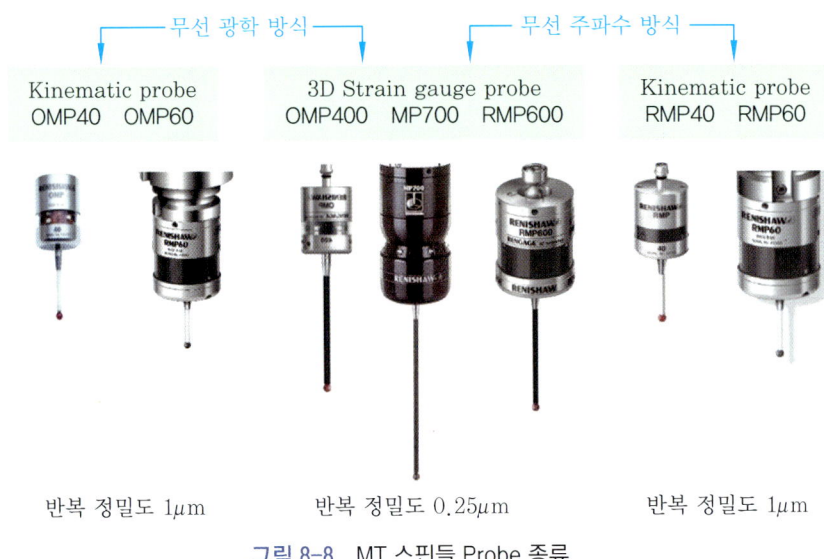

그림 8-8 MT 스핀들 Probe 종류

Probe의 데이터 송수신 방법은 **그림 8-9**와 같이 광학식과 라디오 주파수 방식으로 구분한다. 그림에서와 같이 Probe와 수신기 사이에 간섭 물체가 있는 경우 투과 여부의 필요성에 따라서 광학식과 라디오 주파수 방식 중에서 선택하여 사용하여야 한다. 일반적으로 광학식은 주로 소형 장비에 적합하고, 라디오 주파수 방식은 대형 장비에 주로 사용한다.

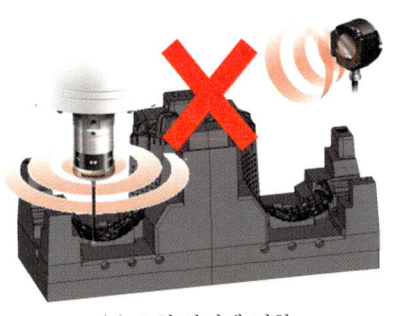
(a) 소형 장비에 적합

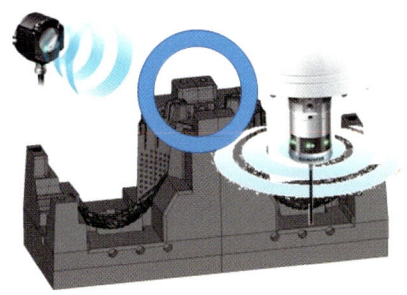
(b) 대형 장비에 적합

그림 8-9 Optical 방식과 Radio 방식 Probe

(3) Spindle Probe 선택 방법

Spindle Probe는 사용할 장비의 Range 크기에 따라 다음과 같이 소형 장비, 중형 장비, 대형 장비로 구분한다. 따라서 용도에 따라 적절한 사양을 선택하여 사용하여야 한다.

① 소형 장비(range up to 3m)
- 표준 : OMP40(Kinematic)
- 고정밀 또는 3D 측정일 경우 : OMP400(Strain gauge)

② 중형 장비(range up to 6m)
- 표준 : OMP60(Kinematic)
- 고정밀 또는 3D 측정일 경우 : MP700(Strain gauge)

③ 대형 장비(range up to 15m)
- 표준 : RMP60 또는 RMP40(Kinematic)
- 고정밀 또는 3D 측정일 경우 : RMP600(Straingauge)

2 Spindle Probe 구조와 시스템 구성

(1) Spindle Probe의 구조

그림 8-10은 Spindle Probe의 내부 구조를 나타내고 있다. 그림에서 보는 바와 같이 Probe는 x, y, z축 방향으로 이동하며 측정량을 감지할 수 있도록 설계되어 있다.

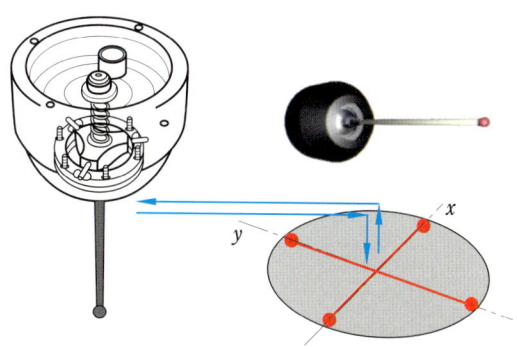

그림 8-10 Spindle Probe 구조

(2) Spindle Probe 작동 순서

Spindle Probe의 동작 원리는 그림 8-11과 같이 4단계로 구분하여 설명한다. 1단계는 측정 전의 Reset 상태이고, 2단계에서 공작물과 접촉한다. 공작물과의 접촉에서 Trigger 신호가 발생하며, NC Trigger로 출력하게 된다. 출력이 끝나면 원위치로 복귀하여 다시 Reset 된다.

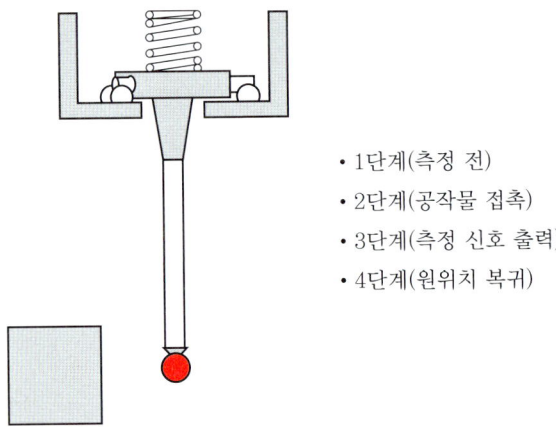

- 1단계(측정 전)
- 2단계(공작물 접촉)
- 3단계(측정 신호 출력)
- 4단계(원위치 복귀)

그림 8-11   Spindle Probe 동작 원리

(3) Spindle Probe 시스템 구성

Spindle Probe 시스템 구성은 그림 8-12와 같다. Stylus가 공작물에 접촉하면 Trigger 신호를 발생하게 되고, Trigger 신호는 NC Trigger에서 Machine Scale의 X, Y, Z의 축 이동량 정보로 변환된다.

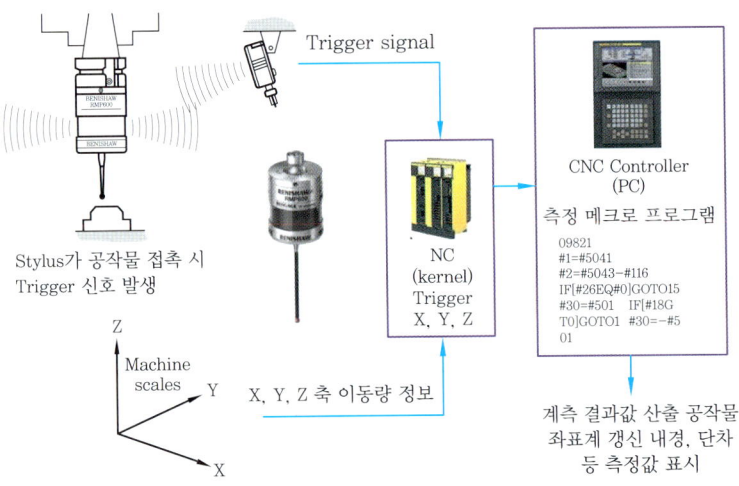

그림 8-12   Spindle Probe 시스템

이러한 정보를 바탕으로 CNC Controller 또는 측정 프로그램에서는 산출된 계측 결과값을 통하여 공작물 좌표계를 Up-date하거나, 공작물의 내경, 단차 등의 측정값을 표시하여 가공 상태를 판단할 수 있도록 한다.

3 Rengage™ 3D Probe(Strain-gauge)의 동작 원리

(1) Strain-gauge sensor의 Solid state switching

일반적으로 Probe는 Mechanism 상으로 Lobing의 특성을 가진다. 따라서 측정할 때 면에 접촉하는 과정에서 Stylus의 휨과 다음과 같은 Probe의 고유 Mechanism에 의해서 문제가 발생한다.

① 딱딱하고 긴 Stylus 사용
② Probe Trigger 압력이 필요
③ 다양한 방향으로 접촉
④ Probe 메커니즘 설계상 문제

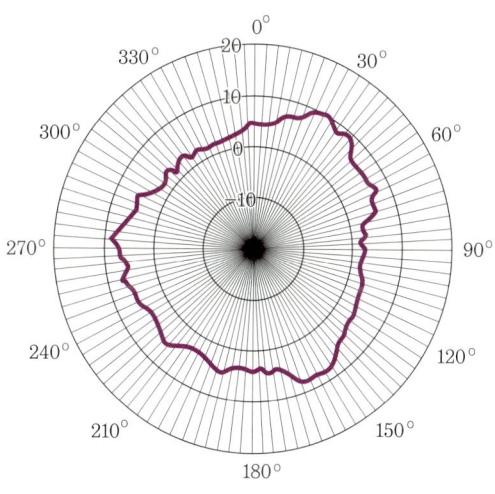

그림 8-13 Probe 특성

이를 개선하기 위하여 Strain-gauge sensor를 사용하고 있으며, Strain-gauge sensor는 다음과 같은 Solid state switching의 특징이 있다.

① 실리콘 Strain-gauge는 Stylus를 통해 전달되는 접촉력을 측정한다.
② 임계값에 도달하면 Trigger 신호를 생성한다.
③ 모든 방향에서 일정하고 낮은 Trigger 힘이 발생한다.
④ 운동학적으로는 Stylus를 유지하거나 Trigger를 사용하지 않는다.

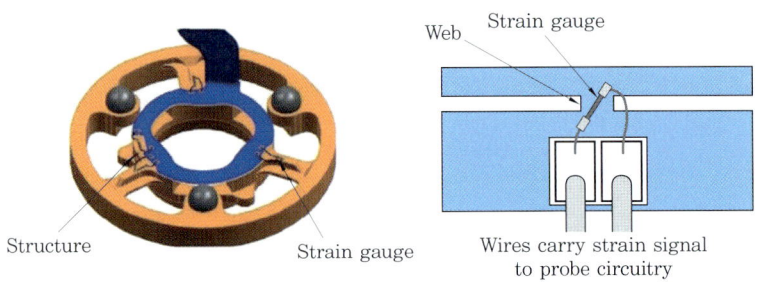

그림 8-14 Strain-gauge sensor

(2) Strain-gauge sensor의 Force sensing

Strain-gauge sensor의 Force sensing은 Probe 본체 내부의 Web에 장착된 X, Y and Z Directions의 3개의 Strain gauges와 열에 의한 drift를 방지하기 위한 Strain gauges 1개 등 총 4개의 Sensor로 구성되어 있다.

Stylus tip의 낮은 접촉력은 Kinematics를 통해 전달되며, 이러한 낮은 접촉력의 힘에 Remain Seated 상태를 유지한다. Gauges는 각 방향의 힘을 측정하고, 힘의 임계값이 위반되면 Trigger한다(before Kinematics are unseated).

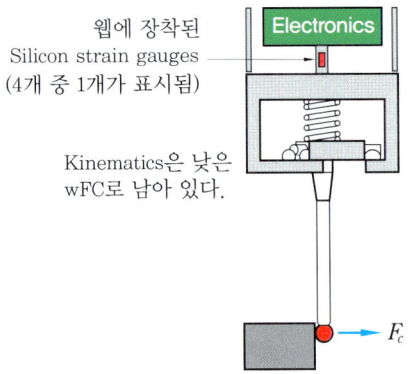

그림 8-15 Strain-gauge sensor의 원리

(3) Strain-gauge sensor 성능 : Non-lobing measurement

그림 8-16에서 Strain-gauge sensor의 성능은 Non-lobing measurement 특성에 의해서 매우 우수하다. 예를 들어 OMP 400, RMP600 Probe의 경우를 보면, 오른쪽 그림에 나타난 바와 같이 모든 방향의 Trigger 압력 전달은 매우 미세한 오차 변화량을 가지고 있다. 따라서 Trigger 압력 전달이 모든 방향에 대하여 동일하게 전달된다고 할 수 있다. 그리고 표에서 알 수 있듯이 완벽한 반복 정밀도를 유지하고 있으며, 방향에 상관없이 동일한 측정값을 유지하고 있는 것을 알 수 있다.

1. CAP IIoT-Probe

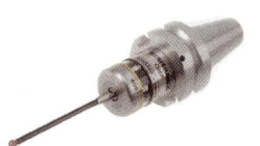

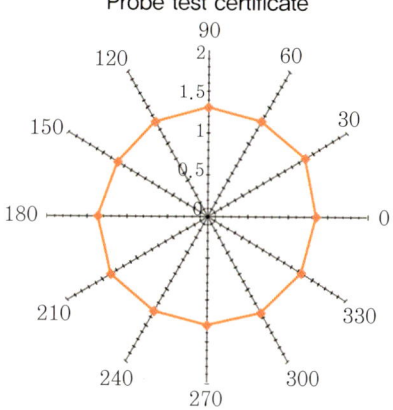

Resutlts(microns)	Test	Spec
Max repeatability	0.09	0.25
Max XY lobing	+/-0.06	+/-0.25

그림 8-16 Strain-gauge sensor 성능

(4) Strain-gauge sensor 측정 정밀도

Strain-gauge sensor의 측정 정밀도는 microns(0.001mm) 단위, 480mm/min의 조건일 경우 표 8-1에서 보여주는 것과 같다.

표 8-1 Strain-gauge sensor의 측정 정밀도

구분	Styluslength			
	50mm	100mm	150mm	200mm
Repeatability Max 2 sigma in any direction of 12	0.25mm	0.35mm	0.50mm	0.70mm
2D(XY)lobing Max deviation from a ring gauge	±0.25mm	±0.25mm	±0.40mm	±0.50mm
3D(XYZ)lobing Max deviation from a known sphere	±1.00mm	±1.75mm	±2.50mm	±3.50mm

(5) Strain-gauge sensor의 장점

Strain-gauge sensor의 장점은 Calibration이 간단하므로 인하여 시간이 절약되고, 비용이 절감되는 점이다. 또한 반복 정밀도는 x2배 정도 향상되어 측정 오차값의 최소화가 가능하며, 또한 측정 신뢰성이 향상되고, 측정기 수명이 x10배 정도 증가한다. 구조적인 측면에서 내부 구조가 기구학적으로 마찰감이 적고, 긴 Stylus 사용이 가능하므로 여러 가지 사용 목적의 다양성이 확보되는 장점이 있다. 그리고 만약 측정 시 가공품이 틀어져 있어도, 측정이 가능하므로 적용성이 큰 장점이 있다.

Strain-gauge는 앞으로도 지속적으로 개선되고 새로운 기능이 추가되어 발전할 것으로 본다.

그림 8-17은 Strain-gauge RENGAGETM 3D Probe로서 최근에 출시된 제품을 보여주고 있다. 새로운 디자인이 적용되어 식별이 쉽고, 성능이 개선된 RENGAGE 3D PROBES OMP400, RMP600, MP250을 나타낸 것이다.

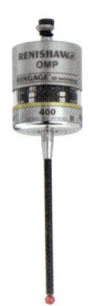

그림 8-17 RENGAGE 3D PROBES OMP400, RMP600, MP250

2. G-SET 세팅(공작물 자동 세팅)

2-1 공작물 자동 세팅

제조업의 생산 현장에서 공정 전에 반드시 이루어지는 공작물 세팅은 작업에 많은 시간이 필요로 할 뿐만 아니라 체력 소모가 심하고, 반복적인 작업이므로 작업자들이 가장 기피하고 싶은 작업이다. 이러한 긴 세팅 작업은 비가공 시간에 해당하므로 비효율성의 대표적인 항목이다.

이러한 공정 전 세팅 단계의 복잡한 세팅 공정을 한 번에 수행하고, 세팅 시간을 단축하여 생산성을 향상시키고, 공정 리드 타임을 획기적으로 단축하는 것을 공작물 자동 세팅이라 한다.

그림 8-18 G-SET에 의한 세팅

1 공작물 자동 세팅의 필요성

작업자의 수동 세팅 방법은 스핀들을 회전시켜 공구 또는 Accu-Center, Indicator 등으로 공작물 단면에 접촉하고, 작업자가 직접 반경값을 계산하여 해당 좌표축에 수동으로 입력하는 방식이다(예 G54 X, Y, Z …).

이러한 수동 세팅 방식은 다음과 같은 문제점을 가지고 있다.

① 스핀들 회전 상태로 세팅 작업이 이루어지므로 작업자의 안전이 취약하다.
② 수동 작업에 의한 좌표계 입력으로 Human Error에 의한 오류가 발생할 소지가 크다.
③ 핸들 조작으로 이루어지므로 작업자의 숙련도에 따라 정밀도 차이가 발생한다.
④ 작업자에 따라 세팅 시간이 증가할 소지가 크고, 비절삭 시간이 늘어나게 된다.
⑤ 생산 공정의 비효율성으로 인건비가 상승하고, 기피 작업으로 인력난이 발생한다.

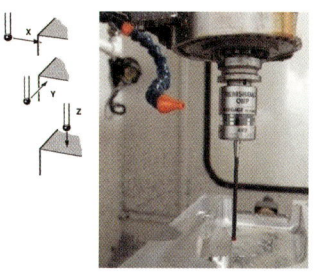

그림 8-19 수동 좌표축 입력 방식

이와 같은 문제점으로 인하여 생산성이 저하되고, 생산 공정도 길어지게 되어 이에 대한 개선 작업은 필수적인 요소가 되고 있다.

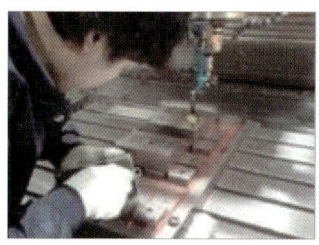 

(a) 수동-직각 고정 작업   (b) 수동-좌표계 세팅 작업

그림 8-20 공작물 수동 세팅

2 G-SET를 사용하는 세팅 – 공작물 자동 세팅

공작물 자동 세팅은 위의 문제점을 해결하고 공정 개선을 위한 최적의 솔루션이다. 세팅 자동화를 통한 작업 공수를 절감하고, 불량을 사전에 예측·예방하여 생산성을 개선할 수 있다. 또한 불량률 감소는 납기 준수율을 준수할 수 있는 최적의 방법이 되므로 생산 효율성을 증가시킬 수 있다. 또한 세팅 과정에서 측정된 데이터를 집계하고 분석하여 동일한 내용의 작업이 반복되는 경우 중복되는 업무를 최소화할 수 있다. 자동 세팅 방식의 장점을 요약하여 정리하면 다음과 같다.

① 신속한 세팅　　② 정밀한 세팅　　③ 안전한 산재 예방
④ 자동화 실현　　⑤ 비절삭 시간 감소　⑥ 장비 운영의 표준화
⑦ 비용 절감

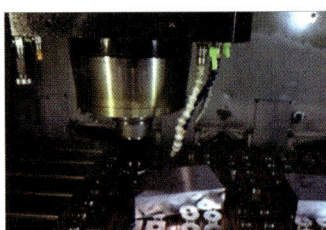

그림 8-21　자동-공작물 원점 & 각도 세팅

2-2 자동 세팅 프로세스

1 Probe 센서와 S/W를 이용한 자동 세팅 프로세스

Probe를 이용한 자동 세팅은 CNC 공작 기계의 자동 또는 반자동 Mode에서 G code 명령으로 좌표 측정과 입력이 자동으로 이루어지는 세팅 방법을 말한다.

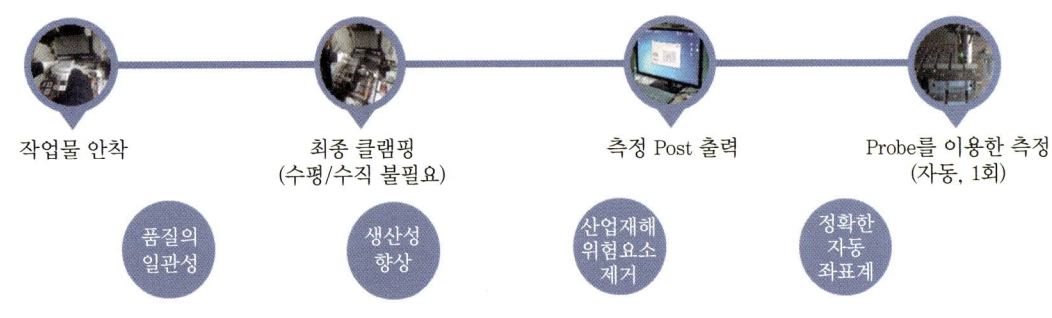

그림 8-22　자동 세팅 프로세스

(1) 공작물 안착

테이블에 공작물을 안착시키고 Clamping을 진행하는 프로세스이다.

그림 8-23 공작물 안착 프로세스

① 다수의 공작물을 한 번에 안착
② 육안으로 직진도 확인
③ Clamping을 바로 진행

(2) Probe를 이용한 세팅 측정 Post 출력

S/W를 이용하여 세팅 관련 정보를 확인하고 출력하는 프로세스이다.
① 세팅 방법 확인
② 코어 정보 확인
③ 코어 위치 및 멀티 세팅

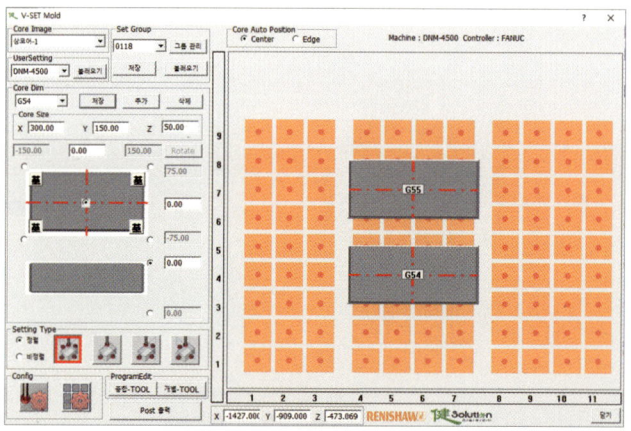

그림 8-24 Post 출력 프로세스

(3) 세팅 측정 및 자동 세팅

Probe를 이용하여 1회 세팅 측정으로 자동 세팅을 완성하는 프로세스이다.

① Probe 세팅을 확인한다.
② 멀티 세팅인 경우도 1회 세팅 측정으로 좌표계가 완료
③ 초보 작업자도 숙련 작업자와 동등한 정확도를 유지
④ 오타로 인한 불량률이 0% 달성 가능

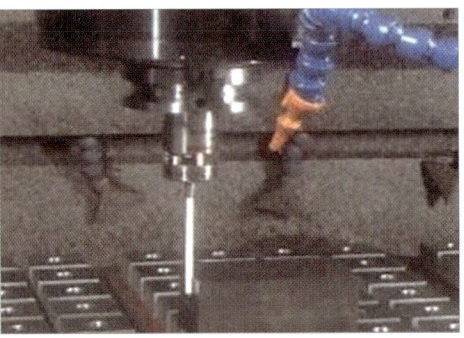

그림 8-25 세팅 측정 프로세스

2 공작물 수동 세팅과 자동 세팅의 작업 효율성 비교

(1) 작업 시간의 비교

기존의 수동 세팅 방법에서는 평균적으로 공작물 Set up 시간이 약 3~10분 정도 소요되며, 이 결과 또한 작업자마다 다른 결과를 가져올 수 있다.

그러나 Probe를 사용하는 자동 세팅 방법에서는 공작물 Set up 시간이 약 30초~1분 이내 단축하게 되어 작업의 신속성과 정밀도가 향상된다.

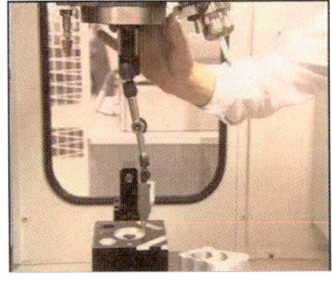

그림 8-26 수동 세팅과 자동 세팅의 작업 시간 효율성 비교

(2) 멀티 세팅에서 XYZ 원점 정렬 비교

그림 8-27, 8-28은 멀티 비정렬 XYZ 원점과 멀티 정렬 XYZ 원점을 나타낸다. 그림 (a)는 멀티 비정렬, 그림 (b)는 자동 세팅 기능을 사용한 멀티 정렬을 나타낸 그림이다. 그림에서 알 수 있듯이 멀티 자동 세팅 기능은 아주 강력한 것을 알 수 있다.

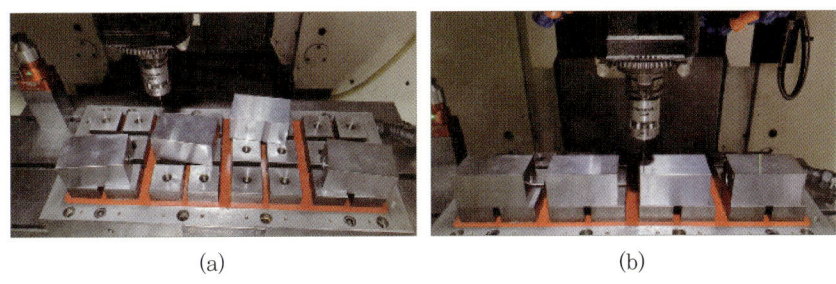

그림 8-27　멀티 비정렬-XYZ 원점과 멀티 정렬-XYZ 원점-1

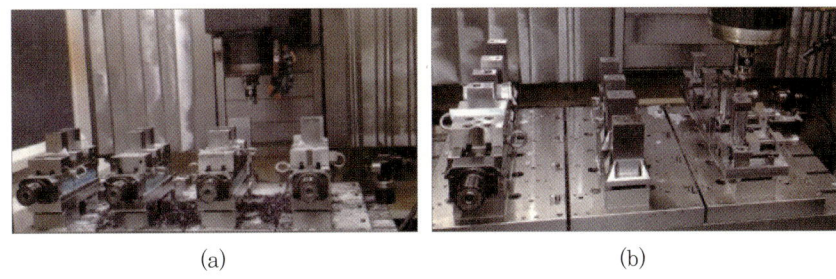

그림 8-28　멀티 비정렬-XYZ 원점과 멀티 정렬-XYZ 원점-2

3 G-SET의 구성

그림 8-29는 2D 계측 센서를 사용한 G-Set 시스템 구성을 나타낸다. 시스템 구성은 무선 광학 방식의 Kinematic Probe OMP40-2를 사용하여 반복 정밀도를 1 μm를 갖도록 하고, 무선 수신 Interface로 OMI-2 Optical Machine Interface를 사용하여 구성하였다.

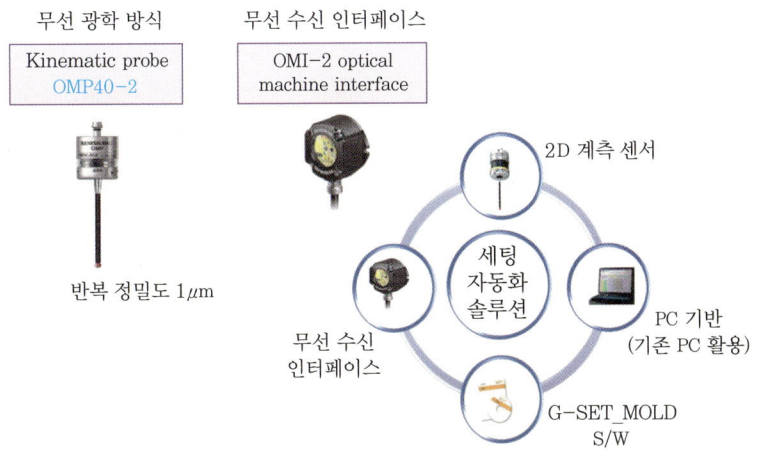

그림 8-29　G-SET의 시스템 구성

4 G-SET 주요 기능 – 구성 요소별 특징

G-SET의 주요 기능은 대화형 방식을 사용하여 수동 반복 작업을 제거하고 자동 입력에 의한 불량 요인을 제거하며, 작업자의 수준에 상관없이 정밀도가 보장되도록 하는 기능을 가지고 있다.

(1) 다양한 Interface

① 컨트롤러 사양에 따른 다양한 Post를 지원한다.
② 직관적인 UI 화면을 구성한다.

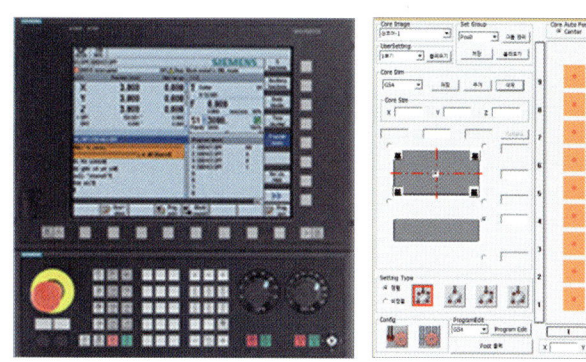 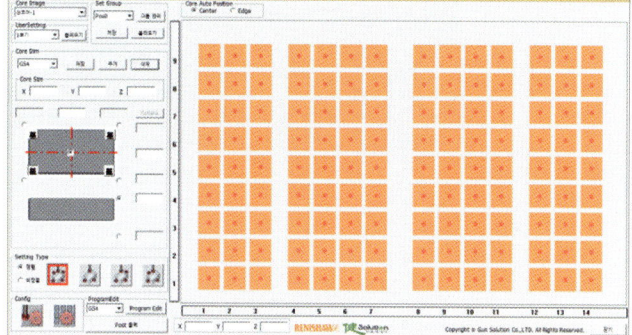

그림 8-30 G-SET의 다양한 Interface

(2) 외관 측정 세팅

① **기준면 세팅** : 기준면 세팅과 양 센터 세팅, 복합 세팅을 지원한다.
② **멀티 세팅** : 2개 이상의 코어를 한 번에 세팅할 수 있다.

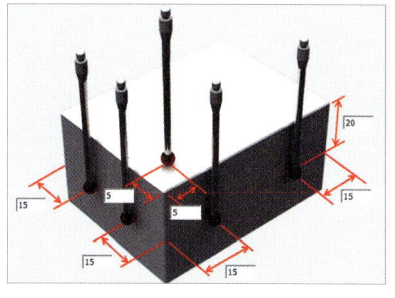 

(a) 기준면 세팅   (b) 멀티 세팅

그림 8-31 G-SET의 외관 측정 세팅

(3) 비정렬 세팅
① Indicator를 사용하는 측정을 하지 않고도 세팅을 완료한다.
② 비정렬 각도 보정이 가능하다.
③ NC-Data 각도 보정이 가능하다.

그림 8-32 G-SET의 비정렬 세팅

(4) 홀을 이용한 측정
① ㅗ, ㅏ, ㅜ, ㅓ 형식의 홀 측정 기능이다.
② 정렬 및 비정렬 세팅이 가능하다.
③ 타입에 맞는 직관적인 UI 화면을 구성한다.

그림 8-33 G-SET의 홀을 이용한 측정

(5) Heel Box 및 Guide Post 측정
① 무거운 CAD 없이 Heel Box 및 Guide Post 측정을 한다.
② 총 24가지의 Type 측정이 가능하다.

그림 8-34 G-SET의 Heel Box 및 Guide Post 측정

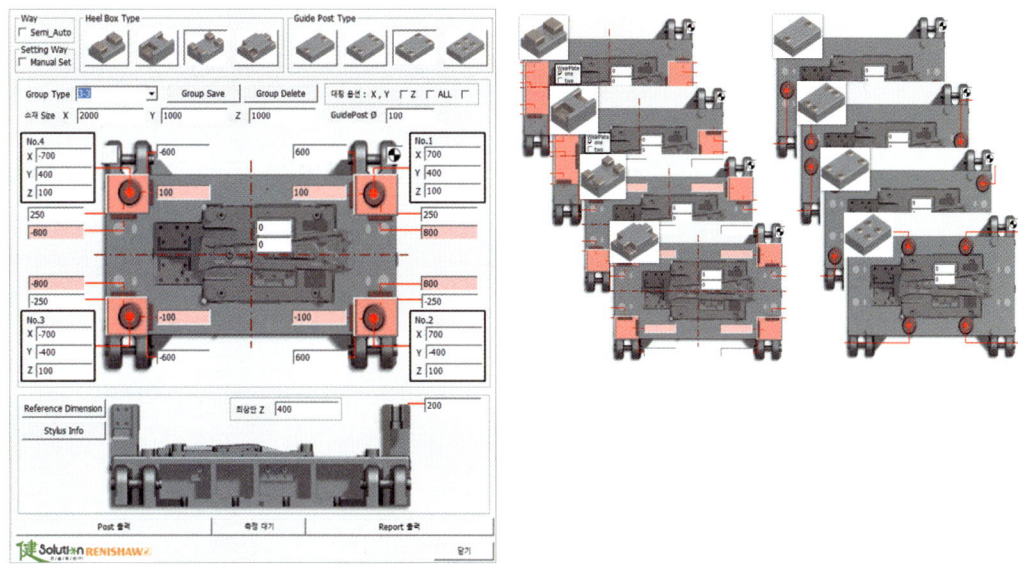

그림 8-35 G-SET의 24가지의 Type 측정

(6) 측정 결과 Report

평행도, 직각도, 위치도의 측정 결과를 알기 쉽게 표현한다.

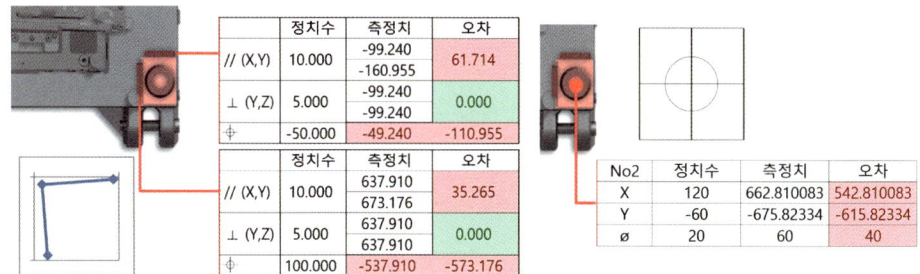

그림 8-36 G-SET의 측정 결과 Report

5 G-SET 도입 효과

G-SET의 도입 효과는 다음 2개 회사의 실제 도입 결과 Report에서도 나타난 바와 같이 생산성 향상과 불량률 저하, 그리고 세팅 시간의 현저한 감소 등으로 가동률이 높아지는 효과를 알 수 있다.

(1) O사

도입 사례의 첫 번째 회사는 O사로 주요 생산품은 자동차 금형을 위주로 Lamp Housing, Mirror Holder, Rear Finisher, Hearer Case 등을 생산하는 연매출 500

억 규모이다. 그림 8-37에서 보는 바와 같이 이 회사는 G-SET 시스템의 도입 전후로 세팅 시간은 최대 30%로 감소하였고, 불량 건수는 최대 20%로 감소하였다.

결과적으로 O사는 불량 감소와 시간 단축으로 경쟁력을 확보할 수 있었고, 작업자 숙련도와 상관없이 일관된 정확도도 확보할 수 있게 되었다.

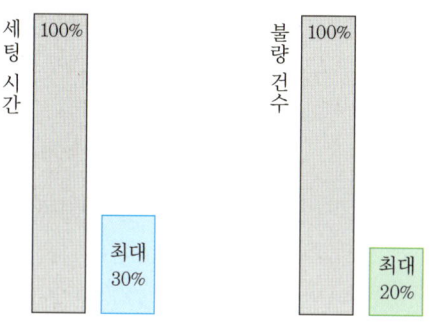

그림 8-37 O사의 G-SET 도입 Report

또한, 수기 입력 오타로 인한 불량을 제거하고, 반복 작업 제거로 인한 세팅 시간을 단축하는 효과를 가져왔다. 부가적으로 세팅에서 해머 사용과 스핀들 회전으로 인한 안전사고를 제거하여 안전성을 확보할 수 있었다.

그림 8-38 O사의 G-SET 도입 결과 Report

(2) 전극 가공 회사

도입 사례의 두 번째 회사는 CNC 가공과 EDM 방전기의 전극 세팅에서 G-SET를 적용한 경우이다. 주요 생산품은 Industrial Parts와 Home Appliances, OA devices 금형을 위주로 제작하는 회사이다. 시스템 구축의 목적은 CNC 가공에서 전극 소재의 세팅 자동화 및 EDM 방전기의 가공에서 전극 세팅 공정을 단축하는 것이다. 그림 8-39는 주장비의 사양과 현장 사진을 보여준다.

그림 8-39 전극 가공 회사의 현장

이 회사의 경우 G-SET 시스템을 구축하고 결과를 Report하면, CNC 흑연 가공기의 소재 안착 자동화에 의한 가동률 상승 효과를 가져오게 되었으며, 소재 위치 세팅 자동화에 의한 가동률 상승 효과 및 Human Error 제거 효과를 구현하고, EDM 방전기의 전극 세팅 자동화에 의한 가동률 상승 효과를 가져오게 되었다.

그림 8-40 전극 가공 회사의 시스템 도입 결과

3. OMV+(3차원 기상 측정)

3-1 OMV+(3차원 기상 측정)의 개요

기상 측정(OMV+)은 On Machine Verification Plus의 약자로서 On-Machine 기계에서 계측과 검증을 하는 것이다.

1 OMV+ (기상 측정)의 필요성

(1) 기상 측정의 필요성

일반적인 측정 방식은 금형·부품 가공에서 1차 가공 완료 후 측정 부서로 이동하여 CMM과 같은 장비를 사용해서 측정을 진행한다. 이러한 경우에 공간적으로 분리된 가공기와 측정기 사이의 오차가 발생하고, 이동 과정에서의 리드 타임이 증가하여 생산성이 떨어지게 된다. 그리고 측정 위치 및 Report 수기 입력에 따른 측정 불량 가능성이 존재하고, 측정 전문가 부재로 인한 어려움을 갖게 된다.

공차 가공 관리의 측면에서 보면 현장 맞춤형 수동 측정이 이루어지므로, 작업자의 경험에 따라 수동 측정(버니어 캘리퍼스, 블록게이지 등)의 결과가 좌우되므로 측정 결과 관리의 어려움이 발생한다.

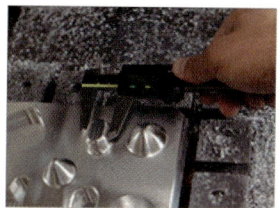

그림 8-41 수동 측정

기존의 제작 공정에서는 제품의 품질에 중대한 영향을 미칠 수 있는 요인을 사전에 점검하기 위해 공작물을 기계에서 분리하여 계측하거나, 가공이 끝난 후 측정실로 이동하여 계측한 다음, 필요시 추가로 2차 가공하는 방법을 사용하고 있다. 이런 경우 측정을 마치고 다시 세팅하게 되는데, 이 과정에서 정밀도의 저하는 물론이고 재세팅 작업으로 인하여 생산 효율성이 떨어지는 현상이 발생한다.

이와 같은 현상들은 제조 공정의 생산성과 효율성에 심각한 문제를 일으키므로 시급히 개선되어야 할 사항이다.

(2) OMV+ 시스템 개발의 배경

금형·부품 가공 제작에서 고정 밀도(20μm 이하)의 제품을 생산하기 위한 중요한 요소로서 도면 데이터(CAD)와 가공물 사이의 정밀 측정을 위한 자동화 시스템의 필요성이 대두되면서 이에 대한 개발 니즈가 제조업계 전반으로 확산하게 되었다.

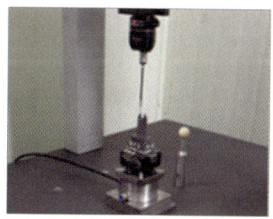

그림 8-42 고정밀 제품 가공과 측정

그림 8-43과 같이 금형·부품가공 가공기에 Touch Probe와 같은 측정 장비를 직접 부착하여 측정을 진행하는 기상 측정(OMM : On Machine Measurement) 방식의 도입과 확산은 필연적인 결과라고 볼 수 있다. 그러나 기상 측정을 지원하는 S/W는 대부분 수입에 의존하고 있어서 국산화가 시급한 과제로 떠오르게 되었다. 그래서 측정 분야에 독보적 존재감을 과시하는 영국의 Renishaw 사의 OMV S/W를 벤치마킹하였으나, 범용적인 측정 S/W로 인한 복잡한 기능 체계, 기능의 연속성에 약점이 발견되었고, 그 외 여러 플랫폼은 높은 기술료를 요구하여 개발이 지연되게 되었다.

그러나 마침내 국내 기술진의 노력으로 Renishaw 사의 S/W보다 성능이 우수하고, 국내 현장 작업자들이 쉽게 접근할 수 있는 금형·부품 가공기 연동형 측정 자동화 시스템, 즉 OMV+가 개발되어 산업 현장에 적용할 수 있게 되었다.

그림 8-43   OMV+ 기상 측정 시스템

2 OMV+ (기상 계측) 시스템의 개요

(1) OMV+의 개요

기상(機上) 측정 시스템인 OMV+(On Machine Verification Plus)는 그림 8-44와 같이 세팅, 측정 프로세스의 근본적인 문제를 해결해 줄 방안을 제시할 혁신적인 자동화 솔루션이다. OMV+는 공정 전 세팅부터 공정 중 측정, 공정 후 검사까지 모든 프로세스에 반영할 수 있는 솔루션으로 전과정에서 나타나는 시간과 품질 불량의 문제를 혁신적으로 해결한다. 또한, 쉽고 빠른 세팅, 신속하고 정확한 제어, 간단하고 경제적인 검사까지 최고의 측정 자동화 솔루션을 제공하는 시스템이다.

그림 8-44   OMV+ 시스템

(2) OMV+의 독창성 및 기여도

① OMV+는 전체적으로 무겁고 느린 수입 S/W에 비해서, 가볍고 빠르며 시스템 사양에 큰 영향을 받지 않는다. 속도가 빠르고, 복잡한 기능을 포함하지 않아 프로세스 간에 충돌 가능성이 거의 발생하지 않으므로 시스템의 안정성이 높다.

② OMV+는 현장 친화적인 S/W로서 국내 대부분의 금형·부품가공 업체의 3축 가공과 금형·부품가공 측정에서는 싱글 포인트와 일부 기능만을 사용하는 점에 착안하여 간단하고 빠르게 측정 위치 지정 및 다양한 사용자 편의 기능을 제공한다. 포인트 생성 클릭만으로 측정 NC 프로그램(G-code)을 생성할 수 있으며, 차트와 그래프에 의한 보고서 작성을 지원한다.

③ OMV+는 다양한 가공 장비의 제어 시스템을 지원하여 장비의 제한성을 해결하고 있다. 예 FANUC, HEIDENHAIN, MAZAK, CS CAM (국산 NC 장비)

④ OMV+는 개발 관련 특허 출원 "금형·부품 가공 모델의 형상 특징 정보 생성 방법 및 형상 유사도 분석 방법"(출원 번호 : 10-2016-0176823, 출원 일자 : 2016. 12. 22)을 보유하는 독창성을 갖고 있다.

(3) OMV+의 우수한 성능 비교

그림 8-45는 OMV+와 Renishaw OMV를 비교한 것이다. 그림 (a)의 OMV+는 모든 측정 기능이 실행-설정-결과를 한 번에 하나의 화면에서 완료하여 볼 수 있다. 반면에 그림 (b)의 Renishaw OMV는 측정 기능이 설정-실행-결과가 각각 다른 창에서 다수의 과정을 거쳐서 생성이 되고 있음을 알 수 있고, 반복 작업을 해야 하는 번거로움이 존재한다.

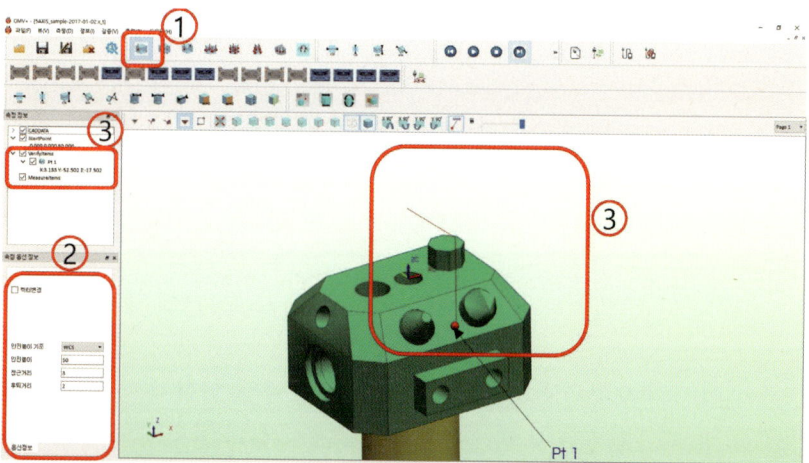

(a) OMV+

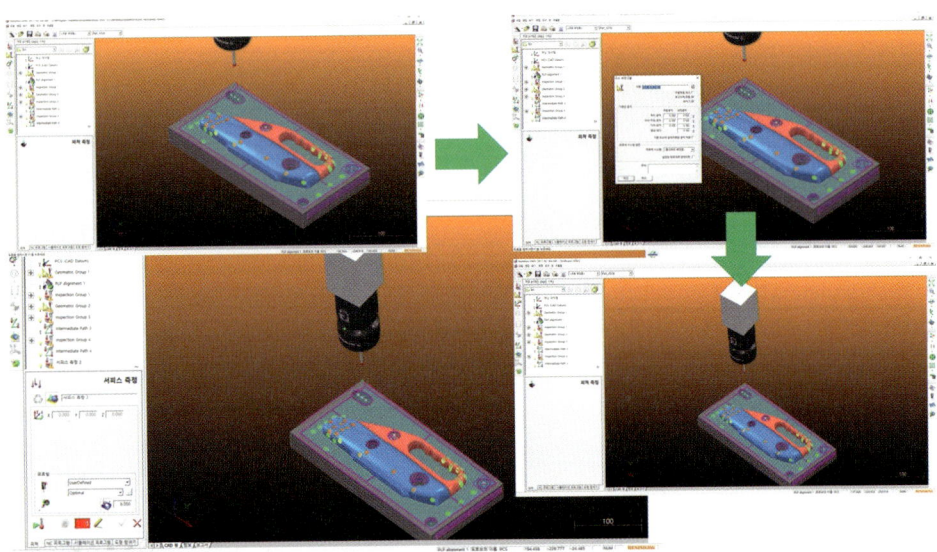

(b) Renishaw OMV

그림 8-45 OMV+ 시스템과 Renishaw OMV 성능 비교

(4) OMV+ 도입의 기대 효과

OMV+는 CNC Machine 상에서 자유 형상과 기하학적 요소들을 자동으로 측정하여 Offline Programming Solution을 제공하는 시스템으로, 앞에서 지적한 문제점의 내용들을 일시에 해소할 수 있는 최적의 Solution이다. OMV+는 제품의 품질에 중대한 영향을 미칠 수 있는 요인을 사전에 발견하기 위해 장비 내에서 측정하는 방법을 사용하고 있으므로 재세팅이 필요 없을 뿐만 아니라, 기계에서 탈착이 없이 가공이 완성될 수 있으므로 정밀도 유지 등 여러 가지 특징을 갖고 있다. OMV+ 시스템의 사용은 제조 공정에서 다음과 같은 장점이 있다.

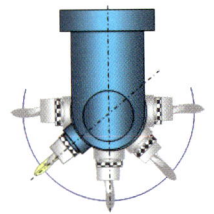

그림 8-46 OMV+ 시스템

① 1회 세팅으로 가공의 일관성과 제품 품질 향상
② 재가공 필요시 재세팅 시간의 불필요에 따른 공정 생산성 증가
③ 납기 준수 및 내외적인 제조 신뢰성 증가
④ 중요 형상 검사로 공정 문제의 신속한 검출 및 불량률 감소

⑤ 저비용의 투자로 최대한의 효과 발생
⑥ 정밀도 유지로 제품에 대한 자신감 확보
⑦ 가공 제품에 대한 측정 결과를 즉각적으로 제공
⑧ 측정 결과에 따른 즉각적인 "양호, 불량" 판별 가능

(5) OMV+ 의 특징

OMV+는 3축 기상 측정(OMM, On-Machine-Measurement)에 최적화하는 S/W로서 다음과 같은 특징을 갖고 있다.

① 가공 기계에서 중요 형상 검사
② 원 클릭 자동 측정 포인트 생성
③ 현장 맞춤형 자동 측정 옵션(all-set 기능)
④ 측정 정보에 대한 실시간 충돌 검증
⑤ 측정 결과에 대한 다양한 Report 출력
⑥ 다양한 상업용 CAD 포맷 지원
⑦ 신속하고 즉각적으로 완료 제품의 판단
⑧ 완료 제품의 Un-Clamping 없이 즉각 검사

그림 8-47　OMV+ 의 특징

(6) OMV+의 프로세스

OMV+의 프로세스는 그림 8-48과 같이 공작물 가공 단계에서 수동 반복 작업을 제거하고, 다음 단계에서 측정 Post를 출력하여 출력물 자동화로 불량률 감소 및 부서 간 업무 효율을 상승시키는 효과가 있다. 다음 단계로는 기상 측정을 통한 다른 부서로 이동하는 대기 시간을 제거하고 CMM 부하를 최소화하여 생산성을 향상한다. 마지막 단계로는 공정별 측정 결과를 산출하여 출력물을 감소하고 불필요한 작업을 제거한다.

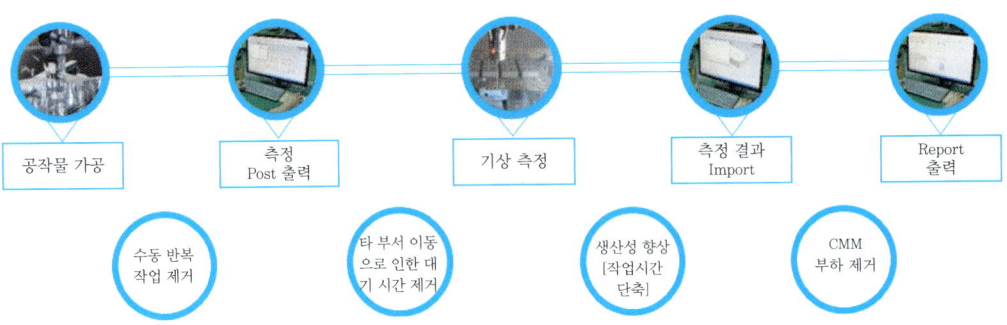

그림 8-48 OMV+ 프로세스

(7) OMV+의 구성

그림 8-49는 3D 계측 센서를 사용한 OMV+ 시스템 구성을 나타낸다. 시스템 구성은 무선 광학 방식의 3D Strain gauge probe OMP400을 사용하여 반복 정밀도를 $0.25\mu m$를 갖도록 하고, 무선 수신 Interface로 OMI-2 Optical Machine Interface를 사용하여 구성하였다.

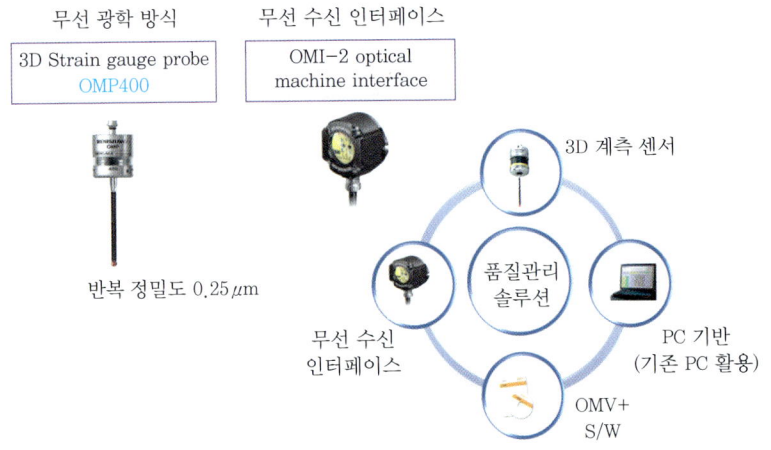

그림 8-49 OMV+ 시스템 구성

(8) OMV+ 구성 요소의 주요 기능

포인트 생성 클릭만으로 프로그램이 생성되어 간단하고, CAD 데이터를 이용한 신속한 측정이 이루어지므로 간단하며, 측정과 그래프에 의한 보고서 작성이 가능하여 새롭고, 빠른 단독 실행이 가능한 프로그램이므로 독립적이다.

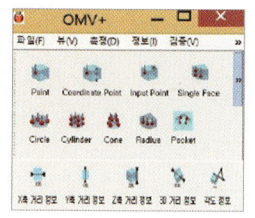 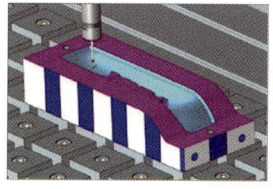 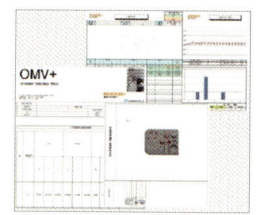 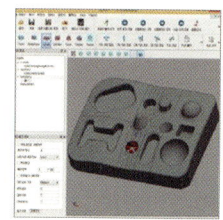

(a) 포인트 생성   (b) CAD 데이터를 사용 측정   (c) 그래프 보고서   (d) 단독 실행 프로그램

그림 8-50   OMV+ 주요 기능

① 쉽고 빠른 측정 포인트 생성

OMV+는 그림 8-51과 같이 8가지(Point, Circle Point, Cone Point, Cylinder Point, Pocket Point, Radius Point, Input Point, Coordinate Point)의 측정 패턴을 제공하여 쉽게 사용할 수 있는 특징을 가지고 있다. 작업 순서별 패턴 측정 네비게이터를 제공하고 있으며 Renishaw 3D Probe를 활용한 쉽고 빠른 측정을 할 수 있다.

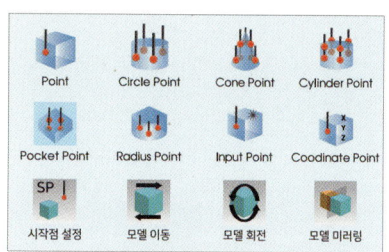

그림 8-51   OMV+의 측정 패턴

② 편리한 세팅과 품질 측정

OMV+는 가공 장비에서 측정과 검사가 동일한 환경 조건에서 이루어지므로 측정과 검사로 인한 비가공 손실이 없다는 가장 큰 장점이 있다. 가공 완료 제품의 경우 UN-CLAMPING(해체) 없이 즉각 검사가 이루어질 수 있고, 재가공이나 추가 가공이 필요한 경우에도 재세팅 작업이 필요 없다는 특징을 가지고 있다.

그림 8-52   OMV+의 편리한 세팅과 비정렬 가공

멀티 비정렬 세팅 자동화 기능과 비정렬 가공, 측정 자동화를 한꺼번에 지원하는 시스템 특징이 있다.

③ 다양한 컨트롤러 지원

OMV+는 기상 측정이 가능하므로 측정에 필요한 데이터의 호환송을 완벽하게 지원하고 있다. 다음은 각 회사별로 지원하는 컨트롤러를 정리한 것이다.

- FANUC
- HEIDENHAIN
- MAZAK
- SIEMENS
- CSCAM
- OKUMA
- MITSUBISH
- MAKINO

④ 다양한 리포트 제공

OMV+는 설비별 특정 macro 없이 수치제어 NC P/G 제공으로 제한된 설비가 없다는 특징을 가지고 있다.

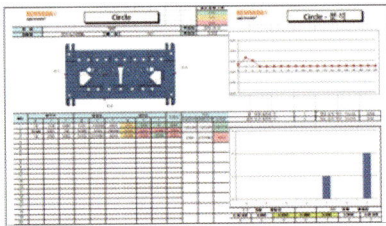

그림 8-53　OMV+의 다양한 출력 기능

또한, 다양한 포맷(pdf, xls, html 등)의 출력 기능을 가지고 있어서 측정 결과에 대한 직관적인 리포트를 제공할 수 있다. 작업에 필요한 위치도, 직각도, 원형도 등의 다양한 정보를 리포트로 출력한다.

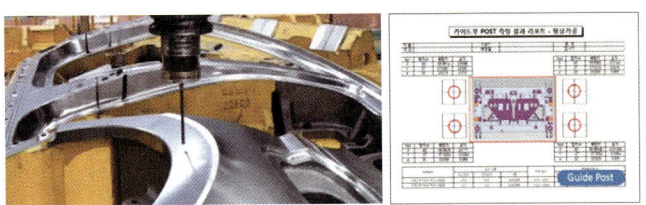

그림 8-54　OMV+의 리포트(성적서)

⑤ 다양한 측정과 리포트

OMV+는 다양한 측정 솔루션을 가지고 있으므로 어떤 장비나 시설에도 쉽게 적용할 수 있고, 장비의 열 변위 측정에 적용할 수도 있다.

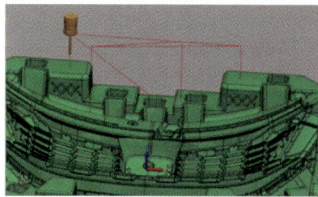 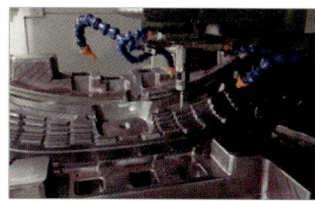

그림 8-55 3축 측정 솔루션

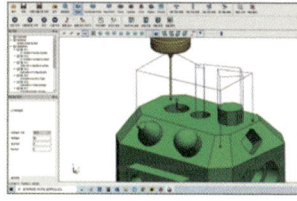  

그림 8-56 5축 (3+2축) 측정 솔루션

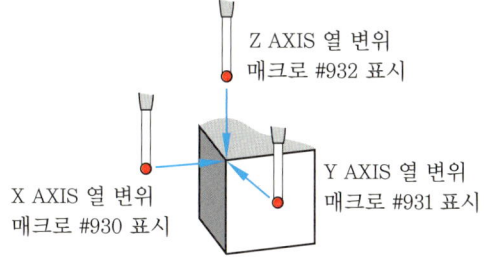  

그림 8-57 설비 열변위 측정

⑥ 측정 포인트 시각화와 충돌 검증 기능 제공

OMV+는 측정기의 이동 경로를 시각화하여 디스플레이하는 기능을 제공하고 있다. 이와 관련한 측정 포인트의 시각화 ON/OFF 기능을 제공하여 편리성을 향상시킨 시스템이다.

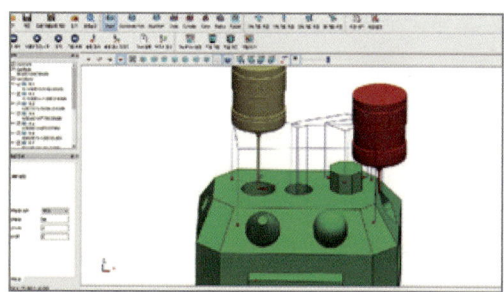

그림 8-58 OMV+의 충돌 검증 기능

측정에서 충돌에 대하여 검증 시뮬레이션을 실시하여 이에 대한 대비를 미리 할 수 있도록 하는 특징을 가지고 있다.

(9) 시스템 구성도

그림 8-59는 OMV+의 시스템 구성도를 나타낸다.

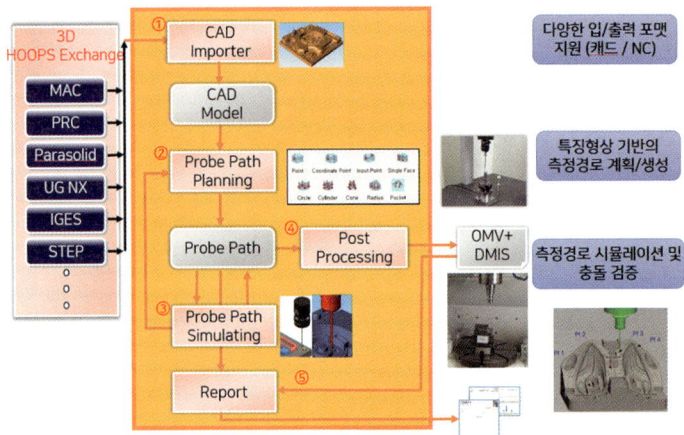

그림 8-59　OMV+의 시스템 구성도

3-2　OMV+ 적용하기

1 5축 가공기 축 검사 및 정렬

(1) 개발 배경

최근 제조 현장에서 Multi-axis(5축 머시닝, 복합 선반 등)의 장비에 대한 수요가 급증하는 추세이다. 그중에서도 5축 가공기 시장의 확대는 세계적으로 5축 머시닝센터 제조의 확대와 수요의 증가가 보급을 확산하고 있기 때문이다. 유럽의 DMG, MICRON, DIGMA 등을 비롯하여 일본의 MAZAK, Moriseiki, OkumaOKK 등의 업체들이 선두 주자로 나서고 있으며, 국내에서도 화천, 두산, 위아 등의 회사들이 이에 참여하고 있다. 기타 나라로는 대만과 중국 등의 국가들도 이미 제작에 참여하고 있는 실정이다. 이러한 현상은 제품 가공 공차의 축소로 인하여 기존의 장비로는 정밀도 및 환경의 한계에 이르렀기 때문이라고 볼 수 있다. 또한 이미 보급된 Multi-axis 장비들에 대해서도 축 점검 및 오차에 대한 보정의 필요성이 신규 보급에 중요한 과제로 인식되어 있다.

그림 8-60　Axiset Calibration of multi-axis machine

(2) 5축 가공기 축 검사 및 정렬의 문제점

실제 제조업 사용자의 입장에는 복잡한 형상 가공을 하나의 장비 내에서 가공할 수 있는 다축 가공기를 선호하는 경향이 있으나, 이러한 다축 가공기들은 Setup이 어려운 단점을 가지고 있다. 그리고 장비 제조업체의 입장에서 살펴보면 회전축의 중심점을 정확히 세팅하기 위한 시간이 많이 필요한 단점도 있다. 따라서 사용자로서는 기대한 것보다는 다르게 정밀한 성능을 얻기 힘든 실정이다. 일부 제조업체들은 이러한 문제점을 해결하기 위해 다음과 같이 자체적으로 솔루션을 제공하고 있다.

① Heidenhain – KinematicOpt
② Siemens – Cycle996
③ DMG – 3DQuickset
④ Fidia – HMS
⑤ 화천 기공 – HRCC

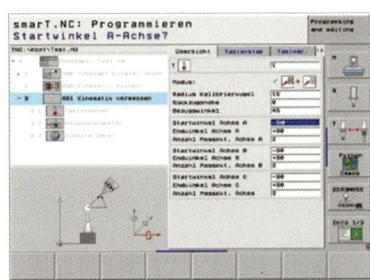

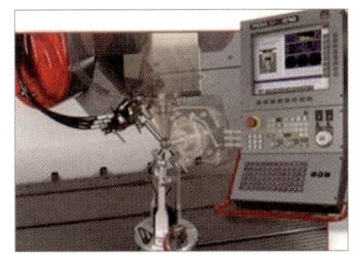

그림 8-61　제조업체의 자체적 제공 솔루션

(3) 5축 가공기 기계 구조

그림 8-62는 수직형 5축 가공기와 수평형 5축 가공기의 구조를 나타내고 있다.

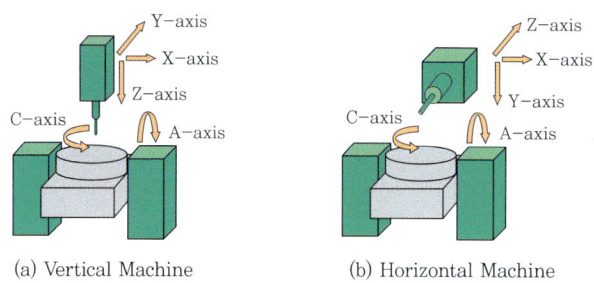

그림 8-62 5축 머시닝센터 기계 구조

2 5축 가공기 축 정렬의 오차 원인

5축 가공기의 기계 오차 원인으로는 축 정렬 오차와 축 위치 오차가 있다.

(1) 기계 오차 원인 – 축 정렬

그림 8-63은 여러 가지 형태의 축 정렬 오차를 나타내고 있다.

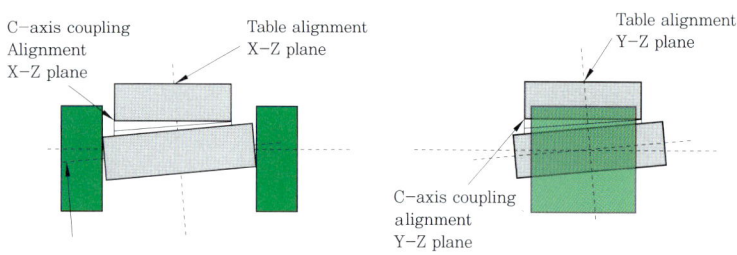

그림 8-63 축 정렬 기계 오차의 형태-1

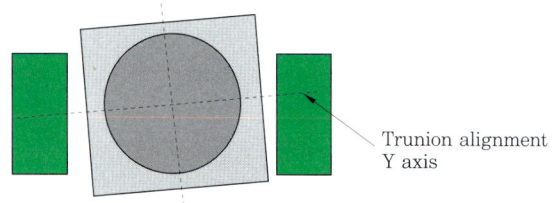

그림 8-64 축 정렬 기계 오차의 형태-2

(2) 기계 오차 원인 – 축 위치

그림 8-65는 축 위치로 인한 기계 오차 원인의 형태를 나타내고 있다.

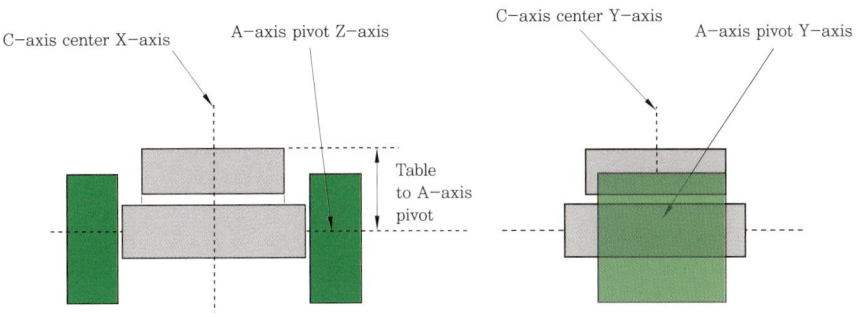

그림 8-65 축 위치 기계 오차의 형태

3 5축 가공기 축 정렬 시스템

(1) 5축 가공기 축 검사 및 정렬 – HRCC

화천 기공에서 개발한 축 정렬 시스템은 HRCC(Hwacheon Rotation Center Calibration)이다. 화천 기공에서 자체 개발한 프로그램으로 M25A 고속 가공기(OMP400)와 S2500-5AX 대형 5축 고속 가공기(RMP600) 장비에 표준으로 적용하고 있다.

HRCC의 주요 기능은 다음과 같다.

① C축과 A축 중심 및 A-C offset량 자동 연산
② 최적화 결과 D/B 관리 기능
③ 수동 및 Mcode에 의한 D/B 호출 기능
④ 파라미터 자동 변경 및 관리 기능
⑤ 회전축 중심의 에러 표시 기능
⑥ 초정밀 가공 실현

그림 8-66 화천 M25A 고속 가공기

(2) 5축 가공기 축 검사 및 정렬 - AxiSet

Renishaw AxiSet Check-up 시스템은 다축 및 복합 가공 기계 성능을 단지 몇 분 안에 측정하는 시스템으로 다음과 같은 특징이 있다.

① 측정 시간이 짧다.
② 5축 보간에 중요한 로터리 축 회전 중심(피봇점)의 오차를 감지
③ 전 과정 Probe 측정으로 수동 측정 작업의 오차 발생 방지 및 신뢰성 확보
④ 중요한 가공 전 장비 보정을 실시, 정밀 가공
⑤ 측정 이력 관리를 통해 장비 모니터링 및 보수 일정 계획 수립
⑥ 공차 검사에 통합된 그래픽 보고서를 통해 충돌 및 셋업 오류로 인한 성능 변동을 신속히 판별
⑦ 기록 보관 및 배포 목적으로 모든 그래픽 플롯을 보고서로 출력 가능 실현

그림 8-67　Renishaw AxiSet

3-3　OMV+ 도입 효과

1 도입 효과

(1) G-SET+OMV+의 도입 효과

OMV+의 기대 효과는 2D 세팅 자동화 + 3D 기상 측정 품질 관리를 같이 사용하여 기대 효과를 극대화할 수 있다.

그림 8-68에서 나타나는 바와 같이 2D 세팅화를 통하여 쉽고 빠르며 강력한 세팅 작업을 할 수 있고, 간단하고 경제적이며 새로운 형태의 3D 품질 관리를 기상 측정을 통하여 이룰 수 있다. 이에 대한 기대 효과는 인건비 절감과 최저 임금 인상 효과, 생산성 향상과 원가 절감이 가능할 수 있다.

그림 8-68　2D 세팅 자동화 + 3D 품질 관리 구성도

(2) OMV+의 도입 효과

OMV+의 도입 효과는 여러 가지가 있으나 실제 현장의 결과물을 바탕으로 정리하면 다음과 같다. 이 경우는 아직 도입 초기이나 그림 8-69와 같이 출력물의 수기 기입을 제거하여 불량률을 감소하였고, 출력물 자동화로 부서 간에 업무 효율이 상승하였으며, 측정 리포트 양식 변경 등으로 지루한 반복 작업을 제거하게 되는 효과를 얻게 되었다. 또한, 기상 측정을 통하여 CMM 부하를 최소화하고, 공정별 측정 결과를 산출하여 출력물을 감소하는 효과를 가져오게 되었다.

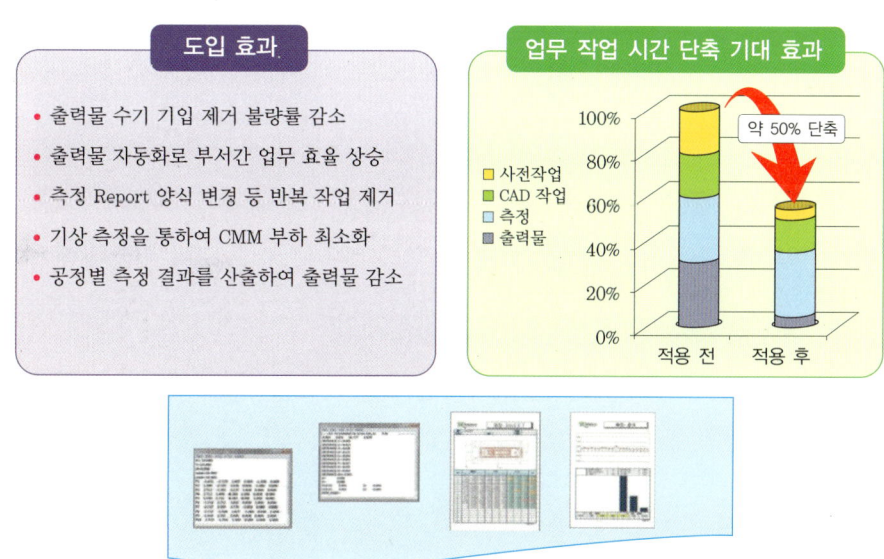

그림 8-69　OMV+의 도입 효과

2 적용 분야 (CASE STUDY)

OMV+의 적용 분야는 제조업 전반에 걸쳐 이미 보급되어 사용되고 있으며, 대표적인 사례만 소개한다.

(1) 프레스 – 대형, 소형 적용 사례

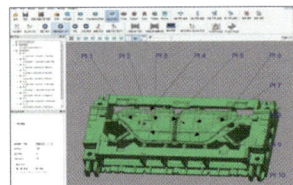 

그림 8-70　OMV+ 적용 사례 – 프레스

(2) 로봇 측정 분야 적용 사례

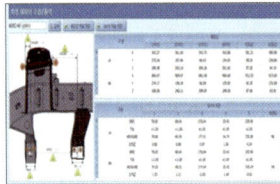 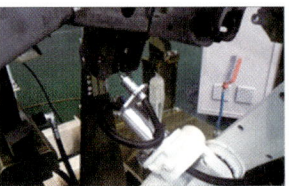

그림 8-71　로봇 측정 분야 적용 사례

(3) 코어 세팅 자동화, 기상 측정 분야 적용 사례

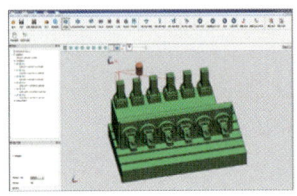 

그림 8-72　코어 세팅 자동화, 기상 측정 분야 적용 사례

(4) 방전 세팅 자동화 분야 적용 사례

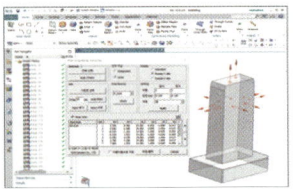 

그림 8-73　방전 분야 적용 사례

(5) 정밀 가공 분야 적용 사례

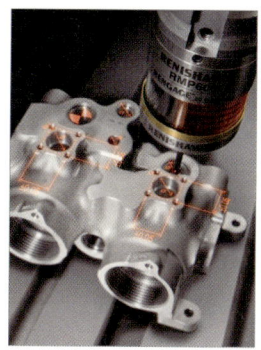

그림 8-74 정밀 가공 분야 적용 사례

(6) 자동차 금형 분야 적용 사례

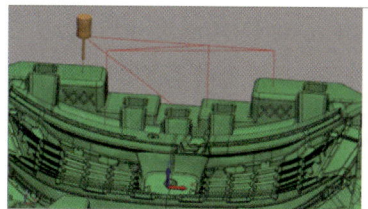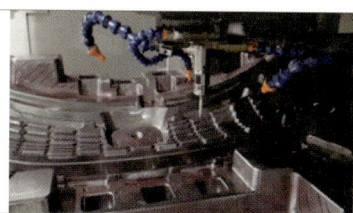

그림 8-75 자동차 금형 분야 적용 사례

3 OMV+ 구축 사례

(1) 대형 프레스 금형의 기상 측정 시스템(OMV+)을 구축한 A사의 구축 사례

A사는 주요 생산품이 완성차 외관 프레스 금형 제작이다.

그림 8-76 주가공품 현황

시스템 도입의 목적은 대형 프레스 금형의 상-하 코어 가공 완료 후 가공하던 기계에서 가공품의 품질을 측정할 수 있는 기상 측정 시스템을 구축한 사례이다.

회사의 설비는 그림 8-77과 같다.

그림 8-77   설비 현황

시스템 구축 내용은 그림 8-78에 나타내었다. 시스템 구축 결과로는 가공 완료 후 기상 측정 활용에 의한 공정 이동의 감소 효과 및 효율 증대 효과를 가져올 수 있었을 뿐만 아니라 품질 측정을 이원화하여 공정 대기 감소에 의한 효율을 증대하는 효과를 가져온 사례이다.

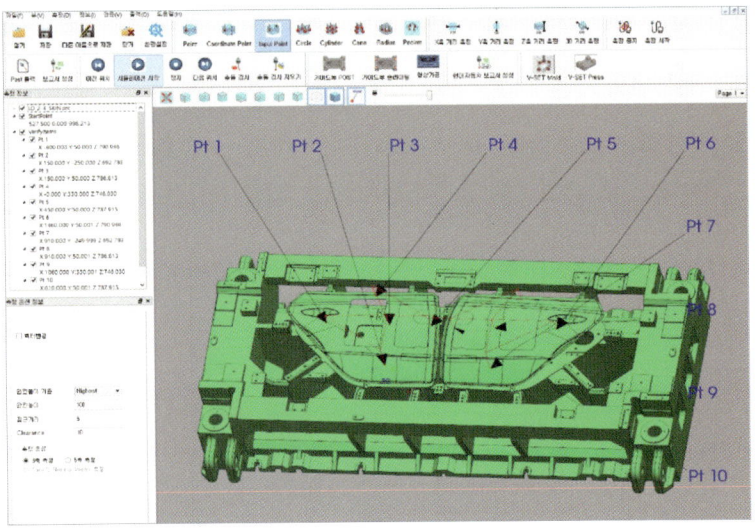

그림 8-78   시스템 구축 현황

(2) CNC 가공 코어 세팅 자동화 및 기상 측정 시스템(OMV+) 구축 사례

B사는 주요 생산품이 금형 코어를 제작하는 회사로서 경사 코어, 직상 코어, 인서트 코어, 슬라이드 코어, 와이어 경사 코어 등이 있다.

그림 8-79 설비 현황

시스템 도입 목적은 CNC 가공 시 코어 세팅 자동화 시스템 제공과 가공 완료 후 기계 위에서 가공품의 품질을 측정할 수 있는 기상 측정 시스템을 구축한 사례이다. 회사의 설비는 그림 8-80과 같다.

설비	CNC Model	운용수량
화천	UL FANUC 31i-A5	5EA
계		5 EA

그림 8-80 설비 현황

시스템 구축 내용은 그림 8-81에 나타내었다. 시스템 구축 결과로 가공 설비의 세팅 자동화에 의한 가동률 상승 효과를 가져오게 되고, 가공 완료 후 기상 측정 활용에 의한 공정의 이동이 감소하는 효과 및 효율이 증대하는 효과를 가져오게 되었다. 또한, 가공 전 열 변위 체크에 의한 불량률 감소 및 설비별 변위량을 표준화하게 된 사례이다.

그림 8-81 시스템 구축 현황

4. OMV+ 사용하기

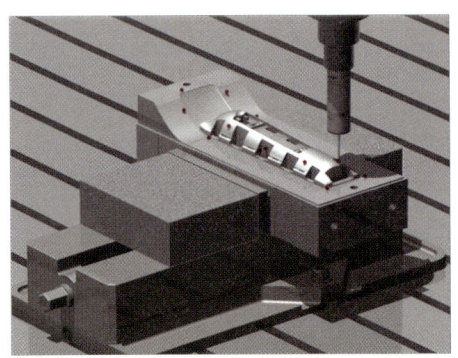

4-1 OMV+ 화면 구성

1 메뉴 구성

(1) 파일 (F)

파일 메뉴는 다음과 같이 파일의 열기와 저장, 닫기에 관련된 메뉴이다.
① 열기
② 저장
③ 다른 이름으로 저장
④ 닫기
⑤ 바이스 XML 열기

그림 8-82 파일 메뉴

(2) 뷰 (V)

뷰 메뉴는 화면의 물체를 바라보는 방향을 지정하는 메뉴이다.
① 앞쪽
② 뒤쪽
③ 위쪽
④ 아래쪽

⑤ 왼쪽
⑥ 오른쪽
⑦ 등각
⑧ 화면 크기에 맞춤
⑨ 모서리 보기 ON/OFF
⑩ 음영처리 보기 ON/OFF
⑪ 프로브-패스-이름 지시선 ON/OFF
⑫ 모델 이동-회전

그림 8-83 뷰 메뉴

(3) 측정 (D)

측정은 다음과 같이 기하학적 형상을 측정하는 메뉴로서 9가지 요소로 구성된다.
① Point
② Coordinate Point
③ Input Point
④ Single Face
⑤ Circle
⑥ Cylinder
⑦ Cone
⑧ Radius
⑨ Pocke

그림 8-84 측정 메뉴

(4) 정보 (I)

정보는 거리 정보와 각도 정보에 관한 내용의 메뉴이다.
① X축 거리 정보
② Y축 거리 정보
③ Z축 거리 정보
④ 3D 거리 정보
⑤ 각도 정보

그림 8-85 정보 메뉴

(5) 검증 (V)

검증은 Probe 관련 내용과 시뮬레이션, 충돌 검사 내용으로 구성된다.
① 프로브 불러오기
② 프로브 ON/OFF
③ 이전 위치 이동
④ 시뮬레이션 시작
⑤ 시뮬레이션 정지
⑥ 다음 위치 이동
⑦ 충돌 검사
⑧ 충돌 검사 지우기

그림 8-86 검증 메뉴

(6) 출력 (O)

Post와 Report의 출력에 관련된 내용으로 구성된 메뉴이다.
① Post 출력
② 보고서 출력

그림 8-87 출력 메뉴

2 화면 구성

OMV+의 화면 구성은 **그림 8-88**과 같다. 상단에 Top 메뉴와 아이콘 메뉴가 있고, 왼쪽에 측정 정보창과 측정 옵션 정보창이 있다. 화면 가운데 큰 영역은 그래픽 영역으로 구성되어 있다.

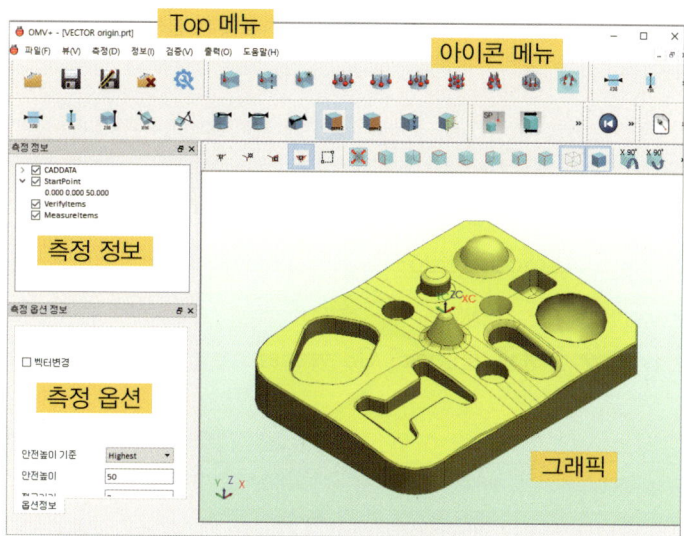

그림 8-88 OMV+ 화면 구성

3 파일 메뉴 사용하기

(1) 열기

측정 작업할 데이터를 선택하고 Open하는 기능이다.
① 프로그램을 실행시킨다.
② 아이콘을 선택하고 클릭하여 실행한다.
③ 프로그램으로 열기할 파일을 선택한다. 프로그램으로 Open할 수 있는 파일은 다음과 같다.

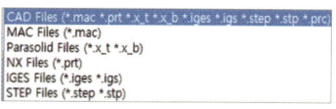

그림 8-89 Open File 형식

④ Modeling 설정 및 작업 설정 창에서 관련 사항과 Modeling의 정밀도를 설정한다.

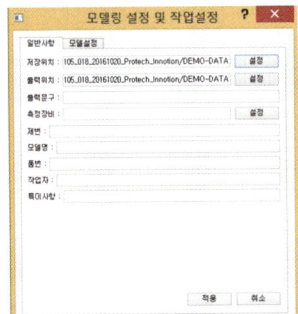 

그림 8-90 모델링 설정 및 작업 설정 창

(2) 저장

측정 작업 완료 또는 도중에 현재의 작업 내용을 현재 열려져 있는 파일 이름으로 프로그램을 저장한다.

① 버튼을 클릭하여 저장을 실행한다. 현재 파일명은 TEST.prt이다.

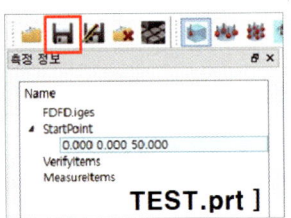

그림 8-91 저장하기

② 저장 형식이 본 프로그램에 맞게 저장된다. 파일명은 TEST.mac로 저장된다.

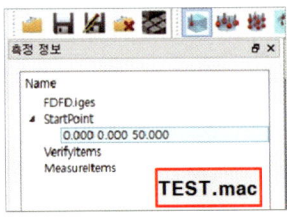

그림 8-92 파일의 저장

(3) 다른 이름으로 저장

측정 작업 완료 또는 도중에 현재의 작업 내용을 다른 이름으로 저장한다.
① 버튼을 클릭하여 실행한다.
② 저장할 "파일 이름"을 작성한 후 "저장(S)" 버튼을 클릭하여 실행한다.
③ 프로그램으로 저장할 수 있는 파일 형식은 다음과 같다.

- 모델링+측정 정보 동시 저장 : *.mac
- 자체 기능 모델링만 저장 : *.prc
- 표준 모델링만 저장 : *.stl, *.stp

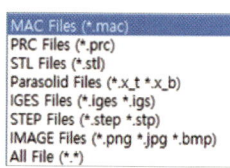

그림 8-93 파일의 저장

(4) 닫기

측정 작업 도중 현재의 작업 내용을 저장하지 않고 바로 종료하는 메뉴로서, 화면이 초기화 상태로 돌아간다.

(5) 바이스 XML 열기

화면에 바이스 모델을 불러서 가져오는 메뉴이다.
① 아이콘을 선택하여 클릭한다.
② 파일 선택 창이 나오면 바이스 모델 파일을 선택하여 열기 버튼을 클릭한다.
③ 화면에 바이스 모델링이 로딩된다.

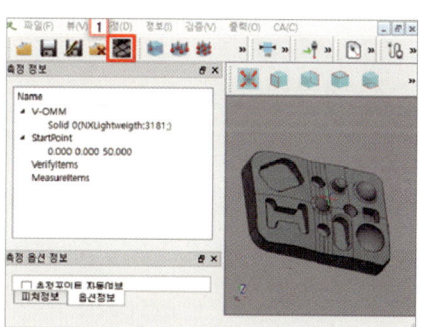

그림 8-94 바이스 XML 열기

4 뷰 메뉴 사용하기

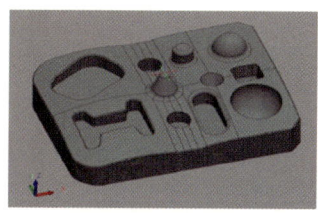

그림 8-95 뷰-열기

(1) 앞쪽
뷰 방향을 모델의 정면도로 선택한다.

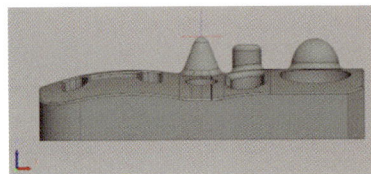

그림 8-96   뷰-앞쪽

(2) 뒤쪽
뷰 방향을 모델의 배면도로 선택한다.

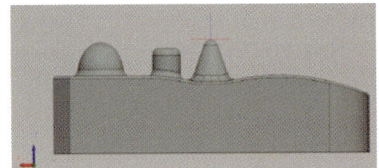

그림 8-97   뷰-뒤쪽

(3) 위쪽
뷰 방향을 모델의 평면도로 선택한다.

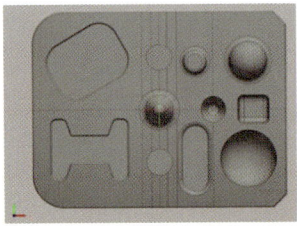

그림 8-98   뷰-위쪽

(4) 아래쪽
뷰 방향을 모델의 저면도로 선택한다.

그림 8-99   뷰-아래쪽

(5) 왼쪽
뷰 방향을 모델의 좌측면도로 선택한다.

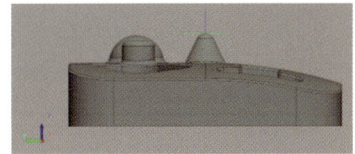

그림 8-100 뷰-왼쪽

(6) 오른쪽
뷰 방향을 모델의 우측면도로 선택한다.

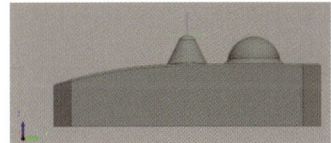

그림 8-101 뷰-오른쪽

(7) 등각
뷰 방향을 모델의 ISO 등각도로 선택한다.

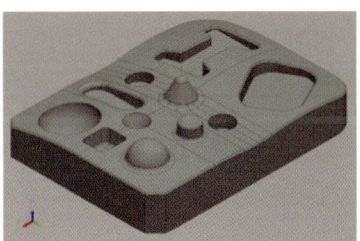

그림 8-102 뷰-등각

(8) 화면 크기에 맞춤
뷰를 화면 전체 크기로 맞추는 Fit 기능이다.

그림 8-103 화면 크기에 맞춤

(9) 모서리 보기 ON/OFF

모델의 Edge 부분에 모서리 선을 넣고 빼는 기능이다.

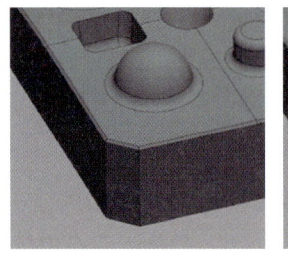 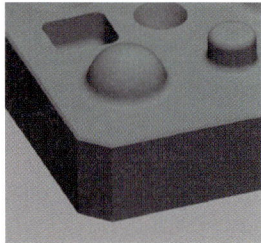

(a) 모서리 보기 ON   (b) 모서리 보기 OFF

그림 8-104   모서리 보기 ON/OFF

(10) 음영처리 보기 ON/OFF

모델의 Surface에 Shading을 넣고 빼는 기능이다.

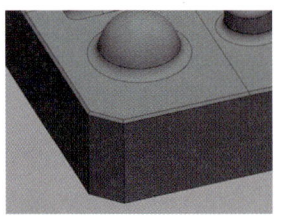 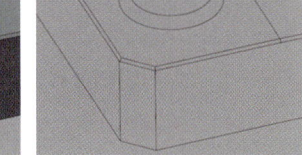

(a) Shading ON   (b) Shading OFF

그림 8-105   음영처리 보기 ON/OFF

(11) 프로브-패스-이름 지시선 ON/OFF

화면에서 측정 위치를 나타내는 프로브-패스-이름의 지시선 보기를 제어한다.

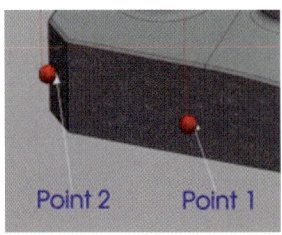 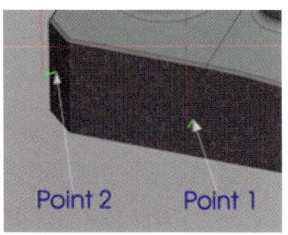

그림 8-106   Probe ON/OFF - Probe 루비 켜기/끄기

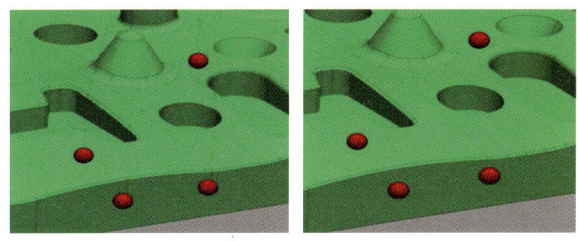

그림 8-107 Path ON/OFF - Probe 이동 경로 켜기/끄기

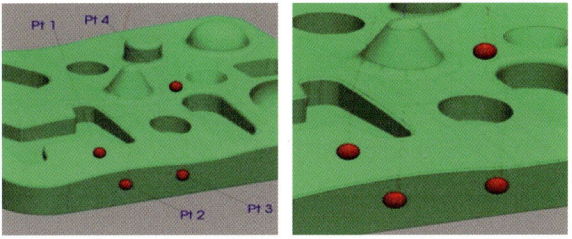

그림 8-108 이름 지시선 ON/OFF - Probe 이름 지시선 켜기/끄기

(12) 모델 이동 회전

① X, Y, Z 값에 현재 위치에서 이동할 만큼의 이동 거리를 입력한다.

  예 X200 이동

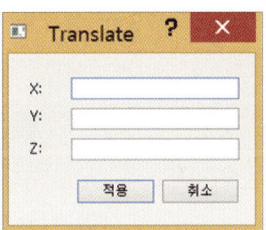

그림 8-109 모델의 이동

② 회전 각도 입력과 이동할 축을 선택한 후 회전 중심을 입력한다.

  예 45도, X축 기준, 0,0

그림 8-110 이름 지시선 ON/OFF - Probe 이름 지시선 켜기/끄기

4-2 OMV+ 측정하기

1 측정 메뉴 사용하기

측정 메뉴에서 Point와 Coordinate 메뉴는 수동 측정이 가능한 메뉴이고, 나머지 Input Point~Pocket 메뉴는 원 클릭으로 자동 측정 포인트가 생성되는 자동 측정 기능을 가진 메뉴이다.

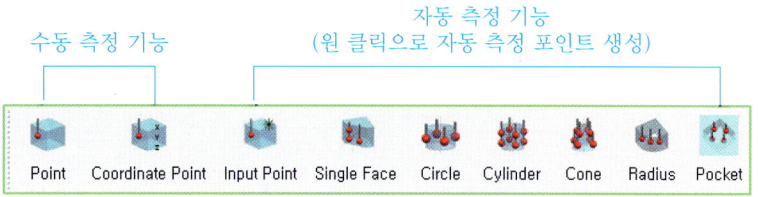

그림 8-111 측정 메뉴의 구분

(1) Single Point 측정하기

특정 위치에 마우스를 사용하여 측정 패스를 생성한다.

① 상단 아이콘 메뉴에서 Point를 선택한다.

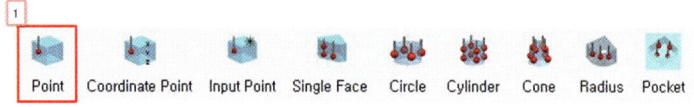

그림 8-112 Point 선택

② 측정할 위치에서 마우스를 위치시키고 더블 클릭한다.

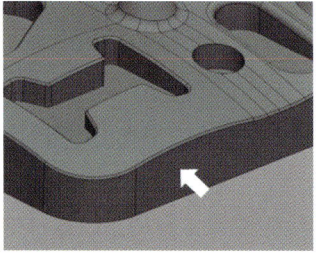

그림 8-113 측정 위치 선택

③ 그림 8-114와 같이 마우스 위치에 1개의 측정 패스가 생성된다.

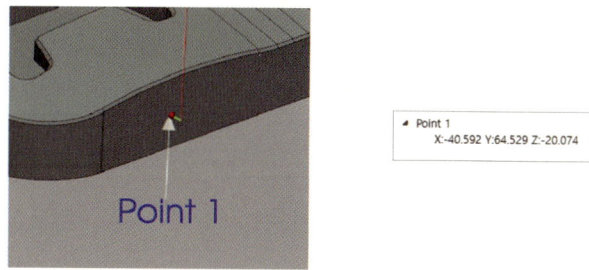

그림 8-114   마우스 더블 클릭으로 Point 생성

(2) Coordinate Point 측정하기

입력하는 위치에 측정 패스를 생성한다.

① 상단 아이콘 메뉴에서 Coordinate Point를 선택한다.

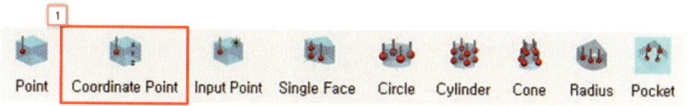

그림 8-115   Coordinate Point 선택

② 측정할 위치의 X, Y, Z 좌푯값을 입력(KEY IN)한다.

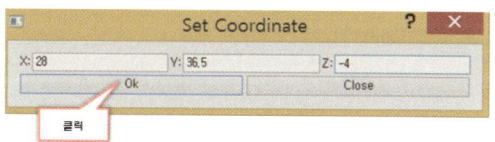

그림 8-116   Coordinate 좌표계 입력

③ 입력된 위치에 1개의 측정 패스가 생성된다.

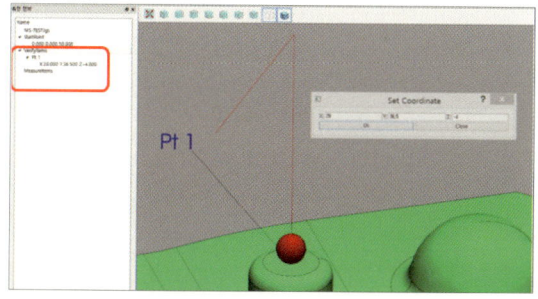

그림 8-117   입력한 치수에 측정 패스 생성

(3) Input Point 측정하기

포인트가 포함된 모델링을 열어 측정 포인트를 즉시 생성한다.

① 측정 포인트가 포함된 모델링을 열고, 상단 아이콘 메뉴에서 Input Point를 선택한다.

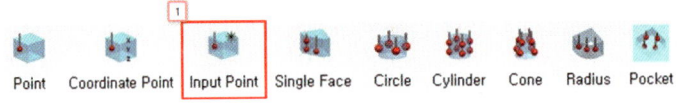

그림 8-118 Input Point를 선택

② 모델링 데이터에서 포인트를 확인할 수 있다. 포인트 연결 속성을 알맞게 측정하고 패턴을 선택하여 측정 요소를 생성한다.

그림 8-119 측정 패턴 선택

③ 선택된 측정 패턴 유형대로, 모델링에 포함된 측정점의 수량만큼 측정 패스가 자동 생성된다.

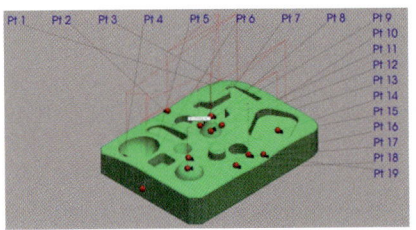

그림 8-120 측정 패스 자동 생성

(4) Single Face 측정하기

면 위에 수동으로 두 점을 선택하면, 한 점은 자동으로 선택되어 총 세 점의 위치를 분석하여 면을 찾는다. 이 면과 WCS의 X, Y, Z축 면과의 각도를 구할 수 있다.

① 상단 아이콘 메뉴에서 Single Face를 선택한다.

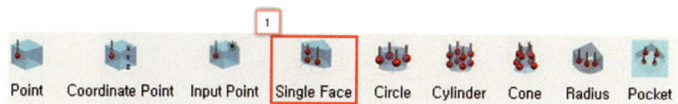

그림 8-121 Single Face 선택

② 면 각도를 측정할 면의 두 지점을 마우스로 지정하여 더블 클릭한다.

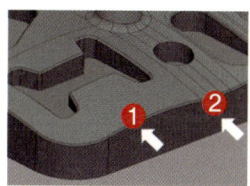

그림 8-122 마우스로 두 점을 지정

③ 선택된 면과 클릭한 두 지점을 계산하여 한 점이 자동 생성되고, 자동으로 세 점의 측정 패스가 생성된다.

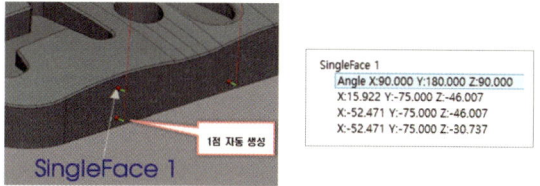

그림 8-123 3점의 측정 패스 생성

(5) Circle 측정하기

구배가 없는 원통에 한 점을 선택하면 Z값이 같은 지점의 3개 점이 자동 생성되고 이를 분석해 원통의 중심, 지름, 진원도를 구할 수 있다.

① 상단 아이콘 메뉴에서 Circle을 선택한다.

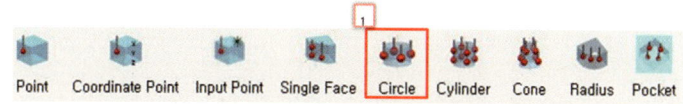

그림 8-124 Circle을 선택

② 원통에서 원통 지름을 측정할 위치에 마우스를 사용하여 한 점을 더블 클릭한다.

그림 8-125 원통의 지름 부분을 선택

③ 선택된 한 점과 원통 형상을 인식하여 세 점이 자동 생성되고, 원통의 지름을 측정할 4개의 측정 패스가 자동 생성된다.

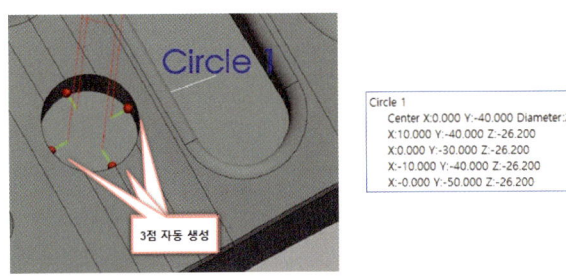

그림 8-126 Circle의 4개 측정 패스 생성

(6) Cylinder 측정하기

구배가 없는 원통에 Z값 높이가 서로 다른 두 점을 선택하면 자동으로 6개의 점이 생성되고, 이를 분석해 중심, 지름, 진원도, 편심도를 구할 수 있다.

① 상단 아이콘 메뉴에서 Cylinder를 선택한다.

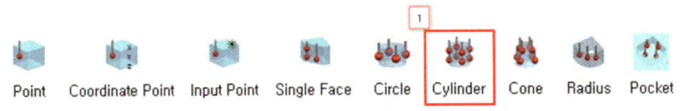

그림 8-127 Cylinder를 선택

② 원통 형상에서 원통의 지름과 동심도를 측정할 위치의 두 지점을 더블 클릭한다.

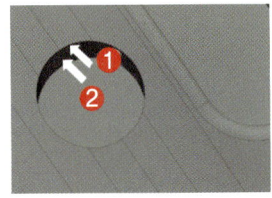

그림 8-128 원통 형상에서 측정할 두 점 선택

③ 선택된 두 지점과 원통 형상을 인식하여 원통의 지름과 동심도를 측정할 패스 8개가 자동 생성된다.

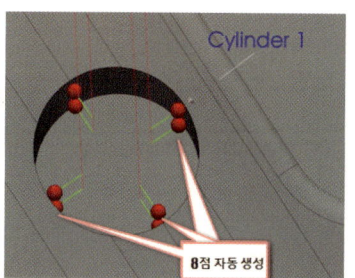

그림 8-129 8개 측정 패스 생성

(7) Cone 측정하기

구배가 있는 원통에 Z값 높이가 서로 다른 두 점을 선택하면 자동으로 6개의 점이 생성되고 이를 분석해 중심과 각도를 구할 수 있다.

① 상단 아이콘 메뉴에서 Cone을 선택한다.

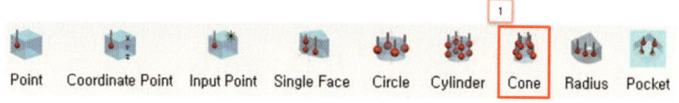

그림 8-130 Cone 선택

② 원뿔의 중심과 각도를 측정할 원뿔 형상에서 측정할 위치의 두 지점을 더블 클릭한다.

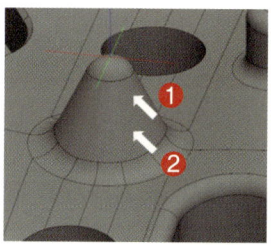

그림 8-131 측정할 위치의 두 지점을 선택

③ 선택된 두 지점과 원뿔 형상을 인식하여 원뿔의 중심과 각도를 측정할 패스 8개가 자동 생성된다

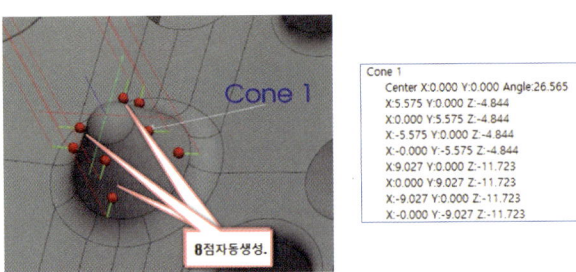

그림 8-132 측정할 패스 8개가 자동 생성

(8) Radius 측정

구배가 없는 원통에 서로 다른 세 점을 선택하고 이를 분석해 반지름을 구할 수 있다.

① 상단 아이콘 메뉴에서 Radius를 선택한다.

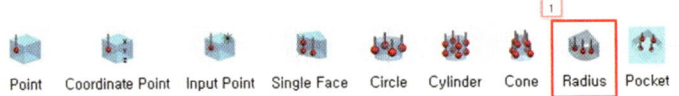

그림 8-133 Radius를 선택

② 반지름을 측정할 위치의 세 지점을 더블 클릭한다.

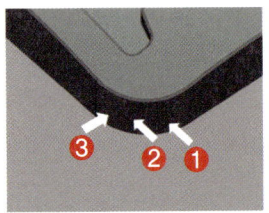

그림 8-134 측정할 Radius의 세 점을 선택

③ 선택된 세 점과 면을 인식하여 반지름 측정을 위한 패스 3개가 생성된다.

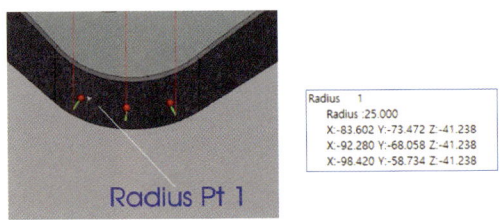

그림 8-135 반지름 측정을 위한 패스 3개가 생성

(9) Pocket 측정하기

네 면을 선택하면 8개의 점이 자동 생성되고, 이를 분석해 네 면의 가로와 세로의 길이와 네 면의 각도를 구할 수 있다.

① 상단 아이콘 메뉴에서 Pocket을 선택한다.

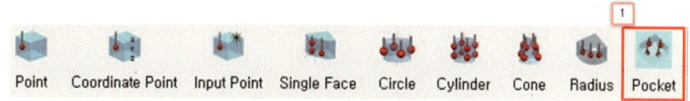

그림 8-136 Pocket을 선택

② 측정할 포켓의 네 지점과 네 면을 선택하여 더블 클릭한다.

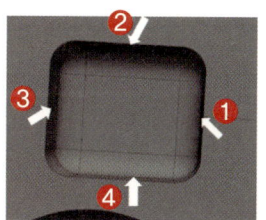

그림 8-137 포켓의 네 지점과 네 면을 선택

③ 선택된 네 점과 선택된 네 면을 인식하여 사각형 길이를 측정할 측정 패스 8개가 자동 생성된다.

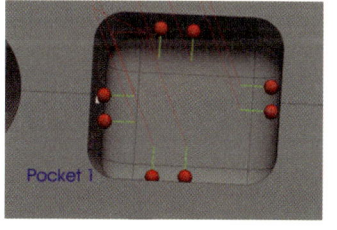

그림 8-138 측정 패스 8개 자동 생성

2 정보 메뉴 사용하기

(1) X축 거리 정보 구하기

2개의 측정 요소를 선택해 그 거리를 WCS의 XZ 평면에 투영한 길이의 양 끝점을 지나는 Z축 두 선의 X축 2D 거리 정보 값을 구할 수 있다.

① 상단 아이콘 메뉴에서 X축 거리 정보를 선택한다.

그림 8-139 X축 거리 정보를 선택

② 측정할 요소 두 점을 선택한다.

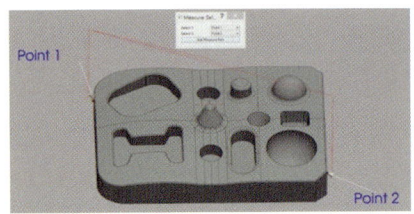

그림 8-140 X 측정 위치 두 점을 선택

③ 선택된 두 점을 인식하여 X축 2D 길이가 생성된다.

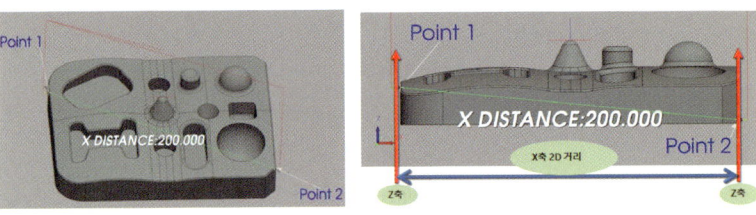

그림 8-141 X축 길이 생성

(2) Y축 거리 정보 구하기

2개의 측정 요소를 선택해 그 거리를 WCS의 YZ 평면에 투영한 길이의 양 끝점을 지나는 Z축 두 선의 Y축 2D 거리 정보 값을 구할 수 있다.

① 상단 아이콘 메뉴에서 Y축 거리 정보를 선택한다.

그림 8-142 Y축 거리 정보를 선택

② 측정할 요소 두 점을 선택한다.

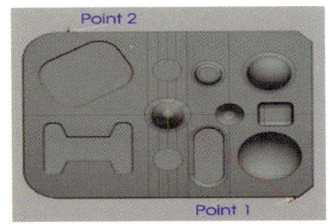

그림 8-143 Y 측정 위치 2점을 선택

③ 선택된 두 점을 인식하여 X축 2D 길이가 생성된다.

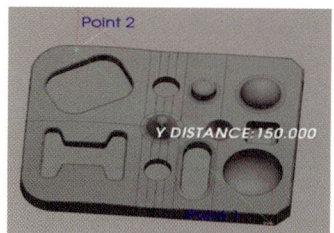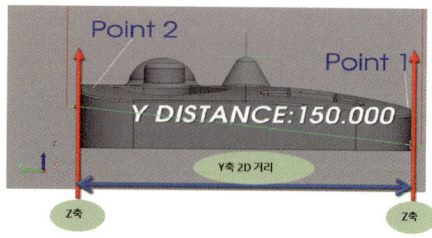

그림 8-144 Y축 길이 생성

(3) Z축 거리 정보 구하기

2개의 측정 요소를 선택해 그 거리를 WCS의 XZ 평면에 투영한 길이의 양 끝점을 지나는 X축 두 선의 Z축 2D 거리 정보 값을 구할 수 있다.

① 상단 아이콘 메뉴에서 Z축 거리 정보를 선택한다.

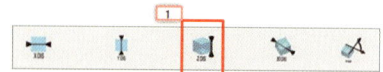

그림 8-145 Z축 거리 정보를 선택

② 측정할 요소 두 점을 선택한다.

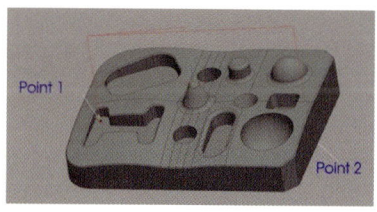

그림 8-146 Z 측정 위치 두 점을 선택

③ 선택된 두 점을 인식하여 X축 직선의 Z 간격이 생성된다.

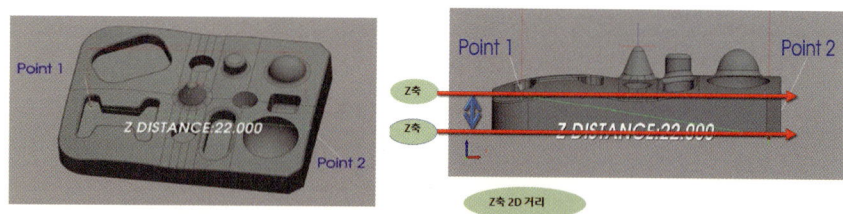

그림 8-147 Z축 길이 생성

(4) 3D 거리 정보 구하기

2개의 측정 요소를 선택하면 그 두 점을 연결하는 선의 3D 거리 값을 구할 수 있다.
① 상단 아이콘 메뉴에서 3D 거리 정보를 선택한다.

그림 8-148 3D 거리 정보 선택

② 측정할 요소 두 점을 선택한다.

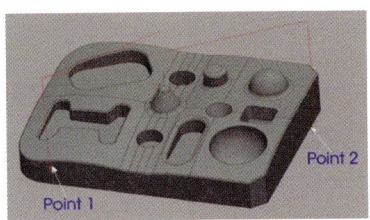

그림 8-149 측정 위치 두 점을 선택

③ 선택된 두 점을 인식하여 3D 거리 정보 값이 생성된다.

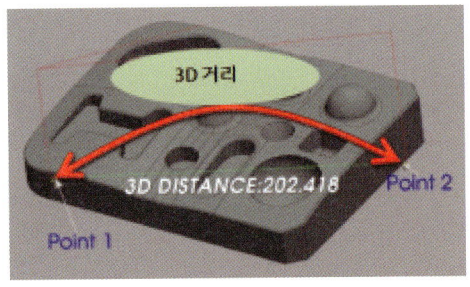

그림 8-150 3D 거리 정보 생성

(5) 각도 정보 구하기

Single Face 두 개의 측정 요소를 선택하여 그 두 면 사이의 각도를 구할 수 있다.
① 상단 아이콘 메뉴에서 각도 정보를 선택한다.

그림 8-151 각도 정보를 선택

② 측정할 Surface의 요소에 두 점 선택한다.

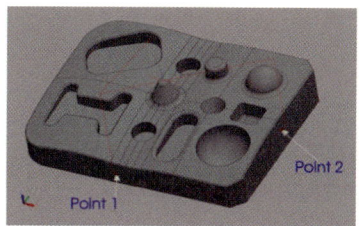

그림 8-152   측정 위치 두 점을 선택

③ 선택된 두 점의 Surface를 인식하여 각도가 생성된다.

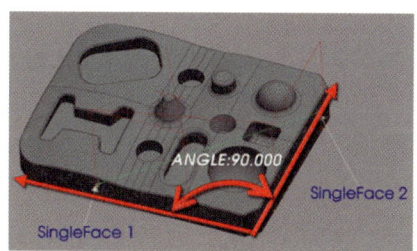

그림 8-153   Surface 각도가 생성

3 검증 메뉴 사용하기

(1) Probe 불러오기

화면의 모델이 디스플레이된 상태에서 Probe 형상을 불러와 삽입할 수 있다.
① 상단 아이콘 메뉴에서 Probe 불러오기를 선택한다.

그림 8-154   Probe 불러오기

② Probe를 삽입할 위치 요소 두 점을 선택한다.

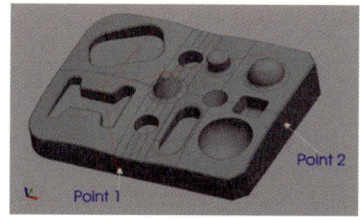

그림 8-155   Probe 삽입 위치 두 점 선택

③ 선택된 두 점을 인식하여 Probe가 생성된다.

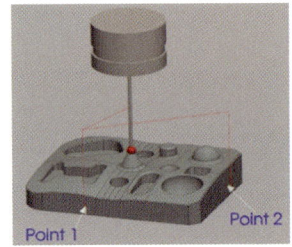

그림 8-156   Probe가 생성

(2) Probe On/Off

화면 상의 모델에서 Probe 형상을 켜고 끌 수 있도록 제어할 수 있다.

① 상단 아이콘 메뉴에서 Probe On/Off를 선택한다.

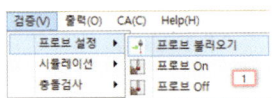

그림 8-157   Probe On/Off를 선택

② Probe On을 선택한다.

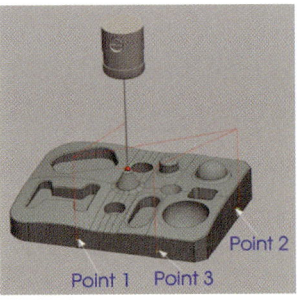

그림 8-158   Probe On을 선택

③ Probe Off를 선택하면 Probe 형상이 화면에서 사라진다.

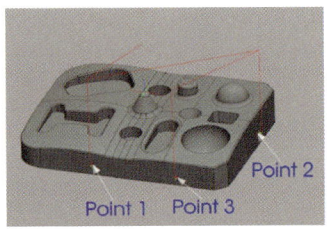

그림 8-159   Probe Off를 선택

(3) 이전 위치 이동

화면에서 측정 요소를 시뮬레이션할 때, 정지한 상태에서 한 단계씩 이전 위치로 이동할 수 있다.

① 상단 아이콘 메뉴에서 Probe 이전 위치 이동을 선택한다.

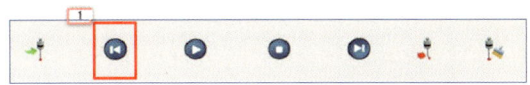

그림 8-160   Probe 이전 위치 이동을 선택

② Probe가 위에서 내려와서 모델에 접촉한 상태이다.

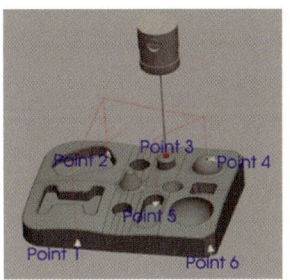

그림 8-161   이전 위치 이동 실행 전 상태

③ 이전 위치 이동 아이콘을 실행하면 접촉 이전 상태로 되돌아가게 되어 모델 상단으로 이동하게 된다.

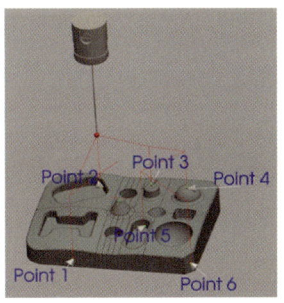

그림 8-162   이전 위치 이동 실행 상태

(4) 시뮬레이션 시작과 시뮬레이션 정지

화면에서 측정 요소를 시뮬레이션 실행할 때는 "Simulation Play" 버튼을 실행하고, 시뮬레이션 실행 중에 일시 정지하고 싶으면 "Simulation Pause" 버튼을 사용한다.

① 상단 아이콘 메뉴에서 Simulation Play 혹은 Simulation Pause를 선택한다.

그림 8-163   Simulation Play ●혹은 Simulation Pause ●선택

② Simulation Play ●를 선택하면 Probe는 측정을 진행한다.

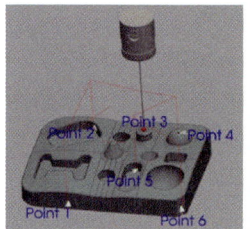

그림 8-164   Simulation Play 선택

③ Simulation Pause ●를 선택하면 Probe는 일시 정지한다.

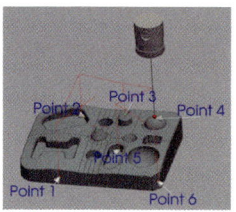

그림 8-165   Simulation Pause 선택

(5) 다음 위치 이동

화면에서 측정 요소를 시뮬레이션할 때, 정지한 현재 상태에서 한 단계씩 다음 위치로 이동할 수 있다.

① 상단 아이콘 메뉴에서 Probe 다음 위치 이동을 선택한다.

그림 8-166   다음 위치 이동을 선택

② Probe가 위에서 내려와서 모델에 접촉한 상태이다. 다음 위치 이동을 하기 위해서는 일시 정지하여야 한다.

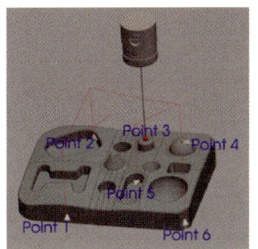

그림 8-167 다음 위치를 실행하기 전의 상태

③ 다음 위치 이동 아이콘을 실행하면, 현재 위치에서 다음 위치 상태로 진행된다.

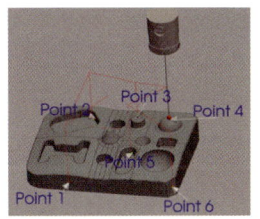

그림 8-168 다음 위치 이동 실행

(6) 충돌 검사

각각의 측정 요소를 Probe와 모델링을 분석해 Probe가 모델링에 충돌되는지 검토를 할 수 있다.

① 상단 아이콘 메뉴에서 충돌 검사를 선택한다.

그림 8-169 충돌 검사를 선택

② Probe 이동 경로에 따라 Probe가 이동하며 측정 대상과 충돌을 검사한다. 충돌 검사 완료 후 충돌이 발생하는 위치에 노란색 스타일러스 볼을 생성한다.

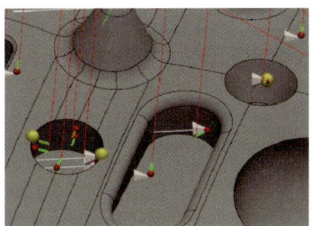

그림 8-170 충돌 검사 실행 결과

(7) 충돌 검사 지우기

충돌 검사 후 충돌 위치에 표시된 충돌 표시 스타일러스 볼을 삭제할 수 있다.

① 상단 아이콘 메뉴에서 충돌 검사 지우기를 선택한다.

그림 8-171   충돌 검사 지우기를 선택

② 충돌 검사 실행으로 충돌 위치에 표시된 충돌 표시 스타일러스 볼이 표시되어 있다.

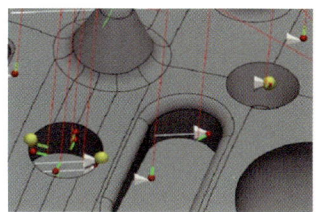

그림 8-172   충돌 검사 실행 결과

③ 충돌 위치에 표시된 충돌 표시 스타일러스 볼을 삭제한다

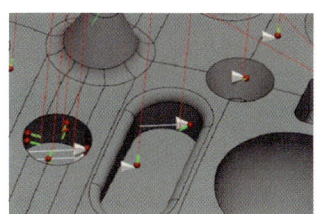

그림 8-173   충돌 검사 지우기 실행 결과

4 출력 메뉴 사용하기

(1) Post 출력

Post 출력은 측정 요소에 대한 데이터를 가공 장비에서 기상 측정을 실행할 수 있도록 측정 데이터를 자동 생성하여 출력하는 것이다. 이를 위하여 다양한 가공 장비와 호환될 수 있는 옵션 사항이 요구된다.

① 상단 아이콘 메뉴에서 Post 출력을 선택한다.

그림 8-174   Post 출력을 선택

② Post 출력 창이 생성된다. 옵션 사항을 선택한다.
  예 FANUC, HEIDENHAIN, MAZAK, CS CAM, SIEMENS → OKUMA, Mitsubishi 등

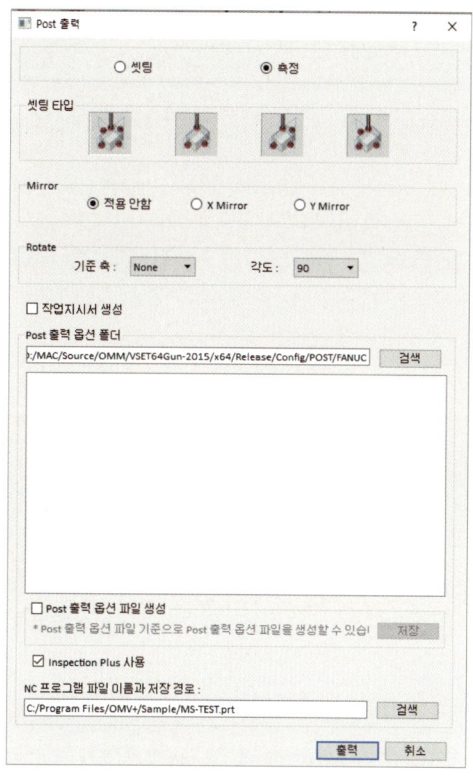

그림 8-175 Post 출력 창 설정

③ Post 출력을 실행한다.

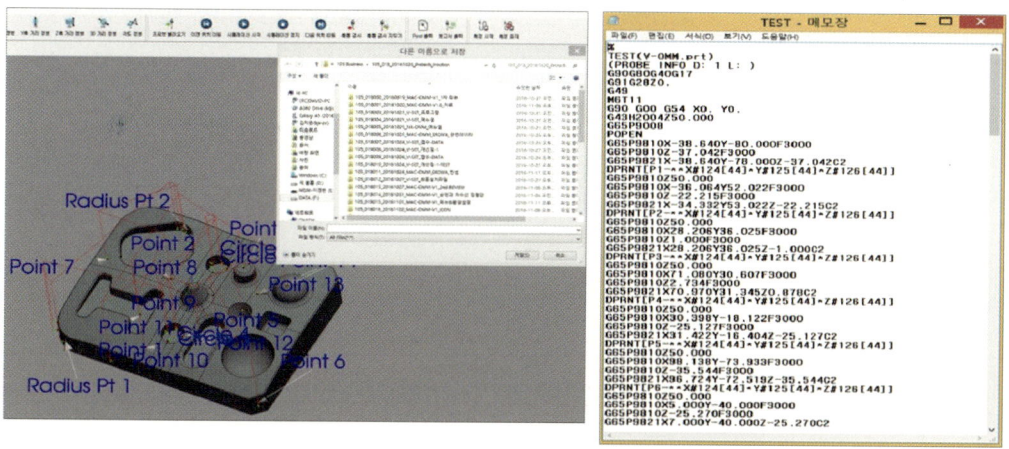

그림 8-176 Post 출력

(2) Report 출력

기상 측정 완료한 결과 데이터와 CAD 데이터를 비교 분석해 측정 리포트를 출력할 수 있다.

① 상단 아이콘 메뉴에서 Report 출력을 선택한다.

그림 8-177 Report 출력을 선택

② Report 출력 창이 생성된다. 옵션 사항을 선택한다.

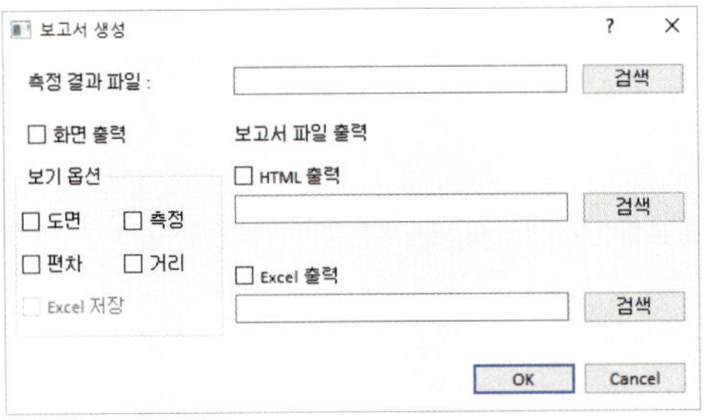

그림 8-178 Report 출력 창 설정

③ Report 출력을 실행한다.

측정 결과, 오차값 등을 오차 양에 따라 색깔로 구분해서 표기한다.

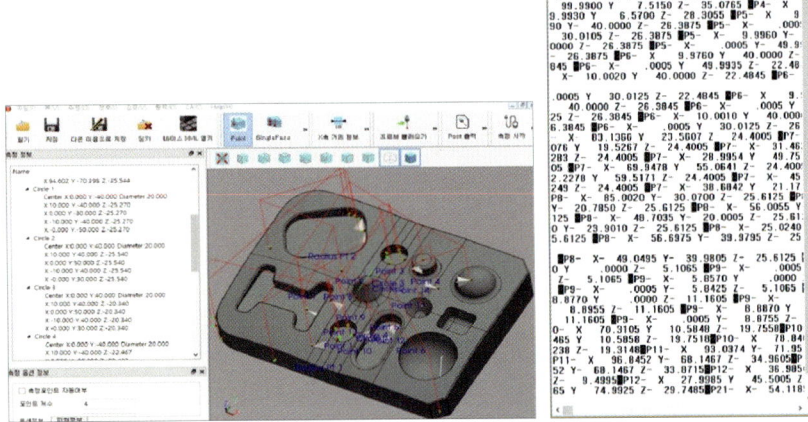

그림 8-179 측정 결과를 화면에 출력

4. OMV+ 사용하기

설정에 따라 화면 Excel, HTML로 구분하여 그래프, 차트와 함께 출력한다.

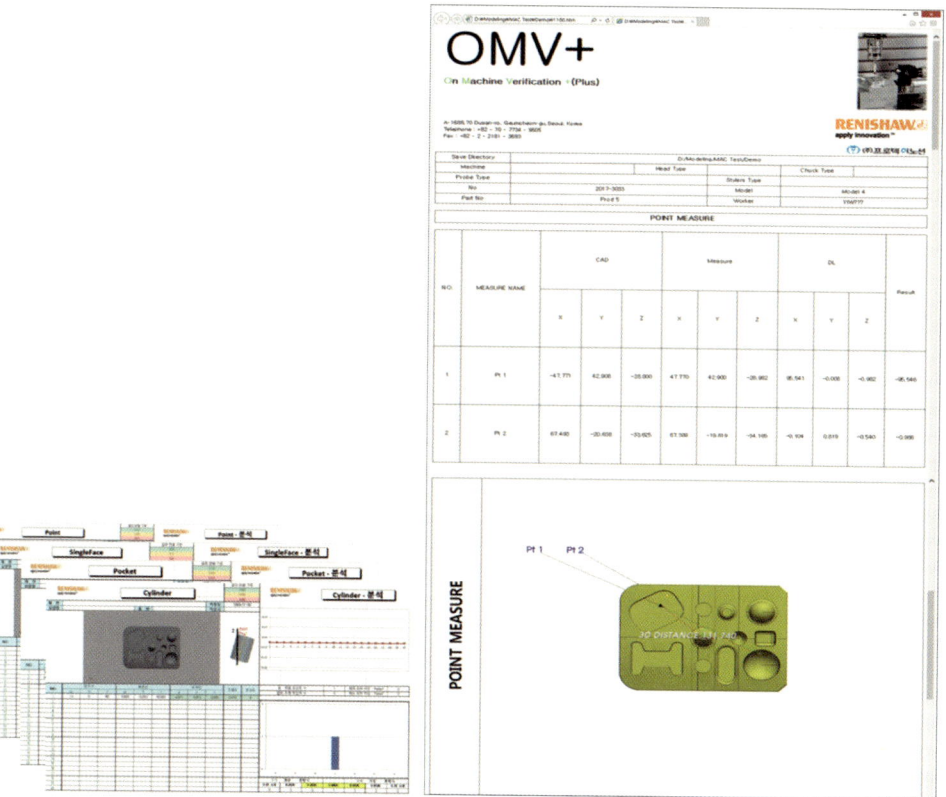

그림 8-180   Excel 보고서, HTML 보고서 출력

디지털 전환 생산 관리 시스템 IIoT-Ballbar

1. Ballbar
2. Ballbar의 구성
3. Ballbar 세팅
4. Ballbar 진단

디지털 전환 생산 관리 시스템 IIoT-Ballbar

1. Ballbar

1-1 Ballbar의 개요

본 장에서 소개하는 Ballbar는 그림 9-1과 같이 Renishaw의 직선 변위 시스템 QC20-W Ballbar로서 공작 기계 가공 전 사전 진단과 오차 측정을 할 수 있다.

본 교재에서 소개하는 건솔루션의 Ballar와 S/W는 Ballar의 사전 진단을 통해 CNC 기계의 정확한 부품 보장, 기계 중단 시간 단축, 불량품 발생 및 검사 비용 최소화, 기계의 성능 및 품질 관리 표준을 준수, 예방 차원의 유지 보수를 할 수 있도록 한다.

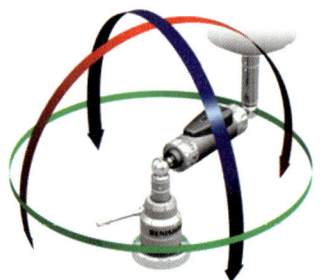

그림 9-1 Ballbar

Ballbar는 Renishaw 회사에서 자체적으로 설계한 정밀 직선 변위 측정 시스템으로써 간편한 기계 성능 및 진단 툴 Ballbar가 고정점 주위를 회전할 때 반경 방향으로 발생하는 변화량을 측정한다.

그리고 측정한 반경 방향의 측정값을 수집하여 장비·기계의 전체적인 회전 보간(진원도나 회전 편차 등) 성능을 판단하는 데이터로 사용한다.

1-2 Ballbar의 필요성과 특징

1 Ballbar의 필요성

(1) Ballbar와 기계 등급제 도입 사례(보잉사)

현장에서 보유한 장비들의 성능이 전부 동일하게 유지될 수는 없다. 따라서 가공 전에 기계의 성능을 파악하고, 가공 정밀도에 맞는 적정 설비를 파악하여야 한다. 또한 간편하고 신속한 설비 상태 및 에러 내용을 파악할 수 있어야 하며, 머신툴의 성능별로 등급 관리가 가능하여야 한다.

미국 시애틀 보잉사는 1993년 이후로 40대 이상의 Ballbar를 사용해왔으며, 다양한 온도에서 다양한 큰 부품의 정밀 가공 후 조립에 응용하고 있다. 고가 부품에 대해 "Right first time" 공정으로 적용하고 있으며, 모든 기계는 등급이 나누어지고 가공 능력이 할당된다(2주마다 측정 실시). 작업 시작 전 기계 검증을 실시한 결과 후 측정 공정이 제거되었으며, 조립 정도의 증가, 지그, 재가공 감소 등으로 보잉사의 주요 비용 절감 및 시간 절약의 발판을 마련하고 있다.

(2) 부품 결함의 문제점

부품 가공에 관여하는 경우 가공 오류로 인해 수많은 품질 문제가 발생하고 부품을 다시 작업하거나 폐기할 수 있다는 사실을 알 필요가 없다. CNC 기계에서 생산되는 모든 부품의 품질은 기계의 성능, 기계에 문제가 있으면 필연적으로 부품에 결함이 발생하게 된다. 외관상, 사양에 맞지 않거나 목적에 부적합할 수 있지만, 검사, 조사 및 수정은 비즈니스에 영향을 미칠 것이다.

- 시간 낭비 및 생산성 감소
- 더 높은 부품 비용
- 지연된 배송
- 불만족 고객

(3) 정기적인 장비 검사의 필요성

전통적인 품질 및 검사 절차는 구성 요소가 생산된 후 너무 늦게 문제를 식별하는 구조이다. 고비용의 복잡한 부품을 작업하는 경우 특히 그러하다. 부품의 정밀한 공차 및 대량 가공과 함께 오류 마진이 거의 또는 전혀 없게 된다.

인적 오류 및 툴링 문제는 이에 대한 여러 가지 이유 중 일부일 수 있지만, 기계 포지셔닝 성능이 종종 주요 요인이 될 수 있다.

최신 CNC 공작 기계는 사양이 우수하지만, 기초가 불충분하거나 위치가 좋지 않거나 설치가 잘못된 경우 성능(새 제품일 경우에도)이 저하될 수 있다. 한 번 사용하면 충돌이나 오용으로 인해 마모되고 손상될 수 있다. 그래서 장비의 성능을 정기적으로 점검하고, 중요한 것은 구성 요소 제조를 시작하기 전에 확인하는 것이다.

일반적인 3축 공작 기계는 21개의 자유도(선형 위치 지정, 피치, 축 사이의 직진도, 롤 및 직각도)를 가지고 있으며, 이들 모두는 기계의 전체 위치 정확도와 가공 부품의 정확도에 해로운 영향을 미칠 수 있다.

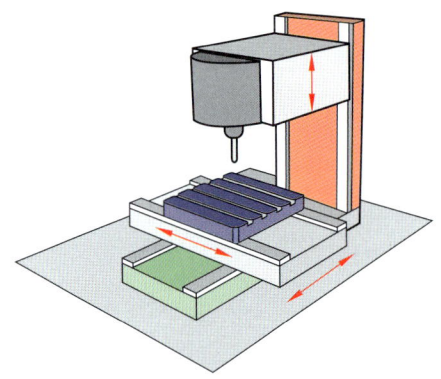

그림 9-2 공작 기계의 3축 운동

또한 기계가 움직이고 기계가 움직일 때 추가적인 동적 효과를 고려할 때 문제의 가능성이 크게 증가한다.

부드럽고 보간된 동작을 생성하는 데 필요한 조정이 있어야 한다.

기계가 불량 부품을 생산하기 시작할 때까지 기계 위치 정확도의 저하가 항상 분명한 것은 아니다. 필요한 것은 문제에 즉각적인 주의가 필요한지 아니면 나중에 해결할 수 있는지 여부를 결정할 수 있도록 공작 기계를 다시 제어할 수 있는 프로세스이다. 그러나 모든 경우에 기계 가공을 시작하기 전에 많은 요소가 관련되어 있으므로 모든 솔루션은 사용이 간편하고 **빠르게 이해하기 쉬운** 결과를 제공해야 하며, 비즈니스 중단과 비용을 최소화해야 한다. 이론적으로 CNC 기계의 포지셔닝 성능이 완벽하다면 기계가 추적하는 원이 프로그래밍된 원형 경로와 정확히 일치할 것이다.

실제로 위에서 언급한 모든 오류로 인해 원의 반경이 프로그래밍된 원에서 벗어나게 된다. 실제 원형 경로를 정확하게 측정하고 비교할 수 있다면 프로그래밍된 경로를 사용하면 기계의 성능을 측정할 수 있다.

이것은 **빠른 공작 기계 성능 진단을 위한** 업계 표준인 Renishaw QC20-W Ballbar의 기초이다.

그림 9-3 CNC 공작 기계 원 X, Y, Z축

(4) 공작 기계 성능 진단을 위한 Renishaw QC20-W 무선 Ballbar의 필요성

위의 문제점을 해결하기 위한 방법으로 공작 기계 성능 진단을 위한 Renishaw QC20-W 무선 Ballbar 사용의 도입에 관한 장점은 다음과 같다.

① CNC 기계에서 처음으로 정확한 부품을 보장한다.
② 가동 중지 시간 및 비용 감소 : 기계 가동 중지 시간, 스크랩 및 검사 비용
③ 품질 보증 준수 : 두 기계 모두 준수 표시 성능 및 품질 관리 표준
④ 예측 유지 보수 : 사실 기반 예측 유지 보수 허용

그림 9-4 Ballbar(Renishaw QC 20-W)

(5) Ballbar 등급과 튜닝-파라미터 업데이트를 통해 기계 성능 향상(화낙 컨트롤러)

예를 들면 화낙 컨트롤러 안에서 파라미터 변경을 통해서 기계의 성능이 대폭 향상된 사례를 보기로 하자.

일반적으로 XL80 laser system이 기계 보정을 위해 사용되어 왔다. 하지만 많은 수의 기계를 보정하는 데 시간이 너무 많이 걸리는 단점이 있어서 사용이 제한적이었다.

이런 문제점을 해결하기 위하여 테스트를 통해 Ballbar 데이터로부터 세팅해야

할 파라미터를 결정할 수 있다. 이를 통해 Ballbar 측정 영역 내에서 기계 성능을 빠르게 향상시킬 수 있게 되었다.

그림 9-5의 (a), (b)는 기계 튜닝을 하기 전의 그림이고, (c), (d)는 튜닝 후의 그림이다. 대략 보아도 (c), (d) 그림이 원형에 훨씬 근접한 것을 알 수 있다.

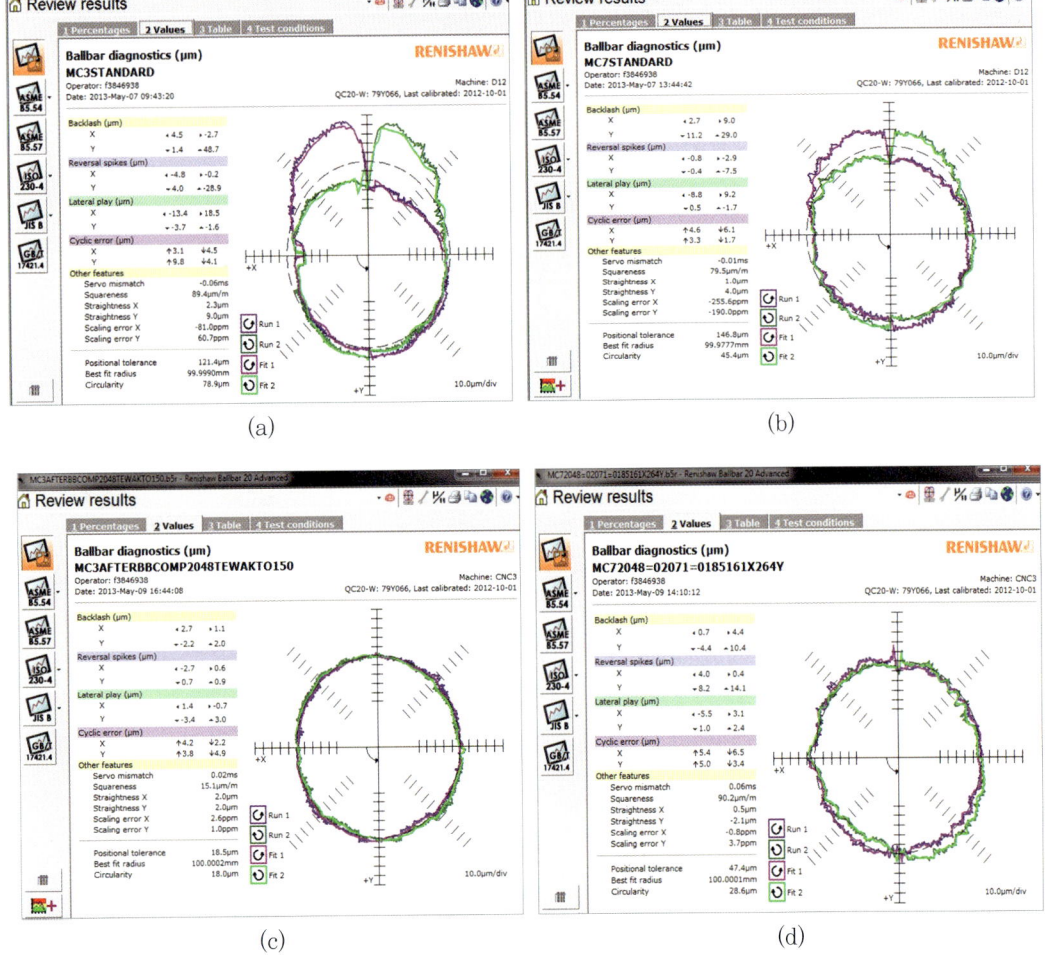

그림 9-5 Ballbar의 튜닝 기능

2 Ballbar의 특징과 도입 효과

(1) Ballbar의 특징

Ballbar는 머신 툴과 관련한 많은 에러를 간단하게 몇 분 안에 교정될 수 있는 시스템이다. Ballbar는 CNC 장비의 툴 성능 확인 및 진단을 가장 빠르고 쉽게 효과적인 방법으로 실행할 수 있으므로, 효율적인 관리가 가능하고 불량으로 인한 장비의 휴지 시간을 줄일 수 있는 장점이 있다. 제품의 관점에서 살펴보면 제품의 가공을 위한 요구 조건을 충족하는 적정한 설비를 선택할 수 있고, 가공물의 불량 감소와 정도를 높일 수 있기 때문에 부품의 재가공, 불량 폐기의 가능성을 줄일 수 있다. Ballbar의 특징을 요약하면 다음과 같다.

① 간편한 설비 성능 진단기 역할을 수행한다.
② 신속하고 다양한 설비 상태 결과를 제공한다.
③ 새로 설치되는 새로운 장비와 기존 장비의 품질을 검증할 수 있다.
④ 제품의 품질을 보증할 수 있도록 표준을 지킨다.
⑤ 기계 수명을 연장하는 효과가 있다.
⑥ 정비로 인한 기계 휴지 시간을 최소화한다.

(2) Ballbar 시스템의 도입 효과

Ballbar 시스템의 도입 효과를 요약하여 정리하면 다음과 같다.

① 가공 전에 기계의 성능을 결정할 수 있으므로 CNC 장비의 효율적인 관리가 가능하다.
② 가공 정밀도에 맞는 적정 설비를 선택하도록 하므로, 부품의 불량과 재가공의 가능성이 감소하고, 장비의 휴지 시간을 단축할 수 있다.
③ 수정이 가능한 간단한 에러는 즉시 교정이 가능하다.

3 Ballbar의 검증 활용

Ballbar 장비 성능을 신속하게 검증하는 기능은 거의 모든 직무에서 유용하게 사용된다.

(1) Production

각 작업에 적합한 기계를 선택하여 기계의 진정한 기능을 이해하는데 적용하면, 제조 허용 오차를 달성하고 스크랩, 재작업, 시간 소모적인 설정 및 검사 프로세스를 줄이거나 방지한다.

(2) Maintenance

장비에 발생한 문제를 신속하게 식별할 수 있고, 문제가 있는지 확인하기 위해 기계를 분해할 필요가 없다.

검증을 시작하기 전에 수리 전략과 그 결과를 평가하고, 기계 성능을 정기적으로 추적하여 예측 유지 보수 프로그램을 구현한다. 전문가 "콜아웃"을 최소화하고, 계약자가 떠나기 전에 문제를 해결했는지 확인해야 한다.

(3) Purchasing

새로운 기계는 구매가 이루어지기 전 평가하는 데 적용하고, 설치 후 최종 승인 전에도 평가에 적용한다.

(4) Field Service

"유지 보수"에 대한 모든 이점과 향상된 진단으로 인한 보증 비용을 절감할 수 있다. 현장에서의 시간 단축으로 인한 생산성 향상, 고객 만족도 향상, 테스트 보고서는 실질적인 서비스 증명을 제공한다.

(5) Quality

품질 관리 표준(예 ISO 9000)을 준수하고, 국가 표준에 따라 추적이 가능한 장비 교정을 할 수 있다. 공작 기계가 OEM인 경우는 장비가 선적 전에 인정된 표준을 충족하는지 확인하는 데 적용할 수 있다.

(6) Management / Sales and Marketing

구성 요소 비용을 줄이고, 용량을 늘리며 고객에게 자신감과 능력을 입증할 수 있다.

4 Ballbar 데이터를 이용한 예측 정비 기능

두 가지 접근 방법으로 분류할 수 있다.

① **기구적 조정(e.g.)**
  (가) 직각을 잡기 위한 레벨 조정
  (나) 각 축 조정을 통한 진직도 교정

② **파라미터 튜닝(e.g.)**
  (가) 컨트롤러의 백래시 값 업데이트
  (나) 가속도 값 및 주기적 Reversal spike 업데이트
  (다) 서보 불일치 튜닝

2. Ballbar의 구성

2-1 Ballbar QC20-W의 구성

1 Ballbar(QC20-W) 기본 키트 구성 품목

그림 9-6 Renishaw의 QC20-W Ballbar

Renishaw의 QC20-W Ballbar는 완벽한 솔루션을 제공한다. 공작 기계 상태를 모니터링하는 가장 빠르고 쉬운 효과적인 방법이다.

시스템의 핵심은 Ballbar 자체로, 각 끝에 정밀 볼이 있는 매우 높은 정확도의 신축형 선형 센서이다. 사용 중에 볼은 기계 테이블에 부착된 하나와 기계 스핀들 또는 스핀들 하우징에 부착된 정밀 자석 컵 사이에 운동학적으로 위치한다. 이 배열을 통해 기계가 프로그래밍된 원형 경로를 따를 때 Ballbar가 반경의 미세한 변화를 측정할 수 있다.

수집된 데이터는 ISO 230-4 및 ASME B5.54와 같은 국제 표준 또는 Renishaw의 자체 분석 보고서에 따라 포지셔닝 정확도(원형도, 원형 편차)의 전체 측정값을 계산하는 데 사용된다. 데이터는 진단을 지원하고 지원하기 위해 숫자 형식뿐만 아니라 그래픽으로 표시된다.

완전한 키트 인 어 케이스로 제공되는 Ballbar 키트는 강력하고 휴대 가능한 솔루션을 제공한다. PC를 추가하기만 하면 테스트를 시작할 수 있다.

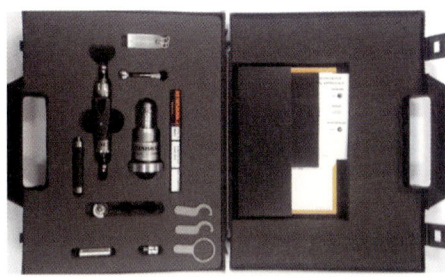

그림 9-7 Ballbar(QC20-W) 기본 키트

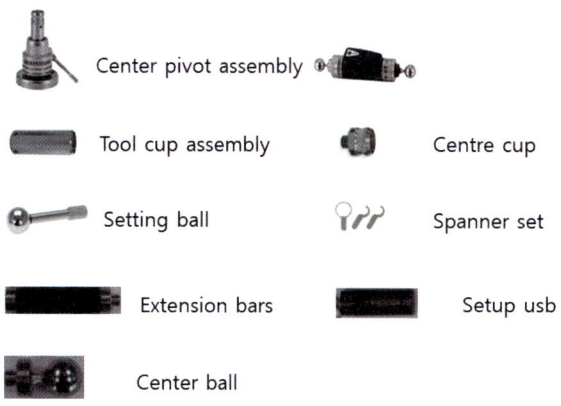

그림 9-8 Ballbar(QC20-W) 기본 키트 구성품

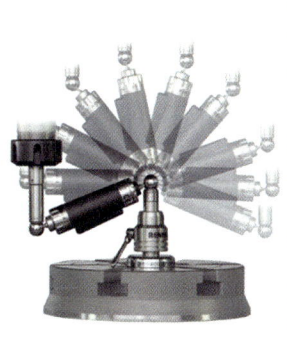

Sensor resolution	$0.1\mu m$	$4\mu in$
Ballbar measurement accuracy	$\pm(0.7+0.3\%L)\mu m$	$\pm(27.6+0.3\%L)\mu in$
Ballbar measuring range	$\pm 1.0mm$	$\pm 0.04in$
Sensor stroke	$-1.25mm$ to $+1.75mm$	$-0.05in$ to $+0.07in$
Maximum sample rate	1000Hz	1000Hz
Data transmission *Bluetooth*, Class2	10m typical	33ft typical
Operating range	0℃~40℃	32℉~104℉
System case dimensions	395×300×105mm	15.5×11.8×4.1in
System case weight incl. kit contents	3.75kg(approx)	8lb 4oz(approx)

그림 9-9 Ballbar와 Hardware의 사양

2 Ballbar QC20-W의 측정

Renishaw Ballbar testing은 일반적으로 10분의 빠른 테스트만 있으면 된다. Ballbar 20 소프트웨어는 간단한 4단계 프로세스 전반에 걸쳐 명확한 정보와 지침과 함께 앞에서 설명한 순환 테스트를 안내한다.

(1) 설정(Set-up)

빠르고 쉬운 QC20-W Ballbar는 두 개의 반복 가능한 마그네틱 조인트 사이에 장착된다.

(2) 포착(Capture)

기계는 기계 테스트 평면(XY, YZ, ZX) 중 하나에서 두 개의 연속 원호(시계 방향 및 반시계 방향)를 수행하고 테스트 중에 기계가 추적한 테스트 원 반경의 모든 변화를 매우 정확하게 측정한다.

(3) 분석(Analysis)

그런 다음 Renishaw의 Ballbar 20 소프트웨어는 측정된 데이터를 분석하여 다양한 국제 표준(📖 ISO 230-4, ASME B5.54)에 따른 결과를 제공한다.

(4) 진단(Diagnose)

Renishaw의 고유하고 포괄적인 진단 보고서는 기계 성능(원형도)에 대한 전반적인 평가를 제공할 뿐만 아니라 최대 15개의 특정 기계 포지셔닝 오류에 대한 자동 진단도 제공한다. 각 오류는 오류 값과 함께 전체 기계 성능에 대한 중요성에 따라 순위가 매겨진다. 비전문가도 전문가의 결과를 얻을 수 있다.

세계 유수의 공작 기계 제조업체 및 제조 회사에서 표준 테스트 보고서 형식으로 선택하는 매우 강력한 진단이다.

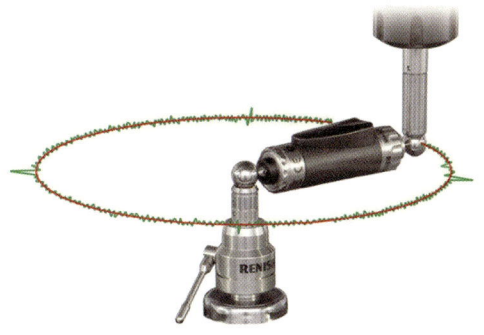

그림 9-10 Ballbar의 원형도

강력한 분석 소프트를 통해 다음의 Dynamic Mode에서 기계 에러를 진단하여 측정된 데이터를 디지털 분석한다.

① Backlash
② Squareness
③ Reversal spikes
④ Servo mismatch
⑤ Scaling mismatch
⑥ Cyclic error
⑦ Lateral play
⑧ Centre offset
⑨ Positional tolerance

파일 관리 시스템이 결과값을 데이터베이스에 저장하여 그림 9-11과 같이 기계 이력 관리와 측정값을 비교하여 진단 기능을 수행한다.

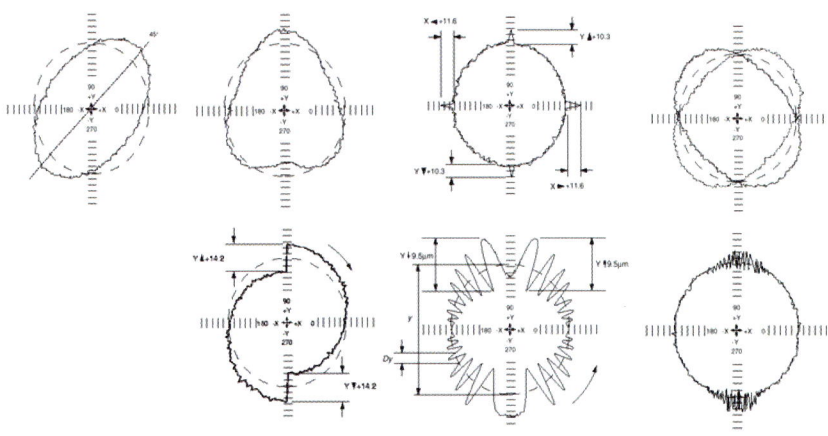

그림 9-11　QC20-W 측정 결과 데이터

3 구성품

(1) 작은 원형 액세서리 키트

그림 9-12　작은 원형 액세서리 키트

작은 원형 액세서리 키트는 QC20-W Ballbar와 함께 사용하여 반경 50mm의 테스트를 허용한다. 이것은 짧은 축 이동으로 기계 축을 테스트하거나 기계에 대한 서보 및 동적 오류의 영향을 강조할 때 유용할 수 있다(작은 원은 더 높은 기계 가속 및 감속이 필요함).

그림 9-13　작은 원형 액세서리 키트-어댑터

키트에는 50mm 교정기(교정 인증서) 및 이미 장착된 추가 센터 볼과 함께 제공되는 작은 원형 어댑터가 포함된다. 어댑터는 메인 Ballbar 본체에 고정되는 간단한 나사이다. 어댑터는 이미 작은 원형 액세서리 키트가 있는 QC10에서 QC20-W로 업그레이드하는 고객을 위해 별도로 제공된다.

(2) VTL 어댑터

2축 CNC 애플리케이션의 경우 VTL 어댑터를 사용할 수 있다(표준 설정에서 "도구 컵"을 대체하고 중앙 컵의 움직임을 단일 축으로만 제한한다). 이는 수직 선삭 같은 일반적인 2축 기계를 가능하게 한다. QC20-W Ballbar 진단의 이점을 얻기 위해 선반 및 레이저 절단기 등이 있다.

제로 위치 좌표가 설정된 상태에서 VTL 액세서리를 사용하면 마그네틱 컵 1개를 빼내고(자유 축의 동작을 사용하여 테스트 시작 위치로 구동할 수 있도록) 앞으로 당길 수 있다(세 번째 축 제로 위치로). 다른 두 축에 오프셋 오류가 발생하지 않는다.

그림 9-14 VTL 어댑터 고정

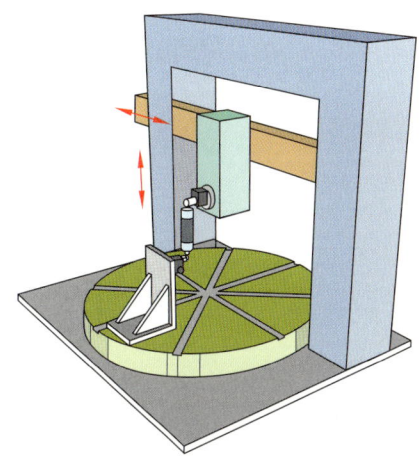

그림 9-15 Typical two-axis vertical turning lathe showing VTL adaptor on tool holde

(3) Lathe Accessory 키트

선반 어댑터 키트를 사용하면 선반에서 360°, 100mm 반경 Ballbar 테스트를 수행할 수 있다. 이 키트는 선반 터릿에 부착하기 위한 암 어셈블리와 선반 스핀들에 부착하기 위한 스핀들 바로 구성된다. 암과 스핀들 모두 Ballbar를 위치시키는 마그네틱 컵을 포함한다. 스핀들 바에 있는 것은 피벗 어셈블리/센터 컵과 동일하다. 이 키트를 사용하려면 선반에 다음 기능이 있어야 한다.

표 9-1

Axis clearance	X-axis : 220mm from centre-line Z-axis : 330mm from chuck
Spindle diameter	ϕ25mm(others will require additional magnetic base)
Tool holder	accepts 20mm or 25mm tool shanks

축 이동이 제한된 선반에서는 작은 원 액세서리 키트를 사용하여 50mm 반경 테스트를 수행할 수 있다. 그러나 테스트를 수행하는 동안 이 구성에서 Ballbar에 대한 여유 공간이 있는지 확인하는 것이 중요하다.

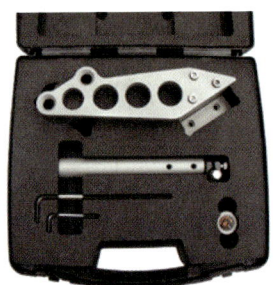

그림 9-16 선반 어댑터 키트

(4) 부분 호 공구 경로용 라이저

추가 구성 요소 없이 최대 150mm 길이의 Ballbar를 사용하여 부분 아크 테스트를 수행할 수 있다. 더 긴 Ballbar의 경우 머신 베드와의 충돌을 방지하기 위해 중앙 피벗 아래에 라이저 블록을 사용해야 한다.

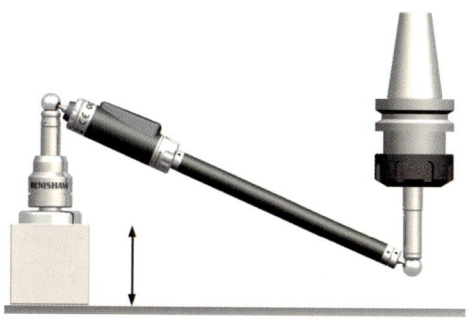

그림 9-17 간편한 기계 성능 및 진단 툴

표 9-2

Ballbar length(mm)	Riser block height 'X'(mm) minimum
100	Not Required
150	Not Required
250	38
300	56
400	94
450	112
550	150
600	169

2-2 Ballbar의 주요 기능

1 분석 보고서

최신 ISO 230-4, JIS B 6190-4, B5.57, B5.54 및 GB17421.4 표준에 따라 테스트 데이터를 분석하고 표시할 수 있다. 이 보고서는 기계 포지셔닝 성능의 단일 전체 지표에 대한 값을 제공한다.

예를 들어 원형 편차, 별도의 Renishaw 분석 형식은 고유한 수학 알고리즘을 사용하여 최대 15개의 기계 오류에 대한 값을 도출한다. 전체 포지셔닝 성능에 대한 기여도에 따라 순위를 매길 수도 있다. 한마디로 할 수 있는 진정한 '전문가' 시스템이고, 기계 오류에 대한 심층 진단을 제공한다(단일 테스트에서 모두). Renishaw 분석은 '부분 아크' 테스트 데이터에도 사용할 수 있다.

2 Ballbar plot simulator

Ballbar plot simulator는 시정 조치 또는 유지 보수 예측에 대한 결정을 지원하는 강력한 도구이다. simulator를 통해 사용자는 화면에서 테스트 결과를 확인한 다음 다양한 기계 형상, 재생 및 동적 매개변수를 변경하여 Ballbar 플롯, 원형도 및 위치 공차 값에 대한 '가정' 결과를 볼 수 있다. 원래 테스트 결과는 별도로 유지 관리되며 시뮬레이터에서 어떤 시나리오가 실행되더라도 손상될 수 없다.

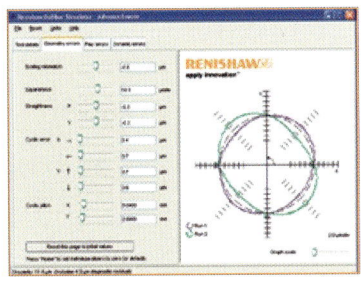

그림 9-18

3 Machine history

기계 기록 기능을 사용하면 특정 기계에 대한 테스트 기록을 작성하고 검토할 수 있다. 테스트 템플릿을 선택한 다음, 컴퓨터 폴더에서 일부 또는 전체 테스트를 선택하기만 하면 된다. 시간 경과에 따른 기계 성능의 변화는 표준 보고서 매개 변수 값에 대해 그래픽으로 표시될 수 있다(원형도, 직각도 등).

기계의 성능이 어떻게 변했는지 명확하게 볼 수 있으며, 개별 플롯 포인트를 원래 테스트 보고서 및 극좌표 그래프로 '심문'할 수도 있다.

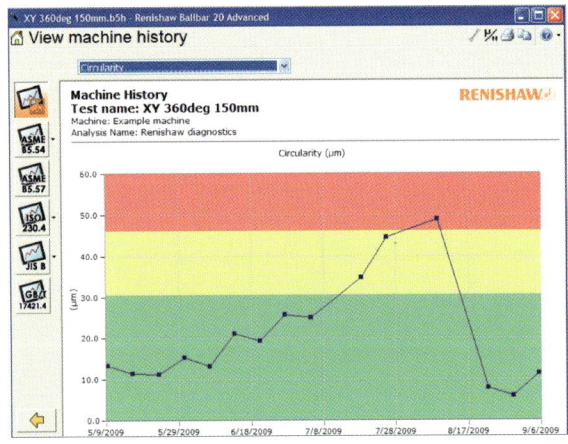

그림 9-19 공차 밴드

간단히 말해서, 기계에 대한 완전한 '의료 기록'을 검토하는 것이다. Ballbar 데이터의 장비·기계 이력 기능을 위해서 Ballbar 소프트웨어는 항상 최신 버전으로 유지되어야 하고, 다음에 열거한 경우처럼 Ballbar 테스트의 활용도를 높일 수 있도록 하여야 한다. Ballbar는 테스트 장비·기계에 대한 완벽한 데이터를 제공하고, 그림 9-20과 같이 측정치에 대한 리밋(공차 밴드)을 설정할 수 있도록 해준다.

① Ballbar 데이터는 기계의 성능 변화에 대한 장비 이력을 데이터로 분석할 수 있다.
② 분석된 데이터를 바탕으로 예방 보전 시행을 시행할 수 있다.
③ 가공기 성능과 품질 관리 정책의 입증 가능한 데이터가 된다.

4 Ballbar 측정 데이터의 활용

Ballbar를 사용하여 측정한 데이터를 어떻게 활용하는지는 효율에 관련된 문제이므로 확실하게 정의해 두기로 한다.

① 가공기 성능 변화에 대한 이력을 작성하는 자료가 된다.
② 예방 보전 시행의 강력한 근거 및 기초 자료가 된다.
③ 가공기 성능과 품질 관리 정책에 따라 입증이 가능하다.

❶ Volumetric Results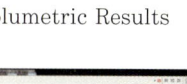

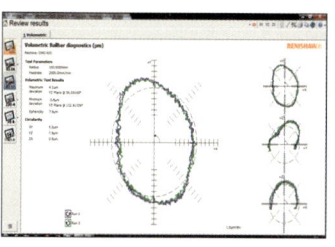

• 결과값 진행

❷ 진단 데이터 분석 설비 보정일 예측 (CAP 시스템 연동)

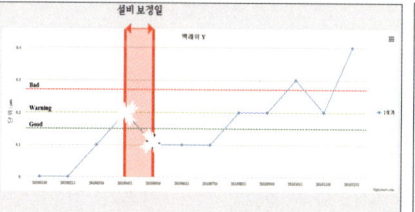

• IIOT 센서, Ballbar 센서를 활용한 설비 진단 분석

❸ G-CAP 설비 모니터링 화면

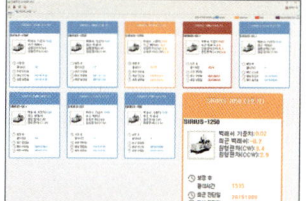

• 설비 상태 모니터링, 보정일 예측, 분석, 이력 관리

그림 9-20 예측 정비

5 소프트웨어

소프트웨어를 통해 각 기계 특성에 대한 개별 경고 및 고장 성능 대역 설정을 수행할 수도 있다. 기계 성능이 이러한 허용치를 초과하는 경우 Ballbar 테스트 중에 즉각적인 알림을 받는다.

최신 버전은 당시의 장비에 대한 완벽한 '진료 기록'을 제공하고, 사용자가 측정 결과 리밋을 설정할 수 있게 해준다. 또한 소프트웨어는 Ballbar 테스트의 활용도를 높일 수 있고, 더 잦은 Ballbar 테스트를 유도한다.

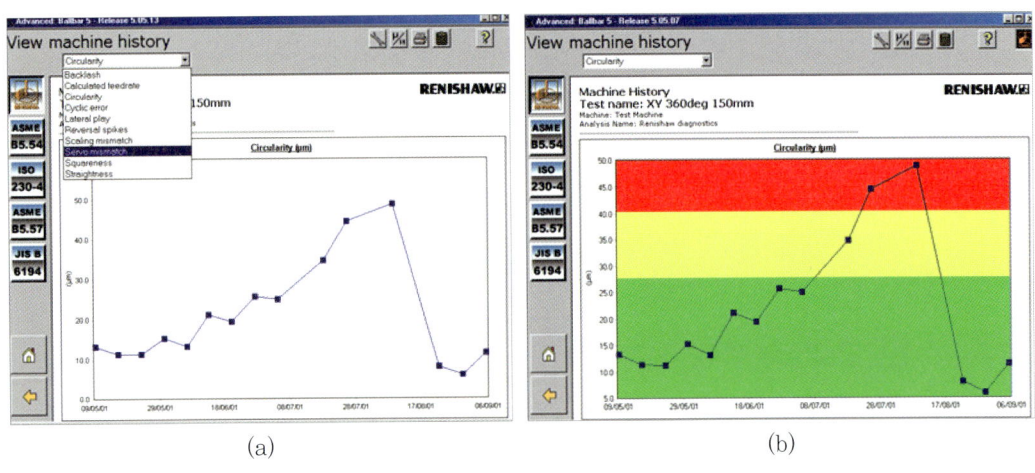

그림 9-21 진료 기록

시간이 지남에 따라 모든 매개 변수에 대한 독립적인 원형도 값을 보여주는 결합된 히스토리 플롯도 있다. 이것은 기계의 성능 기록과 존재하는 오류의 상대적 중요성을 검토하는 데 매우 유용한 '첫 번째 중지'이다. 기계 기록을 통해 다음을 수행할 수 있다.

① 계획되지 않은 가동 중지 시간을 줄이기 위해 유지 관리 요구 사항을 미리 예측한다.
② 충돌 전후의 성능을 비교하여 수정 유지 관리 요구 사항을 정확히 찾아낸다.
③ 유지 보수 및 서비스 조정의 영향을 검토한다.
④ 기계 기록을 평가하여 반복되는 문제와 이전 수정 사항의 효과를 찾아낸다.

6 체적 분석(Volumetric analysis)

① 이것은 사용자가 3개의 테스트 파일을 선택한 다음, 숫자 '구형도' 결과와 전체 최대 및 최소 원형도 값을 표시할 수 있는 새로운 보고서 옵션이다. 그래픽 결과는 개별 원형도 결과와 함께 세 평면 각각에 대해 제공된다. 이 분석 옵션은 개별 테스트 순환성 결과도 표시한다. 체적 분석은 'Renishaw 분석'에서 결과를 볼 때 사용할 수 있으며 ISO, ASME 및 기타 표준 분석에서는 지원되지 않는다.

② 분석의 유효성을 보장하기 위해 소프트웨어는 데이터 파일에 대한 검사를 수행한다. 일관된 기계 이름, 이송 속도, 반경 및 테스트 평면이 직교하며 이러한 기준이 충족되는 경우에만 분석을 표시한다.
③ 용적 분석은 BB20 소프트웨어를 사용하여 캡처한 데이터에서만 작동하지만, 이는 QC10(360° 테스트 3회) 또는 QC20-W(360°+ 220° 테스트 2회)와 함께 사용할 수 있다.

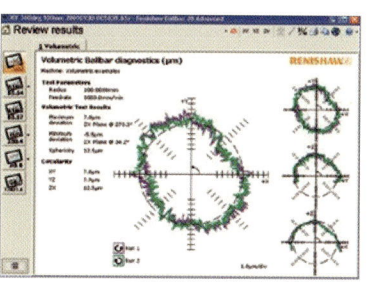

그림 9-22 체적 분석

7 체적 측정(Volumetric)-레니쇼 자료

① 일반 측정과 마찬가지로 하나의 측정 데이터 파일을 선택하고, 새로운 'volumetric' 아이콘과 다른 두 평면에서 측정된 데이터 파일을 로딩한다.
② 간단한 분석으로 진원도를 산출하기 위한 최대&최소 진원도를 구할 수 있으며, 각각의 진원도 결과값도 보여준다.

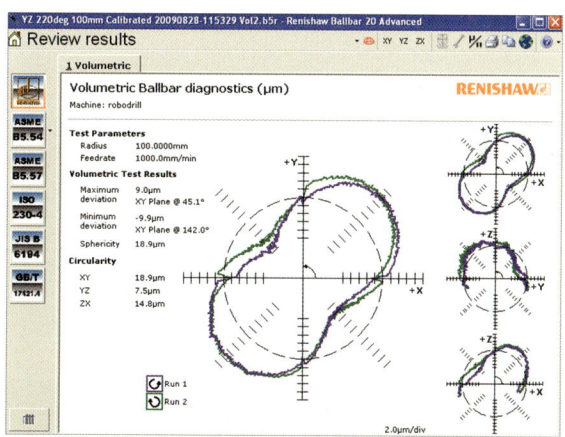

그림 9-23 체적 측정

③ 유사 테스트를 실시하여 데이터의 유효성을 체크할 수 있다(E.g. 같은 장비, 일정한 피드, 반경, 측정 평면 등).

④ Ballbar 소프트웨어를 이용해 측정된 데이터만 유효하다.

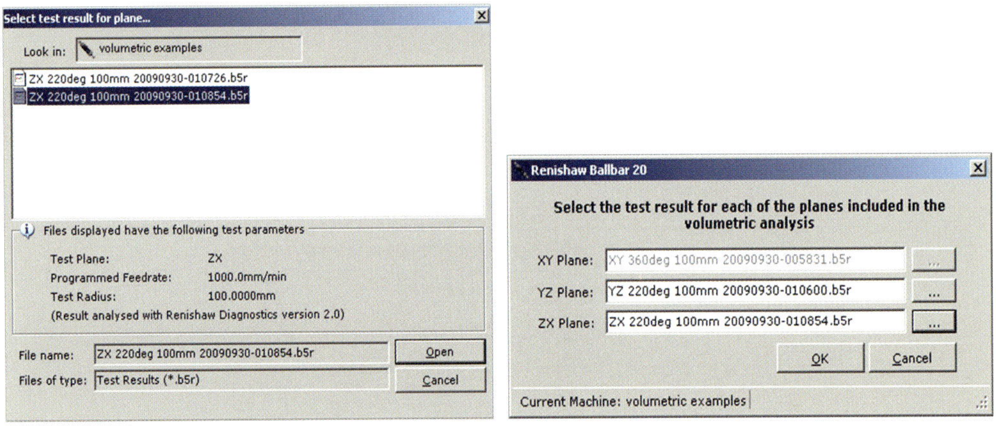

| (a) | (b) |

그림 9-24 체적 측정 데이터 파일

8 파트 프로그램 생성 기능(Part program generator)

이 기능을 통해 특정 Ballbar 테스트를 위한 부품 프로그램을 자동으로 생성할 수 있다. 파트 프로그램을 생성하기 위해 사용자는 Ballbar 테스트를 정의하거나 기존 테스트 템플릿을 선택하고, 사전 정의된 CNC 컨트롤러 정의를 선택한 다음, '생성' 버튼을 클릭하기만 하면 된다.

생성된 가공 프로그램은 인쇄 또는 이동식 저장 장치로 내보내기 전에 화면에서 검토할 수 있다.

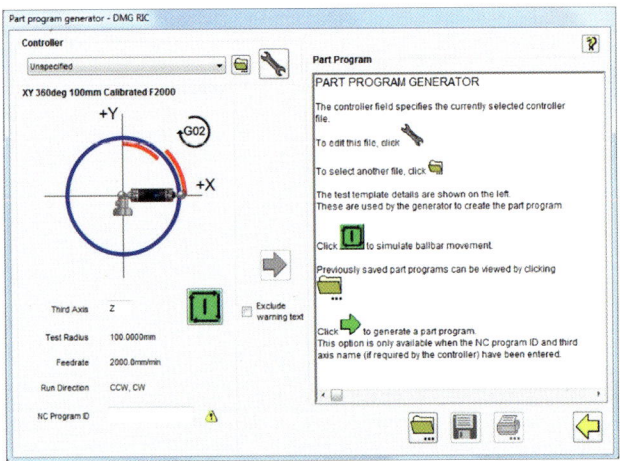

그림 9-25 파트 프로그램 생성

9 단일 프로그램을 사용한 QC20-W 체적 테스트(QC20-W volumetric testingusing a single program)

QC20-W Ballbar 및 Ballbar 20 소프트웨어 출시와 함께 도입된 이점 중 하나는 부분 원호 데이터 캡처 및 분석을 수행할 수 있는 기능이었다. 이를 통해 사용자는 단일 기계적 설정을 사용하여 3개의 테스트 평면에서 데이터를 캡처할 수 있다.

이 애플리케이션 노트는 테스트 플레인 사이에 Ballbar/스위치 기계 프로그램을 제거할 필요 없이 사용자가 3개의 플레인 테스트를 수행하여 테스트 시간을 더욱 단축할 수 있는 단일 부품 프로그램을 생성하기 위한 정보를 제공한다.

이 애플리케이션 노트는 절차를 세 섹션으로 나누어서 설명한다.
① 절차에 대한 설명 개요
② 예제 파트 프로그램
③ 다양한 길이의 Ballbar에 대한 기계 좌표 조회표

(1) 절차에 대한 설명 개요(Descriptive overview of procedure)

① 데이터 캡처를 위해 단일 부품 프로그램을 사용하면 사용자가 마운트에서 Ballbar를 제거하거나 다른 테스트 평면에 대한 기계 프로그램을 전환할 필요 없이 세 평면 모두에서 테스트를 수행할 수 있다.
② 표 9-3은 테스트 프로세스의 각 단계에서 발생하는 일을 자세히 설명한다.
　㈎ 주황색 텍스트의 단계는 기존의 '3개 프로그램' 설정을 사용하는 것과 동일하다.
　㈏ 검은색 텍스트의 단계는 단일 부품 프로그램을 생성하기 위해 추가해야 하는 단계이다.

표 9-3

Ballbar20	기계 폴더에서 XY 테스트를 선택하고, 기계에 QC20-W를 로드한다. 일반적인 방식으로 XY 테스트를 실행하고 완료되면 저장한다.	
Machine program	기계에서 사이클 시작을 누른다. 기계는 이제 호에서 ZX 테스트의 시작 부분으로 이동한다(QC20-W를 제거할 필요가 없다).	

Ballbar20	머신 폴더로 돌아가서 ZX 테스트를 선택한다. '테스트 실행' 화면 소프트웨어를 시작하고 기계에서 사이클 시작을 누르고 완료되면 저장한다.	
Machine program	기계에서 사이클 시작을 누른다. 기계는 이제 호에서 ZY 테스트의 시작 부분으로 이동한다(QC20-W를 제거할 필요가 없다).	
Ballbar20	머신 폴더로 돌아가서 ZY 테스트를 선택한다. '테스트 실행' 화면 소프트웨어를 시작하고 기계에서 사이클 시작을 누르고 완료되면 저장한다.	
Machine program	기계에서 사이클 시작을 누른다. 기계는 이제 호에서 XY 테스트의 시작 부분으로 이동한다(QC20-W를 제거할 필요가 없다). 이 시점에서 필요한 경우 테스트를 반복할 수 있다.	
Ballbar20	분석 버튼을 클릭한 다음 '체적 모드' 버튼을 클릭하여 XY 및 ZX 테스트에서 테스트를 가져온다.	

(2) 예제 가공 프로그램(Example part program)

> **참고** 프로그램은 100mm Ballbar 길이용으로 작성되었으며, 코드는 일부 기계 제어 장치에 따라 다를 수 있다.

단일 부품 프로그램을 생성하는 가장 간단한 방법은 Ballbar 20 소프트웨어를 사용하여 3개의 부품 프로그램(각 테스트 평면에 하나씩)을 만든 다음, 텍스트 편집기 프로그램으로 편집하여 '연결 동작'(아래 검은색)을 추가하는 것이다.

이러한 움직임은 다음 페이지의 기계 좌표 '조회' 테이블을 사용하여 작성할 수 있다.

- 아래 주황색 섹션은 Ballbar 20 파트 프로그램 생성기에서 생성할 수 있다.
- 검은색 섹션은 조회 테이블을 사용하여 수동으로 작성해야 한다.

표 9-4

Example Machine Part Program	QC20-W System
(XYPLANE360/45') G21 G54 G90 G17 G64 G98F1000.000 G01 X101.500Y0.000 Z0.000	기계가 첫 번째 위치로 이동(XY 평면의 시작)
M00(LOADBALLBAR) G01 X100.000Y0.000 G03X100.000Y0.000I-100.000J0.000 G03 X0.000Y100.000I-100.000J0.000 G01 X0.000Y101.500 G04X3. G01 X0.000Y100.000 G02 X0.000Y100.000 I0.000 J-100.000 G02X100.000Y0.000I0.000J-100.000 G01 X101.500Y0.000	기계는 360° 반시계 방향 회전을 수행한다. XY 평면에서 45° 오버슈트 기계는 XY 평면에서 45° 오버슈트와 함께 360° 시계 방향 회전을 수행한다.
(ZXPLANE22') G18 G03X94.109Z-38.023I-101.500K0.000 M00	기계가 호를 그리며 첫 번째 부분 호 테스트 시작 – ZX 평면 QC20-W는 제거할 필요가 없다.
(SELECTZXTEST220/2') G01X92.718Z-37.461 G02X-92.718Z-37.461I-92.718K37.461 G01X-94.109Z-38.023 G04X3. G01X-92.718Z-37.461 G03X92.718Z-37.461I92.718K37.461 G01X94.109Z-38.023 G04X1.	기계는 ZX 평면에서 2° 오버슈트로 220° 시계 방향 회전을 수행한다. 기계는 ZX 평면에서 2° 오버슈트로 220° 반시계 방향 회전을 수행한다.
(XYplane90') G17 G02Y94.109 Z-38.023 I-94.109 K38.023 M00 (SELECTZYTEST)	기계가 첫 번째 부분 아크 테스트 ZX 평면의 끝에서 YZ 평면의 시작 부분으로 이동한다. QC20-W는 제거할 필요가 없다.

(ZYTEST 220/2') G01Y92.718 Z-37.461 G03Y-92.718 Z-37.461 J-92.718 K37.461 G01Y-94.109 Z-38.023 G04X3. G01Y-92.718 Z-37.461 G02Y92.718 Z-37.461 J92.718 K37.461 G01Y94.109 Z-38.023 G04X1.	기계는 YZ 평면에서 2° 오버슈트로 220° 반시계 방향 회전을 수행한다. 기계는 YZ 평면에서 2° 오버슈트와 함께 220° 시계 방향 회전을 수행한다.
G03Y101.500Z0.000 J-94.109K38.032 G17 G02 X101.500Y0.000I0.000J-101.500 M30	이제 기계가 원래 시작 위치로 돌아간다.

(3) 다른 길이의 Ballbar에 대한 좌표 테이블 조회
(Lookup table of coordinates for different length Ballbars)

표 9-5, 9-6은 사용하는 Ballbar의 길이에 따른 각 기계 평면의 시작 위치 X, Y, Z 좌표와 테스트 평면 간 이동을 위한 I, J, K 좌표의 목록을 제공한다.

 사용자는 테스트 간 이동을 위해 프로그램에서 I, J, K 값이 올바른지 확인하고 X, Y, Z의 시작 위치도 Ballbar/공작 기계의 손상 가능성을 방지하기 위해 올바른지 확인해야 한다. 모든 좌표는 Ballbar의 기계적 설정 시 기계의 작업 좌표가 '0,0'으로 설정되는 것으로 가정한다.

표 9-5

Ballbar Length (mm)	Start position for plane								
	XY			YZ			ZX		
	X	Y	Z	X	Y	Z	X	Y	Z
50	51.000	0.000	0.000	0.000	47.286	-19.105	47.286	0.000	-19.105
100	101.500	0.000	0.000	0.000	94.109	-38.023	94.109	0.000	-38.023
150	151.500	0.000	0.000	0.000	140.468	-56.753	140.468	0.000	-56.753
250	251.500	0.000	0.000	0.000	233.187	-94.214	233.187	0.000	-94.214
300	301.500	0.000	0.000	0.000	279.546	-112.944	279.546	0.000	-112.944
400	401.500	0.000	0.000	0.000	372.264	-150.405	372.264	0.000	-150.405
450	451.500	0.000	0.000	0.000	418.624	-169.135	418.624	0.000	-169.135
550	551.500	0.000	0.000	0.000	511.342	-206.596	511.342	0.000	-206.596
600	601.500	0.000	0.000	0.000	557.701	-225.326	557.701	0.000	-225.326

표 9-6

| Ballbar Length (mm) | Coordinates to move from |||||||||
| | XY to ZX ||| YZ to ZY ||| ZX |||
	I	J	K	I	J	K	I	J	K
50	−51.000	0.000	0.000	−47.286	0.000	−19.105	47.286	0.000	−19.105
100	−101.500	0.000	0.000	−94.109	0.000	−38.023	94.109	0.000	−38.023
150	−151.500	0.000	0.000	−140.468	0.000	−56.753	140.468	0.000	−56.753
250	−251.500	0.000	0.000	−233.187	0.000	−94.214	233.187	0.000	−94.214
300	−301.500	0.000	0.000	−279.546	0.000	−112.944	279.546	0.000	−112.944
400	−401.500	0.000	0.000	−372.264	0.000	−150.405	372.264	0.000	−150.405
450	−451.500	0.000	0.000	−418.624	0.000	−169.135	418.624	0.000	−169.135
550	−551.500	0.000	0.000	−511.342	0.000	−206.596	511.342	0.000	−206.596
600	−601.500	0.000	0.000	−557.701	0.000	−225.326	557.701	0.000	−225.326

(4) 요약

체적 Ballbar 테스트를 위한 단일 부품 프로그램을 생성하면 테스트 평면 사이에서 Ballbar 장치를 제거하고 기존의 세 가지 기계 평면 프로그램 간에 전환할 필요가 없어 테스트 시간이 단축되는 것을 알 수 있다.

단일 파트 프로그램을 생성하는 가장 간단한 방법은 Ballbar 20 소프트웨어를 사용하여 3개의 파트 프로그램을 생성한 다음, 워드 패드 / 텍스트 패드와 같은 텍스트 편집기 프로그램에 복사하는 것이다.

이 시점에서 3개의 '연결 동작'을 프로그램에 입력하여 기계 평면 사이에서 기계를 이동한 다음 테스트가 끝날 때 시작 위치로 다시 이동해야 한다.

'연결 동작'은 필요한 Ballbar 길이에 대한 참조로 이 애플리케이션 노트의 룩업 테이블에 있는 기계 좌표를 사용하여 작성할 수 있다.

올바른 길이의 Ballbar인지 확인하기 위해 좌표를 입력할 때 주의해야 한다.

부품 프로그램은 항상 Ballbar가 제자리에 있지 않은 상태에서 먼저 테스트하여 올바른지 확인해야 한다.

10 Ballbar의 규격

Ballbar 관련한 규격은 최신 버전으로는 ISO 230-4 and ASME B5.54 등이 있으며, 이전 버전을 사용하여 얻은 데이터의 결과 분석 기능은 유지된다.

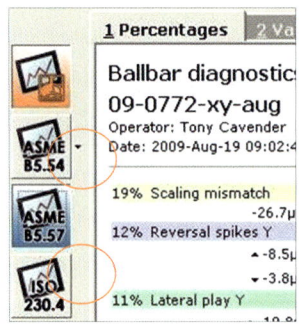

그림 9-26 Ballbar 관련한 규격

> **Tip** 표준 아이콘에서 오른쪽 클릭으로 팝다운 선택 사용

3. Ballbar 세팅

3-1 Ballbar 세팅 방법 (장비 세팅)

① 그림 9-27과 같이 베드 위에 Center pivot을 올려놓는다.

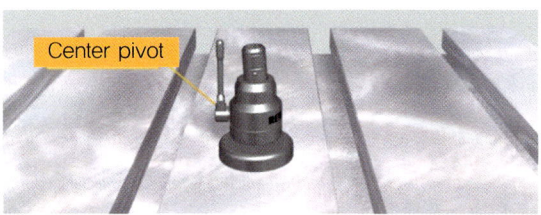

그림 9-27   Center pivot 설치

② 그림 9-28과 같이 Setting ball을 Center pivot 위에 올려놓는다.

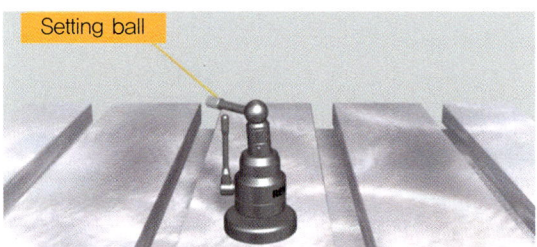

그림 9-28   Setting ball을 Center pivot 위에 올린다.

③ 그림 9-29와 같이 베드 위에 있는 Center pivot과 Setting ball 근처로 Tool cup을 핸들로 이동한다.

그림 9-29 Tool cup을 핸들로 이동

④ 그림 9-30과 같이 Tool Cup Setting ball, Center pivot이 일치하게 한다.

그림 9-30 Tool Cup Setting ball, Center pivot이 일치

⑤ 그림 9-31과 같이 Center pivot에 있는 레버를 밑으로 밀어주면 Center pivot 이 움직이지 않는다.

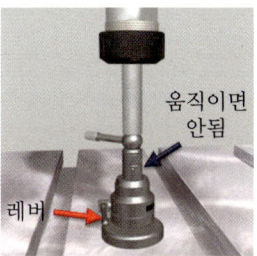

그림 9-31 레버를 밑으로 밀어서 Center pivot 고정

⑥ 장비에서 워크 좌표계 설정 창으로 이동하여 원하는 좌표계에 제로(0) 세팅을 한다.

　　예 G54 좌표계

X0 측정, Y0 측정, Z0 측정을 하면 그림 9-32와 같이 절대 좌푯값이 X, Y, Z 가 0으로 세팅된다.

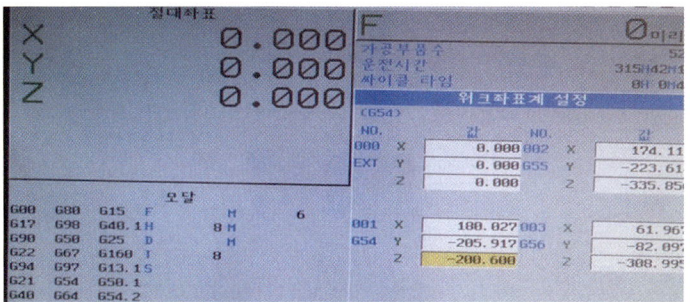

그림 9-32 좌표계 제로(0) 세팅

그림 9-33과 같이 레버는 좌표계 설정이 끝날 때까지 그대로 둔다.

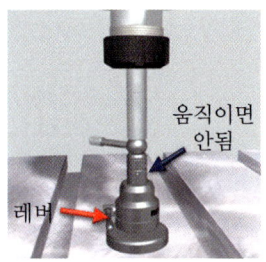

그림 9-33 레버는 좌표계 설정이 끝날 때까지 그대로 유지

⑦ TOOL CUP Holder을 Z+ 방향으로 이동 후 Setting ball을 Center pivot과 분리한다.

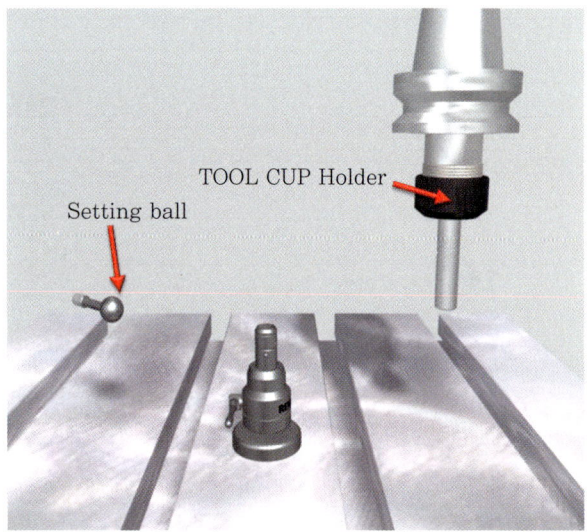

그림 9-34 Z+ 방향으로 이동 후 Setting ball을 Center pivot과 분리

⑧ 그림 9-35는 Extension bar를 연결하지 않은 그림이다. Extension bar를 연결한 것은 그림 9-36과 같다.

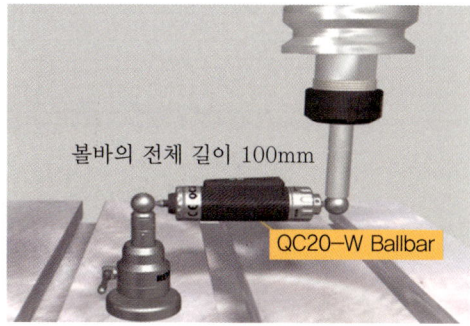

그림 9-35 Extension bar를 연결하지 않는다.

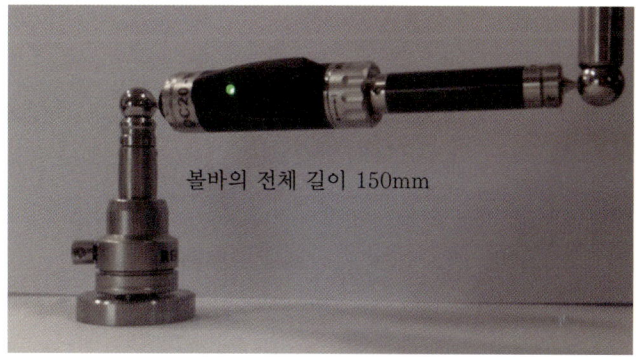

그림 9-36 Extension bar를 연결한다.

3-2 Ballbar S/W 설치

(1) 전문가 측정 Ballbar 프로그램 실행 아이콘

그림 9-37 전문가 측정 Ballbar 프로그램 실행 아이콘

(2) 테스트 실행 선택

① Ballbar 테스트 셋업 및 실행
② 결과 검사 – 진단 데이터 확인
③ 기계 이력사항 보기 – 기계의 진단 이력

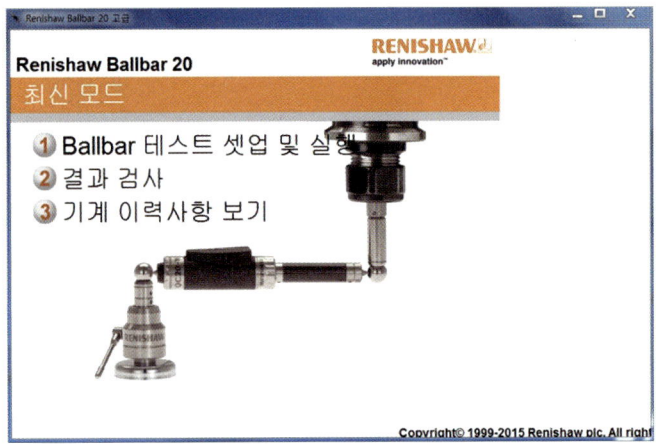

그림 9-38　Ballbar 테스트 셋업 및 실행

(3) 테스트 실행 1

① Quick check 선택
② 다음

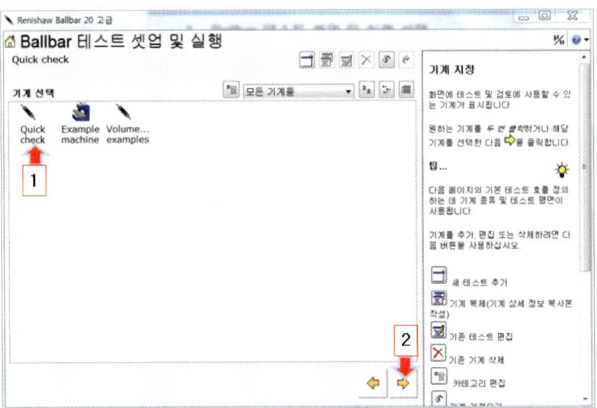

그림 9-39　Quick check 선택

(4) 테스트 실행 2

① 기계 형식 선택
② 테스트 평면 선택

③ 테스트 반지름 선택(150mm)
④ 다음

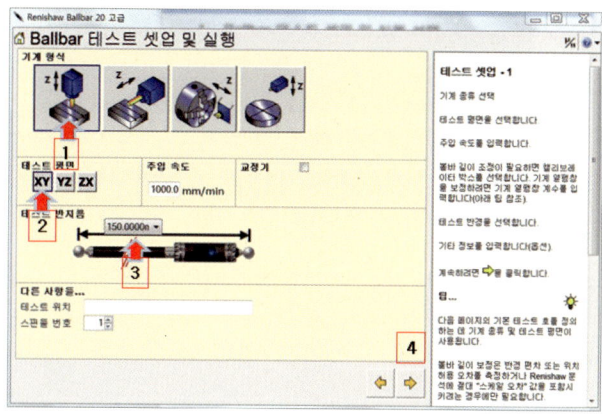

그림 9-40   기계 형식 선택

(5) NC DATA 생성

① (보기) Ballbar 시뮬레이션 Ballbar의 회전 방향을 미리 본다.
② (원호) Ballbar의 회전 각도 선택
   - Ballbar의 회전 방향을 미리 본다.
③ (실행) Ballbar의 회전 방향 선택
   - Ballbar의 회전 방향을 미리 본다.
④ 다음 페이지로 이동
   NC DATA 생성 메뉴
   - Ballbar의 프로그램 생성

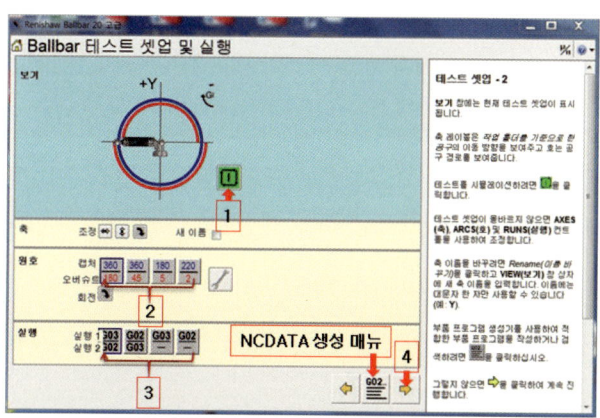

그림 9-41   NC DATA 생성

(6) 테스트 실행 화면

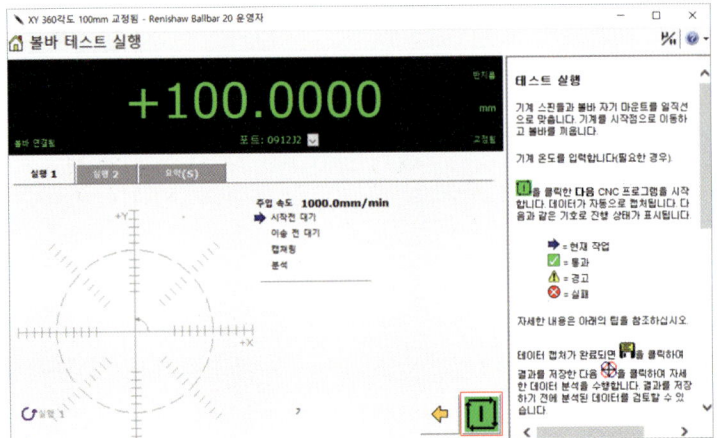

그림 9-42　테스트 실행 화면 1

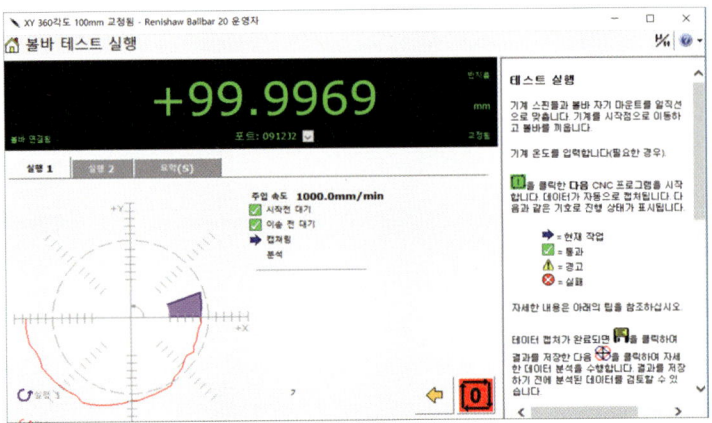

그림 9-43　테스트 실행 화면 2

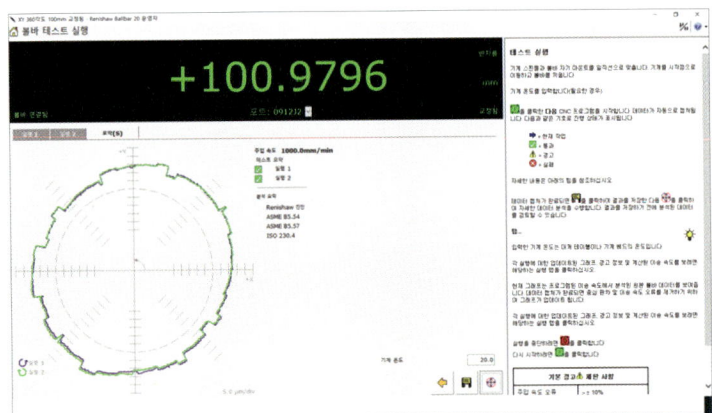

그림 9-44　테스트 실행 화면 3

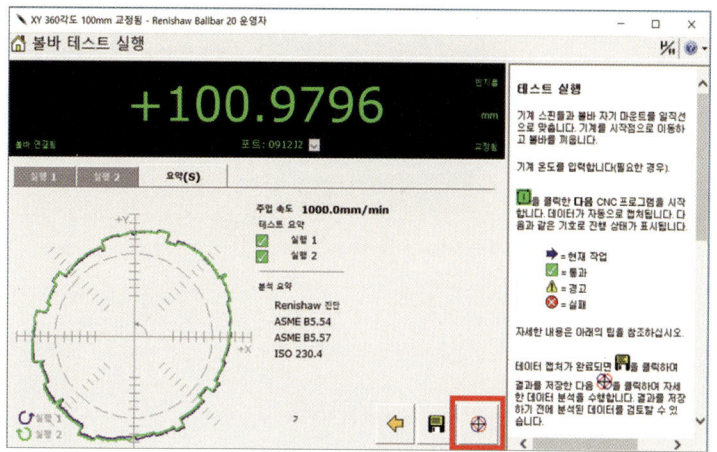

그림 9-45 　테스트 실행 화면 4

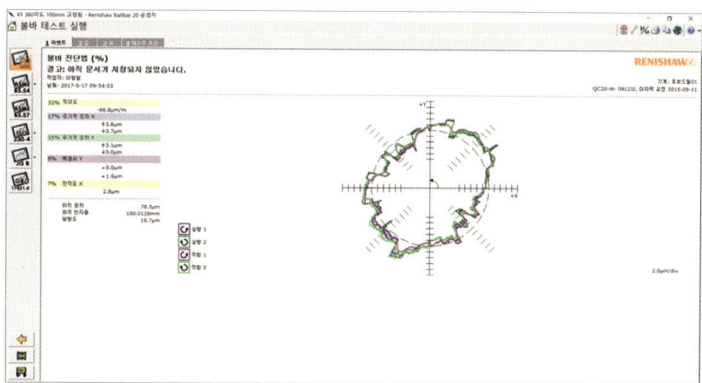

그림 9-46 　테스트 실행 화면 5

(7) 분석 테이블

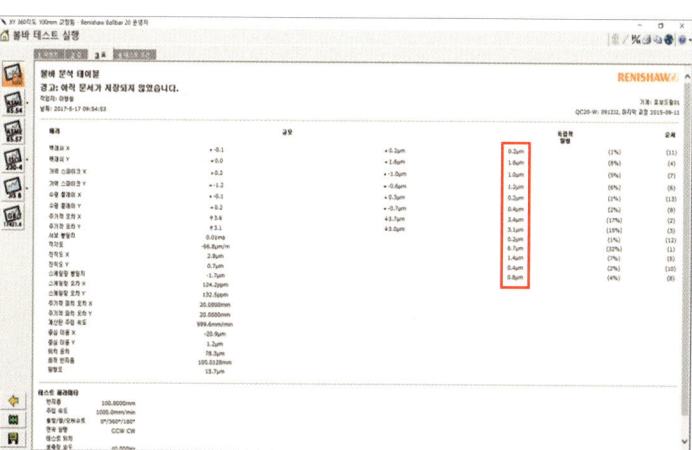

그림 9-47 　Ballbar 분석 테이블

4. Ballbar 진단

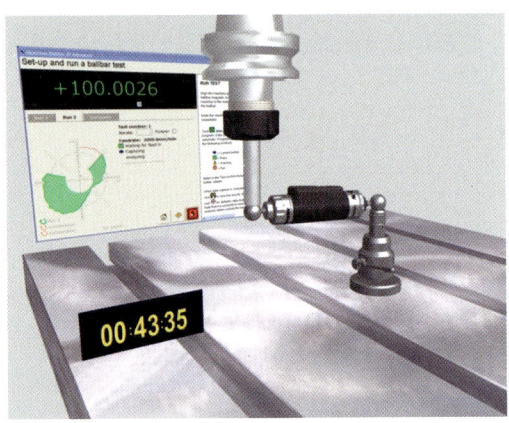

그림 9-48 Ballbar 진단

4-1 백래시 X, Y 측정하기

(1) 플롯의 설명

① 축에서 시작하여 바깥을 향해 하나 또는 여러 개의 눈금이 표시된 플롯 형상이다.
② 눈금의 크기는 기계 주입 속도의 영향을 받지 않는다.
③ 그림 9-49의 플롯에서 양의 백래시는 Y축에만 표시된다.

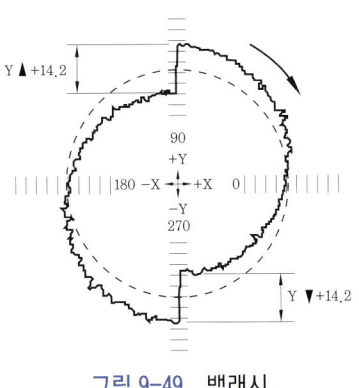

그림 9-49 백래시

(2) 백래시 측정

① 백래시는 X축과 Y축에 대해 다음 형식으로 측정된다(μm).

```
X        ▶+0.6    ◀+0.5
Y        ▲+14.2   ▼+14.2
```

② 위의 경우 플롯에 그려진 대로 Y축에 양의 백래시가 나타나거나, Y축의 양과 음 영역 모두에서 14.2μm씩 이동 거리가 차감된다.
③ 220° 진단의 경우 데이터가 캡처되지 않은 원호에 대한 백래시 값은 표시되지 않는다.

(3) 원인

① 기계의 구동 시스템에 플레이가 있을 수 있다. 이러한 문제는 일반적으로 볼나사 종단의 유동이나 구동 너트의 마모 때문에 발생하게 된다.
② 기계 궤도에 플레이가 있어 기계의 운전 방향을 변경할 때 기계가 일시 정지했을 수 있다.
③ 볼나사의 과도한 장력으로 인해 볼나사가 감길 수 있다.

(4) 결과

① 기계에서 양의 백래시로 인해 원형 보간 절삭기 경로에 짧은 직선 구간이 나타난다.

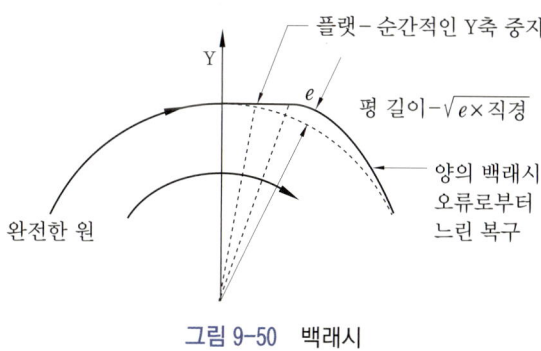

그림 9-50 백래시

② 그림 9-50은 Y축이 완전한 원을 그리다가 중지함으로 인해 원에서 벗어나는 현상을 보여준다.
③ 기계가 완전한 원을 벗어날 때 플롯 배율 지정을 통해 실제로 절삭되는 직선 구간을 진단 플롯 상의 백래시 눈금으로 변경한다.
④ 그림 9-50에서 e값이 진단 플롯에 나타나는 백래시 눈금의 높이일 경우, 절삭 부분의 직선 구간 길이는 절삭된 직경에 e를 곱한 결과의 제곱근으로 계산할 수 있다.

예 백래시 눈금이 10μm이고, 절삭 직경이 300mm일 때 직선 구간 길이는 1.7mm이다.

(5) 조치
① 기계의 구동 시스템과 궤도에서 모든 플레이를 제거한다. 마모된 기계 구성품을 교체해야 할 수도 있다.
② 컨트롤러 백래시 보정을 사용하여 기계에 존재하는 백래시를 보정할 수도 있다.

4-2 가역 스파이크 X, Y 측정하기

(1) 플롯의 설명
① 축에서 시작되는 짧은 피크가 나타나는 플롯 형상이다.
② 피크의 크기는 대개 기계 주입 속도에 따라 달라지게 된다.
③ 아래의 플롯에서는 X축과 Y축 모두에서 반전 피크가 보이게 된다.

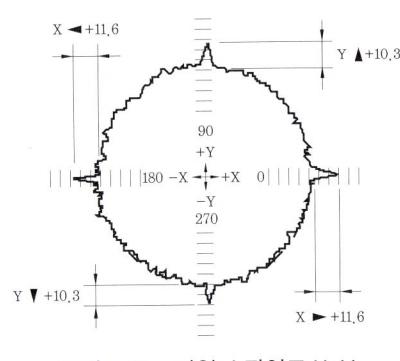

그림 9-51 가역 스파이크 X, Y

(2) 진단 값
① 반전 피크는 X축과 Y축에 대해 다음 형식으로 측정된다(μm).

X	▶ +11.5	◀ +11.6
Y	▲ +10.3	▼ +10.3

② 플롯에 표시된 대로 Y축에는 양의 영역과 음의 영역 모두에 10.3μm의 반전 피크가 있고, X축에는 양과 음의 영역에 11.6μm의 반전 피크가 있다.

> **참고** 220° 데이터 캡처 원호에 대한 진단에서는 데이터가 캡처되지 않은 원호 구간에 대한 반전 피크 값은 표시되지 않는다.

(3) 원인

① 축이 부드럽게 반전하지 않고 한 방향으로 구동하다가 반전한 후 반대 방향으로 이동하는 경우, 전환점에서 잠시 멈출 수 있다.
   예 플롯에서는 Y축이 일시 중지했다.
② 이러한 문제를 유발할 수 있는 원인은 축 구동 모터가 축 전환점에서 가한 부적절한 회전 우력 때문에 마찰력의 방향이 변환됨에 따라 전환점에 순간적으로 고착되는 현상이 발생하였기 때문이다.
③ 기계의 서보 응답 시간이 백래시 보정에 부적합한 경우이다. 이는 백래시를 적절한 시기에 보정할 수 없음을 의미하고, 그 결과 백래시로 인한 지체가 일어나는 동안 축이 중지된다.
④ 크로스오버 지점에서 서보 응답이 좋지 않아서 한 방향 이동을 중지하고 다른 방향으로 이동을 시작하는 축 사이에 짧은 지체가 일어난다.

(4) 결과

① 리버스 피크로 인해 원형 보 간 절삭기 경로에 짧은 직선 구간이 나타나고, 그 뒤에 중심을 향한 복구 간격이 표시된다.

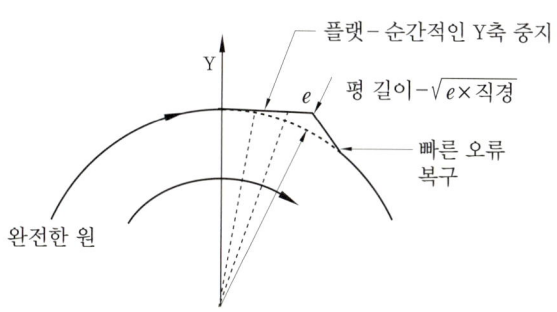

그림 9-52 가역 스파이크 XY-복구 간격 표시

② 그림 9-52는 Y축이 완전한 원을 그리다가 중지함으로 인해 원에서 벗어나는 현상을 보여주고 있다. 기계가 완전한 원 밖으로 벗어날 때 플롯 배율 지정을 통해 실제로 절삭되는 직선 구간을 진단 플롯 상의 피크로 변경하게 된다.
③ e값이 Ballbar 플롯 상의 피크 높이일 경우 절삭 부분의 직선 구간 길이는 절삭

된 직경에 e를 곱한 결과의 제곱근으로 계산할 수 있다.

예 피크가 10μm이고 절삭 직경이 300mm일 때 직선 길이는 1.7mm이다.

(5) 조치

기계에 피크 제거 기능이 있는 컨트롤러가 있을 때 이 기능을 사용하여 기계 사용 중 반전 피크의 영향을 제한할 수 있다.

다양한 기계 주입 속도로 테스트를 여러 번 수행하여 반전 피크의 영향이 최소화되는 기계 주입 속도를 찾아 보자. 원형 보간 중에 마감 절삭에 가장 적합한 것으로 식별된 주입 속도를 사용한다.

4-3 수평 플레이 X, Y 측정하기

(1) 플롯

① 대칭형 복숭아 또는 돌 모양이 나타나는 플롯 형상이다.
② 수평 플레이 유형 플롯은 기계 주입 속도의 영향을 받지 않으나, 방향의 영향을 받는다.
③ 시계 방향과 시계 반대 방향의 실행이 동시에 표시되는 경우 한 플롯이 나머지 플롯 안에 포함된다.
④ 두 개의 플롯 중 안쪽에 표시될 플롯은 수평 플레이 오류 값이 양수인지 또는 음수인지에 따라 결정된다.
⑤ 그림 9-53의 플롯에서는 Y축에 양의 동일한 수평 플레이가 있기 때문에, 시계 방향 플롯이 시계 반대 방향 플롯 안에 표시된다.

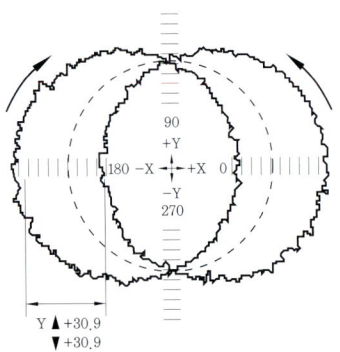

그림 9-53 수평 플레이 X, Y

(2) 진단 값

① 수평 플레이는 X축과 Y축에서 다음 형식으로 측정된다(μm).

X	▶ +0.9	◀ -0.7
Y	▲ +30.9	▼ +30.9

② 진단 소프트웨어는 수평 플레이 값을 마이크론(μm) 또는 인치(in) 단위로 표시한다.

③ 위의 경우 Yup_tri.gif(917바이트)가 Ydown_tri.gif(919바이트)와 같으므로, 동일한 수평 플레이가 존재한다.

(3) 원인

① 수평 플레이의 주된 원인은 기계 궤도의 플레이 또는 기울기 때문이다.

② 위의 요인으로 인하여 기계 축이 반전될 때 축이 궤도에 직각으로 이동할 수 있다.

③ 이것은 플레이에 의해서도 유발하지만, 축과 일직선에 있는 백래시 눈금과 대비되어야 한다.

④ Ballbar 원형 테스트에서 보는 것과 같이 백래시는 반경 오류이고, 수평 플레이는 접선 오류이다.

(4) 결과

① 기계가 비원형 보 간 구멍을 절삭하게 된다.

② 수평 플레이의 영향을 받는 기계 축에서 일반적인 위치 지정 오류가 발생한다.

(5) 조치

기계의 궤도를 조정하거나 교체하여 존재하는 모든 플레이나 기울기를 제거하여야 한다.

4-4 주기적 오차 X, Y 측정하기

(1) 플롯

① 플롯 상에 주기와 진폭이 모두 변하는 순환 사인 오류가 발생하는 플롯 형상이다.

② 이 플롯에서 순환 오류는 Y축에서만 나타나고, Y축에서 측정되는 파장 D_y는 원주에서 거의 일정하다.

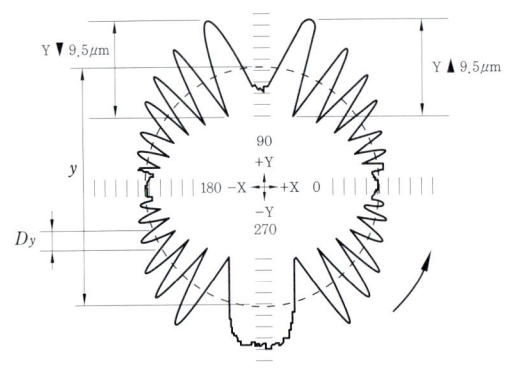

그림 9-54 주기적 오차 X, Y

(2) 진단 값

① 순환 오류는 X축과 Y축에 대해 다음 형식으로 측정된다(μm).

X	↑ 0.0	↓ 0.0
Y	↑ 9.5	↓ 9.5

② 표시된 값은 화살표가 가리키는 방향으로 이동하는 축에서 순환 오류의 정점 간 간격이다.
③ UA.bmp(1168바이트)는 위치에서 양의 방향으로 증가하는 정방향 이동을 지정하고, DA.bmp(1176바이트)는 양의 방향으로 감소하는 역방향 이동을 지정한다. 이러한 값들은 플롯에 표시된다.
④ 순환 오류가 항상 전체 플롯에 영향을 미치는 것은 아니기 때문에 이러한 측정 기법이 필요하다. 따라서 플롯 상에 순환 오류의 위치를 지정하여야 한다.
⑤ 또한 순환 오류의 피치를 사용할 수도 있는데, 순환 피치는 사용된 단위에 따라 미터 또는 인치 단위의 값으로 다음과 같이 X축과 Y축 모두에 표시된다.

순환 피치 X	4.0mm
순환 피치 Y	6.0mm

(3) 원인

① 축 볼나사(이 경우 Y축)에 순환 오류 문제가 있는 경우이며, 다음과 같은 몇 가지 원인을 가정할 수 있다.

㈎ 축 볼나사 스레드가 일정한 속도가 아닌 사인 파형의 축 이동을 유발하는 'Drunk'이다.
㈏ 인코더 마운트가 편심원을 이루고 있다.
㈐ 볼나사 마운트가 편심원을 이루고 있다.
㈑ Resolver나 Inductosyn이 잘못 조정되었다.

② 축 볼나사가 문제의 원인이면 플롯 방향은 영향을 받지 않는다. 시계 방향 플롯과 시계 반대 방향 플롯은 같지는 않더라도 비슷하게 보이게 된다.
③ 수직축이 위아래로 이동할 때만 한 방향으로 순환 오류가 발생하는 경우는 기계의 평형추 메커니즘에 결함이 있을 수 있다.
④ 결함이 있는 평형추가 문제의 원인이면 방향이 플롯에 영향을 미치므로 시계 방향 플롯과 시계 반대 방향 플롯이 다르게 된다.
⑤ 일반적으로 기계가 수직으로 위로 이동할 때 평형추가 순환 오류의 원인이 되고, 이러한 평형추 문제로 야기된 순환 오류에 대한 시계 방향 및 시계 반대 방향 플롯은 그림 9-55와 유사하게 나타난다.

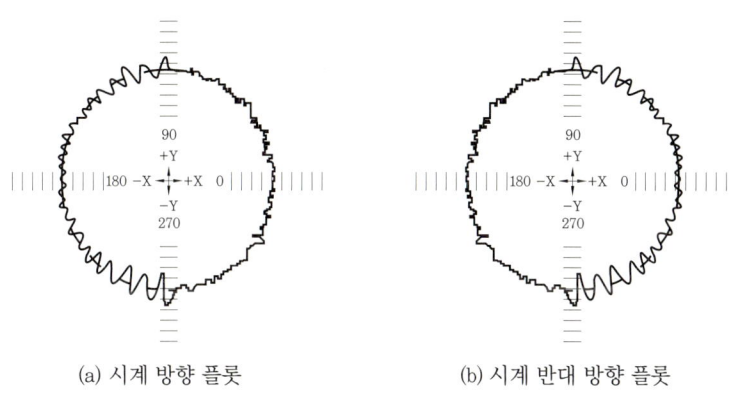

(a) 시계 방향 플롯   (b) 시계 반대 방향 플롯

그림 9-55 주기적 오차의 순환 오류

(4) 결과

순환 오류로 인해 기계의 절삭 부분에서 치수 오류가 발생한다.

(5) 조치

① 진단 분석을 사용하여 시계 방향 플롯과 시계 반대 방향 플롯을 각각 검토하여 볼나사와 평형추 중 문제의 원인이 되는 것을 식별하여야 한다.
② 볼나사가 순환 오류의 원인으로 의심되면 볼나사 혹은 인코더 마운트를 조정하여 순환 오류를 제거하여야 한다.

③ 기계의 평형추 메커니즘이 순환 오류의 원인으로 의심되면, 평형추 메커니즘을 조정하여 순환 오류를 제거하여야 한다.

④ 필요한 경우 그림 9-56과 같이 순환 오류의 피치를 다음 수식으로 직접 계산할 수 있다.

$$피치 = \frac{D_y}{y} \times 테스트 반경 \times 2$$

⑤ 순환 오류의 피치가 계산된다.
(여기서, D_y와 y는 축 배율을 무시하고 플롯에서 자로 직접 측정)

⑥ 이 값은 각 순환 오류에 대한 축의 이동 거리를 나타내며, 리드 나사의 피치와 비교될 수 있다. 오류의 크기(정점 간 거리)는 e로 주어진다.

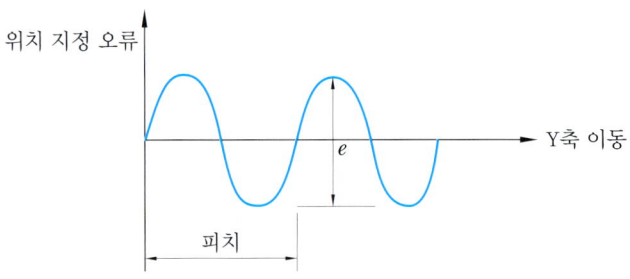

그림 9-56 순환 오류에 대한 축의 이동 거리

> **참고**
> 1. 평형추가 문제가 되는 경우 순환 오류의 올바른 진단은 주입 속도의 지배를 받는다.
> 2. 순환 오류 진단에서 주입 속도 오류 요소가 식별되는 경우 진단이 올바르지 않을 수 있다.
> 3. 기계에 순환 오류 문제가 있는지 여부를 판단하기 위해 다양한 주입 속도에서 테스트를 수행하여야 한다.

4-5 서보 불일치 측정하기

(1) 플롯

① 대각선으로(45° 또는 135°) 비틀린 타원 또는 땅콩 모양이 있는 플롯 형상이다.
② 주입 방향을 시계 방향에서 시계 반대 방향으로 전환하면 플롯의 뒤틀림 축이 바뀌게 된다.

③ 그림 9-57 플롯에 두 방향이 모두 나와 있다. 일반적으로 보통 뒤틀림 정도는 주입 속도에 비례하여 증가한다.

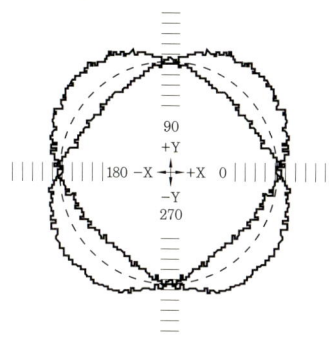

그림 9-57   서보 불일치

(2) 진단 값

① 서보 불일치 값은 다음 형식으로 측정된다.

서보 불일치　　1.83ms

② 이 값은 기계 축 서보 중 하나가 나머지를 선도하는 시간(밀리초)이다. 테스트 축에 따라 양 또는 음의 값을 가지며, 표 9-7과 같이 해석될 수 있다.

표 9-7

테스트 평면	소프트웨어가 제공하는 값	선도 축
XY	+ve	Y가 X 선도
XY	-ve	X가 Y 선도
ZX	+ve	X가 Z 선도
ZX	-ve	Z가 X 선도
YZ	+ve	Z가 Y 선도
YZ	-ve	Y가 Z 선도

(3) 원인

① 서보 불일치는 축들의 서보 Loop Gain이 일치하지 않을 때 발생한다.
② 그 결과 한 축이 나머지 축을 선도하여 타원 형태의 플롯이 생성된다.
③ 선도하는 축은 Loop Gain이 나머지 축보다 더 큰 축이다.

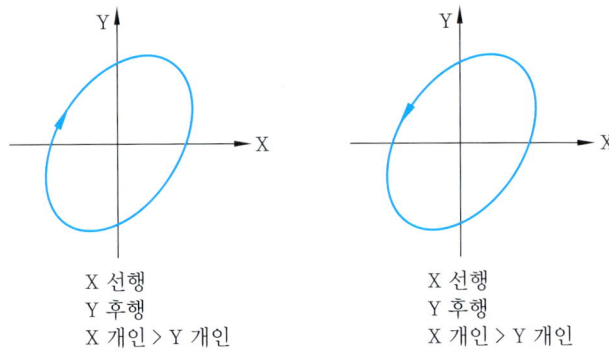

그림 9-58   서보 불일치의 선도하는 축

(4) 결과
① 서보 불일치로 인해 보간된 원이 타원 형태로 된다.
② 일반적으로 주입 속도가 빠를수록 보간된 원이 타원에 더 가까워진다.

(5) 조치
① 축들의 Loop Gain이 균형을 유지하도록 기계 컨트롤러를 조정하여야 한다.
② 뒤처진 축의 게인을 높이거나 선도하는 축의 게인을 낮추어야 한다.
③ 주입 속도가 낮을수록 서보 불일치의 영향이 감소하므로, 정확한 원호와 원을 보간할 때는 주입 속도를 낮추어야 한다.

4-6 직각도 측정하기

(1) 플롯

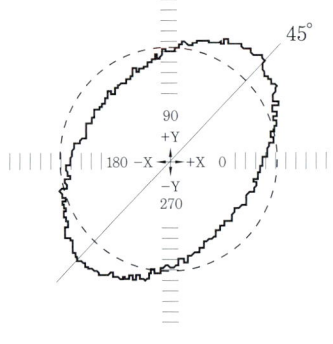

그림 9-59   직각도

① 대각선으로(45° 또는 135°) 비틀린 타원 또는 땅콩 모양이 있는 플롯 형상이다.
② 시계 방향과 시계 반대 방향에 대한 비틀림 축이 동일하다.
③ 비틀림 정도는 주입 속도의 영향을 받지 않는다.

(2) 진단 값

① 직각도는 다음 형식으로 측정된다.

$$\text{직각도} \quad 25.3\mu m/m$$

② 테스트 평면의 두 축 사이의 각도 값으로 90° 미만이다.
③ 두 축이 서로 완전히 수직을 이룰 때가 가장 이상적이며, 이 경우 직각도 오차는 0이 된다.
④ 직각도의 단위는 기본적으로 $\mu m/m$이지만, 다른 단위(호의 초, 각도, $\mu m/ft$, $\mu m/mm$ 등)도 소프트웨어에서 설정하여 사용할 수 있다.
⑤ 직각도 오차가 양수이면 두 양의 축 사이의 각도가 90° 이상이고, 음수이면 두 양의 축 사이의 각도가 90° 미만을 나타낸다. 그림 9-60은 이러한 환경에서 생성될 수 있는 플롯 유형이다.
⑥ q는 진단 소프트웨어가 표시하는 직각도 값을 나타낸다.

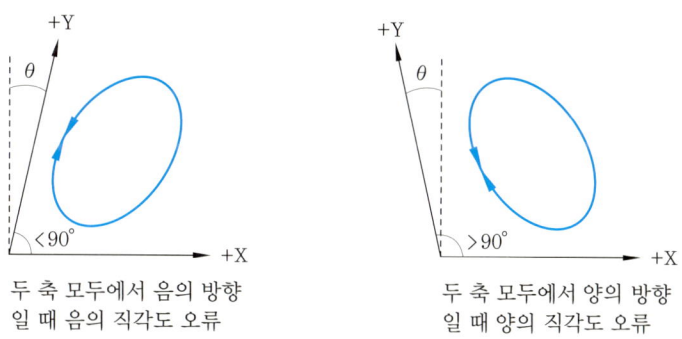

두 축 모두에서 음의 방향일 때 음의 직각도 오류   두 축 모두에서 양의 방향일 때 양의 직각도 오류

그림 9-60 직각도 오차

(3) 원인

① 기계의 X축과 Y축이 테스트가 수행되는 기계 위치에서 서로 90° 관계가 아닐 때 직각도 오차가 발생한다.
② 축이 부분적으로 휘었거나 기계에서 전체 축이 잘못 정렬되었을 수 있다.
③ 기계의 축이 늘어져서 일정한 위치에서 잘못 정렬되어 있을 수 있다.
④ 기계 궤도가 지나치게 마모되어 이동 시 축에서 일정한 크기의 플레이가 발생했을 수 있다.

(4) 결과

직각도 오차로 인해 기계에 의해 절삭된 가공면이 직각을 이루지 않게 된다.

(5) 조치

① 기계의 다양한 위치에서 테스트를 반복하여 직각도 오차가 영향을 미치는 범위가 기계 전체인지 또는 일부분으로 제한되는지 확인한다.
② 일부 구간에서 발생하는 오류이면 평면 절삭 시 직각도 오류의 영향을 받지 않는 기계 영역을 사용하여야 한다.
③ 전체 기계가 직각도 오차의 영향을 받는 경우 필요하면 기계 축을 재정렬한다.
④ 궤도가 마모되었으면 교체해야 할 수도 있다.

4-7 직진도 X, Y 측정하기

(1) 플롯

① 일반적인 모양의 두드러진 로브 3개가 나타나는 플롯 형상이다.
② 로브는 주입 속도나 방향의 영향을 받지 않지만, 기계 기층에서 테스트가 수행되는 위치에 따라 변경될 수 있다.
③ 로브 간 유연한 전이와 반복성 향상을 통해 직진도 유형 플롯을 3중 로브 테스트 오류 유형 플롯과 구분할 수 있다.

> 참고 부분 원호 테스트를 수행할 때는 직진도 오차를 표시하지 않는다.

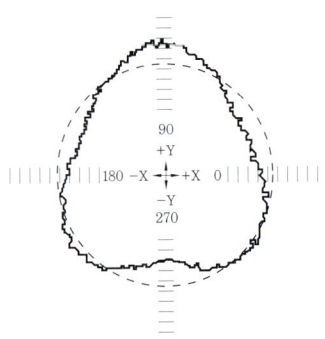

그림 9-61 진직도 X, Y

④ 다음 플롯은 X축에 단순한 커브가 나타나는 2차 오류의 결과를 보여준다.

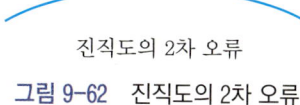

진직도의 2차 오류

그림 9-62 진직도의 2차 오류

⑤ 복잡한 커브가 있으면 그림 9-63과 같이 플롯이 달라지게 된다. 더 복잡한 직진도 오차는 소프트웨어로 진단되지 않는다.

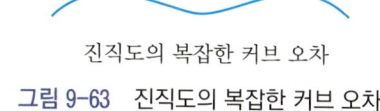

진직도의 복잡한 커브 오차

그림 9-63 진직도의 복잡한 커브 오차

(2) 진단 값

① 직진도는 X축과 Y축에 대해 다음 형식으로 측정된다.

| 직진도 | X | $-40.0\mu m$ |
| 직진도 | Y | $0.2\mu m$ |

② 진단 소프트웨어가 측정한 직진도 오차는 축에서 Ballbar 테스트 직경과 동일한 길이가 활 모양으로 휘는 정점을 의미한다.

③ 예를 들어 X축에 심한 직진도 오차가 있고, 그 값이 위에 나온 예의 수치와 같으면 그림 9-64와 같이 직진도 오차가 진단 소프트웨어로 마이크론(μm) 또는 인치(in) 단위로 측정된다.

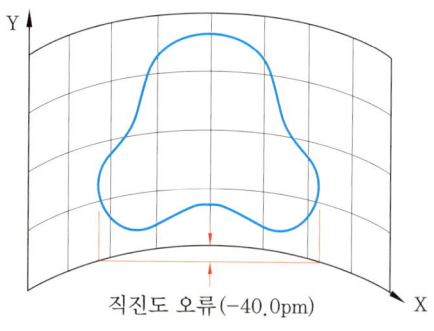

그림 9-64 X축에 심한 직진도 오차

④ 이 경우에는 X축의 휨으로 인해 직진도 오차가 발생한다. 그림 9-64에서 보는 바와 같이 이러한 휨으로 인해 전체 플롯이 일그러지게 된다.

(3) 원인

① 직진도 오차는 기계 궤도가 직선이 아닐 때 발생한다.
② 궤도가 일부 구간에서 휘었거나 기계에서 전체 궤도가 잘못 정렬되었을 수 있다.
③ 궤도의 마모, 사고로 인한 기계 궤도 손상이나 잘못된 정렬 또는 부실한 기계 설치 기반으로 인해 전체 기계에서 휘는 현상이 초래된 것일 수 있다.

(4) 결과

기계의 직진도 오차로 인해 모든 부품의 정확도가 떨어지게 된다.

(5) 조치

① 공구 컵의 마모나 오염 여부를 확인하고, Ballbar 조인트가 느슨한지 확인한다. 만약, 그렇다면 직진도 오차가 아닌 3중 로브 테스트 오류일 가능성이 크다.
② 이런 경우에는 3중 로브 단원에 설명된 필요한 조치를 취한 후 Ballbar 테스트를 반복해 본다.
③ 직진도 유형 플롯이 계속 생성되면 기계에 직진도 오차가 있는 것이다.
④ 플롯의 원인으로 3중 로브 테스트 오류를 제거한 경우에는 필요에 따라 기계 궤도를 조정, 수리 또는 교체하여야 한다.

4-8 스케일링 불일치 측정하기

(1) 플롯

① 0° 또는 90° 축을 따라 비틀린 타원이나 땅콩 모양이 나타나는 플롯 형상이다.
② 비틀림 축은 데이터 캡처 방향(시계 방향 또는 시계 반대 방향)의 영향을 받지 않는다.
③ 배율 오차로 인한 비틀림 정도는 일반적으로 기계 주입 속도와 관계가 없다.
④ 배율 오차는 테스트 동안 측정된 축 간 이동 거리의 차이를 말한다.
⑤ 예를 들어 기계가 X, Y 평면에서 원을 그리는 경우, X축과 Y축이 정확히 같은 거리를 이동해야 한다. 만약, 그렇지 않으면 그 이동의 차이가 배율 불일치 오차가 된다.
⑥ 그림 9-65 플롯에서는 a와 b 사이의 차이를 의미한다.

> **참고** 부분 원호 테스트를 수행할 때 스케일 오차 및 스케일 불일치가 표시되지 않는다.

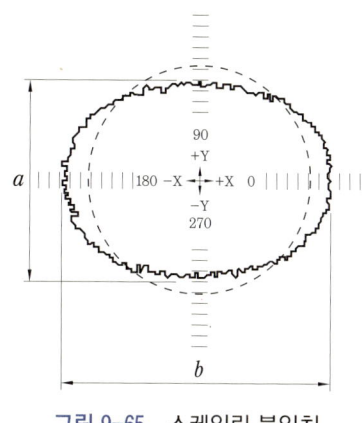

그림 9-65 스케일링 불일치

(2) 진단 값

① 배율 오차로 표시된 진단 값은 데이터 캡처에 Calibration된 Ballbar를 사용했는지에 따라 달라진다.
② Calibration된 Ballbar를 사용하는 경우의 배율 오차는 X축과 Y축에서 두 축의 정확한 이동 거리로 표시된다.
③ Calibration이 안 된 Ballbar를 사용한 경우는 배율 오차가 X축과 Y축 사이의 불일치 값으로만 표시된다. 이 경우 값은 배율 오차가 아닌 배율 불일치를 나타낸다.
④ 배율 오차(해당되는 경우)는 다음 형식으로 측정된다.

배율 오차   X   49.5ppm
배율 오차   Y   39.7ppm

⑤ 배율 오차는 일반적으로 ppm(parts per million) 단위로 표시되며, 단위 버튼을 클릭하여 다른 단위를 사용할 수도 있다.
⑥ 배율 오차가 양수이면 해당 축 방향에서 초과 이동이 일어난 것이고, 음수이면 이동량이 부족한 것이다.
⑦ 초과 이동량이거나 부족한 이동량인 경우는 Ballbar 테스트 원 직경에 ppm 단위 오차 값을 곱하여 계산할 수 있다.
⑧ 예를 들어 A축 방향의 배율 오차가 −25ppm이고 테스트 반경이 150mm이면 X 방향 이동 거리가 다음 계산 값만큼 짧아진다.

$$\frac{25}{1,000,000} \times 2 \times 150\text{mm} = 0.0075\text{mm} = 7.5\mu\text{m}$$

(즉, 측정된 이동 거리가 300.00mm가 아닌 299.9925mm임)

> **참고** 배율 오차 결과의 정확도는 주로 Ballbar 길이의 Calibration이 올바른지 여부와 열 보정이 제대로 적용되었는지 여부에 따라 결정된다.

⑨ Calibration과 보정을 올바로 수행하지 않으면, 큰 축 배율 오차를 잘못 나타내는 오류 진단이 발생할 수 있다.
⑩ 배율 오차 결과는 서보 효과 오류에 민감하여, 이 오차가 발생하면 주입 속도가 증가함에 따라 기계가 따르는 실제 반경이 축소되는 문제가 발생할 수 있다.
⑪ 높은 주입 속도에서 테스트를 수행하면 큰 축 배율 오차 값이 생성될 수 있다. 따라서 적절한 주입 속도에서 배율 오류 테스트를 수행하는 것이 중요하다.
⑫ 최대 기계 주입 속도의 10%를 사용하는 것이 좋다. 또한 마무리 절삭에 사용된 값과 비슷한 주입 속도를 선택할 수도 있다.
⑬ 배율 불일치(해당되는 경우)는 다음 형식으로 측정된다.

$$배율\ 불일치 \quad 9.8\mu m$$

배율 불일치는 마이크론(μm) 단위로 표시하며, 플롯에서 측정한 Y축 직경에서 X축 직경을 뺀 값이다.
⑭ 배율 불일치로 표시된 값이 양수이면 X축이 Y축보다 많이 이동하고, 음수이면 Y축이 X축보다 많이 이동한다.
⑮ Calibration된 Ballbar를 사용하는 경우에는 진단 결과 출력에 배율 오차 값과 배율 불일치 값이 모두 표시된다. Calibration하지 않은 Ballbar를 사용한 경우에는 배율 불일치 값만 사용된다.
⑯ 각 축에서 배율 오차 사이의 불일치만 비원형도의 원인이기 때문에 진단 결과 출력에는 배율 불일치만이 백분율 값으로 나타난다.
⑰ 220° 테스트에서 큰 중앙 오프셋은 스케일 오차의 부정확한 진단을 초래할 수 있다.

(3) 원인

① 기계 축 중 한 축의 이동 거리가 나머지 축에 비해 길거나 짧은 경우로서 다음과 같은 몇 가지 원인으로 발생하게 된다.
  ㈎ 선형 오차 보정 매개 변수를 사용 중이면 설정이 올바르지 않을 수 있다.
  ㈏ 축 테이프 스케일의 인장 강도가 지나치거나 부족하다.
  ㈐ 축 볼나사에 결함이 있거나 과열로 인해 볼나사 피치 오차가 발생했을 수 있다.

② 기계에 각도 오류의 가능성이 있으며, 그 결과 X 또는 Y축이 이동할 때 테스트 평면을 벗어나는 문제가 발생한다. 축 궤도가 직선이 아니거나 정밀하지 못한 것이 원인이다.

(4) 결과
배율 오차로 인해 기계의 절삭 부분에서 치수 오차가 발생한다.

(5) 조치
① 사용 중인 모든 선형 오차 보정값 설정이 올바른지 확인한다.
② 축 테이프 스케일의 인장 강도가 적절한지 확인한다.
③ 볼나사의 상태가 양호하면 과열 현상이 없는지 확인하고, 필요에 따라 볼나사를 보수하거나 교체하여야 한다.
④ 기계 궤도가 곧고 양호한 상태인지 확인하고, 필요에 따라 궤도를 다시 정렬하거나 교체한다.
⑤ 평행을 이룬 평면의 여러 위치에서 테스트를 반복하여 각도 오류를 식별할 수 있다. 이 방법으로 기계 기층으로부터 테스트 수행 거리에 따라 플롯 비틀림이 증가하는지 확인된다.

그림 9-66은 발생할 수 있는 비틀림을 나타내고 있다.

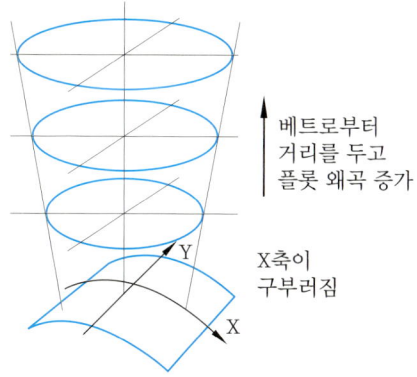

그림 9-66 각도 오류 식별-비틀림

⑥ 이전 테스트를 Calibration하지 않은 Ballbar에서 수행한 경우 Ballbar Calibrator를 사용하여 Ballbar를 Calibration한다. 이 방법으로 불일치 값이 아닌 X축과 Y축 상의 배율 오차 정도를 판단할 수 있다.

4-9 중심 이동 X, Y 측정하기

(1) 중앙 오프셋
① 중앙 오프셋은 캡처된 데이터를 통과하는 최적의 원 중심을 기준으로 한 중앙 마운트의 오프셋 값이다.
② 오프셋은 테스트 평면에서 두 개 축을 따라 각각 측정된 거리로 정의된다.

(2) 설명
① 중앙 마운트를 정렬할 때 최대한 기계의 자기 공구 컵에 일직선으로 맞춘다. 빠른 투어에서 설명하는 중앙 마운트의 위치 정렬 방법이 효과적이기는 하지만 중앙 마운트 볼 조인트가 정확히 중앙에 오지 않아도 된다. 테스트 평면에는 약간의 오차가 계속 남아 있게 되는데, 이러한 중심 이탈 오차를 중앙 오프셋이라고 한다.
② 데이터가 캡처된 후, 소프트웨어가 데이터를 평가하여 데이터를 통과하는 최적의 원 또는 원호를 계산한다. 그런 다음 중앙 마운트에서 최적의 원 또는 원호의 오프셋을 계산할 수 있다. 이 계산의 결과 값이 데이터의 중앙 오프셋이다.
③ 중앙 오프셋이 $100\mu m(0.004in)$을 넘으면 경고 신호를 표시한다. 이러한 조건에서는 분석 정확도가 약간 떨어질 수 있기 때문이다. 따라서 아주 높은 수준의 정확도가 필요하면 테스트를 두 번 수행하는 것이 좋다. 첫 번째 테스트에서 데이터를 캡처하고 중앙 오프셋의 크기를 확인한다. 그런 다음 기계의 작업 오프셋에 중앙 오프셋을 더하여 기계의 원점을 조정함으로써 중앙 오프셋 오차를 제거한다. 계속해서 테스트를 반복하고 첫 번째 테스트의 데이터를 버린다.
④ 데이터의 극좌표 플롯을 작도할 때 '디스플레이 속성 변경' 기능을 사용하여 중앙 오프셋의 영향을 표시하거나 숨길 수 있다.

4-10 원형도 측정하기

① 원형도는 기계가 데이터 캡처 원호 둘레를 이동할 때(모든 중앙 오프셋이 데이터에서 제거된 후) Ballbar에 의해 기록된 최대 반경과 최소 반경 사이의 차이로 정의된다.

② 원형도 값이 클수록 기계 성능은 떨어지게 된다.
③ 완전한 360° 또는 220° 데이터 캡처 원호상에서 테스트를 진행하는 경우 Renishaw Ballbar 진단 분석을 사용하여 모든 원형도 오차의 원인을 식별할 수 있다.

> **참고** 220° 부분 원호 테스트는 QC20-W에서만 가능하다.

4-11 위치 공차 측정하기

(1) 소개

① 위치 공차 값은 Ballbar 테스트 원호로 둘러싸인 영역 내에서 언로드 조건 아래 기계의 평면, 양방향 및 위치 정확도에 대한 추정치이다.
② 이 값은 설계 도면에 표시된 위치 공차와 직접적인 연관이 있을 수 있다. 따라서 기계가 도면에 명시된 공차로 부품을 가공할 수 있는 경우 추정치로 사용될 수 있다.
③ 위치 공차 결과는 다음 진단 오차 값의 결과를 수학적으로 합산하여 계산한다.
  • 두 축에서의 백래시
  • 두 축에서의 수평 플레이
  • 두 축에서의 순환 오류
  • 두 축에서의 직진도
  • 두 축에서의 배율 지정 오류
  • 두 축에서의 직각도
④ 위치 공차 결과는 Ballbar를 조정한 경우에만 표시된다.

> **참고** 부분 원호 테스트를 수행할 때는 위치 공차를 계산하지 않는다.

(2) 정의

Ballbar 위치 공차 결과는 설계 도면의 위치 공차와 같은 방법으로 정의된다. 예를 들어 도면의 한 피처가 몇 가지 다른 피처나 데이텀을 기준으로 100μm의 위치 공차를 갖는다고 가정할 경우, 공칭 위치를 중심으로 하고 직경이 100μm인 공차 원 안에 피처의 실제 위치(데이텀 기준)가 있다.

(3) 결과의 적용

Ballbar 소프트웨어가 계산한 위치 공차와 부품 도면의 공차를 비교해보는 것이 매우 유용하다. 그러나 최상의 결과를 얻기 위해서 결과를 적용할 때 다음 사항에 주의해야 한다.

① Load하지 않은 상태에서 Ballbar 테스트를 수행한다(절삭이 일어나지 않음). 결과적으로 가공 물체나 절삭 공정에서 발생하는 모든 기계적, 열적 부하 때문에 나타나는 절삭기 또는 기계 편향으로 인한 오차는 위치 공차 결과에 포함되지 않게 된다. 느린 주입 속도로 가벼운 마감 절삭을 수행하면 이러한 오차가 최소화할 수 있다.

② 서보 Gain 불일치나 축 반전 피크로 인한 오차는 위치 공차 결과에 포함되지 않는다. 따라서 **빠른 주입 속도**의 복잡한 보 간 프로필에서 기계가 유지할 수 있는 정확성을 추정하는 데는 사용하지 않아야 한다. 마찬가지로 느린 주입 속도로 가벼운 마감 절삭을 수행하면 이러한 오차를 최소화할 수 있다.

③ 두 축에서의 백래시 오차는 위치 공차에 포함되지 않는다. 항상 단일 방향 접근을 통해 중요한 가공 피처를 절삭하는 경우 백래시 오차는 존재하지 않는다.

④ 위치 공차 결과에 축 배율 지정 오차가 포함되므로 Ballbar를 올바르게 조정하고, 적절한 열 보정을 수행하는 것이 필수적이다. 기계가 아닌 가공 물체의 온도 및 열팽창계수를 보정하는 것이 좋을 수 있다.

　　Calibration과 보정을 올바르게 수행하지 않으면 큰 축 배율 오차와 그에 따른 큰 위치 공차 결과를 잘못 표시하는 오차 진단이 초래될 수 있다.

⑤ 위치 공차 결과는 서보 효과 오차에 민감하다. 이 오차가 발생하면 주입 속도가 증가함에 따라 기계가 따르는 실제 반경이 축소되는 문제가 발생할 수 있다. 따라서 **빠른 주입 속도**로 수행한 테스트는 큰 축 배율 오차와 그에 따라 증가된 위치 공차 값을 유발할 수 있다. 그러므로 적절한 주입 속도에서 위치 오차 테스트를 수행하는 것이 중요하다. 최대 기계 주입 속도의 10%를 사용하는 것이 좋다. 또한 마무리 절삭에 사용된 값과 비슷한 주입 속도를 선택할 수도 있다.

⑥ 위치 공차 결과는 Ballbar 테스트 원 안의 평면 영역에만 적용된다. 따라서 일반적인 가공 물체를 포함할 정도로만 테스트 원 반경을 지정하고, 원 중심이 동일한 위치에 오도록 하는 것이 좋다. 또한 가공 물체의 치수에 따라 평행 또는 대각선 방향 테스트 평면에서 Ballbar 테스트를 여러 번 수행한 후 결론을 내리는 것이 좋다. 특히, 중요한 3차원 공차가 포함된 부품에서는 더욱 그렇다.

⑦ 위치 공차 결과는 Ballbar 테스트 영역 안의 모든 위치에서 데이터 및 피처의 정확성과 관계가 있고, 따라서 테스트 직경에 이르는 거리에 의해 분리되는 피처를 포함한다. 일반적으로 가까이 붙어서 가공되는 피처들은 명시된 것보다 높은 위치 공차를 갖는다.

⑧ 지그 및 공구 세공(예 마모된 공구, 올바르지 않은 공구 및 지그 오프셋)으로 인해 발생되는 오차는 위치 공차 결과에 포함되지 않는다. Ballbar 위치 공차는 동일한 부품 셋업에서 절삭된 피처에만 적용하고, 다른 셋업이나 기계에서 절삭된 피처에는 적용할 수 없다. 이러한 피처는 설비 및 셋업 정확도의 영향을 주로 받는다.

⑨ 동일한 축에서 배율 불일치 오차와 연계하여 빈도가 낮은 순환 오류가 발생하는 경우 소프트웨어는 위치 공차를 약간 과대평가한다.

4-12 최적 반지름 측정하기

(1) 최적의 원
① 최적의 원은 캡처된 데이터를 통과하는 최상의 원이다.
② 이 원의 반경을 최적의 반경이라고 한다.
③ 최적의 원 중심은 데이터의 중앙 오프셋을 나타낸다.

(2) 설명
① 최적의 원은 캡처된 데이터를 지나는 긴 파선의 원으로 분석 플롯에 표시된다.
② 분석 플롯에서 항상 같은 위치에 나타나며, 주위에는 캡처된 데이터가 그려진다.

공작기계분야 생산공정 전문 솔루션
디지털 전환 생산공정 시스템

2023년 1월 10일 인쇄
2023년 1월 15일 발행

저자 : 김삼성 · 김명식
펴낸이 : 이정일

펴낸곳 : 도서출판 **일진사**
www.iljinsa.com

(우)04317 서울시 용산구 효창원로 64길 6
대표전화 : 704-1616, 팩스 : 715-3536
등록번호 : 제1979-000009호(1979.4.2)

값 42,000원

ISBN : 978-89-429-1751-8

* 이 책에 실린 글이나 사진은 문서에 의한 출판사의
동의 없이 무단 전재 · 복제를 금합니다.